Michael Bestehorn
Computational Physics
De Gruyter Studium

Weitere empfehlenswerte Titel

MATLAB kompakt, 6. Auflage
Wolfgang Schweizer, 2016
ISBN 978-3-11-046585-3, e-ISBN (PDF) 978-3-11-046586-0,
e-ISBN (EPUB) 978-3-11-046588-4

Statistische Physik und Thermodynamik:
Grundlagen und Anwendungen, 2. Auflage
Walter Grimus, 2015
ISBN 978-3-11-041466-0, e-ISBN (PDF) 978-3-11-041467-7,
e-ISBN (EPUB) 978-3-11-042367-9

Moderne Thermodynamik:
Von einfachen Systemen zu Nanostrukturen
Christoph Strunk, 2014
ISBN 978-3-11-037105-5, e-ISBN (PDF) 978-3-11-037106-2,
e-ISBN (EPUB) 978-3-11-039679-9

Computer Simulation in Physics and Engineering
Martin Oliver Steinhauser, 2012
ISBN 978-3-11-025590-4, e-ISBN (PDF) 978-3-11-025606-2,
Set-ISBN 978-3-11-220474-0

Radon Series on Computational and Applied Mathematics
Hrsg. v. Ulrich Langer et al.
ISSN 1865-3707

Michael Bestehorn

Computational Physics

Mit Beispielen in FORTRAN und in MATLAB

DE GRUYTER

Physics and Astronomy Classification Scheme 2010
05.10.Ln, 05.45.-a, 05.65.+b, 07.05.Mh, 44.05.+e, 45.10.-b, 47.11.-j, 47.85.-g

Autor
Prof. Michael Bestehorn
BTU Cottbus-Senftenberg
Lehrstuhl Statistische Physik
und Nichtlineare Dynamik
Erich-Weinert-Str. 1
03046 Cottbus
bestehorn@b-tu.de

ISBN 978-3-11-037288-5
e-ISBN (PDF) 978-3-11-037303-5
e-ISBN (EPUB) 978-3-11-037304-2

Library of Congress Cataloging-in-Publication Data
A CIP catalog record for this book has been applied for at the Library of Congress.

Bibliografische Information der Deutschen Nationalbibliothek
Die Deutsche Nationalbibliothek verzeichnet diese Publikation in der Deutschen
Nationalbibliografie; detaillierte bibliografische Daten sind im Internet über
http://dnb.dnb.de abrufbar.

© 2016 Walter de Gruyter GmbH, Berlin/Boston
Satz: PTP-Berlin, Protago-TEX-Production GmbH, Berlin
Druck und Bindung: CPI books GmbH, Leck
♾ Gedruckt auf säurefreiem Papier
Printed in Germany

www.degruyter.com

Inhalt

1 Einführung

1.1 Ziel, Inhalt und Aufbau

Durch den vorliegenden Text soll an Beispielen aus verschiedenen Bereichen der Physik das Umsetzen von physikalisch-mathematischen Problemstellungen in Computerprogramme gezeigt werden. Es ist weder ein Numerik-Buch noch eine Anleitung zum Erlernen einer bestimmten Programmiersprache, hierzu verweisen wir auf die angegebene Literatur [1]. Die meisten der vorgestellten Programme sind allerdings in FORTRAN geschrieben. Das Kunstwort FORTRAN (FORmula TRANslator) weist bereits darauf hin, dass diese Sprache im Gegensatz zu anderen wie z. B. dem ebenfalls weitverbreiteten C (oder C++) besser zur Bearbeitung von Aufgaben aus der theoretischen Physik oder der angewandten Mathematik, wie etwa dem Lösen von Differentialgleichungen oder dem Rechnen mit komplexen Zahlen, geeignet ist.

MATLAB, ein Akronym für MATrix LABoratory, ist ein Softwarepaket speziell zur interaktiven Bearbeitung von Problemstellungen aus der Vektor- und Matrizenrechnung [2]. Die Programmierung hat Ähnlichkeit mit FORTRAN, allerdings geht vieles einfacher, außerdem besticht MATLAB durch eine komfortable und bequeme grafische Auswertung. MATLAB-Programme werden aber nicht wie in FORTRAN kompiliert, sondern interpretiert, was die Laufzeit teils um Größenordnungen verlangsamen kann. Wer also einen schnellen Code will (und wer will das nicht?), wird letztlich einer Compiler-Sprache den Vorzug geben. Zur Programmentwicklung bzw. Auswertung mag MATLAB dagegen seine Vorzüge haben. Dort, wo es vorwiegend um Matrizenrechnung und lineare Gleichungssysteme geht, werden wir auch Umsetzungen in MATLAB diskutieren. Daneben existieren hochentwickelte Computeralgebrasysteme wie Maple oder Mathematica, die zum Nachrechnen der Formeln verwendet werden können [3]. Wir werden darauf im Text aber nicht weiter eingehen.

Das Motto des Buches könnte „Learning by Doing" heißen. Wir werden soweit wie möglich abstrakte Formulierungen vermeiden. Dort wo es doch etwas theoretischer wird, folgt unmittelbar ein Beispiel zur Anwendung.

Die einzelnen Kapitel können der Reihe nach gelesen werden, müssen aber nicht. So kann wer z. B. an partiellen Differentialgleichungen interessiert ist, auch in Kapitel 6 einsteigen und die teils notwendigen Punkte aus Kapitel 3–5 dort nachschlagen. Dasselbe gilt für den „Statistik-Teil" Kapitel 8, der sich auch ohne Kenntnis der vorangegangenen Kapitel vestehen lassen sollte. Je nach Gebiet wird ein bestimmtes Basiswissen in (theoretischer) Physik vorausgesetzt. So sollte man außer der klassischen Mechanik für Kapitel 5 und 7 auch die Schrödinger-Gleichung kennen, für Kapitel 7 ein wenig mit der Hydrodynamik und für Kapitel 8 mit den Grundlagen der Statistischen Mechanik vertraut sein. Auf jeden Fall empfiehlt es sich, beim Lesen einen Computer (Notebook reicht auch) in der Nähe zu haben und gemäß dem Motto die angegebenen Routinen gleich auszuprobieren und nach Belieben damit zu „experimentieren".

Die Thematik bis Kapitel 4, teilweise auch 5, lässt sich unter den Begriff „niedrig-dimensionale Systeme" einordnen. Damit sind Problemstellungen gemeint, die sich durch wenige (zeitlich) veränderliche Größen beschreiben lassen. Neben Abbildungen fallen einem natürlich sofort Anwendungen der klassischen Newton'schen Mechanik ein, etwa die Berechnung von Planetenbahnen oder die Bewegung eines Pendels (Abb. 1.1). Naturgemäß spielen hier gewöhnliche Differentialgleichungen eine zentrale Rolle. Ab drei „Dimensionen" (oder besser: Freiheitsgrade) ist chaotisches Verhalten möglich, wenn nicht sogar die Regel. Größere Teile der Kapitel 2–4 werden sich mit dem sogenannten „Deterministischen Chaos" beschäftigen.

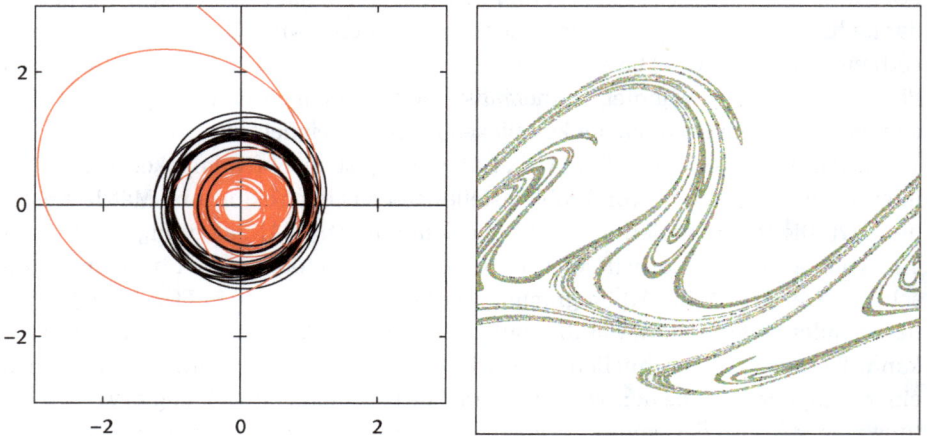

Abb. 1.1: Zeitliche Entwicklung niedrigdimensionaler Systeme aus Kapitel 4. Links: Zwei Planeten-Problem mit Wechselwirkung. Die Bahn des inneren Planeten (rot) ist instabil, der Planet wird heraus geschleudert. Rechts: Deterministisches Chaos beim angetriebenen Pendel, Poincaré-Schnitt.

Ab Kapitel 5 geht es dann um hochdimensionale (oder unendlich dimensionale) Systeme, die meist durch Feldgleichungen in Form partieller Differentialgleichungen beschrieben werden. Diese können linear sein wie oft in der Quantenmechanik und der Elektrodynamik, aber auch nichtlinear wie in der Hydrodynamik (Abb. 1.2) oder bei diffusionsgetriebener makroskopischer Strukturbildung (Abb. 1.3). Durch Nichtlinearitäten können Strukturen auf den verschiedensten raum-zeitlichen Skalen entstehen, die Dynamik wird chaotisch und turbulent (Abb. 1.4).

Ein weiteres Kapitel widmet sich Monte-Carlo-Verfahren. Hier spielt der Zufall eine entscheidende Rolle beim Auffinden von Gleichgewichtszuständen. Dadurch lassen sich Phasenübergänge ohne das Lösen von Differentialgleichungen untersuchen (Abb. 1.5). Besonders bekannt wurde die Methode durch Anwendung auf das Ising-Modell von räumlich angeordneten wechselwirkenden Spins.

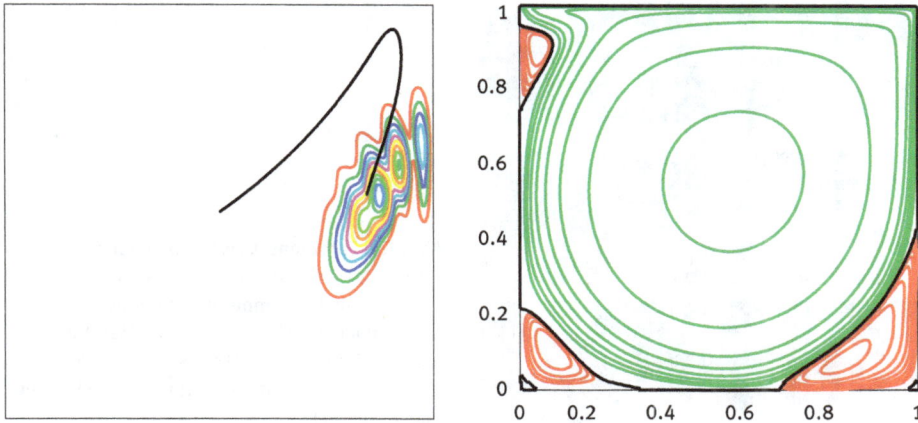

Abb. 1.2: Numerische Lösungen von Feldgleichungen, siehe Kapitel 7. Links: Zeitabhängige Schrödinger-Gleichung, Aufenthaltswahrscheinlichkeit und Schwerpunkt eines Elektrons im konstanten Magnetfeld. Rechts: Bildung hydrodynamischer Wirbel bei der „Driven Cavity".

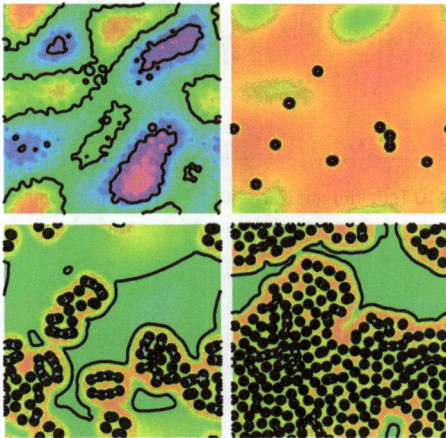

Abb. 1.3: Makroskopische Strukturbildung am Beispiel eines Reaktions-Diffusionssystems, Zeitserie. Aus einer großskaligen oszillierenden Lösung enstehen zunächst Keime und dann nach und nach kleinskalige Turing-Strukturen. Numerische Integration der Brusselator-Gleichungen aus Kapitel 7.

1.2 Die notwendige Umgebung zur Programmentwicklung

1.2.1 Betriebssystem

Wir werden Programme in FORTRAN und teilweise in MATLAB behandeln. MATLAB als eigenes abgeschlossenes Programm lässt sich problemlos auch auf Windows-Rechnern verwenden, dagegen kommt für Selbstprogrammierer eigentlich nur Linux als Betriebssystem in Frage. Hier kann man FORTRAN-Compiler sowie die darüber hinaus notwendigen Bibliotheken gratis aus dem Netz beziehen. Wir werden uns auf

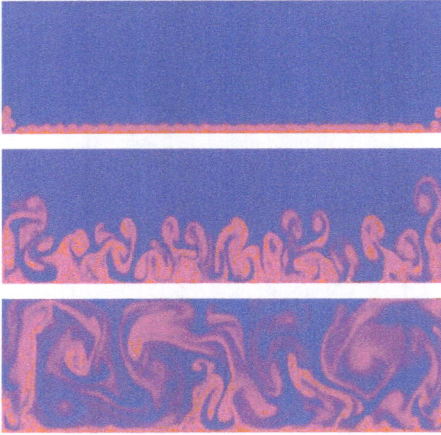

Abb. 1.4: Turbulentes zweidimensionales Strömungsproblem, Zeitserie. Bedingt durch einen vertikalen Temperaturgradienten wird eine zunächst stabile Schichtung instabil (oben). Warme Luft (rot) steigt in Form von „Plumes" in der kälteren Luft (blau) nach oben (aus Kapitel 7).

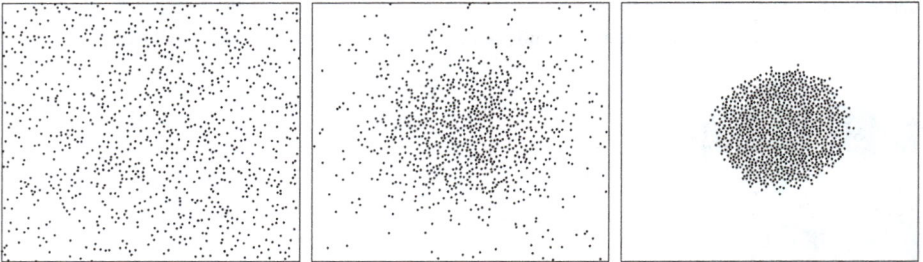

Abb. 1.5: Monte-Carlo-Simulation eines Gases aus 1000 Teilchen mit Harte-Kugel-Abstoßung und langreichweitiger Anziehung aus Kapitel 8. Bei von links nach rechts abnehmender Temperatur findet ein Phasenübergang in einen kondensierten Zustand statt.

den Standard von FORTRAN 90 (bzw. 95) beziehen, für eine Definition siehe z. B. das sehr gute Buch von C. Überhuber und P. Meditz [1].

Wir setzen also eine Linux-Umgebung, einen Texteditor (z. B. emacs) sowie einen FORTRAN-Compiler, hier f95 (GNU), voraus. Hat man einen Quellcode mittels eines Text-Editors geschrieben, so wird dieser durch Eingabe von

```
$ f95 Programm.f
```

in einen binären File namens a.out kompiliert. Dieser lässt sich dann durch

```
$ ./a.out
```

ausführen.

1.2.2 Software-Pakete

Neben einem Compiler, z. B. f95, werden für die angegebenen Programme auch teilweise fertige Routinen hauptsächlich aus der LAPACK-Libarary benötigt (Linear Algebra PACKage). Die Library lässt sich ebenfalls gratis aus dem Netz laden und installieren [4]. Werden im Quellcode LAPACK-Routinen aufgerufen, so muss man die Compiler-Optionen -l und -L verwenden:

```
f95 Programm.f -L/usr/lib -llapack
```

Die Option -L/... gibt den Weg für die folgenden Libraries an.

1.2.3 Grafik

Wichtig ist auch eine grafische Ausgabemöglichkeit, wir machen hier von dem Paket PGPLOT Gebrauch [5]. Sämtliche in diesem Kapitel gezeigten Abbildungen sind mit PGPLOT erstellt. Andere gleichwertige Pakete exisitieren und können selbstverständlich genauso verwendet werden, man muss eben die entsprechenden Aufrufe verändern. Die Compiler-Optionen für einen Quellcode, der sowohl LAPACK als auch PGPLOT verwendet, lauten dann

```
f95 Programm.f -L/usr/lib -llapack -lpgplot
```

vorausgesetzt man hat vorher die PGPLOT-Library in /usr/lib installiert.

1.2.4 Programmentwicklung und einfaches Skript

Programmentwicklung ist ein iterativer Prozess. Das heißt, man nähert sich dem gewünschten Resultat langsam und erreicht es, wenn überhaupt, nach N Iterationen. Eine Iterationsschleife sieht dabei folgendermaßen aus:

(1) Editieren,   (2) Kompilieren,   (3) Ausführen,   (4) zurück nach (1)

In **(1)** wird ein ASCII-File mittels Texteditor erstellt, welcher das Programm (den Source- oder Quellcode) enthält. Dazu ruft man einen Editor (z. B. emacs) mit dem Befehl

```
$ emacs Programm.f
```

auf. Nach Erstellen des Quellcodes wird **(2)** durch ein Skript z. B. der Form

```
f95 -O1  $1.f -o $1 -L/usr/lib -llapack -lpgplot
```

erreicht. Nennen wir das Skript „make_for", so lässt es sich unter Linux ausführen. Dazu müssen wir ihm allerdings erst das Attribut „executable" durch

```
$ chmod u+x make_for
```

geben. Gestartet wird es dann durch

```
$ ./make_for Programm
```

Weitere Optionen (Optimierungen etc.) des FORTRAN Compilers findet man unter

```
$ man f95
```

Die Option −o bewirkt, dass das ausführbare Programm (executable) den Namen „Programm" besitzt und eben nicht „a.out" heißt.

(3) Läuft das Skript ohne Fehlermeldung durch, so befindet sich im Arbeitsverzeichnis ein binärer, d. h. nicht editierbarer file „Programm", welcher mit

```
$ ./Programm
```

ausgeführt wird.

1.3 Ein erstes Beispiel – Die Logistische Abbildung

1.3.1 Abbildung

Um dem oben Gesagten etwas Leben einzuhauchen, wollen wir die Abbildung

$$x_{n+1} = ax_n(1 - x_n), \qquad n = 0, 1, 2, \ldots, \quad 0 \le a \le 4, \quad 0 \le x_0 \le 1 \qquad (1.1)$$

untersuchen, welche unter der Bezeichnung *Logistische Abbildung* bekannt ist. Es soll dabei auch gleich vom Grafikpaket PGPLOT Gebrauch gemacht werden.

Die Rekursionsvorschrift (1.1) kann als einfaches Modell zur zeitlichen Entwicklung einer zunächst wachsenden Population betrachtet werden, wobei x_n die Bevölkerungsdichte einer Spezies zur Zeit (im Jahr) n misst. Der Term ax_n alleine führt zu exponentiellem Wachstum wenn $a > 1$, sonst zum Aussterben der Spezies. Für $a > 1$ beschränkt die Nichtlinearität $-ax_n^2$ das Wachstum durch Ressourcenknappheit (beschränkte Nahrungsmittel) und führt zur Sättigung. Die Einschränkung $0 \le a \le 4$ resultiert aus der Forderung $0 \le x_n \le 1$ für alle x_n. Je nach a haben wir eine oder zwei stationäre Lösungen, nämlich

$$x_s^{(1)} = 0 \quad \text{für alle } a, \qquad x_s^{(2)} = 1 - 1/a \quad \text{für } 1 < a \le 4, \qquad (1.2)$$

die sich aus

$$x_s^{(i)} = f(x_s^{(i)}) \tag{1.3}$$

mit der Abkürzung

$$f(x) = ax(1-x) \tag{1.4}$$

ergeben. Die nichttriviale Lösung $x_s^{(2)}$ wird allerdings instabil, sobald $a > 3$, was man durch eine lineare Stabilitätsanalyse zeigt. Hierzu untersuchen wir, wie sich infinitesimale Abweichungen $\epsilon_0 \ll 1$ von $x_s^{(2)}$

$$x_n = x_s^{(2)} + \epsilon_n \tag{1.5}$$

unter der Iteration verhalten. Einsetzen von (1.5) in (1.1) ergibt

$$x_s^{(2)} + \epsilon_{n+1} = f(x_s^{(2)} + \epsilon_n) = f(x_s^{(2)}) + f'(x_s^{(2)})\,\epsilon_n + O(\epsilon_n^2) \tag{1.6}$$

oder bei Berücksichtigung ausschließlich linearer Terme in ϵ_n

$$\epsilon_{n+1} = f'(x_s^{(2)})\,\epsilon_n \,. \tag{1.7}$$

Die kleine Abweichung ϵ_0 wird durch Iteration genau dann anwachsen, wenn $|f'(x_s^{(2)})| > 1$ gilt, was mit (1.4) auf die beiden Fälle

$$a < 1, \quad a > 3$$

führt. Was passiert für $a > 3$? Die weiter unten vorgestellte Computerlösung Abb. 1.6 zeigt dort ein periodisches Verhalten, also

$$x_n = x_{n-2} = x_{p1}, \quad x_{n+1} = x_{n-1} = x_{p2}$$

oder

$$x_{p1} = f(f(x_{p1})), \quad x_{p2} = f(f(x_{p2})) \,.$$

Man zeigt wiederum durch lineare Stabilitätsanalyse, dass die periodische Lösung für $a > 1 + \sqrt{6}$ instabil wird, es entsteht ein Viererzyklus, bei dem sich die x_n regelmäßig zwischen vier Werten abwechseln (Aufgaben).

1.3.2 Programm

Numerisch untersuchen wir die logistische Abbildung mit dem Programm

```
PROGRAM logist
REAL*8    :: a,x,amin,amax  ! doppelte Genauigkeit (8 bytes)
C Bereich fuer a
    amin=2.8; amax=4.
C initialisiere Grafik (pgplot)
    CALL INIT(SNGL(amin),SNGL(amax),0.,1.,7.,1.,1)
```

```
      itmax=200     ! Zahl der Iterationen je a-Wert
      ivor=1000     ! Vorlauf
      tiny=1.E-6    ! Startwert x
      da=(amax-amin)/1000.  ! Schrittweite fuer a
C Schleife ueber 1000 a-Werte
   DO  a=amin,amax,da
C Logistische Abbildung
      x=tiny; ic=0          ! x0 (Startwert)
      DO it=1,itmax+ivor
       x=a*x*(1.-x)
       IF(it > ivor) THEN
C nach Vorlauf ein Pixel am Ort (a,x) mit Farbe ic  zeichnen
        ic=MOD(ic,15)+1; CALL PGSCI(ic)
        CALL PGPT(1,SNGL(a),SNGL(x),-1)
       ENDIF
      ENDDO
   ENDDO
C Achsenbeschriftung
   CALL PGSCI(1);  CALL PGSCH(2.5)
   CALL PGTEXT(3.5,0.02,'a');  CALL PGTEXT(1.2,0.9,'x')
C stationaer Loesung x_s(a)
   CALL PGSLW(5)              ! in fett
   CALL PGMOVE(SNGL(amin),1.-1./amin)
   da=(amax-amin)/99.
   DO  as=amin,amax,da
    xs=1.-1./as
    CALL PGDRAW(as,xs)
   ENDDO
C beende Grafik
   CALL PGEND
   END
```

Nach Kompilieren und Ausführen entsteht die Grafik aus Abb. 1.6.

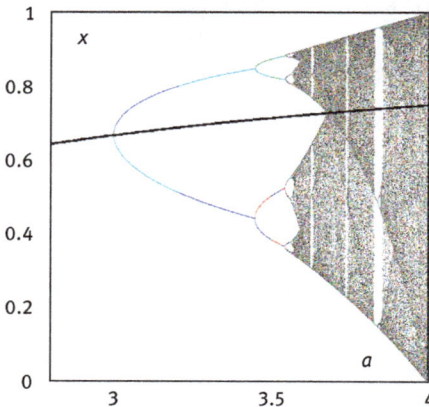

Abb. 1.6: Logistische Abbildung, Perioden-verdopplung und Chaos. Die stationäre Lösung $x_s^{(2)}$ (fett) wird ab $a > 3$ instabil.

Die Subroutine `init` fasst PGPLOT-Aufrufe zur Grafik-Initialisierung zusammen, siehe Anhang B.

Wie man sieht, machen wir hier (und in allen folgenden Programmen auch) von den *impliziten Standard-Deklarationen* von FORTRAN Gebrauch, d. h. alle Variablen, die mit Buchstaben a...h und o...z beginnen, haben den Typ `REAL`, alle mit i...n den Typ `INTEGER`, jeweils mit einfacher Genauigkeit (4 bytes). Andererseits liest man in FORTRAN-Anleitungen (meist von Informatikern oder Mathematikern verfasst) oft Sätze wie *„Vor der Ausnutzung der Fortran-Typkonvention wird gewarnt"*. Wer es also gerne etwas strenger mag, sollte als erste Programmzeile mit dem Statement

```
IMPLICIT NONE
```

die impliziten Deklarationen abschalten, muss dann aber auch wirklich jede vorkommende Variable explizit definieren.

1.3.3 Aufgaben

Mit Papier und Bleistift:
1. Berechnen Sie den Zweierzyklus x_{p1}, x_{p2} für die logistische Abbildung.
2. Zeigen Sie, dass dieser für $a > 1 + \sqrt{6}$ instabil wird.

Und zum Programmieren: Ändern Sie das Beispielprogramm zum Erforschen einzelner Bereiche in der x-a-Ebene. Die Bereiche können z. B. durch die Maus festgelegt werden.

Referenzen

[1] C. Überhuber, P. Meditz, *Software-Entwicklung in Fortran 90*, Springer-Verlag Wien (1993)
[2] Matlab – Mathworks, http://mathworks.com/products/matlab/
[3] Maplesoft – Mathworks, http://www.maplesoft.com/solutions/education/
[4] LAPACK – Linear Algebra PACKage – Netlib, www.netlib.org/lapack/
[5] Anleitung zum Grafik-Paket PGPLOT, von T. J. Pearson, Caltech, USA, findet man unter http://www.astro.caltech.edu/~tjp/pgplot/old_manual.ps.gz

2 Abbildungen

In diesem Kapitel werden wir weitere Rekursionsformeln untersuchen, bei denen aus einem Startwert alle folgenden Werte einer oder mehrerer bestimmter Variablen resultieren.

2.1 Frenkel–Kotorova-Modell

2.1.1 Klassische Formulierung

Als Modell eines Festkörpers im äußeren periodischen Potential $V(x)$ mit

$$V(x) = V(x + 1) \tag{2.1}$$

untersuchen wir eine eindimensionale Kette aus N Massepunkten jeweils mit der Masse m. Die Kettenglieder seien durch Federn mit der Federkonstanten $D = 1$ und der Ruhelänge null gekoppelt (Abb. 2.1). Die einzelnen Massepunkte der Kette befinden sich am Ort x_n und haben den Impuls p_n. Die Hamilton-Funktion lautet:

$$H(x_n, p_n) = \sum_{n=1}^{N} \left[\frac{p_n^2}{2m} + V(x_n) + \frac{1}{2}(x_n - x_{n-1})^2 \right] . \tag{2.2}$$

Um das dynamische Problem zu formulieren, stellt man die Hamilton'schen Gleichungen

$$\dot{p}_n = -\frac{\partial H}{\partial x_n}, \quad \dot{x}_n = \frac{\partial H}{\partial p_n} \tag{2.3}$$

auf und muss $2N$ gekoppelte, gewöhnliche DGLs lösen.

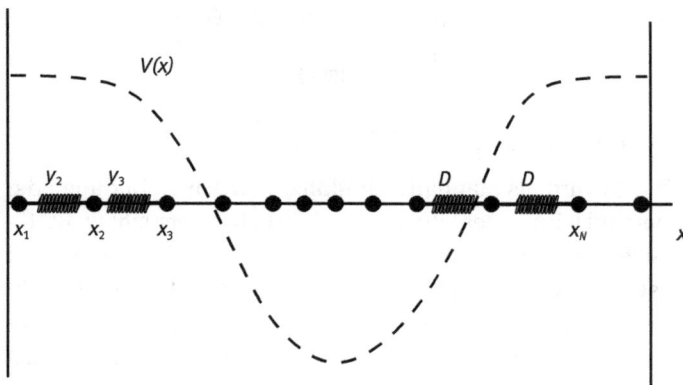

Abb. 2.1: Skizze der eindimensionalen Federkette im äußeren periodischen Potential.

2.1.2 Stationäre Lösungen

Auf Probleme der Art (2.3) werden wir ausführlich in den beiden nächsten Kapiteln eingehen, hier wollen wir nur nach den *stationären* Konfigurationen der Kette, also $\dot{p}_n = 0, \dot{x}_n = 0, p_n = 0$, suchen. Aus (2.3) folgt die Gleichgewichtsbedingung

$$\frac{\partial H}{\partial x_n} = 0 \tag{2.4}$$

oder

$$V'(x_n) + (x_n - x_{n-1}) - (x_{n+1} - x_n) = 0 \,. \tag{2.5}$$

Wir definieren als reziproke Dichte am Ort x_n

$$y_n \equiv x_n - x_{n-1} \tag{2.6}$$

und erhalten aus (2.5) und (2.6) die zweidimensionale Abbildung

$$y_{n+1} = y_n + V'(x_n)$$
$$x_{n+1} = x_n + y_{n+1} = x_n + y_n + V'(x_n) \,. \tag{2.7}$$

D. h. aus einem beliebigen Startwert (x_0, y_0) folgt eindeutig (determiniert) die ganze Reihe (x_n, y_n). Natürlich ist dabei nichts über die Stabilität der stationären Lösung ausgesagt. Es handelt sich lediglich um eine Gleichgewichtskonstellation, bei der sich nach (2.4) die Kräfte auf jedes Teilchen aufheben. Dabei kann es sich genau so um ein instabiles Gleichgewicht handeln (Potentialmaximum).

2.1.3 Standardabbildung

Um weiter zu kommen, müssen wir $V(x)$ spezifizieren. In Übereinstimmung mit (2.1) setzen wir

$$V(x) = \frac{K}{(2\pi)^2} \cos(2\pi x) \tag{2.8}$$

mit K als Kontrollparameter und erhalten schließlich (2.7) in der Form

$$x_{n+1} = x_n + y_n - \frac{K}{2\pi} \sin(2\pi x_n)$$
$$y_{n+1} = y_n - \frac{K}{2\pi} \sin(2\pi x_n) \,. \tag{2.9}$$

Die Rekursionsvorschrift (2.9) wird als Standardabbildung, Chirikov-Abbildung oder Kreisabbildung bezeichnet und wird in der Literatur ausführlich untersucht (z. B. [1]).

Bei (2.9) handelt es sich um eine zweidimensionale Abbildung, die sich einfach programmieren lässt. Ausgehend von einem Startwert werden 10 000 Punkte gezeichnet. Die Startwerte werden interaktiv mit der Maus bestimmt. Die Abbildung ist periodisch in $y \to y \pm m$, $x \to x \pm m'$ mit ganzzahligem m, m', außerdem spiegelsymmetrisch zum Ursprung. Es genügt daher, die Anfangswerte aus dem Bereich

$$0 \leq x \leq 1, \quad 0 \leq y \leq 1/2$$

zu wählen. Es existieren zwei Fixpunkte $x_{n+1} = x_n, y_{n+1} = y_n$. Bei $x, y = 0$ handelt es sich um ein Zentrum, bei $x = 1/2, y = 0$ um einen Sattelpunkt (siehe Kapitel 3).

```
PROGRAM kreisabbildung

REAL*8     :: x,y,pi2,vor
CHARACTER*1 :: c
INTEGER     :: pgcurs

pi2=4.*ASIN(1.D0)      ! 2*Pi
amp=1.                 ! der Wert fuer K
imax=10000             ! Anzahl der Iterationen je Startwert
CALL INIT(0.,1.,0.,0.5,10.,0.5,1)
ncol=15                ! in 15 verschiedenen Farben
DO
   k=pgcurs(x0,y0,c) ! Mausabfrage
   x=x0;  y=y0        ! Startwert
   ic=mod(ic,ncol)+1; CALL PGSCI(ic)
   DO i=1,imax
     y=y-amp/pi2*SIN(pi2*x); x=x+y  ! Standardabbildung
     xp=MOD(x,1.); yp=MOD(y,1.)     ! Plottwerte modulo 1
     CALL PGPNTS(1,xp,yp,-1,1)
   ENDDO
   if(ICHAR(c).eq.32) EXIT
ENDDO
CALL PGEND
END
```

Abb. 2.2 zeigt das Verhalten von x, y für $K = 1$.

2.1.4 Aufgaben

1. Untersuchen Sie (2.9) für verschiedene Werte von K. Für $K = 0$ geht es ohne Computer.
2. Plotten Sie die Kettenlänge für festes x_0 als Funktion von y_0. Versuchen Sie verschiedene Werte von x_0.

2.2 Chaos und Lyapunov-Exponenten

Wie schon bei der Logistischen Abbildung aus Abschn. 1.3 kann man auch bei der Standardabbildung durch bloßes Betrachten der Iterationskarten reguläre (periodische oder quasiperiodische) von chaotischen Bereichen unterscheiden. Wir wollen nun versuchen, ein quantitatives Maß für das Chaos zu finden.

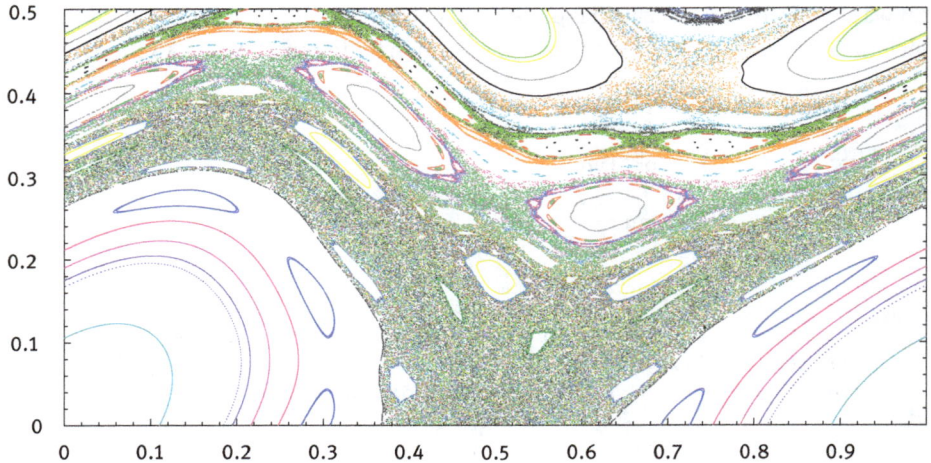

Abb. 2.2: Standardabbildung für $K = 1$.

2.2.1 Stabilität, Schmetterlingseffekt und Chaos

Dazu wenden wir uns zunächst wieder der Logistischen Abbildung (1.1) zu. Dem chaotischen Bereich geht eine Periodenverdopplungskaskade voraus, bei der sich die Perioden nach immer kleineren Änderungen von a verdoppeln. Die ersten Verzweigungen lassen sich noch analytisch angeben, für die höheren Bifurkationen steigt der Aufwand jedoch schnell. Wir wollen deshalb eine Größe definieren, die die Stabilität einer Folge x_n für beliebiges a zeigt.

Schmetterlingseffekt: Was verstehen wir unter Stabilität? Eine anschauliche Definition von Chaos besteht darin, dass eine winzige Abweichung (Ursache) z. B. im Anfangswert

$$y_0 = x_0 + \epsilon$$

sich nach einer bestimmten Zeit (hier: Anzahl von Iterationen) zu einer messbaren Größe (Wirkung) aufschaukeln und schließlich zu einer völlig abweichenden Folge y_n führen kann. So eine Folge wäre instabil. Ein Schmetterling schlägt mit seinen Flügeln und stört dadurch die Luftströmungen der Atmosphäre minimal. Eine genügend instabile Wetterlage vorausgesetzt, könnte dieser „Schmetterlingseffekt" nach ein paar Tagen zu einem völlig anderen Wetter führen.

2.2.2 Lyapunov-Exponent der Logistischen Abbildung

Wir suchen also nach einem Kriterium für die Divergenz zweier anfangs beliebig dicht benachbarter Zahlenfolgen x_n und y_n für $n \gg 1$. Startet man die erste Iteration bei x_0, so ergibt sich für x_n

$$x_n = f(f(f(\cdots f(x_0) \cdots))) \equiv f^{(n)}(x_0) \,, \tag{2.10}$$

wobei $f^{(n)}$ die n-fach Iterierte bezeichnet. Eine zweite Iteration soll mit einem dicht benachbarten Anfangswert $x_0 + \epsilon$, $|\epsilon| \ll 1$ beginnen und liefert eine andere Folge $y_1, y_2, \ldots, y_n$:

$$y_n = f^{(n)}(x_0 + \epsilon) \,. \tag{2.11}$$

Die Frage ist nun, ob sich die beiden Folgen von einander entfernen. Wir bilden den Abstand und erhalten mit $\epsilon \to 0$

$$d_n = |x_n - y_n| = \left| \epsilon \frac{f^{(n)}(x_0 + \epsilon) - f^{(n)}(x_0)}{\epsilon} \right| = \lim_{\epsilon \to 0} \left| \epsilon \frac{d}{dx} f^{(n)}(x) \right|_{x_0} \,. \tag{2.12}$$

Nimmt man jetzt an, dass der Abstand exponentiell mit den Iterationen anwächst (instabil) bzw. abnimmt (stabil), also

$$d_n = d_0 \, e^{\lambda n} = |\epsilon| \, e^{\lambda n} \,, \tag{2.13}$$

so liegt bei $\lambda > 0$ eine instabile Iterationsfolge vor, bei $\lambda < 0$ eine stabile. Mit (2.12) folgt aber aus (2.13)

$$\lambda = \lim_{n \to \infty} \frac{1}{n} \ln \left| \frac{d}{dx} f^{(n)}(x) \right|_{x_0} \,, \tag{2.14}$$

λ wird als **Lyapunov-Exponent** bezeichnet. Zur Auswertung von (2.14) wenden wir die Kettenregel an

$$\frac{d}{dx} f^{(n)}(x) \bigg|_{x_0} = d_x f(x_0) d_x f(x_1) \cdots d_x f(x_n)$$

und erhalten schließlich

$$\lambda = \lim_{n \to \infty} \frac{1}{n} \sum_{k=0}^{n} \ln \left| \frac{d}{dx} f(x) \right|_{x=x_k} \,. \tag{2.15}$$

Diese Formel lässt sich relativ einfach programmieren. Natürlich kann man sie nicht für $n \to \infty$ auswerten, man wählt ein „genügend großes" maximales n von z. B. 1000. Das Programm könnte in Abwandlung von PROGRAM logist folgendermaßen aussehen:

```
PROGRAM lyapunov
REAL*8   :: a,x,fly
...
    DO it=1,itmax+ivor     ! Schleife Iterationen
      x=a*x*(1.-x)          ! log. Abbildung
      IF(it.GT.ivor.AND.ABS(x-.5).GT.1.E-30)
*          fly=fly+LOG(ABS(a*(1.-2.*x)))  ! Summe Lyapunov-Epxonent
    ENDDO
    fly=fly/FLOAT(itmax)   ! Lyapunov-Exponent
... plotte fly ueber a ...
```

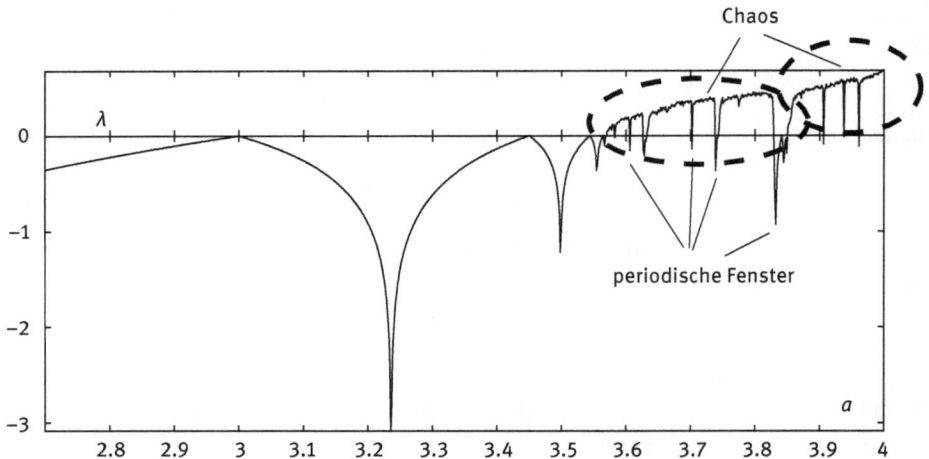

Abb. 2.3: Lyapunov-Exponent der Logistischen Abbildung. Im chaotischen Bereich ab $a \approx 3,55$ ist $\lambda > 0$. Es existieren aber periodische Fenster.

Das Resultat zeigt Abb. 2.3. Man findet negative λ für die Fixpunkte und die periodischen Zyklen (diese sind stabil), positive in den chaotischen Bereichen. An Bifurkationspunkten gilt $\lambda = 0$, da am n-ten Verzweigungspunkt der 2^{n-1}-periodische Zyklus instabil wird zugunsten eines 2^n-periodischen, der dann für größeres a wieder stabil wird.

2.2.3 Lyapunov-Exponenten mehrdimensionaler Abbildungen

Wir erweitern die Methode auf N-dimensionale Abbildungen. Sei

$$\vec{x}_{n+1} = \vec{f}(\vec{x}_n)$$

mit $\vec{x}, \vec{f}$ aus $\mathcal{R}_N$. Aus dem Abstand d_n wird dann ein Vektor und man erhält anstatt (2.12)

$$\vec{d}_n = \underline{L}^{(n)}(\vec{x}_0)\, \vec{d}_0, \quad |\vec{d}_0| = \epsilon \ll 1$$

mit der Jacobi-Matrix

$$L_{ij}^{(n)}(\vec{x}_0) = \left.\frac{\partial f_i^{(n)}}{\partial x_j}\right|_{\vec{x}_0}$$

der n-fach Iterierten. Dies führt mit

$$\vec{d}_n = \vec{d}_0\, e^{\lambda n} \equiv \vec{d}_0\, \sigma$$

auf das Eigenwertproblem

$$(\underline{L}^{(n)} - \sigma_i)\, \vec{d}_0 = 0\,.$$

Aus den N Eigenwerten σ_i lassen sich schließlich die N Lyapunov-Exponenten

$$\lambda_i = \lim_{n \to \infty} \frac{1}{n} \ln \sigma_i \qquad (2.16)$$

berechnen. Die Jacobi-Matrix der n-fach Iterierten kann man als Produkt der einfachen Jacobi-Matrizen schreiben:

$$\underline{L}^{(n)}(\vec{x}_0) = \underline{L}(\vec{x}_n)\,\underline{L}(\vec{x}_{n-1}) \cdots \underline{L}(\vec{x}_0) \,. \qquad (2.17)$$

Als Beispiel untersuchen wir die Standardabbildung (2.9). Mit

$$\underline{L}(\vec{x}) = \begin{pmatrix} 1 - K \cos(2\pi x) & 1 \\ -K \cos(2\pi x) & 1 \end{pmatrix}$$

gilt hier der Spezialfall

$$\det \underline{L} = 1 \,.$$

Wegen (2.17) ist dann auch $\det \underline{L}^{(n)} = 1$ und deshalb $\sigma_1 \sigma_2 = 1$. Da es sich bei $\underline{L}^{(n)}$ um eine reelle Matrix handelt, können wir die beiden Fälle
(i) σ_i reell, ein $\sigma_k \geq 1$, deshalb $\lambda_k \geq 0$,
(ii) $\sigma_1 = \sigma_2^*$ komplex, $|\sigma_i| = 1$, deshalb $\operatorname{Re} \lambda_i = 0$,

unterscheiden. Der Fall (i) gehört zu einer instabilen Folge (Sattelpunkt, siehe Kapitel 3), (ii) zu einer marginal stabilen (Zentrum).

Wie sieht die numerische Umsetzung aus? Um ein konvergierendes Ergebnis zu erreichen, sollte man sicher einige tausend Iterationen durchführen, d. h. das Produkt (2.17) wird sich über einige tausend 2×2 Matrizen erstrecken und im chaotischen Bereich mit Sicherheit einen Overflow-Fehler generieren. Um das zu vermeiden, kann man nach jeder Iteration $\underline{L}$ normieren, z. B. so, dass die größte Komponente den Betrag eins besitzt:

$$\underline{\bar{L}}(\vec{x}_i) = \frac{1}{s_i}\underline{L}(\vec{x}_i) \quad \text{mit } s_i = \max_{jk}(|L_{jk}(\vec{x}_i)|) \,.$$

Das Produkt

$$\underline{\bar{L}}^{(n)}(\vec{x}_0) = \underline{\bar{L}}(\vec{x}_n)\,\underline{\bar{L}}(\vec{x}_{n-1}) \cdots \underline{\bar{L}}(\vec{x}_0) \qquad (2.18)$$

wird jetzt nicht divergieren, unterscheidet sich aber von (2.17) um den (unter Umständen sehr großen) Faktor

$$s = \prod_{i=0}^{n} s_i \,.$$

Die Eigenwerte unterscheiden sich dann um denselben Faktor und man erhält statt (2.16)

$$\lambda_i = \lim_{n \to \infty} \frac{1}{n}(\ln \bar{\sigma}_i + \ln s) = \lim_{n \to \infty} \frac{1}{n}\left(\ln \bar{\sigma}_i + \sum_{k}^{n} \ln s_k\right) . \qquad (2.19)$$

Es genügt also, während der Iteration $\ln s_k$ aufzusummieren, was nicht zu einem Overflow führen wird. Der Programmausschnitt dazu, in Verwendung mit Programm `kreisabbildung`, könnte so aussehen:

```
      REAL*8 :: x,y,bs,s,sp,det,amp,fm1(2,2)
      complex xl1,xl2
...
          x=x0; y=y0   ! Startwert fuer Iteration
          fm1=fm(pi2*x,amp)   ! Jacobi-Matrix
          bs=MAXVAL(ABS(fm1))  ! Maximum-Norm
          fm1=fm1/bs           ! Normierung
          s=LOG(bs)            ! Norm nach s
          DO i=1,imax          ! Iterations-loop
          y=y-amp/pi2*SIN(pi2*x)
          x=x+y
C rekursive Matrix-Multipliation
          fm1=MATMUL(fm(pi2*x,amp),fm1)
          bs=MAXVAL(ABS(fm1))
          fm1=fm1/bs
          s=s+LOG(bs)
          ENDDO
C Eigenwerte von fm1 berechnen
          det=(fm1(1,1)*fm1(2,2)-fm1(1,2)*fm1(2,1))
          sp=fm1(1,1)+fm1(2,2)
          xl1=(log(.5*(sp+csqrt(cmplx(sp**2-4.*det,0.)))))+s)
          xl2=(log(.5*(sp-csqrt(cmplx(sp**2-4.*det,0.)))))+s)
... Ergebnis plotten
C Jacobi-Matrix
      CONTAINS ! wichtig damit MAIN fm als Funktion (matrix) kennt
         FUNCTION fm(x,amp)
           REAL*8 :: fm(2,2),x,amp
           fm(1,1)=1.-amp*COS(x)
           fm(1,2)=1.
           fm(2,1)=-amp*COS(x)
           fm(2,2)=1.
         END FUNCTION fm
      END
```

Baut man den Ausschnitt in eine Schleife über verschiedene Startwerte x_0, y_0 ein, so lässt sich die gesamte Ebene mit einer bestimmten Auflösung abtasten. Man kann dann den größten Lyapunov-Exponenten, also das Maximum der Realteile vom xl1,xl2 in einem zweidimensionalen Feld abspeichern und zum Schluss z. B. Höhenlinien oder eine farbige Bitmap anfertigen. Hierzu bietet sich die Routine image an, die auf die PGPLOT-Routine PGPIXL zurückgreift und im Anhang B näher beschrieben wird. Die Farben lassen sich mit der Routine ccircl (Anhang B) setzen.

```
CALL CCIRCL(2,100) ! legt den Farbkreis auf den Bereich 2...100
```

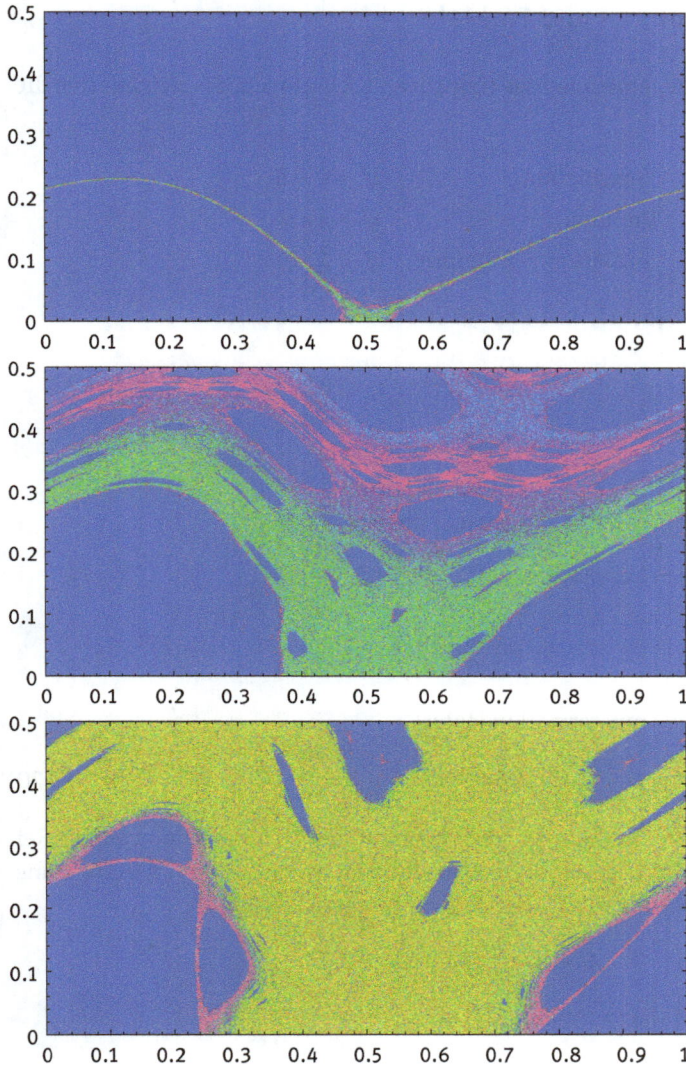

Abb. 2.4: Größter Lyapunov-Exponent der Standard-Abbildung für $K = 0,5$ (oben), $K = 1$ (Mitte) und $K = 1,5$ (unten). In den blauen Bereichen verläuft die Abbildung nicht chaotisch.

Abb. 2.4 zeigt die farblich kodierten Lyapunov-Exponenten für drei verschiedene K mit einer Auflösung von 500×500. Blaue Bereiche entsprechen einer regulären Folge, alle anderen Farben gehören zu positiven Lyapunov-Exponenten und weisen auf chaotisches Verhalten hin. Das komplette Programm findet man auf der Buch-Webseite [2].

2.3 Affine Abbildungen und Fraktale

Wir untersuchen lineare, eineindeutige (bijektive) Abbildungen, die sich aus den drei Operationen

$$\text{Verschiebung:} \quad \vec{q}' = \vec{q} + \vec{a}$$
$$\text{Drehung:} \quad \vec{q}' = \underline{L}_D\, \vec{q}$$
$$\text{Skalierung} + \text{Scherung:} \quad \vec{q}' = \underline{L}_S\, \vec{q}$$

zusammensetzen. Wir beschränken uns auf zwei Dimensionen, also

$$\vec{q} = (x, y)\,,$$

$\underline{L}_D$ ist dann die Drehmatrix

$$\underline{L}_D = \begin{pmatrix} \cos\theta & -\sin\theta \\ \sin\theta & \cos\theta \end{pmatrix}$$

und $\underline{L}_S$ die Skalierungs-Scher-Matrix

$$\underline{L}_S = \begin{pmatrix} s_x & b \\ 0 & s_y \end{pmatrix}\,.$$

Eine zusammengesetzte Transformation lautet

$$\vec{q}' = \underline{L}_D\,\underline{L}_S\, \vec{q} + \vec{a}\,, \tag{2.20}$$

wobei die verschiedenen Abbildungen nicht kommutieren, d. h. es kommt auf die Reihenfolge an (Drehung und Skalierung vertauscht aber, wenn $s_x = s_y$, $b = 0$). Transformiert man ein Dreieck mit der Fläche A, so gilt wegen $\det(\underline{L}_D) = 1$

$$A' = \det(\underline{L}_S)\,A = s_x s_y\, A\,.$$

Wendet man die Abbildung (2.20) iterativ an,

$$\vec{q}_{n+1} = \underline{L}_D\,\underline{L}_S\, \vec{q}_n + \vec{a}\,, \tag{2.21}$$

so entsteht eine *selbstähnliche* Struktur.

2.3.1 Sierpinski-Dreieck

Als Anwendung konstruieren wir ein sogenanntes Sierpinski-Dreieck. Mit dem F90-Aufruf

```
CALL RANDOM_NUMBER(x)
```

bringen wir den Zufall ins Spiel. Wenn x als skalare Größe definiert wird, enthält es nach Aufruf eine *gleichverteilte* Zufallszahl im Intervall (für weitere Details zu Zufallsvariablen siehe Abschn. 8.1.1)

$$0 \leq x < 1 \, .$$

Eine mögliche Konstruktionsvorschrift des Sierpinski-Dreiecks lautet [3]:

1. Definiere ein Dreieck durch die Punkte (a_1, b_1), (a_2, b_2), (a_3, b_3).
2. Wähle einen zufälligen Punkt (x, y) innerhalb des Dreiecks.
3. Wähle eine zufällige ganze Zahl $i = 1, 2, 3$ (gleichverteilt).
4. Setze einen Punkt in die Mitte von (x, y) und (a_i, b_i).
5. Gehe nach 3. und verwende den in 4. gesetzten Punkt als neuen Punkt (x, y).

Die Vorschrift lässt sich als Abbildung

$$\vec{q}_{n+1} = \frac{1}{2}(\vec{q}_n + \vec{a}_i) \, , \quad i = 1, 2, 3 \text{ (zufällig)} \tag{2.22}$$

formulieren, wobei $\vec{a}_i = (a_i, b_i)$ ist. Die Anfertigung eines Programms überlassen wir dem Leser. Bei einer Wahl der Ecken

$$a_1 = (0, 0), \quad a_2 = (1, 0), \quad a_3 = (0,5, 1)$$

sollte nach einigen 1000 Iterationen Abb. 2.5 entstehen.

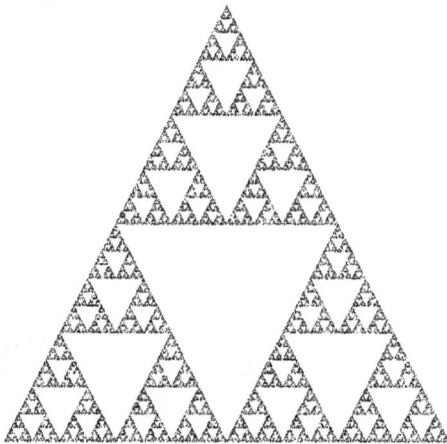

Abb. 2.5: Sierpinski-Dreieck als fraktales Gitter.

Offensichtlich wird eine sehr regelmäßige Struktur erzeugt, obwohl der Zufall beim Programmablauf eine wichtige Rolle spielt. Auch der Anfangswert bleibt ohne Einfluss, die Iteration konvergiert nach wenigen Schritten auf das Sierpinski-Gitter, welches deshalb auch als *Attraktor* für die gesamte Ebene innerhalb des Dreiecks bezeichnet werden kann. Die Struktur des Sierpinski-Dreiecks ist selbstähnlich, jedes beliebig herausgegriffene Unterdreieck sieht (bis auf seine Größe) gleich aus. Allerdings ist die Ebene beinahe leer, jedes Dreieck hat unendlich viele Löcher auf allen Längenskalen (bei unendlich vielen Iterationen). Es handelt sich um eine *fraktale* Struktur.

2.3.2 Von Farnen und anderen Gewächsen

Viele in der Natur vorkommende Strukturen besitzen eine fraktale Geometrie (wir verweisen auf das Buch von B. Mandelbrot, *Die fraktale Geometrie der Natur*, [4]). Der englische Mathematiker Michael Barnsley schlug 1985 eine zufallsgesteuerte Abbildung zur Konstruktion von Farnen vor, die seither als Barnsley-Farne bezeichnet werden [5]. Die Abbildung lautet

$$\vec{q}_{n+1} = \underline{L}_i\, \vec{q}_n + \vec{a}_i, \quad \vec{q}_0 = (0,5,0) \tag{2.23}$$

und

$$\underline{L}_1 = \begin{pmatrix} 0 & 0 \\ 0 & 0,27 \end{pmatrix}, \qquad \underline{L}_2 = \begin{pmatrix} -0,139 & 0,263 \\ 0,246 & 0,224 \end{pmatrix},$$
$$\underline{L}_3 = \begin{pmatrix} 0,17 & -0,215 \\ 0,222 & 0,176 \end{pmatrix}, \quad \underline{L}_4 = \begin{pmatrix} 0,781 & 0,034 \\ -0,032 & 0,739 \end{pmatrix} \tag{2.24}$$

sowie

$$\vec{a}_1 = \begin{pmatrix} 0,5 \\ 0 \end{pmatrix}, \quad \vec{a}_2 = \begin{pmatrix} 0,57 \\ -0,036 \end{pmatrix}, \quad \vec{a}_3 = \begin{pmatrix} 0,408 \\ 0,0893 \end{pmatrix}, \quad \vec{a}_4 = \begin{pmatrix} 0,1075 \\ 0,27 \end{pmatrix}.$$

Die Auswahl von i erfolgt jetzt nicht mehr mit gleicher Verteilung, sondern nach der Regel

$$i = (1,2,3,4), \quad \text{mit } P(i) = (0,02,\ 0,15,\ 0,13,\ 0,7),$$

wobei $P(i)$ die Wahrscheinlichkeit angibt, i zu ziehen. Das Ergebnis nach 30 000 Iterationen zeigt Abb. 2.6 links.

Eine andere Iterationsvorschrift liefert einen Baum, Abb. 2.6 rechts. Hier wurde

$$\underline{L}_1 = \begin{pmatrix} 0,05 & 0 \\ 0 & 0,6 \end{pmatrix}, \qquad \underline{L}_2 = \begin{pmatrix} 0,05 & 0 \\ 0 & -0,5 \end{pmatrix}, \qquad \underline{L}_3 = \begin{pmatrix} 0,46 & -0,15 \\ 0,39 & 0,38 \end{pmatrix},$$
$$\underline{L}_4 = \begin{pmatrix} 0,47 & -0,15 \\ 0,17 & 0,42 \end{pmatrix}, \quad \underline{L}_5 = \begin{pmatrix} 0,43 & 0,28 \\ -0,25 & 0,45 \end{pmatrix}, \quad \underline{L}_6 = \begin{pmatrix} 0,42 & 0,26 \\ -0,35 & 0,31 \end{pmatrix}, \tag{2.25}$$

und

$$\vec{a}_1 = \begin{pmatrix} 0 \\ 0 \end{pmatrix}, \vec{a}_2 = \begin{pmatrix} 0 \\ 1 \end{pmatrix}, \vec{a}_3 = \begin{pmatrix} 0 \\ 0,6 \end{pmatrix}, \vec{a}_4 = \begin{pmatrix} 0 \\ 1,1 \end{pmatrix}, \vec{a}_5 = \begin{pmatrix} 0 \\ 1 \end{pmatrix}, \vec{a}_6 = \begin{pmatrix} 0 \\ 0,7 \end{pmatrix}$$

verwendet. Die Wahrscheinlichkeiten sind jetzt

$$P(i) = (0,1,\ 0,1,\ 0,2,\ 0,2,\ 0,2,\ 0,2).$$

Abb. 2.6: Links: ein Barnsley-Farn nach (2.24), rechts: ein fraktaler Baum, erzeugt mit (2.25).

2.3.3 Aufgaben

1. Berechnen Sie (mit Bleistift) den Kommutator $[\underline{L}_D, \underline{L}_S]$.
2. Programmieren Sie Sierpinski-Dreieck, Farn und Baum nach (2.24), bzw. (2.25). Spielen Sie mit den Farben (verschiedene Farben für verschiedene i). Ändern Sie die Wahrscheinlichkeiten.

2.4 Fraktale Dimension

2.4.1 Box Counting

Ausgehend vom euklidischen Dimensionsbegriff (Punkt = 0, Linie = 1, Fläche = 2, ...) lässt sich einem fraktalen Gebilde wie in Abb. 2.5 eine *fraktale Dimension* d_f zuordnen. Wir verwenden die Box-Counting-Methode. Dazu wird eine Einheitsfläche E mit $N \times N$ gleichen Quadraten der Seitenlänge $L = 1/N$ bedeckt. Auf E befinde sich ein Objekt, dessen Dimension man messen möchte, z. B. eine Linie wie in Abb. 2.7. Für gegebenes L zählt man die Quadrate, die von der Linie durchlaufen werden, M. Halbiert man jetzt L (d. h. die Anzahl der Quadrate vervierfacht sich), so wird sich M in etwa verdoppeln. Es besteht also der Zusammenhang

$$M \sim L^{-1}.\qquad(2.26)$$

Besteht das Objekt dagegen aus einer bestimmten Anzahl K von Punkten, so wird bei genügend kleinem L immer $M = K$ sein, unabhängig von L, also

$$M = \text{const.}\qquad(2.27)$$

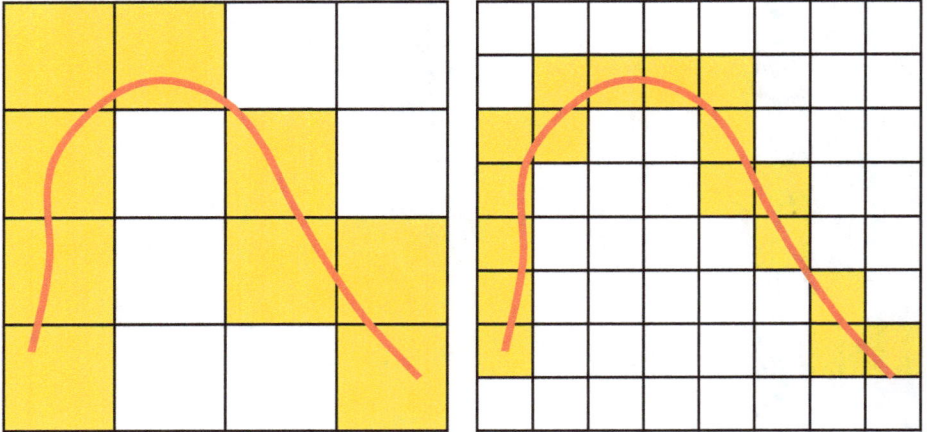

Abb. 2.7: Box-Counting-Methode. Zur Bestimmung der (fraktalen) Dimension eines Objektes zählt man die Quadrate, die man zu dessen Abdeckung braucht. Halbiert man die Quadratseitenlänge, so benötigt man etwa doppelt soviel Kästchen wenn das Objekt wie hier eine Linie ist und die Dimension eins besitzt.

Wäre das Objekt schließlich zweidimensional, also ein Teil der Fläche, so wäre M proportional zur Anzahl der Quadrate, oder

$$M \sim L^{-2} \,. \tag{2.28}$$

Offensichtlich lassen sich alle drei Fälle durch

$$M \sim L^{-d} \tag{2.29}$$

ausdrücken, wobei d die Dimension des Objekts ist.

2.4.2 Beispiel Sierpinski-Dreieck

Wir wenden die Methode auf das Sierpinski-Dreieck an. Dazu wird ein Feld `ibox` definiert, dessen Element `ibox(i,j)` auf eins gesetzt wird, wenn ein Punkt der Abbildung in das entsprechende Quadrat `(i,j)` fällt:

```
PROGRAM fraktale_dimension
REAL, DIMENSION(3)        :: a,b
INTEGER, DIMENSION(1024,1024) :: ibox

OPEN(2,file='fd.dat') ! File fd.dat Output oeffnen
iter=100000           ! Anzahl Iterationen der Abb.
```

```
C Sierpinski-Dreick definieren
   a=(/0.,1.,0.5/); b=(/0.,0.,1./)

   dx=1.; id=1          ! Kaestchenlaenge und -zahl am Anfang
   DO  i=1,10           ! zehn verschiedene Gitter
      id=2*id; dx=dx/2  ! Anzahl der Kaestchen je Richtung verdoppeln
      ibox=0
      x=0.5; y=0.5      ! Startwert Sierpinski
      DO n=1,iter        ! Sierpinski Iterationen
! affine Abbildung
         CALL RANDOM_NUMBER(r)
         i=INT(3.*r+1.)  ! zufaellige Auswahl 1,2,3
         x=(x+a(i))/2.; y=(y+b(i))/2.
c Kaestchen i,j berechnen, Marker in ibox setzen
         ix=x/dx+1; iy=y/dx+1; ibox(ix,iy)=1     ! eins setzen
      ENDDO

      n=sum(ibox)        ! Anzahl der getroffenen Kaestchen
c LOG-LOG-Kurve
      xp=LOG(1./dx); yp=LOG(FLOAT(n))
      WRITE(2,*) xp,yp   ! auf file schreiben
   ENDDO
   END
```

Danach wird der Zusammenhang (2.29) doppelt logarithmisch aufgetragen und die Steigung bestimmt, die der fraktalen Dimension d_f entspricht:

$$d_f = -\frac{\log M}{\log L} \, . \tag{2.30}$$

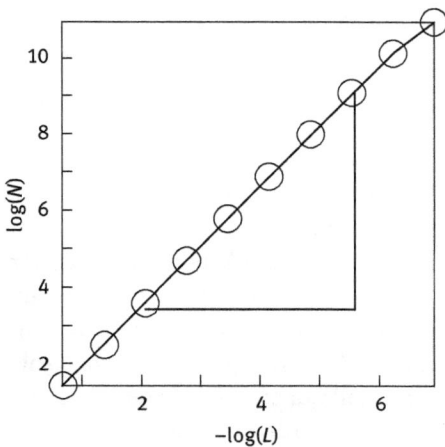

Abb. 2.8: Anzahl der Kästchen über der Kästchenlänge, doppelt logarithmisch und Steigungsdreieck. Im Idealfall erhält man eine Gerade, deren Steigung der fraktalen Dimension entspricht.

Das Programm verwendet diesmal keine Grafik sondern schreibt die Daten auf einen File „fd.dat". Dieser kann dann z. B. unter *gnuplot* mittels

```
gnuplot> plot 'fd.dat' with lines
```

betrachtet werden (Abb. 2.8). Auch kann aus den Daten die Steigung d_f an einer „günstigen" Stelle, d. h. dort, wo die Kurve einigermaßen linear verläuft, ermittelt werden. Verwendet man z. B. die Punkte 3 und 8 zur Konstruktion eines Steigungsdreiecks, so ergibt sich $d_f \approx 1{,}585$. Der Wert lässt sich durch ein anderes Verfahren auch analytisch bestimmen (siehe z. B. [3]), man erhält

$$d_f = \log(3)/\log(2) = 1{,}5849625\ldots$$

2.4.3 Aufgabe

Bestimmen Sie numerisch die fraktalen Dimensionen von Farn und Baum.

2.5 Neuronale Netze

Etwa ab 1990 wurde die Disziplin der Neuroinformatik ins Leben gerufen, die Bereiche aus verschiedenen Gebieten wie Physik, Mathematik, Chemie, Medizin umfasst und deren Ziel es ist, die Funktionsweise des Gehirns zu erforschen und zu verstehen. Ein Ansatz verfolgt dabei die Modellierung biologischer Intelligenz (Gedächtnis, Lernprozesse, logische Verknüpfungen) durch neuronale Netze. Wir können das riesige Gebiet hier natürlich nur streifen und werden zwei Beispiele ausführlicher behandeln, das Perzeptron und die selbstorganisierten Karten von Kohonen. Für weitere Details und Vertiefung verweisen wir auf das Buch von Ritter et al. [6].

2.5.1 Perzeptron

Das menschliche Gehirn besteht aus ca. 80 Milliarden Nervenzellen (Neuronen), die über 10^{14} Kontaktstellen (Synapsen) miteinander verbunden sind. Die Verbindungen sind dynamisch, d. h. sie können je nach Anforderungen verstärkt oder abgebaut werden (Lernen). Als stark vereinfachtes Modell kann das Perzeptron aufgefasst werden. Es verfügt nur über N Eingabeneuronen $S_1, \ldots, S_n$, die nicht untereinander verbunden sind, eine Verarbeitungsschicht beschrieben durch die synaptischen Gewichte w_j, sowie ein Ausgabeneuron (Abb. 2.9). Jedes Neuron soll nur zwei Zustände annehmen können, nämlich aktiv ($S_j = 1$) oder ruhend ($S_j = -1$). Die Kopplung der Eingabeschicht an das Ausgabeneuron wird durch den einfachen Zusammenhang

$$S_o = \text{sign}\left(\sum_j^N w_j S_j \right) \tag{2.31}$$

beschrieben, wobei

$$\text{sign}(x) = \begin{cases} 1 & \text{für } x \geq 0 \\ -1 & \text{für } x < 0 \end{cases}$$

die (leicht modifizierte) Signumfunktion darstellt. Die Stärke der Verbindungen wird durch die Werte von w_j beschrieben, welche hemmend ($w_j < 0$) oder erregend ($w_j > 0$) sein können und sich im Laufe des Lernprozesses verändern.

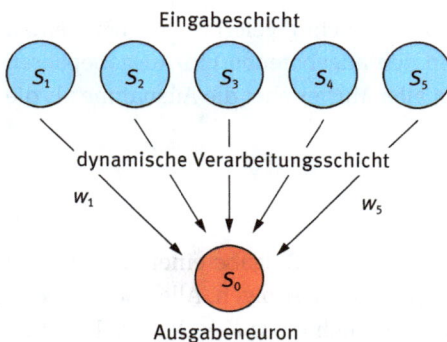

Abb. 2.9: Perzeptron mit $N = 5$ Eingabeneuronen. Weil nur eine verarbeitende Schicht vorhanden ist, wird es auch als Single-Layer-Perceptron (SLP) bezeichnet.

2.5.1.1 Lernregel

Was heißt nun Lernprozess? Ein neuronales Netz wird nicht programmiert und enthält keine vorgegebenen Regeln oder Verschaltungen. Man bietet ihm Beispiele an, hier eine bestimmte Anzahl (M) Ein/Ausgabepaare

$$(S_j = x_j^{(n)}, S_0 = y^{(n)}), \quad n = 1, \ldots, M. \tag{2.32}$$

Das Netz lernt nun durch dynamische Veränderung der synaptischen Stärken w_i, d. h. Gl. (2.31) soll durch möglichst viele (im Idealfall alle) Paare (2.32) erfüllt werden:

$$y^{(n)} \stackrel{!}{=} \text{sign}\left(\sum_j^N w_j x_j^{(n)} \right). \tag{2.33}$$

Im Jahr 1949 formulierte D. O. Hebb (1904–1985) die *Hebb'sche Lernregel*, welche postuliert, dass synaptische Verbindungen sich an die Aktivität ihrer jeweiligen Ein- und Ausgangsneuronen anpassen. Bezeichnet Δw_i die Änderung von w_i bei einem Lernschritt, so lässt sich die Hebb'sche Regel als

$$\Delta w_j = \frac{1}{N} y^{(n)} x_j^{(n)} \tag{2.34}$$

formulieren. Soll nur ein Paar ($M = 1$) gelernt werden und setzt man am Anfang alle $w_j = 0$, so gilt nach einem Lernschritt $w_j = \frac{1}{N} y\, x_j$ und, eingesetzt in (2.33)

$$y = \mathrm{sign}\left(y \frac{1}{N} \sum_j^N x_j^2\right) = \mathrm{sign}\,(y)\,,$$

was für alle $y = \pm 1$ erfüllt ist. Soll das Netz aber mehrere Paare lernen, so muss man die Regel (2.34) leicht verändern: jedes Paar soll nur dann die Verbindungen verändern, wenn es noch nicht richtig gelernt wurde (Rosenblatt-Regel, nach Frank Rosenblatt (1928–1971)):

$$\Delta w_j = \begin{cases} \frac{1}{N}\, y^{(n)}\, x_j^{(n)} & \text{wenn } y^{(n)}\left(\sum_j^N w_j\, x_j^{(n)}\right) \le 0 \\ 0 & \text{sonst}\,. \end{cases} \tag{2.35}$$

Dadurch stoppt der Algorithmus, wenn alle Muster richtig gelernt sind. Wir werden aber gleich sehen, dass die Lernfähigkeit von den angebotenen Ein/Ausgabepaaren (2.32) abhängt und ein vollständiges Erlernen aller Muster eher die Ausnahme als die Regel ist. Zunächst aber ein Beispiel:

2.5.1.2 Primzahlen

Wir wollen dem Perzeptron Primzahlen beibringen. Die Eingabe einer ganzen Zahl $K > 0$ soll durch Setzen des Eingabeneurons Nr. K auf +1 erfolgen. Alle anderen Neuronen befinden sich im Ruhezustand -1. Offensichtlich muss $K \le N$ sein. Das Ausgangsneuron soll aktiv (+1) sein, wenn es sich bei K um eine Primzahl handelt.

Um das Programm flexibel zu gestalten, wollen wir die drei Teilaufgaben
1. Erzeugen der Ein/Ausgabepaare
2. Auswertung
3. Lernschritt, Anpassen der Synapsen

auf die drei Subroutinen
1. SUBROUTINE einaus
2. SUBROUTINE auswrt
3. SUBROUTINE lern

verteilen. Das Hauptprogramm besteht dann im wiederholten Lernen von ganzen Zahlen, solange bis ein Stop-Bit (hier is) gesetzt wird:

```
PARAMETER (n=100, m=1) ! Anzahl d. Neuronen Eingabe-, Ausgabeschicht

INTEGER :: ie(n),ia(m),ial(m)
REAL    :: w(n,m)

w=-1.    ! Die Gewichte mit -1 vorbelegen
imax=n   ! Max. Anzahl verschiedener Ein/Ausgabepaare
```

```
k=1; is=0
DO WHILE(is.EQ.0)
  CALL einaus(ie,ial,n,m,k)
  CALL auswrt(ie,ia,w,n,m)
  CALL lern(ie,ia,ial,w,n,m,is,imax)
  wskal=MAXVAL(ABS(w))
  w=w/wskal  ! skalieren der Gewichte
  k=MOD(k,imax+1)+1
  k1=k1+1
  CALL synplo(w,n,m,k1)  ! plotten der Verbindungen
ENDDO
write(6,*)'Lernschritte:',k1
END
```

Das Feld `ie` enthält die Werte der Eingangsneuronen, `ia` die der Ausgangsneuronen (hier nur eines). Es werden für K nacheinander die natürlichen Zahlen $1, 2, 3, \ldots, N$ angeboten. Die Routine `lern` setzt das Stop-Bit, sobald `imax` Zahlen nacheinander ohne Veränderung der w richtig erkannt werden. Die Subroutinen im Einzelnen:

```
SUBROUTINE einaus(ie,ia,n,m,k)
INTEGER :: ie(n),ia(m)
C lernt Primzahlen
ie=-1
ie(k)=1          ! Eingabeschicht
ia(1)=iprim(k)   ! Ausgabeneuron
END
```

Die Integer-Funktion `iprim(k)` ist +1, wenn `k` eine Primzahl, sonst −1. Wir überlassen das Schreiben dem Leser.

```
SUBROUTINE auswrt(ie,ia,w,n,m)
INTEGER :: ie(n),ia(m)
REAL    :: w(n,m)
DO j=1,m
  s=SUM(w(1:n,j)*FLOAT(ie))
  ia(j)=SIGN(1,FLOOR(s))
ENDDO
END
```

Dies ist einfach die Programmierung der Formel (2.31). Die Soubroutine `lern` setzt schließlich die Rosenblatt-Regel (2.35) um:

```
SUBROUTINE lern(ie,ia,ial,w,n,m,is,imax)
INTEGER :: ie(n),ia(m),ial(m)
REAL    :: w(n,m)
C Veraendern der Gewichte nach der Rosenblatt-Regel
is=0
ll=ll+1
```

```
DO j=1,m
  IF(ia(j).NE.ial(j)) THEN
    ll=0
    w(1:n,j)=w(1:n,j)+float(ial(j)*ie)/FLOAT(n)
  ENDIF
ENDDO
IF(ll.EQ.imax) is=1   ! Setzen des Stop-Bits
END
```

Weicht das tatsächliche Ergebnis `ia` vom zu erlernenden `ial` ab, so werden die Gewichte entsprechend verändert. Das Stop-Bit `is` wird gesetzt, sobald `imax` Zahlen ohne Unterbrechung richtig gelernt sind. Abb. 2.10 zeigt die notwendigen Lernschritte als Funktion von N sowie der Vorbelegung der Gewichte w_i.

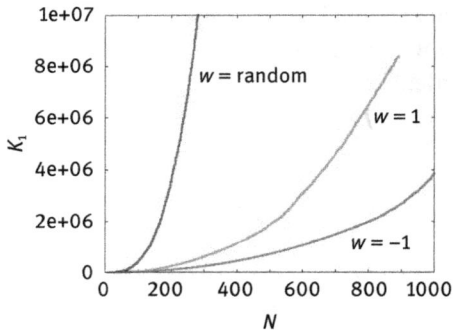

Abb. 2.10: Die Anzahl K_1 der benötigten Lernschritte hängt stark von der Neuronenzahl N der Eingangsschicht, aber auch von der Vorbelegung der Gewichte w ab.

2.5.1.3 Logische Gatter und lineare Separierbarkeit
Wir verallgemeinern die Schaltbedingung (2.31) zu

$$S_o = \text{sign}\left(\sum_{j}^{N} w_j\, S_j - \vartheta \right). \tag{2.36}$$

Das Ausgabeneuron wird also dann aktiv, wenn die Summe seiner Eingaben den Schwellwert ϑ erreicht, der für jedes Neuron verschieden sein kann. Um dies kenntlich zu machen, schreiben wir den Wert von ϑ in das jeweilige Ausgabeneuron.

Soll das Perzeptron die Fähigkeiten eines „normalen" binären Computers erlernen können, so sollten sich zumindest die basalen logischen Funktionen NOT, AND, OR und XOR nachbilden lassen. Dies gelingt bei entsprechender Wahl von ϑ für die ersten drei, allerdings nicht für XOR (Abb. 2.11), was der KI-Forscher Marvin Minsky bereits in den 60er Jahren beweisen konnte. Die Wahrheitstabelle eines XOR's sieht

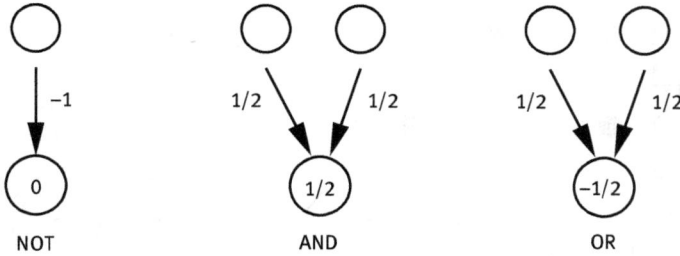

Abb. 2.11: Die logischen Funktionen NOT, AND und OR lassen sich durch ein SLP realisieren.

folgendermaßen aus

S_1	S_2	S_0
-1	-1	-1
1	1	-1
-1	1	1
1	-1	1

Sei $a_1 = -1$ (ruhend) und $a_2 = 1$ (aktiv). Dann muss

$$w_1 a_1 + w_2 a_1 < \vartheta$$
$$w_1 a_2 + w_2 a_2 < \vartheta$$
$$w_1 a_1 + w_2 a_2 > \vartheta$$
$$w_1 a_2 + w_2 a_1 > \vartheta$$

(2.37)

gelten. Subtraktion der 3. von der 1. Ungleichung ergibt

$$w_2(a_1 - a_2) < 0 ,$$

Subtraktion der 4. von der 2. Ungleichung dagegen

$$w_2(a_2 - a_1) < 0 ,$$

was offensichtlich auf einen Widerspruch führt. Probleme dieser Art werden als nicht „linear separierbar" bezeichnet. Im N-dimensionalen Vektorraum liegen alle möglichen Eingabemuster für N Neuronen auf den Ecken eines N-dimensionalen Hyperwürfels. Nur solche Muster, die sich durch eine $N-1$-dimensionale Hyperfläche trennen lassen, kann das Perzeptron unterscheiden, Abb. 2.12. Wollten wir also versuchen, unserem Perzeptron die XOR-Funktion beizubringen, so würde der Lernvorgang nicht abbrechen.

Wie sich zeigen lässt, sind leider die meisten Probleme zumindest bei größerem N nicht mehr linear separierbar. Der Ausweg besteht darin, mehrere Verarbeitungsebenen einzuführen (Multi-Layer-Perzeptron). Wir verweisen auf die Fachliteratur.

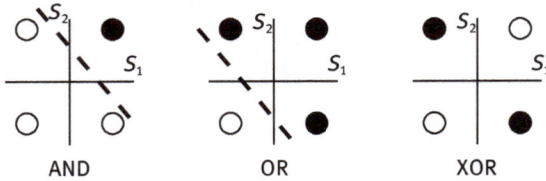

AND   OR   XOR

Abb. 2.12: Bei AND und OR sind die zu unterscheidenden Ausgangszustände durch eine Gerade (linear) separierbar, bei XOR geht das nicht.

2.5.1.4 Dezimal-Binär-Wandler

Das Perzeptron mit einem Ausgabeneuron lässt sich durch Parallelschalten von M solcher Perzeptrons auf eines mit M Ausgabeneuronen erweitern (Abb. 2.13). Die synaptischen Verbindungen werden dann durch die rechteckige Matrix

$$w_{ij}, \qquad i = 1, \ldots, N, \quad j = 1, \ldots, M$$

beschrieben, die Hebb'sche Regel (2.34) wird zu

$$\Delta w_{ij} = \frac{1}{N}\, y_j^{(n)}\, x_i^{(n)}\,. \tag{2.38}$$

Das derart erweiterte Perzeptron kann also nicht nur zwischen zwei Eigenschaften der Eingabemuster (z. B. prim oder nicht prim) unterscheiden, sondern zwischen 2^M.

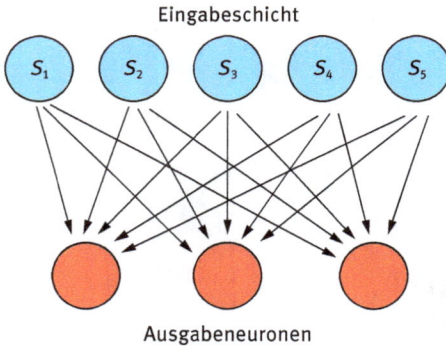

Eingabeschicht

Ausgabeneuronen

Abb. 2.13: SLP mit mehreren Ausgabeneuronen. $N = 5$ Eingabeneuronen sind mit $M = 3$ Ausgabeneuronen über die rechteckige Synapsenmatrix w_{ij} verbunden.

Als Beispiel wollen wir einen Dezimal-Binär-Dekoder programmieren, für das gesamte Programm siehe [2]. Während der Lernphase durchläuft k immer wieder die Werte $k = 0, \ldots, N$. Die Subroutine `einaus` erzeugt das Eingabemuster `ie` gemäß

```
ie=-1
IF(k.ne.0) ie(k)=1
```

Das zugehörige Ausgabemuster ist die Binärdarstellung von `k`, welche sich in Fortran 90 einfach durch

```
ie=-1
DO j=0,m-1
  IF(BTEST(k,j)) ie(m-j)=1
ENDDO
```

finden lässt (das höchstwertige Bit steht hier in `ie(1)`).

Abb. 2.14 zeigt die Verbindungen für $N = 15, M = 4$, wenn alle Zahlen gelernt sind, was nach 80 Lernschritten (w mit eins vorbelegt) der Fall ist. Negative (hemmende) Verbindungen sind strichliert dargestellt.

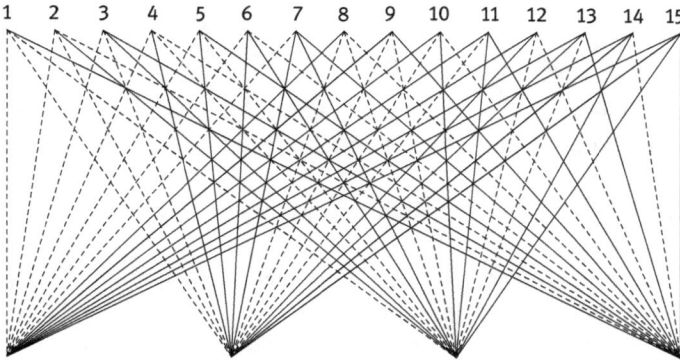

Abb. 2.14: SLP als Dezimal-Binär-Wandler. Hemmende Verbindungen $w < 0$ sind strichliert gezeichnet. In der Ausgabeschicht steht das höchstwertige Bit links.

2.5.2 Selbstorganisierte Karten: das Modell von Kohonen

Weil es beim Perzeptron keine Wechselwirkung in der Verarbeitungsschicht zwischen den einzelnen Neuronen gibt, spielt deren räumliche Anordnung keine Rolle. Das ist im Gehirn anders: Ähnliche Reize werden in räumlich benachbarten Gebieten verarbeitet. Dies ist die grundlegende Idee der selbstorganisierten Karten, die von dem finnischen Ingenieur Teuvo Kohonen 1982 entwickelt wurde.

2.5.2.1 Modell

Meist geht man von Neuronen aus, die in einer Schicht, also einem zweidimensionalen Netzwerk, angeordnet sind. Jedem Neuron lässt sich dann ein Ortsvektor

$$\vec{r} = \begin{pmatrix} I \\ J \end{pmatrix}$$

zuordnen, mit $(I, J) = (0, 0), \ldots, (M - 1, N - 1)$ (Abb. 2.15). Außerdem soll wie beim Perzeptron jedes Neuron mit der Eingangsschicht über die dynamischen synaptischen

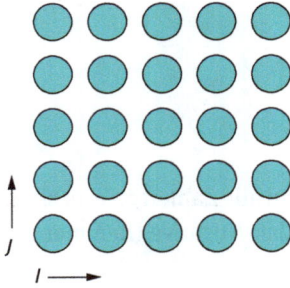

Abb. 2.15: Quadratische Verarbeitungsschicht beim Modell von Kohonen.

Stärken

$$w_{\vec{r}}^{\ell}, \quad \ell = 1, \ldots, L$$

verknüpft sein (der obere Index ℓ bezieht sich auf die Neuronen der Eingangsschicht). Die Hebb'sche Lernregel wird nun folgendermaßen modifiziert (Kohonen-Algorithmus):

1. **Initialisierung.** Wähle einen geeigneten Anfangswert für die $w_{\vec{r}}^{\ell}$, z. B. zufallsverteilt oder null.

2. **Eingangsmuster.** Das zu erlernende Signal v^{ℓ} wird aus einer Zufallsverteilung mit gegebener Wahrscheinlichkeit ausgewählt.

3. **BMU.** Als BMU wird die „Best Matching Unit" bezeichnet, das ist dasjenige Neuron, welches den kleinsten euklidischen Abstand zum Lernsignal hat. Wenn

$$\sum_{\ell}^{L} (v^{\ell} - w_{\vec{r}\,'}^{\ell})^2 \leq \sum_{\ell}^{L} (v^{\ell} - w_{\vec{r}}^{\ell})^2 \quad \text{für alle } \vec{r} \tag{2.39}$$

gilt, befindet sich die BMU am Ort $\vec{r}\,'$, welcher auch als „Erregungszentrum" bezeichnet wird.

4. **Dynamik.** Im Adaptionsschritt werden schließlich *alle* synaptischen Stärken gemäß

$$\Delta w_{\vec{r}}^{\ell} = \epsilon\, h(d)\, (v^{\ell} - w_{\vec{r}}^{\ell}), \quad \text{mit } d \equiv |\vec{r} - \vec{r}\,'| \tag{2.40}$$

für alle $\vec{r}$ verändert, was bis auf die zusätzliche Funktion $h(d)$ der Hebb'schen Regel (2.34) entspricht. Bei $h(d)$ handelt es sich um eine unimodale Funktion mit Maximum bei $d = 0$, z. B. einer Gauß-Kurve mit Breite σ

$$h(d) = \exp\left(-d^2/2\sigma^2\right). \tag{2.41}$$

Dadurch wird erreicht, dass nicht nur die BMU angepasst wird, sondern auch die Neuronen im räumlichen Umfeld des Erregungszentrums.

5. **Verfeinerung.** Um die räumliche Struktur zu verfeinern, wird σ nach jedem Lernschritt verkleinert.

6. Wenn $\sigma \geq \sigma_{\min}$, gehe nach 2.

7. Das Verfahren stoppt, wenn am Ende nur noch die BMU verändert wird.

2.5.2.2 Farbkarten

Zur Verdeutlichung wollen wir eine Kohonenkarte für Farben programmieren. Farben lassen sich anhand ihrer Rot-, Grün und Blauanteile klassifizieren, dem sogenannten RGB-Wert. So entspricht z. B. ein RGB-Wert von (1/0/0) der Farbe Rot, (0/1/0) Grün, (1/1/0) Gelb und (1/1/1) Weiß. Jedem Neuron werden also drei synaptische Stärken zugeordnet,

$$w_{\vec{r}}^{(1)} \text{ für Rot,} \quad w_{\vec{r}}^{(2)} \text{ für Grün,} \quad w_{\vec{r}}^{(3)} \text{ für Blau,}$$

wobei

$$0 \leq w_{\vec{r}}^{(\ell)} \leq 1$$

gilt.

Ein Programm zum Umsetzen des Kohonen-Algorithmus' (im Programm wird $w^{(1)}$ das Feld R, $w^{(2)}$ das Feld G und $w^{(3)}$ das Feld B über ein EQIVALENCE-Statement zugeordnet) findet sich in [2].

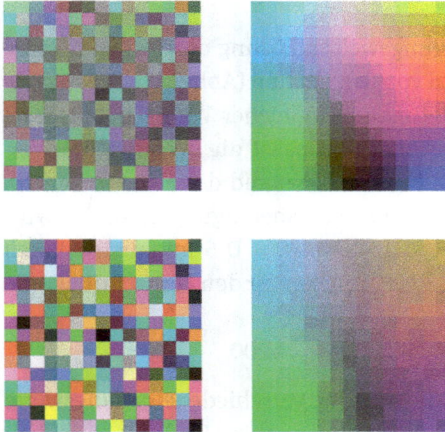

Abb. 2.16: Entstehen einer Farbkarte aus 15×15 Neuronen mit dem Kohonen-Algorithmus. Links oben: Anfangszustand, rechts oben nach $t = 100$ erlernten Zufallswerten, links unten nach $t = 500$ und rechts unten nach $t = t_{\max} = 3000$.

Abb. 2.16 zeigt die Farbkarten bestehend aus einem Feld aus 15×15 Neuronen, nachdem 100, 500, bzw. 3000 zufällige RGB-Muster gelernt wurden. Für die Änderung von σ wurde die Formel

$$\sigma = \sigma_0 \cdot (0{,}05)^{t/t_{\max}}, \quad \sigma_0 = 5$$

verwendet sowie $\epsilon = 0{,}03$. Man sieht, wie das am Anfang zufällige Muster sich schnell so organisiert, dass ähnliche Farben an benachbarten Orten liegen.

2.5.2.3 Problem des Handlungsreisenden

Wir wollen jetzt eine eindimensional angeordnete Neuronenreihe aus N Neuronen untersuchen, also eine Kette. Jedes Neuron der Kette soll einen zweidimensionalen

Vektor

$$\vec{w}_i = \begin{pmatrix} x_i \\ y_i \end{pmatrix}$$

tragen, welcher auf einen Punkt im zweidimensionalen Ortsraum (z. B. einer Land-karte) zeigt. Durchläuft man die Neuronen der Reihe nach, so bilden die aufeinander folgenden Orte (x_i, y_i) einen Weg. Wenden wir jetzt den Kohonen-Algorithmus an und bieten als Lernsignale bestimmte vorgegebene Punkte (Orte) auf der Landkarte an, so wird dieser Weg an die Punkte angepasst werden, was uns sofort auf das „Problem des Handlungsreisenden" (englisch: Traveling Salesman Problem, TSP) führt.

Das TSP besteht darin, K vorgegebene Orte durch die kürzeste geschlossene Route zu verbinden, und zwar so, dass jeder Ort genau einmal durchlaufen wird. Wie man sich überlegen kann, gibt es $\frac{1}{2}(K - 1)!$ geschlossene Wege, die diese Bedingung er-füllen. Durch Austesten könnte man das Minimum finden. Mit größerem K steigt der Rechenaufwand jedoch exponentiell (sogenanntes *NP*-hartes Problem), sodass sich bereits für relativ kleines zweistelliges K auf diese Weise auch mit den schnellsten Rechnern keine Lösung mehr finden lässt.

Um den Kohonen-Algorithmus zur näherungsweisen Lösung des TSP zu nutzen, wählt man zunächst eine vorgegebene Anzahl von Ortschaften (Abb. 2.17), z. B. 31 grö-ßere Städte in Deutschland. Dann verwendet man mit gleicher Wahrscheinlichkeit pro Lernschritt einen der Orte als Eingangssignal und passt die synaptischen Ver-bindungen entsprechend (2.40) an. Abb. 2.17 zeigt den Zustand des Netzes nach 20, 80 und 2000 Lernschritten für zwei verschiedene Anfangsbedingungen. Die $\vec{w}_i$ wur-den jeweils auf einem Kreis mit Radius $R = 0,15$ bzw. $R = 0,5$ initialisiert. Nach 2000 Schritten werden alle Orte durchlaufen. Als Parameter für den Lernschritt wurde $\epsilon = 0,8$ sowie

$$\sigma = \sigma_0 \cdot (0,02)^{t/t_{max}}, \quad \sigma_0 = 2, \ t_{max} = 4000$$

verwendet. Aus der Abbildung wird klar, dass man für verschiedene Anfangswerte verschiedene Wege und Weglängen bekommt. Da es aber nur eine Realisierung geben kann, die zum kürzesten Weg führt, kann es sich bei den gezeigten Wegen nur um Näherungslösungen handeln.

2.5.3 Aufgaben

1. Programmieren Sie ein Perzeptron als Dezimal-Binär-Wandler.
2. Ändern Sie bei der Farbkarte die Wahrscheinlichkeitsverteilung für die Lernsigna-le, z. B. in eine Gauß-Verteilung. Für eine Gauß-Verteilung siehe Abschn. 8.1.3.3.
3. Lösen Sie das TSP für K Orte und N Neuronen mit Hilfe des Kohonen-Algorithmus. Sie können die Koordinaten der Orte auch zufällig wählen.

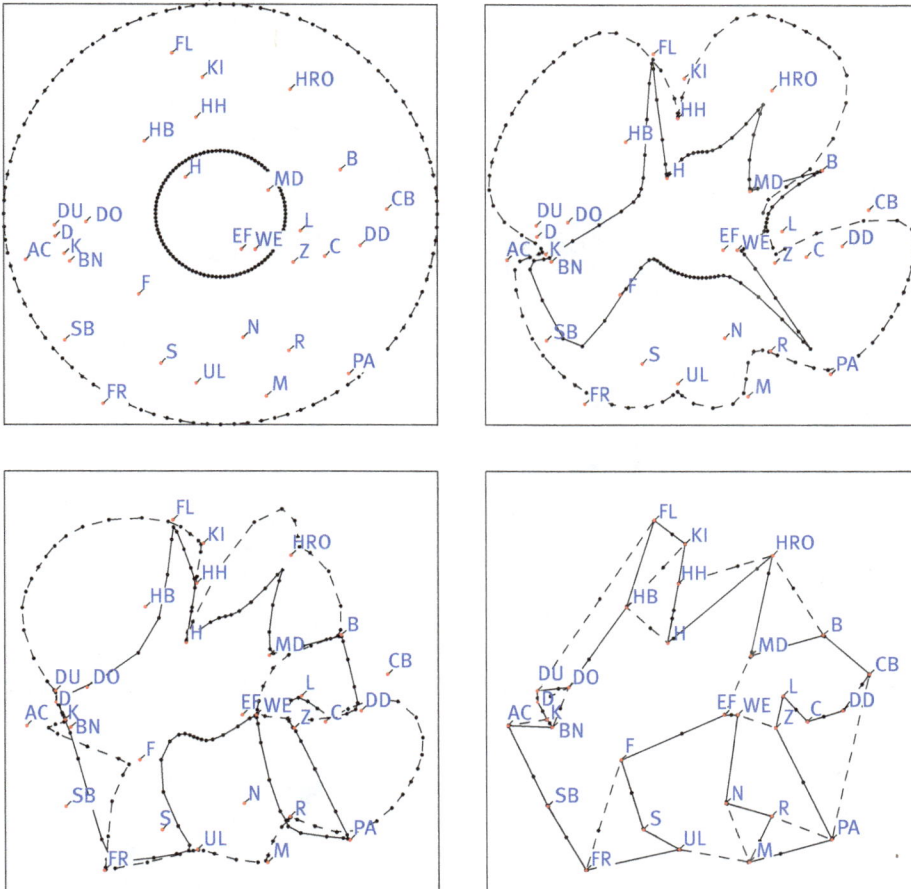

Abb. 2.17: Zwei Näherungslösungen des TSP durch eine Kohonen-Karte. Es sollen vorgegebene Städte der Bundesrepublik auf einer möglichst kurzen Rundreise durchlaufen werden. Gezeigt ist die Situation am Anfang, nach 20 Lernschritten (rechts oben), nach 80 (links unten) und 2000 (rechts unten). Anfangsbedingung war ein Kreis mit Radius $R = 0,5$ (strichliert) und $R = 0,15$ (durchgezogen), die Streckenlänge nach 2000 Lernschritten beträgt $S_E = 4,388$ bzw. $S_E = 4,531$.

Referenzen

[1] J. Argyris, G. Faust, M. Haase, R. Friedrich *Die Erforschung des Chaos*, Springer-Verlag (2010)

[2] FORTRAN-Programme auf http://www.degruyter.com/view/product/431593

[3] W. Kinzel, G. Reents, *Physik per Computer*, Spektrum (1996)

[4] B. Mandelbrot, *Die fraktale Geometrie der Natur*, Springer-Verlag (2014)

[5] M. F. Barnsley, *Fraktale*, Spektrum Lehrbuch (1995)

[6] H. Ritter, T. Martinetz, K. Schulten, *Neuronale Netze*, Addison-Wesley (1994)

3 Dynamische Systeme

Das Fundament physikalischer Theorien bilden in der Regel Differentialgleichungen (DGLs). Bei Feldtheorien (z. B. Quantenmechanik, Elektrodynamik, Hydrodynamik) handelt es sich um partielle DGL-Systeme

$$F_k \left[\vec{r}, t, \Psi_i(\vec{r}, t), \partial_t \Psi_i(\vec{r}, t), \partial_{tt} \Psi_i(\vec{r}, t), \ldots, \partial_{x_n} \Psi_i(\vec{r}, t), \partial_{x_n x_m} \Psi_i(\vec{r}, t) \ldots, \right] = 0 , \quad (3.1)$$

in der klassischen (Newton'schen) Mechanik normalerweise um gewöhnliche DGLs:

$$G_k \left[x_i(t), d_t x_i(t), d_{tt}^2 x_i(t), \ldots \right] = 0 . \quad (3.2)$$

Systeme der Form (3.1) lassen sich zur weiteren numerischen Analyse durch Entwicklung in eine Basis

$$\Psi_i(\vec{r}, t) = \sum_k^N a_k^i(t) \, \phi_k^i(\vec{r}) \quad (3.3)$$

näherungsweise auf die Form (3.2) bringen. Wir verschieben die Behandlung partieller DGLs auf Kapitel 6 und 7 und untersuchen hier Probleme der Art (3.2).

3.1 Quasilineare Differentialgleichungen

Wir beschränken uns zunächst auf eine unabhängige Variable t und eine abhängige Variable x. In der klassischen Mechanik entspricht dies einer Bewegung in einer räumlichen Dimension. Quasilineare Differentialgleichungen sind in der höchsten vorkommenden Ableitung linear. Dann kann man (3.2) umformen zu

$$x^{(N)} = f(t, x, x^{(1)}, x^{(2)}, \ldots, x^{(N-1)}) \quad (3.4)$$

mit

$$x = x(t), \quad x^{(k)} \equiv \frac{d^k x}{dt^k} .$$

Gleichung (3.4) ist äquivalent mit einem System von N DGLs erster Ordnung, die man aus der Substitution

$$x_1 = x, \quad x_{k+1} = x^{(k)}, \qquad k = 1, \ldots, N - 1$$

erhält:

$$d_t x_1 = x_2$$
$$d_t x_2 = x_3$$
$$\vdots$$
$$d_t x_N = f(t, x_1, x_2, \ldots, x_N) , \quad (3.5)$$

oder, in Vektorschreibweise,

$$\frac{d\vec{x}}{dt} = \vec{f}(t, \vec{x}) \tag{3.6}$$

mit $\vec{f} = (x_2, x_3, \ldots, x_N, f)$.

Es genügt daher, Systeme 1. Ordnung der Form (3.6) zu untersuchen. Gleichungen dieser Art für beliebiges $\vec{f}$ werden als „dynamisches System" bezeichnet, N ist die Anzahl der Freiheitsgrade. Der Vektor $\vec{x}(t)$ lebt dabei im N-dimensionalen Phasenraum.

Definiert man die Ableitung über den Differenzenquotienten

$$\frac{d\vec{x}}{dt} = \lim_{\Delta t \to 0} \frac{\vec{x}(t + \Delta t) - \vec{x}(t)}{\Delta t} \, ,$$

so lässt sich (3.6) für endliches, aber kleines Δt näherungsweise schreiben als (Taylor-Entwicklung) N-dimensionale Abbildung

$$\vec{x}(t + \Delta t) = \vec{x}(t) + \vec{f}(t, \vec{x}(t))\Delta t + O(\Delta t^2) \, , \tag{3.7}$$

wobei Δt als Schrittweite bezeichnet wird. D. h. aber, aus jedem $\vec{x}(t)$ lässt sich $\vec{x}(t + \Delta t)$ und damit iterativ jeder andere Wert

$$\vec{x}(t + m\,\Delta t)$$

bestimmen. Daraus wird klar, dass man zusätzlich zur Funktion $\vec{f}$ auch einen Startwert

$$\vec{x}(t_0) = \vec{x}_0 \tag{3.8}$$

vorgeben muss. Formal wird durch das dynamische System (3.6) der Vektor $\vec{x}(t_0)$ eindeutig auf einen Vektor $\vec{x}(t_1)$ abgebildet. Dies lässt sich auch durch den im Allgemeinen nichtlinearen Zeitentwicklungsoperator $\vec{U}$ formulieren:

$$\vec{x}(t_1) = \vec{U}(t_1, t_0)[\vec{x}(t_0)] \, . \tag{3.9}$$

Die Gleichungen (3.6) und (3.8) definieren ein Anfangswertproblem, (3.7) liefert ein erstes numerisches Näherungsverfahren dazu, die sogenannte explizite Euler-Vorwärts-Methode.

3.1.1 Beispiel: Logistische Abbildung und Logistische DGL

Im Zusammenhang mit der logistischen Abbildung aus Kapitel 1 untersuchen wir die gewöhnliche DGL 1. Ordnung (Logistische DGL)

$$\frac{dx}{dt} = (a - 1)x - ax^2 \, , \tag{3.10}$$

die das Verhalten von $x(t)$ bei gegebenem $x(0) = x_0$ definiert (eindimensionales Anfangswertproblem). Eine exakte Lösung findet man durch Separation der Variablen

$$x(t) = \frac{a - 1}{a + c\,e^{(1-a)t}} \, , \tag{3.11}$$

wobei die Integrationskonstante $c = (a - ax_0 - 1)/x_0$ durch die Anfangsbedingung festgelegt ist. Für $t \to \infty$ erhält man die asymptotischen Lösungen

$$x_s = \begin{cases} 0 & \text{für } a < 1 \\ 1 - 1/a & \text{für } a > 1 \end{cases} \tag{3.12}$$

welche mit den Fixpunkten der Logistischen Abbildung übereinstimmen.

Wir fragen uns jetzt, wie die Differentialgleichung (3.10) mit der Logistischen Abbildung (1.1) zusammenhängt. Gemäß (3.7) drücken wir dx/dt durch den Differenzenquotienten

$$\frac{dx}{dt} \approx \frac{x(t + \Delta t) - x(t)}{\Delta t} \tag{3.13}$$

aus, was für $\Delta t \to 0$ exakt wird. Setzt man (3.13) auf der linken Seite von (3.10) ein, so ergibt sich nach kurzer Rechnung

$$x_{n+1} = ax_n \Delta t \left(1 - \frac{1}{a} \left(1 - \frac{1}{\Delta t} \right) - x_n \right), \tag{3.14}$$

wobei wir mit x_n die x-Werte zu den Zeitpunkten $n\Delta t$ bezeichnet haben, also $x_n = x(n\Delta t)$. Setzen wir jetzt $\Delta t = 1$, so wird (3.14) identisch mit (1.1), d. h. die diskretisierte Form der DGL (3.10) entspricht gerade der Logistischen Abbildung. Dies erklärt dasselbe Verhalten bis $a < 3$, d. h. das asymptotische Annähern an x_s und die richtigen Werte der asymptotischen Lösungen. Nicht erklären lassen sich aber die weiteren Verzweigungen der Logistischen Abbildung für $a > 3$ oder gar das chaotische Verhalten für noch größeres a, was in der Lösung (3.11) natürlich nicht enthalten sein kann.

Woher kommt dann das wesentlich komplexere Verhalten der diskretisierten Form (3.14)? Um das zu sehen, müssen wir die Stabilität von (3.14) für beliebiges Δt näher untersuchen. Eine stationäre Lösung (Fixpunkt) von (3.14) ist $x_s = 1 - 1/a$. Wenn man

$$x(t) = x_s + u(t)$$

ansetzt und bezüglich u linearisiert, lässt sich zeigen, dass für $\Delta t = 1$ der Fixpunkt x_s numerisch instabil wird, sobald $a > 3$. D. h. bei den Verzweigungen zu periodischen Lösungen bis hin zum Chaos handelt es sich zumindest aus Sicht der Logistischen DGL um numerische Artifakte, die von einer zu großen Schrittweite kommen (Aufgaben).

3.1.2 Aufgaben

Zeigen Sie (mit Papier und Bleistift), dass (3.14) numerisch instabil wird, sobald $\Delta t > 2/(a - 1)$ gilt.

Und zum Programmieren:
1. Plotten Sie die Funktion (3.11) mit Hilfe von PGPLOT für verschiedene Anfangsbedingungen und verschiedene Werte von a.
2. Untersuchen Sie die Abbildung (3.14) als numerische Lösung der DGL (3.10) für verschiedene Zeitschritte Δt und a.

3.2 Fixpunkte und Instabilitäten

Wir untersuchen weiter das N-dimensionale dynamische System (3.6)

$$\frac{dx_i}{dt} = f_i(x_1 \ldots x_N) \,, \quad i = 1, \ldots, N \tag{3.15}$$

mit gegebener Anfangsbedingung. Wir beschränken uns zunächst auf autonome Systeme, d. h. die rechten Seiten von (3.15) hängen nicht explizit von t ab.

3.2.1 Fixpunkte

Für autonome Systeme existieren oft stationäre Lösungen oder Fixpunkte von (3.15), die durch

$$0 = f_i(x_1^{(0)}, \ldots, x_N^{(0)}) \,, \quad i = 1, \ldots, N \tag{3.16}$$

festgelegt sind. Wir merken an, dass bei einigermaßen komplizierten nichtlinearen f_i Lösungen von (3.16) schon für kleine N in der Regel nur noch numerisch iterativ zu finden sind, siehe auch Abschn. 5.4.

3.2.2 Stabilität

Hat man einen Fixpunkt $x_i^{(0)}$ berechnet, so ist das Verhalten des Systems in dessen Nähe von Interesse. Wie entwickeln sich kleine Störungen? Klingen sie ab oder wachsen sie an? Bleiben die Störungen klein oder gehen im Lauf der Zeit gegen null, so handelt es sich um einen stabilen Fixpunkt, andernfalls um einen instabilen. Ist $N > 1$, so können die Störungen zusätzlich um den Fixpunkt herum schwingen, man spricht von einer oszillatorischen oder Hopf-Instabilität[1].

Beschränkt man sich auf infinitesimale Abweichungen $u_i(t)$ um den Fixpunkt (lineare Stabilitätsanalyse)

$$x_i(t) = x_i^{(0)} + u_i(t) \,,$$

so wird aus (3.15) das lineare, homogene Gleichungssystem

$$\frac{du_i}{dt} = \sum_j^N L_{ij}\, u_j \tag{3.17}$$

mit der Jacobi-Matrix

$$L_{ij} = \left.\frac{\partial f_i}{\partial x_j}\right|_{\vec{x}=\vec{x}^{(0)}} \,. \tag{3.18}$$

---

[1] Benannt nach dem Mathematiker Eberhard Hopf, 1902–1983.

Bei autonomen Systemen sind die L_{ij} konstant und (3.18) wird durch

$$u_j = q_j\, e^{\lambda t} \tag{3.19}$$

in ein lineares Eigenwertproblem

$$\sum_j^N [L_{ij} - \lambda\, \delta_{ij}]\, q_j = 0 \tag{3.20}$$

überführt. Die Realteile der N Eigenwerte λ_k geben wegen (3.19) Auskunft über die Stabilität des Fixpunkts $x_i^{(0)}$.

Die Eigenwerte seien sortiert: $\text{Re}(\lambda_1) \geq \text{Re}(\lambda_2) \geq \cdots \geq \text{Re}(\lambda_N)$. Wir unterscheiden die Fälle
(i) Alle λ_k besitzen negative Realteile: Der Fixpunkt ist stabil.
(ii) $\text{Re}(\lambda_1) > 0$, und $\text{Im}(\lambda_1) = 0$, Fixpunkt ist monoton instabil.
(iii) $\text{Re}(\lambda_1) > 0$, und $\text{Im}(\lambda_1) \neq 0$, Fixpunkt ist oszillatorisch (Hopf) instabil.
(iv) $\text{Re}(\lambda_1) = 0$, kritischer Punkt, Zentrum wenn $\text{Im}(\lambda_1) \neq 0$,
    Fixpunkt ist marginal stabil.

(i) wird auch als Knoten bezeichnet (oder stabiler Fokus wenn $\text{Im}(\lambda_1) \neq 0$), (ii) als Sattelpunkt und (iii) als instabiler Fokus.

3.2.3 Trajektorien

Fasst man $\vec{x}$ als Ort eines Teilchens im N-dimensionalen Raum auf, so entspricht die Parametrisierung $\vec{x}(t)$ einer Linie (Trajektorie) und (3.15) erzeugt einen Fluss. Weil aus jedem $\vec{x}(t_0)$ genau ein $\vec{x}(t > t_0)$ folgt, dürfen sich Teilchenbahnen nicht überkreuzen (Überkreuzungsverbot). Interpretiert man $\vec{f}$ als Teilchenstromdichte, so lässt sich eine Quellstärke

$$Q(\vec{r}) = \nabla \cdot \vec{f} = \sum_i^N \frac{\partial f_i}{\partial x_i}$$

angeben. Daraus lässt sich die zeitliche Änderung eines mitschwimmenden Volumenelements ΔV am Ort $\vec{r}$ berechnen:

$$d_t\, \Delta V(\vec{r}) = \Delta V(\vec{r})\, Q(\vec{r})\,. \tag{3.21}$$

Für dissipative Systeme gilt $\langle Q \rangle \leq 0$, wobei Q in der Regel zeitabhängig ist und $\langle \cdots \rangle$ ein geeignetes Zeitmittel bezeichnet. D. h. jedes endliche Volumenelement schrumpft im Lauf der Zeit auf null.

3.2.4 Gradientendynamik

Für bestimmte Systeme lässt sich der Fluss aus einem Potential ableiten:

$$\vec{f} = -\nabla U(x_1, \dots, x_N) \, .$$

Dann gilt

$$Q(\vec{r}) = -\Delta U$$

und

$$L_{ij} = -\left. \frac{\partial^2 U}{\partial x_j \partial x_i} \right|_{x = x^{(0)}} \, .$$

Folglich ist die Jacobi-Matrix symmetrisch und kann nur reelle Eigenwerte besitzen, was die Existenz von oszillatorischen Instabilitäten ausschließt. Außerdem zeigt man wegen

$$\frac{dU}{dt} = \sum_i^N \frac{\partial U}{\partial x_i} \frac{dx_i}{dt} = -|\vec{f}|^2 \le 0$$

dass U monoton mit t abnimmt bis ein Fixpunkt $\vec{f} = 0$ erreicht wird.

3.2.5 Spezialfall $N = 1$

Besteht das System aus nur einer DGL erster Ordnung

$$d_t x = f(x)$$

und die Lösungen bleiben beschränkt, so muss (Überkreuzungsverbot) jegliche zeitliche Entwicklung in einem stabilen Fixpunkt enden:

$$\lim_{t \to \infty} x(t) = x_s \quad \text{mit } f(x_s) = 0 \quad \text{und} \quad d_x f|_{x_s} < 0 \, . \tag{3.22}$$

Es existiert immer ein Potential

$$U(x) = -\int dx \, f(x) \, ,$$

das wegen (3.22) mindestens ein Minimum bei $x = x_s$ haben muss.

3.2.6 Spezialfall $N = 2$

Weil sich Trajektorien nicht schneiden können, gilt das Poincaré–Bendixson-Theorem[2]: *„Bleiben Trajektorien in einem beschränkten Gebiet, so enden sie ($t \to \infty$) entweder auf einem stabilen Fixpunkt oder bilden einen Grenzzyklus"*. Das Geschehen in

---

2 Henri Poincaré (1854–1912), franz. Physiker und Mathematiker, Otto Bendixson (1861–1935), schwedischer Mathematiker.

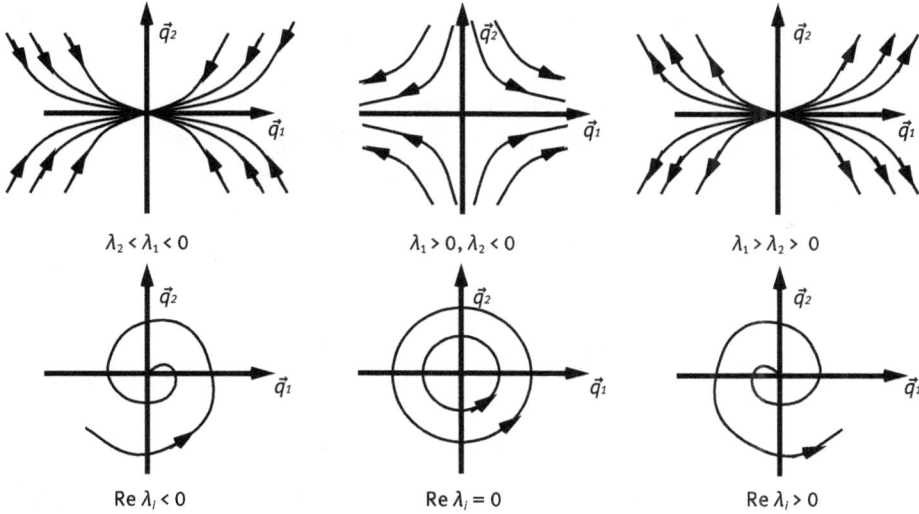

Abb. 3.1: Fixpunkte und ihre Umgebung im zweidimensionalen Phasenraum, jeweils von links nach rechts, oben: λ_i reell, stabiler Knoten, Sattel, instabiler Knoten, unten: λ_i komplex, stabiler Fokus, Zentrum, instabiler Fokus.

der Umgebung eines Fixpunkts reduziert sich auf die in Abb. 3.1 dargestellten Möglichkeiten.

3.2.6.1 Beispiel: van der Pol-Oszillator

Die van der Pol'sche Gleichung lautet

$$\frac{d^2x}{dt^2} - \mu(1 - x^2)\frac{dx}{dt} + x = 0$$

und besitzt für $\mu > 0$ als Lösungen selbsterregte, nichtlineare Schwingungen. Wir untersuchen das System in der Form (3.15):

$$\begin{aligned} d_t x_1 &= x_2 \\ d_t x_2 &= -x_1 + \mu(1 - x_1^2)\, x_2 \, . \end{aligned} \tag{3.23}$$

Es besitzt den einzigen Fixpunkt $x_1^{(0)} = x_2^{(0)} = 0$. Die Jacobi-Matrix lautet

$$\underline{L} = \begin{pmatrix} 0 & 1 \\ -1 & \mu \end{pmatrix}$$

und hat die Eigenwerte

$$\lambda_{12} = \mu/2 \pm \sqrt{\mu^2/4 - 1} \, .$$

Je nach μ verhalten sich die Trajektorien in der Nähe des Fixpunkts unterschiedlich:

$$
\begin{aligned}
\mu \leq -2 &\quad: \quad \text{stabiler Knoten} &\quad \lambda_i \in \mathcal{R}, \\
-2 < \mu < 0 &\quad: \quad \text{stabiler Fokus} &\quad \lambda_i \in \mathcal{C}, \\
\mu = 0 &\quad: \quad \text{Zentrum, krit. Punkt} &\quad \lambda_i \in \mathcal{C}, \\
0 < \mu < 2 &\quad: \quad \text{instabiler Fokus} &\quad \lambda_i \in \mathcal{C}, \\
2 \leq \mu &\quad: \quad \text{instabiler Knoten} &\quad \lambda_i \in \mathcal{R}.
\end{aligned}
$$

Für die Quellstärke ergibt sich

$$
Q(x_i) = \mu(1 - x_1^2) \, .
$$

Führt man Polarkoordinaten $x_1 = r\cos\varphi$, $x_2 = r\sin\varphi$ ein, so erhält man für $r \gg 1$, $\mu > 0$

$$
d_t r \approx -\mu r^3 \cos^2 \varphi \sin^2 \varphi \leq 0 \, ,
$$

die Trajektorien bleiben also auf einem beschränkten Gebiet. Für $r < 1$ ergibt sich dagegen aus

$$
d_t r = \mu r(1 - r^2 \cos^2 \varphi) \sin^2 \varphi \, ,
$$

dass das Gebiet für $\mu < 0$ beschränkt ist. Ohne die DGL (3.23) explizit zu lösen, erhält man folgendes Bild: Für $\mu < 0$ enden alle Trajektorien, deren Anfangswert die Bedingung $x_1^2(0) + x_2^2(0) < 1$ erfüllt, im stabilen Fixpunkt (Fokus oder Knoten) (0,0).

Für $\mu > 0$ wird der Fixpunkt instabil. Da alle Trajektorien aber auf einem endlichen Gebiet des Phasenraums bleiben und kein anderer (stabiler) Fixpunkt existiert, müssen sich nach dem Poincaré–Bendixson-Theorem für $t \to \infty$ alle Trajektorien asymptotisch einem Grenzzyklus um den instabilen Fixpunkt nähern.

3.2.7 Spezialfall $N = 3$

Im beschränkten zweidimensionalen Phasenraum kann es also nur reguläres Verhalten geben, alle Trajektorien enden entweder auf stabilen Fixpunkten oder nähern sich asymptotisch stabilen Grenzzyklen. Dies ändert sich ab $N = 3$. Hier tritt als neues Objekt der sogenannte „seltsame Attraktor" auf, ein Gebilde, das sowohl anziehende als auch abstoßende Bereiche besitzt. Als Beispiel nennen wir die Lorenz-Gleichungen, bei denen E. Lorenz[3] mehr durch einen Zufall das entdeckte, was heute als deterministisches Chaos bezeichnet wird [1].

---

3 Edward Lorenz (1917–2008), amerikanischer Mathematiker und Meteorologe.

3.2.7.1 Beispiel: die Lorenz-Gleichungen

In den 60er Jahren leitete Lorenz ein System von drei gekoppelten DGLs zur Wettervorhersage ab:

$$\frac{dx_1}{dt} = -\alpha\,(x_1 - x_2)$$
$$\frac{dx_2}{dt} = (\delta + 1)\,x_1 - x_2 - x_1 x_3 \qquad (3.24)$$
$$\frac{dx_3}{dt} = -\beta\,x_3 + x_1 x_2\;.$$

Dabei bezeichnen $\alpha, \beta > 0$ Systemparameter und δ den Kontrollparameter (Bifurkationsparameter).

Fixpunkte: Das System besitzt die drei Fixpunkte

$$\text{(i)}\;\; x_i = 0, \quad \text{(ii)}\;\; x_1 = x_2 = \pm\sqrt{\beta\delta},\; x_3 = \delta,$$

wobei die beiden letzteren nur für $\delta \geq 0$ existieren.

Stabilität: Für (i) ergibt sich

$$\underline{L} = \begin{pmatrix} -\alpha & \alpha & 0 \\ \delta + 1 & -1 & 0 \\ 0 & 0 & -\beta \end{pmatrix}$$

mit den Eigenwerten

$$\lambda_{12} = -\frac{1+\alpha}{2} \pm \frac{1}{2}\sqrt{(1+\alpha)^2 + 4\alpha\delta}, \quad \lambda_3 = -\beta\;.$$

Für $\delta < 0$ besitzen alle λ einen negativen Realteil, der Fixpunkt ist stabil (Knoten oder stabiler Fokus). Bei $\delta \geq 0$ ensteht ein instabiler Sattelpunkt (eine instabile, zwei stabile Richtungen).

Analog findet man für (ii) mit $\delta > 0$

$$\underline{L} = \begin{pmatrix} -\alpha & \alpha & 0 \\ 1 & -1 & \mp\sqrt{\beta\delta} \\ \pm\sqrt{\beta\delta} & \pm\sqrt{\beta\delta} & -\beta \end{pmatrix}$$

mit den Eigenwerten als Nullstellen von

$$P(\lambda) = \lambda^3 + \lambda^2(1 + \beta + \alpha) + \lambda\beta\,(1 + \delta + \alpha) + 2\beta\alpha\delta\;. \qquad (3.25)$$

Da alle Koefizienten von (3.25) positiv sind, können reelle Eigenwerte nur kleiner null sein. Auswertung von (3.25) für bestimmte Parameter ($\alpha = 10, \beta = 8/3$) zeigt, dass ab $\delta \approx 0{,}35$ das Spektrum die Form $\lambda_1 = \lambda_2^* \in \mathbb{C}, \lambda_3 < 0$ besitzt. Der Realteil des konjugiert-komplexen Paares wird positiv, wenn

$$\delta > \delta_c = \frac{\alpha\,(\alpha + \beta + 3)}{\alpha - \beta - 1} - 1 = \frac{451}{19} \approx 23{,}7\;.$$

Dann gehen die beiden stabilen Fokus-Knoten (ii) in instabile Sattel-Foki mit einer zweidimensionalen instabilen und einer eindimensionalen stabilen Mannigfaltigkeit über. Für $\delta > \delta_c$ werden die Fixpunkte oszillatorisch instabil mit der Hopf-Frequenz ($\delta = \delta_c$)

$$\omega_c = \text{Im}\,\lambda_1 = \sqrt{\frac{2\alpha\beta\,(\alpha+1)}{\alpha-\beta-1}} \approx 9{,}62\,,$$

es entsteht der Lorenz-Attraktor, ein beinahe zweidimensionales $(2 + \epsilon)$ Gebilde im Phasenraum (Abb. 3.2).

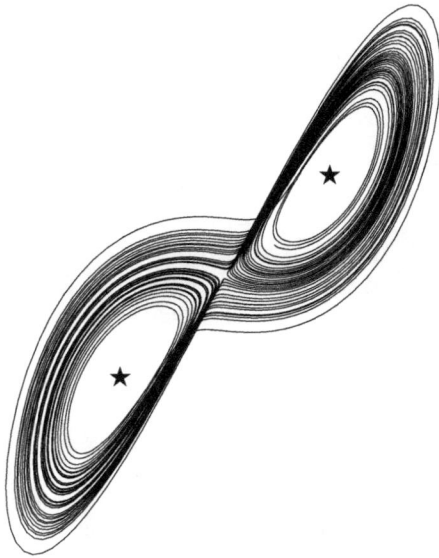

Abb. 3.2: Der Lorenz-Attraktor für $\alpha = 10$, $\beta = 8/3$, $\delta = 24$. Projektion einer Trajektorie auf die x_1-x_2-Ebene, die Fixpunkte (ii) sind mit Sternchen markiert.

Eine Besonderheit von (3.24) ist die konstante Quellstärke

$$Q_L = -\alpha - 1 - \beta < 0\,,$$

die Lorenz-Gleichungen sind überall im Phasenraum dissipativ. Wegen (3.21) folgt daraus, dass jedes Anfangsvolumenelement ΔV_0 exponentiell mit der Zeit gegen null geht:

$$\Delta V(t) = \Delta V_0\, e^{Q_L t}\,.$$

Jedes beliebige Volumenelement wird letztlich auf den $2 + \epsilon$-dimensionalen Attraktor abgebildet.

3.3 Hamilton'sche Systeme

Wir untersuchen weiter autonome Systeme ohne explizite Zeitabhängigkeit (3.15).

3.3.1 Hamilton-Funktion und kanonische Gleichungen

In der klassischen Mechanik hat man es oft mit Problemen zu tun, bei denen alle auftretenden Kräfte durch Potentiale

$$V(q_1, \dots, q_N)$$

beschrieben werden können, wobei $q_1, \dots, q_N$ die Lagekoordinaten bezeichnen. Zur vollständigen Beschreibung benötigt man noch die kanonisch konjugierten Impulse $p_1, \dots, p_N$. Die Hamilton-Funktion

$$H(q_i, p_i) = \sum_i^N \frac{p_i^2}{2m} + V(q_i) \tag{3.26}$$

entspricht der Gesamtenergie und ist eine Konstante der Bewegung. Die zu den Newton'schen Bewegungsgleichungen äquivalenten *kanonischen Gleichungen* lassen sich dann als [2]

$$
\begin{aligned}
d_t q_i &= \frac{\partial H}{\partial p_i} \\
d_t p_i &= -\frac{\partial H}{\partial q_i}, \quad i = 1, \dots, N
\end{aligned}
\tag{3.27}
$$

formulieren. Durch Verwenden zweier Variablensätze besitzt (3.27) $2N$ Freiheitsgrade. In der klassischen Mechanik würde allerdings die Anzahl der Lagekoordinaten, also N, den Freiheitsgraden entsprechen. Um Verwechslungen auszuschließen verwenden wird den Begriff „mechanische Freiheitsgrade" als Anzahl der Lagekoordinaten und „Freiheitsgrade" für die Anzahl der DGLs 1. Ordnung.

Das System (3.27) hat die Form (3.6), allerdings mit einem speziellen $\vec{f}$. Es gilt nämlich

$$Q = \nabla \cdot \vec{f} = \sum_i^N \left[\frac{\partial^2 H}{\partial q_i \partial p_i} - \frac{\partial^2 H}{\partial p_i \partial q_i} \right] = 0 \, .$$

D. h. die Größe der Volumenelemente bleibt erhalten, die Dynamik (3.27) ist konservativ. Will man die zeitliche Änderung irgendeiner (hier nicht explizit zeitabhängigen) Größe $A(q_i, p_i)$ berechnen, so gilt mit der Kettenregel

$$\frac{dA}{dt} = \sum_i^N \left(\frac{\partial A}{\partial q_i} \frac{dq_i}{dt} + \frac{\partial A}{\partial p_i} \frac{dp_i}{dt} \right) = \sum_i^N \left(\frac{\partial A}{\partial q_i} \frac{\partial H}{\partial p_i} - \frac{\partial A}{\partial p_i} \frac{\partial H}{\partial q_i} \right) = \{A, H\}$$

wobei

$$\{A, B\} \equiv \sum_i^N \left(\frac{\partial A}{\partial q_i} \frac{\partial B}{\partial p_i} - \frac{\partial A}{\partial p_i} \frac{\partial B}{\partial q_i} \right)$$

die Poisson-Klammer definiert. Größen, deren Poisson-Klammer mit H verschwindet, sind Konstanten der Bewegung. Speziell gilt das natürlich für H selbst.

3.3.2 Symplektische Integratoren

Die durch den Fluss (3.27) erzeugte Struktur wird als *symplektische Geometrie* bezeichnet. Normalerweise wird diese Geometrie bei numerischer (diskretisierter) Integration zerstört. Dadurch ensteht eine von null verschiedene Quellstärke und die Energieerhaltung wird nicht mehr exakt erfüllt. Um dies zu vermeiden, wurden sogenannte symplektische Verfahren entwickelt, die wir hier kurz skizzieren wollen [3]. Aus Gründen der Übersichtlichkeit beschränken wir uns auf eindimensionale Bewegungen im zweidimensionalen Phasenraum, also $H = H(p, q)$ und

$$d_t q = \frac{\partial H}{\partial p} , \quad d_t p = -\frac{\partial H}{\partial q} . \tag{3.28}$$

Wir verwenden $\vec{x} = (q, p)$ und schreiben (3.28) als

$$d_t \vec{x} = \vec{H}[\vec{x}] \tag{3.29}$$

mit dem Operator

$$\vec{H}[\vec{x}] = \begin{pmatrix} \partial H/\partial p|_{\vec{x}} \\ -\partial H/\partial q|_{\vec{x}} \end{pmatrix} .$$

Eine Anmerkung zur Notation: die Schreibweise $\vec{H}[\vec{x}]$ impliziert, dass $\vec{H}$ eine Operation am Vektor $\vec{x}$ ausführt und als Ergebnis wieder einen Vektor der selben Dimension liefert. Speziell lässt sich H mehrere Male hintereinander ausführen, $\vec{H}[\vec{H}[\cdots \vec{x}]\cdots]$. Wir werden ab hier normalerweise die Klammern weglassen, also statt $\vec{H}[\vec{x}]$ einfach $\vec{H}\vec{x}$ schreiben, womit natürlich keinesfalls das Skalarprodukt gemeint ist. Analoges gilt für beliebige Operatorketten, also z. B.

$$\vec{A}\vec{B}\vec{x} \equiv \vec{A}[\vec{B}[\vec{x}]]$$

etc.

Wie in (3.9) kann man den Zeitentwicklungsoperator $\vec{U}(t)$ einführen

$$\vec{x}(t) = \vec{U}(t)[\vec{x}(0)]$$

mit (autonome Systeme)

$$\vec{U}(t) = \exp(t\vec{H}) = \exp(t(\vec{T} + \vec{V})) , \tag{3.30}$$

wovon man sich durch Einsetzen in (3.29) überzeugen kann. Im letzten Schritt haben wir die Operatoren

$$\vec{T} = \begin{pmatrix} \partial T/\partial p \\ 0 \end{pmatrix} , \quad \vec{V} = \begin{pmatrix} 0 \\ -\partial V/\partial q \end{pmatrix}$$

mit

$$H(p, q) = T(p) + V(q)$$

eingeführt. Die Hamilton-Funktion soll sich also in einen rein impulsabhängigen kinetischen Anteil und einen rein ortsabhängigen potentiellen Anteil separieren lassen. Beide Teiloperatoren

$$\vec{U}^T(t) = \exp(t\vec{T}), \quad \vec{U}^V(t) = \exp(t\vec{V}) \tag{3.31}$$

erzeugen jeweils für sich Zeitentwicklungen, deren Lösung trivial ist. So beschreibt $\vec{U}^T$ die Bewegung eines freien Teilchens, $p = $ const., $q = (p/m)t$, $\vec{U}^V$ die „Bewegung" eines unendlich schweren Teilchens, $q = $ const., $p = -(dV/dq)t$.

Der Trick zur Konstruktion symplektischer Verfahren besteht nun darin, (3.30) in Produkte von $\vec{U}^T$ und $\vec{U}^V$ umzuformen. Weil aber $\vec{T}$ und $\vec{V}$ nicht vertauschen, gilt nicht einfach $\vec{U} = \vec{U}^T\vec{U}^V$. Für die Umformung muss man vielmehr die Campbell–Baker–Hausdorff-Relation verwenden

$$\exp(C) = \exp(A) \exp(B),$$
$$C = A + B + \frac{1}{2}[A, B] + \frac{1}{12}([A, [A, B]] + [B, [B, A]]) + \cdots \tag{3.32}$$

($[A, B] = AB - BA$ ist der Kommutator) und muss beachten, dass wenn A, B von $O(t)$ gilt, $[A, B] = O(t^2)$ etc.

Numerisch unterteilt man t in (kleine) Intervalle Δt. Anstatt $\vec{U}(t)$ untersuchen wir also $\vec{U}(\Delta t)$. Die Formel (3.32) stellt dann eine Entwicklung nach Δt dar und kann nach der gewünschten Ordnung abgebrochen werden. Nach längerer Rechnung kann man zeigen, dass für eine bestimmte Wahl der Koeffizienten a_k, b_k die Relation

$$\vec{U}(t) = \vec{U}^T(a_n\Delta t)\vec{U}^V(b_n\Delta t)\vec{U}^T(a_{n-1}\Delta t)\cdots\vec{U}^T(a_1\Delta t)\vec{U}^V(b_1\Delta t) + O(\Delta t^{n+1}) \tag{3.33}$$

gilt. Die Koeffizienten müssen dabei die Nebenbedingungen

$$\sum_k^n a_k = 1, \quad \sum_{\cdot k}^n b_k = 1$$

erfüllen. Da beide Operatoren (3.31) symplektisch sind, gilt dies auch für das Produkt (3.33). Durch Berechnung der a_k, b_k lassen sich also Verfahren beliebiger Ordnung im Zeitschritt erzeugen, die die symplektische Geometrie des Hamilton'schen Flusses erhalten.

Die Formel (3.33) lässt sich stark vereinfachen, wenn man berücksichtigt, dass

$$\vec{T}\vec{T}\vec{x} = 0, \quad \vec{V}\vec{V}\vec{x} = 0$$

und damit (Taylorentwicklung)

$$\vec{U}^T = \exp(\Delta t\vec{T}) = 1 + \Delta t\vec{T} + \frac{1}{2}\Delta t^2\,\vec{T}\vec{T} + \cdots = 1 + \Delta t\vec{T},$$

d. h. die Taylorreihe bricht nach dem zweiten Glied ab. Dasselbe gilt für $\vec{U}^V$, man kann in (3.33)

$$\vec{U}^T = 1 + \Delta t\,\vec{T}, \quad \vec{U}^V = 1 + \Delta t\,\vec{V}$$

substituieren. Wir wollen jetzt das Verfahren in niedrigster Ordnung $n = 1$ angeben. Dann ist $a_1 = b_1 = 1$ und mit (3.33)

$$\vec{x}(t + \Delta t) = \vec{U}(\Delta t)\vec{x}(t) = (1 + \Delta t\,\vec{T})\,(1 + \Delta t\,\vec{V})\vec{x}(t) + O(\Delta t^2)\,.$$

Ausführlich ergibt sich schließlich mit $\partial T(p)/\partial p = p/m$

$$\begin{pmatrix} q_{n+1} \\ p_{n+1} \end{pmatrix} = \left(1 + \Delta t \begin{pmatrix} p/m \\ 0 \end{pmatrix}\right)\left[\begin{pmatrix} q_n \\ p_n \end{pmatrix} + \Delta t \begin{pmatrix} 0 \\ -\frac{\partial V}{\partial q}(q_n) \end{pmatrix}\right]$$

$$= \begin{pmatrix} q_n \\ p_n \end{pmatrix} + \Delta t \begin{pmatrix} 0 \\ -\frac{\partial V}{\partial q}(q_n) \end{pmatrix} + \Delta t \begin{pmatrix} (p_n - \Delta t\frac{\partial V}{\partial q}(q_n))/m \\ 0 \end{pmatrix}$$

$$= \begin{pmatrix} q_n \\ p_n \end{pmatrix} + \Delta t \begin{pmatrix} p_{n+1}/m \\ -\frac{\partial V}{\partial q}(q_n) \end{pmatrix}\,. \tag{3.34}$$

Die Iterationsvorschriften je Zeitschritt für p und q lauten demnach

$$p_{n+1} = p_n - \frac{\partial V}{\partial q}(q_n)\,\Delta t$$
$$q_{n+1} = q_n + \frac{p_{n+1}}{m}\,\Delta t\,. \tag{3.35}$$

Das Einschrittverfahren (3.35) ist analog zum Zweischrittverfahren

$$q_{n+1} = 2q_n - q_{n-1} - \frac{\Delta t^2}{m}\frac{\partial V}{\partial q}(q_n)\,, \tag{3.36}$$

was man durch Elimination der p_n leicht nachrechnet. Das Schema (3.36) wird als *Verfahren von Verlet* bezeichnet. Es ergibt sich direkt aus dem 2. Newton'schen Gesetz, wenn man dort die zweite Zeitableitung mittels

$$\frac{d^2q}{dt^2} \quad \rightarrow \quad \frac{q_{n+1} - 2q_n + q_{n-1}}{\Delta t^2}$$

diskretisiert.

Ein Verfahren 3. Ordnung erhält man aus (3.33) durch die Wahl

$$a_1 = a_2 = 1/2,\quad b_1 = 1,\quad b_2 = 0\,,$$

also

$$\vec{U}(t) = \vec{U}^T(\Delta t/2)\,\vec{U}^V(\Delta t)\,\vec{U}^T(\Delta t/2) + O(\Delta t^3)\,.$$

Ohne Rechnung geben wir die Iterationsvorschrift

$$p_{n+1/2} = p_n - \frac{\partial V}{\partial q}(q_n)\,\Delta t/2$$
$$q_{n+1} = q_n + \frac{p_{n+1/2}}{m}\,\Delta t \tag{3.37}$$
$$p_{n+1} = p_{n+1/2} - \frac{\partial V}{\partial q}(q_{n+1})\,\Delta t/2$$

an, welche dem Verlet-Verfahren in der „Leapfrog" Version entspricht, bei der Ort- und Impulsvariable zu um $\Delta t/2$ versetzte Zeiten ausgewertet werden.

3.3.2.1 Beispiel: Hénon–Heiles-Modell

Zur Demonstration der Überlegenheit des symplektischen Verfahrens im Vergleich zu einer einfachen Euler-Methode untersuchen wir das Hénon–Heiles-Modell [4]. Es beschreibt die zweidimensionale Bewegung eines Sterns im Zentrum einer scheibenförmigen Galaxie. Die Hamilton-Funktion in geeigneter Skalierung lautet ($m = 1$)

$$H(p_1, p_2, q_1, q_2) = E = \frac{1}{2}p_1^2 + \frac{1}{2}p_2^2 + V(q_1, q_2) \tag{3.38}$$

mit

$$V(q_1, q_2) = \frac{1}{2}q_1^2 + \frac{1}{2}q_2^2 + q_1^2 q_2 - \frac{1}{3}q_2^3 . \tag{3.39}$$

Verwendet man Polarkoordinaten, so zeigt sich sofort die 3-zählige Rotationssymmetrie von V:

$$V(r, \varphi) = r^2 \left(\frac{1}{2} + \frac{1}{3}r \sin 3\varphi \right) .$$

Die Bewegung des Sterns ist auf die Umgebung des Ursprungs beschränkt, solange seine Gesamtenergie (3.38)

$$E < V_{min} = \frac{1}{6}$$

bleibt. Für größeres E kann er die Galaxie in den Richtungen $\varphi = 90°$, $210°$ und $330°$ verlassen (Abb. 3.3).

Die kanonischen Gleichungen (3.27) lauten

$$\begin{aligned}
d_t q_1 &= p_1 \\
d_t q_2 &= p_2 \\
d_t p_1 &= -q_1 - 2q_1 q_2 \\
d_t p_2 &= -q_2 - q_1^2 + q_2^2 .
\end{aligned} \tag{3.40}$$

Aus der Iteration (3.35) wird

$$\begin{aligned}
p_{1,n+1} &= p_{1,n} - \left(q_{1,n} + 2q_{1,n} q_{2,n} \right) \Delta t \\
p_{2,n+1} &= p_{2,n} - \left(q_{2,n} + q_{1,n}^2 - q_{2,n}^2 \right) \Delta t \\
q_{1,n+1} &= q_{1,n} + p_{1,n+1} \Delta t \\
q_{2,n+1} &= q_{2,n} + p_{2,n+1} \Delta t .
\end{aligned} \tag{3.41}$$

Das Euler-Verfahren der selben Ordnung sieht beinahe genauso aus. Man muss nur in der 3. und 4. Gleichung $p_{i,n+1}$ durch $p_{i,n}$ ersetzen. Die Ergebnisse unterscheiden sich aber gewaltig. Für $E = 0,01$ und die Anfangsbedingung

$$q_1 = 0,1, \quad q_2 = 0, \quad p_1 = 0, \quad p_2 = 0,1$$

erhält man bei beiden Verfahren um den Ursprung umlaufende, nichtgeschlossene (quasiperiodische) Trajektorien. Beim Euler-Verfahren wächst deren Amplitude allerdings bei jedem Umlauf an. Nach ein paar hundert Umläufen verlässt der Stern den stabilen Bereich und verschwindet im Unendlichen. Entsprechend driftet die Energie des Euler-Verfahrens nach oben, beim symplektischen Verfahren ist sie über viele 100 000 Umläufe konstant (Abb. 3.4).

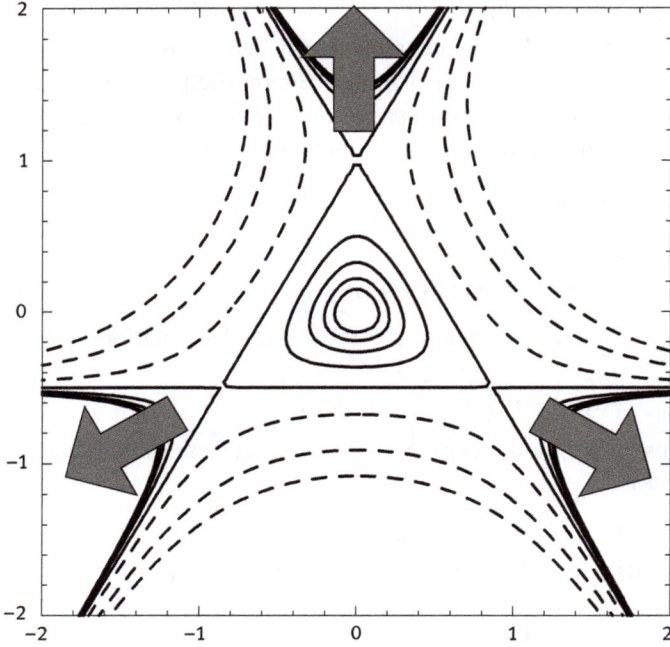

Abb. 3.3: Potential des Hénon–Heiles-Modells. Innerhalb des Dreiecks um den Ursprung bleibt die Bewegung beschränkt. Durchgezogene Linien: $V = 1/6, 1/12, 1/24, 1/48, 1/96$, gestrichelt; $V = 1/3, 2/3, 1$.

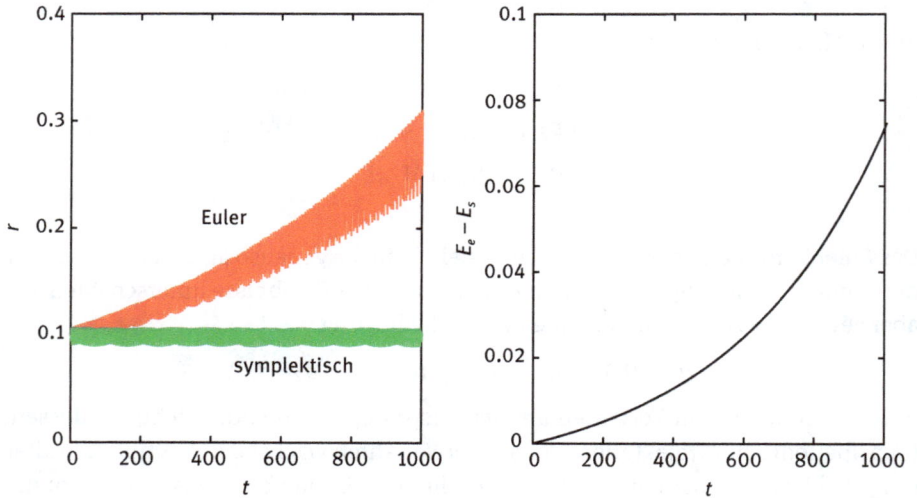

Abb. 3.4: Vergleich zwischen Euler-Verfahren und symplektischem Verfahren in der Ordnung Δt^2. Links: $r = \sqrt{q_1^2 + q_2^2}$ über t, rechts: Differenz der Energien.

3.3.3 Poincaré-Abbildung

Für größere Werte von E und/oder andere Anfangsbedingungen werden die Bahnen schnell komplizierter und es treten chaotische Bereiche auf. Mit Hilfe der Poincaré-Abbildung lassen sich die Trajektorien visualisieren. Hierzu legt man eine $N-1$-dimensionale Hyperfläche in den N-dimensionalen Phasenraum und markiert die Durchstoßpunkte der Trajektorie über viele Umläufe. Periodische Bewegungen entsprechen dann einzelnen Punkten, quasiperiodische werden durch Linien und chaotische Bereiche durch flächenartige Punktwolken auf der Poincaré-Fläche markiert. Bezeichnet man mit ξ_i, $i = 1, \ldots, N-1$ die Koordinaten auf der Hyperfläche, so folgen eindeutig aus jedem Satz ξ_i die Werte beim nächsten Passieren der Hyperebene. Anstatt eines Systems von N Differentialgleichungen kann man also die Beziehung

$$\vec{\xi}_{n+1} = \vec{f}(\vec{\xi}_n) \tag{3.42}$$

als $N-1$-dimensionale Abbildung, die Poincaré-Abbildung, formulieren. Natürlich steckt hinter der Berechnung von $\vec{f}$ nichts anderes als die Lösung des ursprünglichen DGL-Systems.

3.3.3.1 Beispiel: Hénon–Heiles-Modell

Wir wählen als Ebene $q_1 = 0$ und erhalten für (3.42)

$$\xi_1 = q_2(t_s), \quad \xi_2 = p_1(t_s), \quad \xi_3 = p_2(t_s)$$

mit t_s aus $q_1(t_s) = 0$. Weil es eine Erhaltungsgröße, nämlich die Gesamtenergie E (3.38) gibt, lässt sich die dreidimensionale Hyperfläche weiter auf eine zweidimensionale Ebene reduzieren, z. B. $q_2(t_s)$, $p_2(t_s)$. Da $p_1^2(t_s) \geq 0$ ist, müssen die Punkte auf dieser Ebene im Bereich

$$-g(q_2) \leq p_2 \leq g(q_2) \quad \text{mit } g(q_2) = \sqrt{2E - q_2^2 + \frac{2}{3}q_2^3}$$

liegen. Ein Programm zur symplektischen Integration, Plotten von Trajektorien und der Poincaré-Abbildung findet man in [5]. Die Anfangswerte $q_2(0)$, $p_2(0)$ lassen sich mit der Maus positionieren, $p_1(0)$ folgt dann bei vorgegebenem E aus dem Energiesatz (3.38).

Abb. 3.5 zeigt einige Lösungen für $E = 0{,}12$ und verschiedene Anfangswerte auf der Poincaré-Fläche (p_2, q_2) sowie im Ortsraum (q_1, q_2).

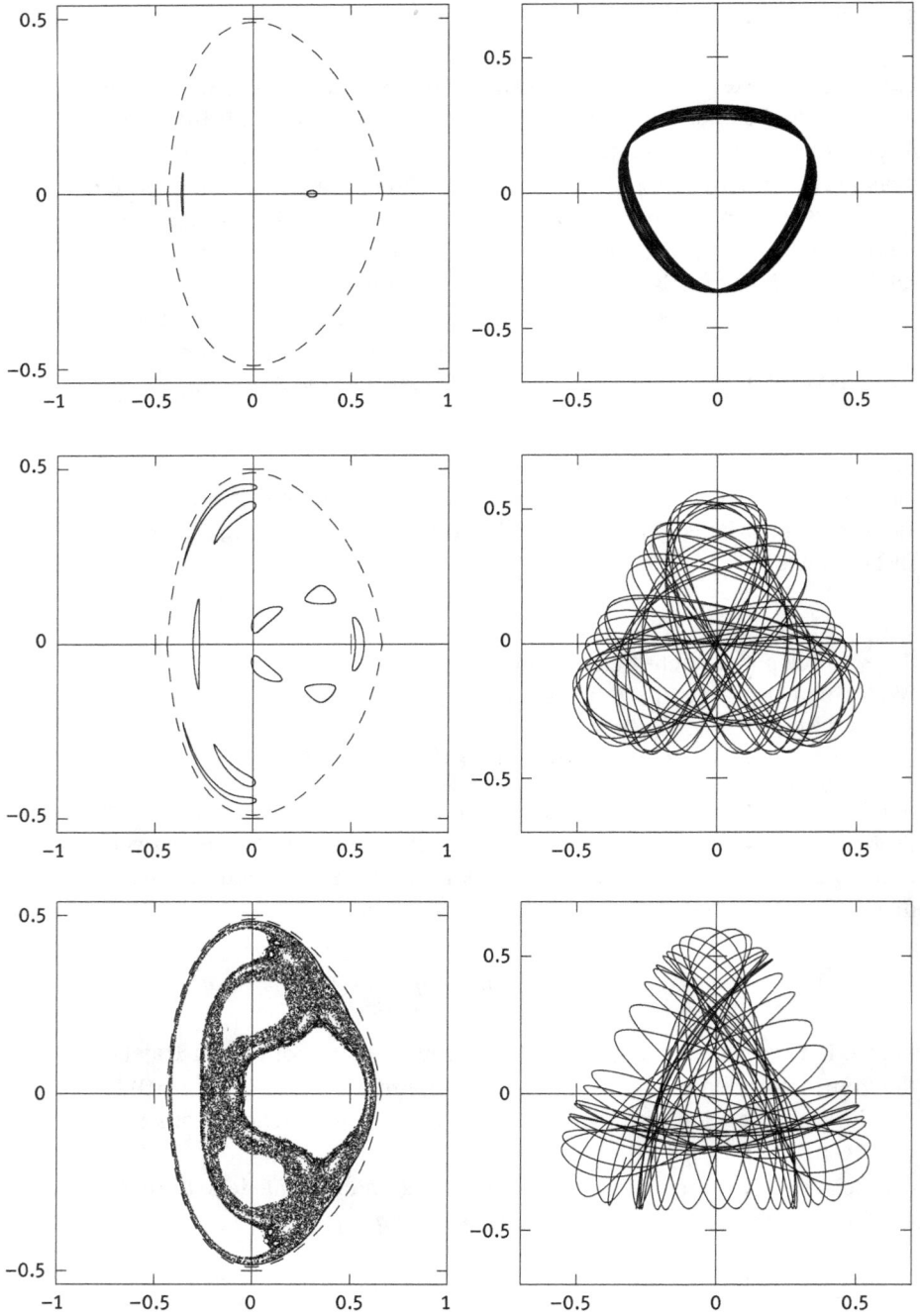

Abb. 3.5: Poincaré-Abbildung (links) und Trajektorien im Ortsraum (rechts) für $E = 0{,}12$ und verschiedene Anfangsbedingungen. Gestrichelt: Durch die Gesamtenergie begrenzter Bereich.

Referenzen

[1] E. N. Lorenz, *Deterministic nonperiodic flow*, J. Atmos. Sci. 20, 130 (1963)
[2] J. V. José, E. J. Saletan, *Classical Dynamics*, Cambrige Univ. Press (1998)
[3] J. M. Thijssen, *Computational Physics*, Cambridge Univ. Press (2007)
[4] M. Hénon, C. Heiles, *The applicability of the third integral of motion: Some numerical experiments*, Astrophys. J. 69 (1964)
[5] FORTRAN-Programme auf http://www.degruyter.com/view/product/431593

4 Gewöhnliche Differentialgleichungen I, Anfangswertprobleme

4.1 Newton'sche Mechanik

In diesem Kapitel stehen Probleme aus der klassischen Newton'schen Mechanik im Vordergrund. Wir werden also weiter quasilineare Differentialgleichungen der Form (3.4) untersuchen, wobei jetzt die höchste vorkommende Ableitung die zweite nach der Zeit ist.

4.1.1 Bewegungsgleichungen

Das zweite Newton'sche Gesetz liefert die Bewegungsgleichungen für N Massepunkte mit Massen m_i an den Positionen $\vec{r}_i(t)$, $i = 1, \ldots, N$ (ab hier bezeichnen wir mit $\dot{x}$ die erste, mit $\ddot{x}$ die zweite Zeitableitung von x)

$$m_i\ddot{\vec{r}}_i = \vec{F}_i(\vec{r}_1, \ldots, \vec{r}_N, \dot{\vec{r}}_1, \ldots, \dot{\vec{r}}_N, t) \tag{4.1}$$

mit $\vec{F}_i$ als der auf den Massepunkt i wirkenden Kraft. Die benötigten Anfangsbedingungen liegen normalerweise in der Form

$$\vec{r}_i(t_0) = \vec{r}_i^{(0)}, \quad \dot{\vec{r}}_i(t_0) = \vec{v}_i^{(0)} \tag{4.2}$$

vor. Häufig sind die Kräfte nicht explizit zeitabhängig,

$$\vec{F}_i = \vec{F}_i(\vec{r}_j, \dot{\vec{r}}_j) \, ,$$

dann handelt es sich bei (4.1) um ein autonomes DGL-System. Gilt dagegen

$$\vec{F}_i = \vec{F}_i(\vec{r}_j)$$

mit

$$\vec{F}_i(\vec{r}_j) = -\frac{\partial V(\vec{r}_1, \ldots, \vec{r}_N)}{\partial \vec{r}_i} \, ,$$

so wird (4.1) als konservatives System bezeichnet. Die Gesamtenergie

$$E = \frac{1}{2}\sum_i m_i(\dot{\vec{r}}_i)^2 + V(\vec{r}_1, \ldots, \vec{r}_N) \tag{4.3}$$

ist für diesen Fall eine Konstante der Bewegung. Für translationsinvariante Systeme gilt außerdem die Einschränkung

$$\vec{F}_i = \vec{F}_i(\vec{r}_j - \vec{r}_k, \dot{\vec{r}}_j, t) \, .$$

4.1.2 Das mathematische Pendel

Wir beginnen mit der Bewegungsgleichung des mathematischen (gedämpften) Fadenpendels in einer Dimension

$$\ddot{\varphi} + \alpha\,\dot{\varphi} + \Omega_0^2\,\sin\varphi = 0, \quad \Omega_0^2 = g/\ell \tag{4.4}$$

mit der Fadenlänge ℓ, Dämpfungskonstante $\alpha > 0$ und dem Auslenkungswinkel φ aus der Vertikalen. Das äquivalente System 1. Ordnung lautet

$$\begin{aligned}
\dot{\varphi} &= \omega \\
\dot{\omega} &= -\alpha\,\omega - \Omega_0^2\,\sin\varphi
\end{aligned} \tag{4.5}$$

für die Variablen $\varphi(t)$ und $\omega(t)$. Dazu kommen die Anfangsbedingungen

$$\varphi(0) = \varphi_0, \quad \omega(0) = \omega_0\,.$$

Das System (4.5) besitzt zwei Fixpunkte (Ruhelagen) $\dot{\varphi} = \dot{\omega} = 0$:

$$\varphi_0^{(0)} = 0, \quad \varphi_1^{(0)} = \pi\,,$$

wobei $\varphi_0^{(0)}$ als stabiler Fokus, $\varphi_1^{(0)}$ als ein instabiler Sattelpunkt bezeichnet werden. Multiplikation von (4.4) mit $\dot{\varphi}$ und Integration über t ergibt

$$\frac{1}{2}\dot{\varphi}^2 - \Omega_0^2 \cos\varphi = E_0 - R(t) \tag{4.6}$$

mit E_0 als Integrationskonstante und monoton wachsendem

$$R(t) = \alpha \int dt\,\dot{\varphi}^2\,.$$

Den Ausdruck auf der linken Seite in (4.6) identifiziert man mit der dem System zur Verfügung stehenden mechanischen Gesamtenergie $E/\ell^2 m$ (4.3), R entspricht der durch Reibung verbrauchten und in Wärme umgesetzten Energie:

$$R(t) = E_0 - E(t)\,.$$

Da $E(t) \geq -\Omega_0^2$ und $\dot{R} \geq 0$ gelten, wird der Ruhezustand $\varphi = 0$, $\omega = 0$ asymptotisch für $t \to \infty$ erreicht. Dabei wird die mechanische Energie

$$R(t \to \infty) = E_0 + \Omega_0^2$$

in Wärme umgesetzt und das Pendel kommt unabhängig von seiner Anfangsbedingung zur Ruhe. Solange $E > E_c$ mit $E_c = \Omega_0^2$ schwingt das Pendel durch die obere Ruhelage (Rotation), für $E < E_c$ erhält man Schwingungen um die untere Ruhelage (Oszillation).

Im reibungsfreien Fall ($\alpha = 0$) gilt Energieerhaltung

$$E = E_0$$

und das Pendel kommt nie zur Ruhe. Je nach E_0 liegt entweder Oszillation oder Rotation vor. Für $E_0 = E_c$ besteht die Bewegung in einer unendlich lange dauernden Annäherung an die obere Ruhelage. Wählt man als Anfangswert ebenfalls die obere Ruhelage, so entspricht die Trajektorie im Phasenraum (φ-ω-Ebene) einem homoklinen Orbit, der Separatrix, der in unendlich langer Zeit durchlaufen wird.

4.2 Numerische Verfahren niedrigster Ordnung

4.2.1 Euler-Verfahren

Wir wollen jetzt das System (4.5) mit dem Euler-Verfahren numerisch lösen. Für die diskreten Variablen $\varphi_n = \varphi(n\Delta t)$, $\omega_n = \omega(n\Delta t)$ und dem Zeitschritt Δt lautet die Iterationsvorschrift

$$\begin{aligned}
\varphi_{n+1} &= \varphi_n + \omega_n \Delta t \\
\omega_{n+1} &= \omega_n - (\alpha\,\omega_n + \Omega_0^2\,\sin\varphi_n)\Delta t \,.
\end{aligned} \tag{4.7}$$

Die Abbildung 4.1 zeigt Phasenraum und Energie über t für verschiedene α und Zeitschritte. Für $\alpha = 0$ (Abb. 4.1 oben) erwarten wir eine konstante Energie, was aber nicht der Fall ist. Auch sollten die Trajektorien im Phasenraum geschlossen sein, anstatt nach außen zu spiralen. Offensichtlich erzeugt das Euler-Verfahren eine negative Reibung, die Energie nimmt zu und die Amplituden der Oszillationen ebenfalls, diese gehen dann sogar in Rotationen über. Dieses Verhalten ist qualitativ unabhängig von Δt.

Abb. 4.1 Mitte zeigt den gedämpften Fall, das Ergebnis sieht realistisch aus. Die Trajektorien spiralen nach innen und die Energie erreicht asymptotisch den Wert $-\Omega_0^2$.

Dagegen ist das Verhalten in Abb. 4.1 unten wieder durch numerische Artefakte bedingt. Für größere Zeitschritte ($\Delta t = 0{,}15$) ergibt sich wieder eine Art negative Dämpfung und ein Anwachsen der Gesamtenergie.

Wir ziehen ein vorläufiges Fazit:
- Die Ergebnisse für $\alpha = 0$ sind alle falsch (negative numerische „Dämpfung").
- Für $\alpha > 0$ erhält man qualitativ richtige Resultate für kleine Δt.
- Auch im gedämpften Fall wächst die Energie an und die Trajektorien entfernen sich vom stabilen (!) Fixpunkt, wenn Δt zu groß wird.

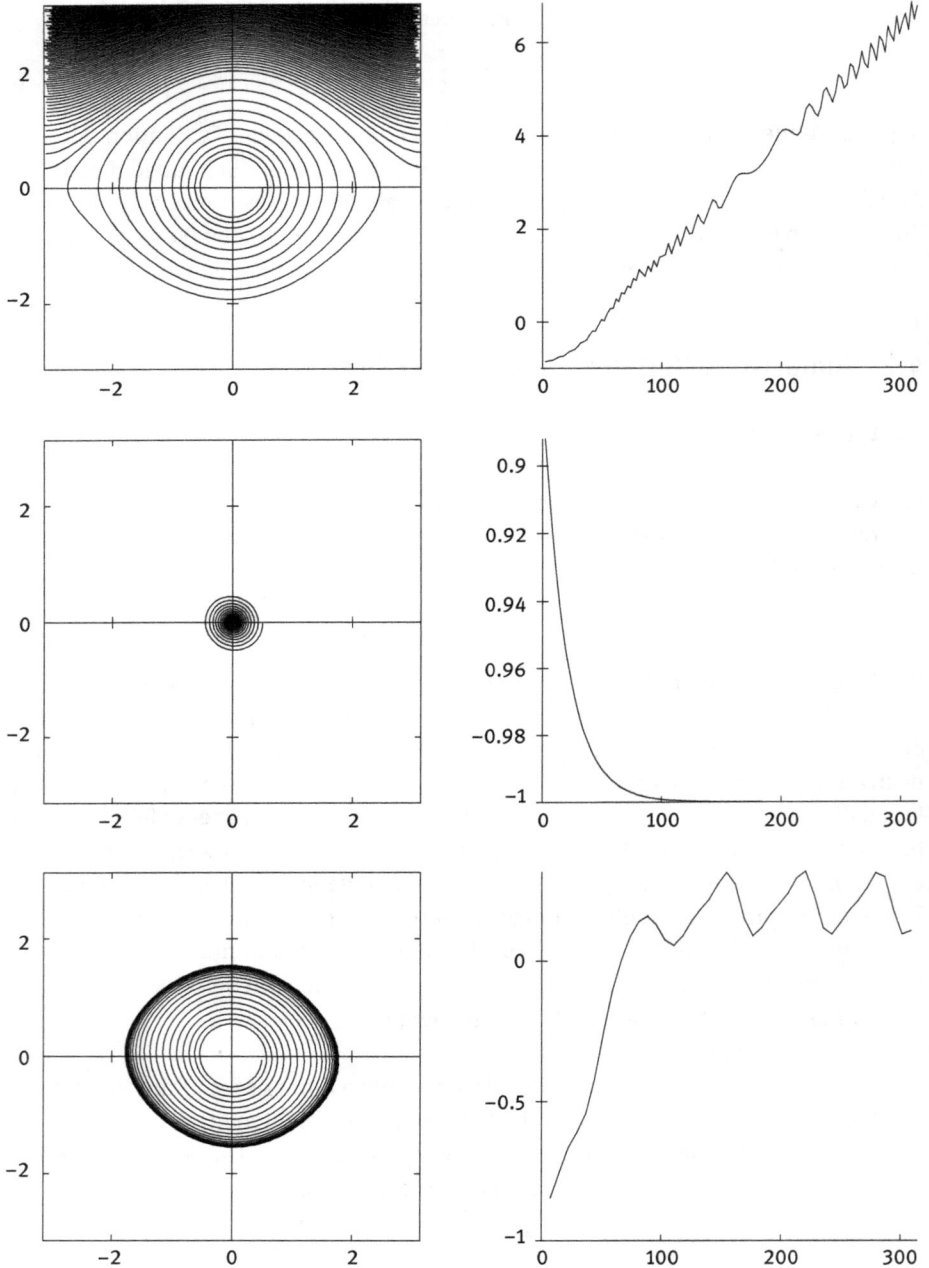

Abb. 4.1: Trajektorien im Phasenraum (links) und Gesamtenergie über t für das gedämpfte mathematische Pendel ($\Omega_0 = 1$), berechnet durch das Euler-Verfahren. Oben: $\alpha = 0$, $\Delta t = 0,05$, Mitte: $\alpha = 0,1$, $\Delta t = 0,05$, unten: $\alpha = 0,1$, $\Delta t = 0,15$. Das Verhalten oben und unten entspricht nicht der Realität sondern ist auf numerische Fehler zurückzuführen.

4.2.2 Numerische Stabilität des Euler-Verfahrens

Schon in Abschn. 3.1 haben wir gesehen, dass der Zeitschritt beim Euler-Verfahren durch die numerische Stabilität nach oben beschränkt ist. Wir untersuchen zunächst das allgemeine autonome System

$$\dot{\vec{x}}(t) = \vec{f}(\vec{x}(t)) \,. \tag{4.8}$$

Das Euler-Verfahren liefert die Diskretisierung

$$\vec{x}(t + \Delta t) = \vec{x}(t) + \vec{f}(\vec{x}(t))\Delta t + O(\Delta t^2) \,. \tag{4.9}$$

Sei $\vec{x}^{(0)}$ ein stabiler Fixpunkt $\vec{f}(\vec{x}^{(0)}) = 0$, dann lässt sich (4.9) mit $\vec{x}(t) = \vec{x}^{(0)} + \vec{u}(t)$ für kleine Abweichungen $\vec{u}$ um diesen Fixpunkt linearisieren:

$$\vec{u}(t + \Delta t) = \vec{u}(t) + \underline{L} \cdot \vec{u}(t)\,\Delta t \tag{4.10}$$

mit der Jacobi-Matrix

$$L_{ij} = \left.\frac{\partial f_i}{\partial x_j}\right|_{\vec{x}^{(0)}} \,. \tag{4.11}$$

Die Eigenwerte von $\underline{L}$ müssen alle einen negativen Realteil besitzen (Stabilität von $\vec{x}^{(0)}$). Wir schreiben (4.10) als

$$\vec{u}(t + \Delta t) = \underline{Q}_{\text{Ex}} \cdot \vec{u}(t) \tag{4.12}$$

mit

$$\underline{Q}_{\text{Ex}} = \underline{1} + \Delta t\,\underline{L} \,.$$

Die Abweichungen $\vec{u}$ sollten gegen null gehen, was aus der Stabilität des Fixpunkts folgt. Dies ist aber nur gewährleistet, wenn der Spektralradius von $\underline{Q}_{\text{Ex}}$ kleiner eins bleibt:

$$\rho(\underline{Q}_{\text{Ex}}) < 1 \,. \tag{4.13}$$

Die letzte Bedingung ergibt eine Obergrenze für Δt.

Wir verdeutlichen dies am Beispiel des mathematischen Pendels. Linearisierung um den stabilen Fixpunkt $\varphi = \omega = 0$ ergibt die Jacobi-Matrix

$$\underline{L} = \begin{pmatrix} 0 & 1 \\ -\Omega_0^2 & -\alpha \end{pmatrix} \,.$$

Man erhält für den Spektralradius von $\underline{Q}_{\text{Ex}}$

$$\rho = \sqrt{1 - \alpha\,\Delta t + \Delta t^2\,\Omega_0^2}$$

solange $\alpha < 2\Omega_0$ gilt, d. h. wir schließen den überdämpften Fall aus. Das Stabilitätskriterium ergibt dann

$$\Delta t < \frac{\alpha}{\Omega_0^2} \,.$$

Dies erklärt das Verhalten der Lösungen aus Abb. 4.1. Als Stabilitätsbedingung erhalten wir nämlich bei $\Omega_0 = 1$

$$\Delta t < \alpha \, ,$$

was nur für die Situation in Abb. 4.1 Mitte erfüllt ist. Für den ungedämpften Fall ist das Euler-Verfahren sogar für beliebig kleine Δt instabil.

4.2.3 Implizite und explizite Verfahren

Das Euler-Verfahren gehört zur Klasse der expliziten Verfahren, weil die Variablen zur Zeit $t + \Delta t$ automatisch auf der linken Seite der Iterationsvorschrift auftreten. Bei impliziten Verfahren gilt dagegen anstatt (4.9)

$$\vec{x}(t + \Delta t) = \vec{x}(t) + \vec{f}(\vec{x}(t + \Delta t))\Delta t + O(\Delta t^2) \, , \tag{4.14}$$

d. h. man muss um $\vec{x}(t + \Delta t)$ zu berechnen zuerst nach $\vec{x}(t + \Delta t)$ auflösen. Dies ist eindeutig nur für einen linearen Zusammenhang

$$\vec{f}(\vec{x}) = \underline{A} \cdot \vec{x}$$

möglich und man erhält

$$(\underline{1} - \Delta t \, \underline{A}) \cdot \vec{x}(t + \Delta t) = \vec{x}(t)$$

oder

$$\vec{x}(t + \Delta t) = \underline{Q}_{\text{Im}} \cdot \vec{x}(t) \tag{4.15}$$

mit

$$\underline{Q}_{\text{Im}}^{-1} = \underline{1} - \Delta t \, \underline{A} \, .$$

Die Stabilität ist jetzt also durch den Spektralradius von $(\underline{1} - \Delta t \, \underline{A})^{-1}$ bestimmt und dadurch normalerweise erheblich verbessert. So ergibt sich beim mathematischen Pendel nach Linearisierung um die untere Ruhelage

$$\rho(\underline{Q}_{\text{Im}}) = \frac{1}{\sqrt{1 + \alpha\Delta t + \Omega_0^2\Delta t^2}} \, ,$$

was für alle Δt, sogar für $\alpha = 0$, kleiner eins ist. D. h. das implizite numerische Verfahren ist für das linearisierte Pendel (harmonischer Oszillator) bedingungslos stabil und damit wesentlich besser geeignet als das explizite. Allerdings erzeugt der numerische Fehler jetzt eine positive Dämpfung, was dazu führt, dass auch für $\alpha = 0$ die Schwingungen abklingen (Abb. 4.2). Dies liegt daran, dass der Fehler immer noch von der Ordnung Δt^2 ist.

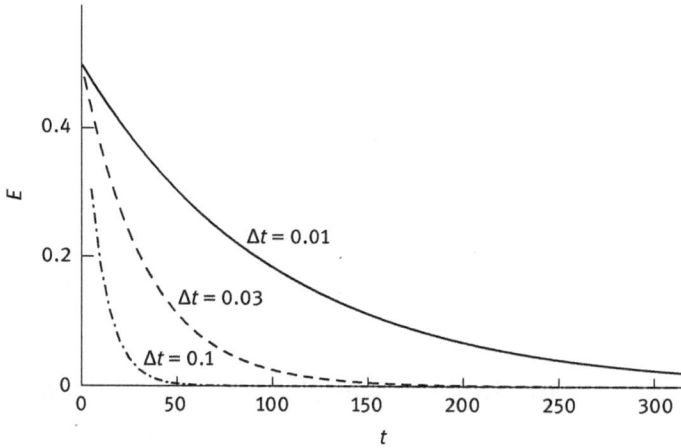

Abb. 4.2: Harmonischer Oszillator, implizites Verfahren 1. Ordnung, $\alpha = 0$. Obwohl geschlossene Trajektorien und konstante Energie erwartet werden, liefert das Verfahren eine gedämpfte Lösung. Die numerisch erzeugte Dämpfung wächst mit Δt. Das implizite Verfahren ist zwar für beliebige Zeitschritte stabil, aber immer noch ungenau.

4.3 Verfahren höherer Ordnung

Das Euler-Verfahren konvergiert schlecht und liefert ungenaue und teilweise sogar unphysikalische Ergebnisse. Hauptsächlich bei konservativen Systemen kann dies zu qualitativ falschem Verhalten führen. Wir stellen deshalb jetzt zwei Verfahren höherer Ordnung in der Schrittweite vor. Bei beiden Methoden handelt es sich um explizite Verfahren.

4.3.1 Verfahren von Heun

Wir untersuchen zunächst das eindimensionale System

$$\frac{dx}{dt} = f(t, x) \,, \tag{4.16}$$

das sich später leicht auf n Dimensionen verallgemeinern lässt. Integriert man (4.16) über t

$$\int\limits_{t}^{t+\Delta t} dt' \, \frac{dx}{dt'} = x(t + \Delta t) - x(t) = \int\limits_{t}^{t+\Delta t} dt' \, f(t', x(t')) \tag{4.17}$$

so erhält man die exakte Iterationsvorschrift

$$x(t + \Delta t) = x(t) + \int\limits_{t}^{t+\Delta t} dt' \, f(t', x(t')) \,. \tag{4.18}$$

Es resultiert die Euler-Methode, wenn man das Integral durch die Rechteckregel nähert:

$$\int\limits_{t}^{t+\Delta t} dt'\, f(t', x) \approx f(t, x(t))\, \Delta t\,.$$

Verwendet man dagegen die genauere Trapezregel

$$\int\limits_{t}^{t+\Delta t} dt'\, f(t', x) \approx (f(t, x(t)) + f(t + \Delta t, x(t + \Delta t)))\frac{\Delta t}{2}\,,$$

so ergibt sich in (4.18)

$$x(t + \Delta t) = x(t) + (f(t, x(t)) + f(t + \Delta t, x(t + \Delta t)))\frac{\Delta t}{2}\,. \tag{4.19}$$

Da auf der rechten Seite ebenfalls $x(t + \Delta t)$ auftritt, handelt es sich zunächst um eine implizite (besser semi-implizite) Vorschrift. Um aus (4.19) ein explizites Schema zu machen, berechnet man $x(t + \Delta t)$ auf der rechten Seite aus dem Euler-Verfahren:

$$x(t + \Delta t) = x(t) + f(t, x(t))\, \Delta t$$

und erhält schließlich

$$x(t + \Delta t) = x(t) + (f(t, x(t)) + f(t + \Delta t, x(t) + f(t, x(t))\, \Delta t))\frac{\Delta t}{2}\,, \tag{4.20}$$

das Verfahren von Heun.

4.3.1.1 Genauigkeit

Von welcher Ordnung ist der Fehler beim Verfahren von Heun? Dazu schreiben wir (4.20) als (der Einfachheit wegen nehmen wir $f(x)$ anstatt $f(t, x)$ an)

$$x(t + \Delta t) - x(t) = (f(x(t)) + f(x(t) + f(x(t))\, \Delta t))\frac{\Delta t}{2}$$

und entwickeln die linke Seite nach Δt

$$\text{L. S.} = \frac{dx}{dt}\Delta t + \frac{1}{2}\frac{d^2 x}{dt^2}\Delta t^2 + \frac{1}{6}\frac{d^3 x}{dt^3}\Delta t^3 + \cdots$$

$$= f\,\Delta t + \frac{1}{2}\frac{df}{dx}f\,\Delta t^2 + \frac{1}{6}\left(f^2\frac{d^2 f}{dx^2} + f\left(\frac{df}{dx}\right)^2\right)\Delta t^3 + \cdots\,,$$

die rechte nach $f\,\Delta t$:

$$\text{R. S.} = \frac{\Delta t}{2}\left(2f + \frac{df}{dx}f\,\Delta t + \frac{1}{2}\frac{d^2 f}{dx^2}f^2\,\Delta t^2\right) + \cdots\,,$$

wobei $\cdots$ Terme der Ordnung Δt^4 bedeuten. Beide Seiten stimmen bis zur Ordnung Δt^2 überein, d. h. der Fehler hat die Ordnung Δt^3 und ist damit um eine Ordnung kleiner als der Fehler des Euler-Verfahrens.

4.3.1.2 Numerische Stabilität

Wie beim Euler-Verfahren lässt sich ein Iterationsschritt beim Heun-Verfahren nach Linearisierung um einen Fixpunkt als

$$\vec{x}(t + \Delta t) = \underline{Q} \cdot \vec{x}(t)$$

formulieren, mit

$$\underline{Q} = \underline{1} + \Delta t\, \underline{L} + \frac{1}{2}\Delta t^2\, \underline{L}^2$$

und L als Jacobi-Matrix (4.11). Die numerische Stabilität folgt wieder aus der Bedingung $\rho(\underline{Q}) < 1$, was schließlich auf

$$\rho = \max_i |1 + \Delta t\lambda_i + \frac{1}{2}\Delta t^2\lambda_i^2| < 1$$

mit den Eigenwerten λ_i von $\underline{L}$ führt. Am Beispiel des harmonischen Oszillators erhalten wir mit

$$\lambda_{12} = -\frac{\alpha}{2} \pm \frac{1}{2}i\sqrt{4\Omega_0^2 - \alpha^2}$$

die Bedingung für die Stabilitätsgrenze (maximaler Zeitschritt):

$$-\alpha + \frac{1}{2}\alpha^2\Delta t - \frac{1}{2}\alpha\Omega_0^2\Delta t^2 + \frac{1}{4}\Omega_0^4\Delta t^3 = 0 \ .$$

Dies liefert einen oberen Zeitschritt, der für $\alpha > 0$ größer als beim Euler-Verfahren ist (Abb. 4.3, $\Delta t_c \approx 1,4$). Für den ungedämpften Fall $\alpha = 0$ ist das Heun-Verfahren für das Pendel allerdings immer noch bedingungslos instabil.

Wählt man das in Kapitel 3 vorgestellte symplektische Verfahren der niedrigsten Ordnung, so lässt sich ein Iterationsschritt beim harmonischen Oszillator mit (3.35) als

$$\begin{pmatrix} \varphi \\ \omega \end{pmatrix}_{n+1} = \underline{Q}_s \begin{pmatrix} \varphi \\ \omega \end{pmatrix}_n$$

mit

$$\underline{Q}_s = \begin{pmatrix} 1 - \Omega_0^2\Delta t^2 & \Delta t - \alpha\Delta t^2 \\ -\Omega_0^2\Delta t & 1 - \alpha\Delta t \end{pmatrix}$$

schreiben, die Stabilität wird durch den Spektralradius von $\underline{Q}_s$ bestimmt. Solange beide Eigenwerte komplex sind, gilt

$$\rho(\underline{Q}_s) = \sqrt{|\det \underline{Q}_s|} = \sqrt{|1 - \alpha\Delta t|}\ ,$$

speziell für den ungedämpften (Hamilton'schen) Grenzfall $\alpha = 0$ ergibt sich das optimale Ergebnis $\rho = 1$. Demnach müsste das symplektische Verfahren für $\Delta t < 2/\alpha$ stabil sein. Allerdings besitzt $\underline{Q}_s$ ab $\Delta t \geq (-\alpha + \sqrt{\alpha^2 + 4\Omega_0^2})/2\Omega_0^2$ reelle Eigenwerte und der Spektralradius wird schnell größer Eins (Abb. 4.3). Trotz dieser Einschränkung ist das symplektische Verfahren zumindest für schwache Dämpfung $\alpha \ll \Omega$ wesentlich besser geeignet als die anderen Methoden.

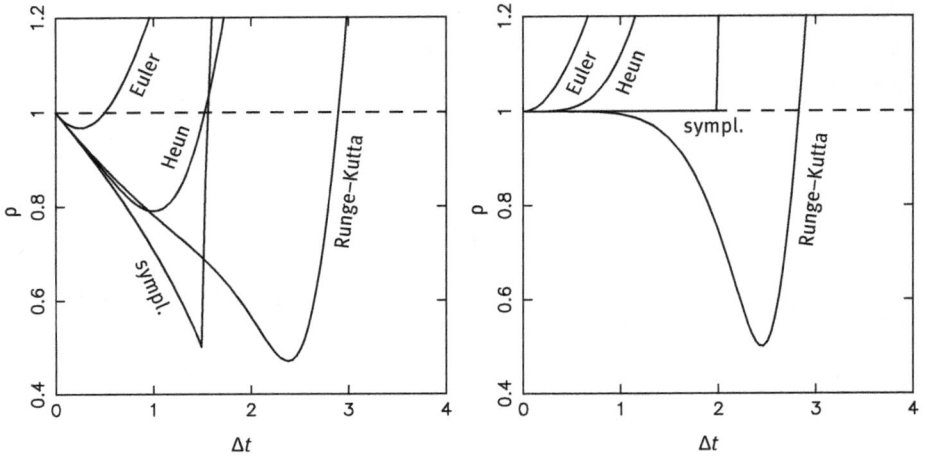

Abb. 4.3: Spektralradien über Δt, harmonischer Oszillator, $\Omega_0 = 1$, links: gedämpft, $\alpha = 1/2$, rechts: ungedämpft, $\alpha = 0$. Speziell im ungedämpften Fall ist das symplektische Verfahren den anderen, obwohl zum Teil höherer Ordnung, überlegen.

4.3.2 Aufgabe: Crank–Nicolson-Verfahren

Beim Crank–Nicolson-Verfahren handelt es sich um eine Kombination von implizitem und explizitem Verfahren. Sei $y(x)$ gegeben durch

$$\frac{dy(x)}{dx} = f(y(x))$$

und $\bar{y}(x)$ die numerische Näherungslösung. Ausgehend von $\bar{y}(x_0) = y(x_0)$ liefert das Crank–Nicolson-Schema

$$\frac{\bar{y}(x_0 + \Delta x) - \bar{y}(x_0)}{\Delta x} = \frac{1}{2} \left[f(\bar{y}(x_0)) + f(\bar{y}(x_0 + \Delta x)) \right] . \tag{4.21}$$

Zeigen Sie, dass der numerische Fehler nach einem Schritt

$$|\bar{y}(x_0 + \Delta x) - y(x_0 + \Delta x)| = O(\Delta x^3)$$

beträgt.

4.3.3 Runge–Kutta-Verfahren

Die Erhöhung der Ordnung wirkt sich positiv auf Schrittweite und Genauigkeit aus. Es liegt nahe, Verfahren noch höherer Ordnung zu konstruieren, allerdings steigt, gerade bei größeren Gleichungssystemen, der numerische Aufwand schnell. Schon beim Verfahren von Heun muss f bei jedem Schritt an zwei verschiedenen Stellen ausgewertet werden. In der Praxis wird man also einen Kompromiss zwischen Ordnung und Aufwand finden müssen.

Bewährt hat sich das bereits 1895 entwickelte Runge–Kutta-Verfahren (RK). RK gibt es in verschiedenen Ordnungen, normalerweise wird das Verfahren 4. Ordnung verwendet (RK4). Der Einfachheit halber erklären wir die Methode jedoch am Verfahren 2. Ordnung.

Sei $x = x(t)$ die gesuchte Lösung der DGL

$$\dot{x} = f(t, x(t)) \, .$$

Man entwickelt x um $t + \Delta t/2$

$$x(t) = x(t + \Delta t/2) - \frac{\Delta t}{2}\dot{x}(t + \Delta t/2) + \frac{1}{2}\left(\frac{\Delta t}{2}\right)^2 \ddot{x}(t + \Delta t/2) + O(\Delta t^3)$$

$$x(t + \Delta t) = x(t + \Delta t/2) + \frac{\Delta t}{2}\dot{x}(t + \Delta t/2) + \frac{1}{2}\left(\frac{\Delta t}{2}\right)^2 \ddot{x}(t + \Delta t/2) + O(\Delta t^3)$$

und erhält nach Subtraktion der beiden Gleichungen

$$x(t + \Delta t) = x(t) + \Delta t\, \dot{x}(t + \Delta t/2) + O(\Delta t^3) \, ,$$

also eine Iterationsvorschrift der Ordnung Δt^2. Wie beim Heun-Verfahren muss man $\dot{x} = f$ rechts von t kennen, um die rechte Seite zu berechnen. Dies geschieht durch ein Euler-Verfahren

$$\dot{x}(t + \Delta t/2) = f\big(t + \Delta t/2, x(t + \Delta t/2)\big) = f\big(t + \Delta t/2, x(t) + \Delta t/2\, f(t, x(t))\big) + O(\Delta t^2) \, .$$

Ein Iterationsschritt sieht dann folgendermaßen aus:

$$\begin{aligned}
k_1 &= \Delta t\, f(t, x(t)) \\
k_2 &= \Delta t\, f(t + \Delta t/2, x(t) + k_1/2) \\
x(t + \Delta t) &= x(t) + k_2 \, .
\end{aligned} \tag{4.22}$$

Man hat ein Verfahren der Ordnung Δt^2 und muss dazu f bei jedem Iterationsschritt zweimal auswerten. Genauso lässt sich ein Verfahren 4. Ordnung (RK4) konstruieren:

$$\begin{aligned}
k_1 &= \Delta t\, f(t, x(t)) \\
k_2 &= \Delta t\, f(t + \Delta t/2, x(t) + k_1/2) \\
k_3 &= \Delta t\, f(t + \Delta t/2, x(t) + k_2/2) \\
k_4 &= \Delta t\, f(t + \Delta t, x(t) + k_3) \\
x(t + \Delta t) &= x(t) + \tfrac{1}{6}(k_1 + 2\,k_2 + 2\,k_3 + k_4) \, .
\end{aligned} \tag{4.23}$$

und in FORTRAN 90 einfach programmieren:

```
     SUBROUTINE rk4(x,t,n,dt,eq)
C integriert das dgl-System definiert in eq von t bis t+dt
C x   abh. Variablen    x(n)
C t   unabh. Variable
C n   Anzahl der abh. Variablen
C dt  Zeitschritt
C eq  die rechten Seiten der dgls  (subroutine)
     REAL, DIMENSION(n) :: x,f1,f2,f3,f4
     CALL eq(f1,x,t); f1=dt*f1
     CALL eq(f2,x+.5*f1,t+dt/2.); f2=dt*f2
     CALL eq(f3,x+.5*f2,t+dt/2.); f3=dt*f3
     CALL eq(f4,x+f3,t+dt)
     x=x+(f1+2.*f2+2.*f3+f4*dt)/6.
     END
```

Der Fehler bei RK4 ist von der Ordnung Δt^5 und die Stabilitätseigenschaften folgen dann (ohne Rechnung) aus der Forderung

$$\rho = \max_i \left| 1 + \Delta t \lambda_i + \frac{1}{2} \Delta t^2 \lambda_i^2 + \frac{1}{6} \Delta t^3 \lambda_i^3 + \frac{1}{24} \Delta t^4 \lambda_i^4 \right| < 1 \, . \tag{4.24}$$

Eine Auswertung für den harmonischen Oszillator ist ebenfalls in Abb. 4.3 zu sehen. Wie erwartet, ist das Stabilitätsverhalten wesentlich besser als das der anderen Verfahren niedrigerer Ordnung.

4.3.3.1 Anwendung: Mathematisches Pendel mit RK4

Als RK4-Anwendung wollen wir wieder das mathematische Pendel untersuchen mit $\vec{f}$ nach (4.5). Bemerkenswert ist, dass RK4 selbst für den bisher problematischen ungedämpften Grenzfall $\alpha = 0$ konvergierende Ergebnisse liefert und für kleine Zeitschritte sogar die Energie gut konserviert ($\rho \approx 1$ in (4.24)), Abb. 4.4.

Ein Programmbeispiel zur Berechnung einer Trajektorie mit der Anfangsbedingung $\varphi = 2$, $\omega = 0$ könnte in Ausschnitten so aussehen:

```
     PROGRAM pendel_rk4
     REAL, DIMENSION(2) :: y    ! Variable phi, omega
...
     y=(/2.,0./)    ! Anfangswert fuer phi und omega
     t=0.; dt=0.01
     DO WHILE(t.LT.tend)        ! Beginn Zeitschleife
       t=t+dt
       CALL rk4(y,t,2,dt,pendel_dgl) ! Ein Zeitschritt RK4
...
     ENDDO
...
```

Steht die Routine rk4 in der Programm-Library (siehe Anhang B), so muss in der Datei, in der das Hauptprogramm steht, nur noch die Subroutine pendel_dgl spezi-

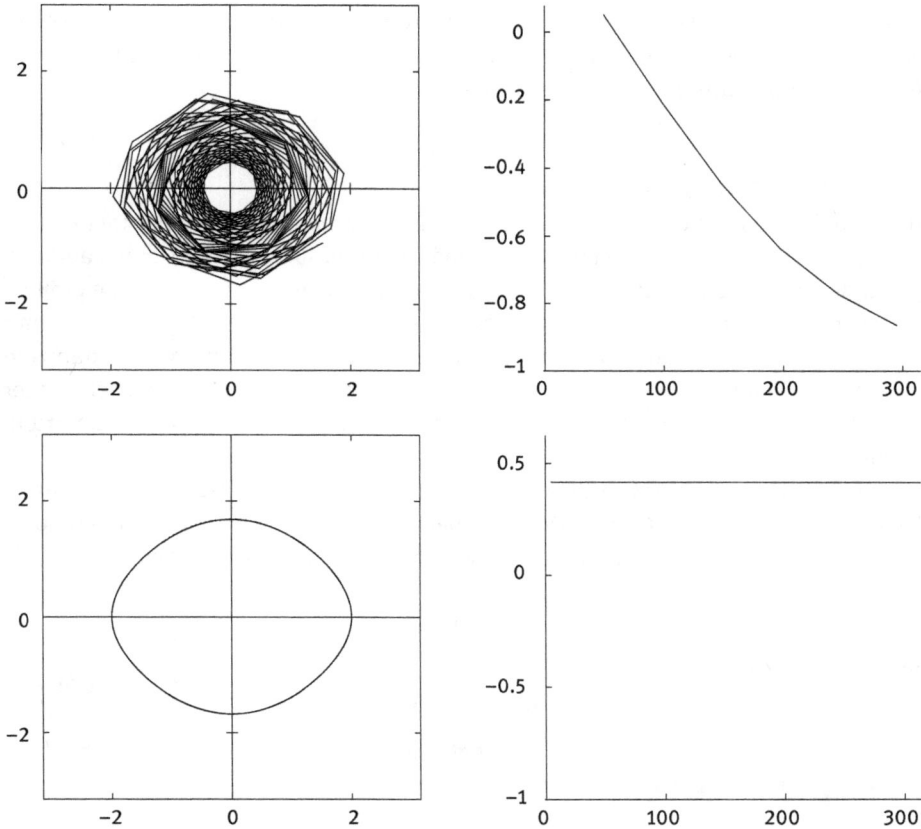

Abb. 4.4: Das ungedämpfte mathematische Pendel ($\alpha = 0$) mit RK4. Für zu großen Zeitschritt verfälscht die numerische Dämpfung das Resultat (oben, $\Delta t = 1$), für $\Delta t = 0{,}1$ (unten) bleibt die Energie über viele Perioden in guter Näherung erhalten. ($\Omega_0 = 1$, $T = 2\pi$).

fiziert werden. Dies kann innerhalb eines CONTAINS sogar direkt im Hauptprogramm geschehen. Die benötigten Parameter, hier omega und alpha, sind dann in der Subroutine bekannt (global). Außerdem erkennt das Hauptprogramm pendel_dgl als Name der Subroutine und gibt ihn entsprechend im rk4-Aufruf weiter.

```
...
    CONTAINS
        SUBROUTINE pendel_dgl(rhside,y,t)
        REAL, DIMENSION(2) :: rhside,y
        rhside(1)=y(2)
        rhside(2)=-alpha*y(2)-omega**2*SIN(Y(1))
        END SUBROUTINE pendel_dgl

    END PROGRAM pendel_rk4
```

Will man CONTAINS vermeiden, so muss der Subroutinenname pendel_dgl in einer EXTERNAL-Anweisung im Hauptprogramm bekannt gemacht werden. Die Parameterübergabe kann dann in einem COMMON-Block erfolgen.

4.3.3.2 RK4 mit adaptiver Schrittweite

Bisher haben wir Δt vorgegeben, was einfach ist aber nicht immer effektiv sein muss. Zu große Schrittweite bedeutet ungenaue und eventuell sogar numerisch instabile Ergebnisse, zu kleine erhöht den Rechenaufwand unnötig und kann durch die größere notwendige Iterationszahl zu numerischer Ungenauigkeit führen. Ein Verfahren mit adaptiver Schrittweite kann hier Verbesserung schaffen. Zum einen lässt sich dann die erwünschte Genauigkeit vorgeben, zum anderen kann das Verfahren bei schwacher Änderung von $\vec{x}$ die Schrittweite automatisch vergrößern, bzw. bei starker Änderung verkleinern.

Bei RK4 ist der Fehler von $O(\Delta t^5)$. Wir starten bei $\vec{x}(t)$ und betrachten zwei numerisch berechnete $\vec{x}_1(t+\Delta t)$, $\vec{x}_2(t+\Delta t)$, einmal mit der Schrittweite Δt (eine Iteration), und einmal mit $\Delta t/2$ (zwei Iterationen). Sei $d(\Delta x)$ der (euklidische) Abstand

$$d(\Delta t) = |\vec{x}_1 - \vec{x}_2| \,,$$

so gilt

$$d(\Delta t) = |c|\Delta t^5$$

wobei c von der 5. Ableitung von $\vec{x}$ abhängt. Berechnet man d für zwei verschiedene Schrittweiten, lässt sich c eliminieren:

$$\frac{d(\Delta t_1)}{d(\Delta t_2)} = \left(\frac{\Delta t_1}{\Delta t_2}\right)^5 \,,$$

oder nach Δt_2 aufgelöst:

$$\Delta t_2 = \Delta t_1 \left(\frac{d(\Delta t_2)}{d(\Delta t_1)}\right)^{1/5} \,.$$

Wenn man jetzt eine Iteration mit gegebenem Δt_1 berechnet und $d(\Delta t_2) = \epsilon$ als gewünschte Genauigkeit vorgibt, so erhält man die notwendige neue Schrittweite:

$$\Delta t_2 = \Delta t_1 \left(\frac{\epsilon}{d(\Delta t_1)}\right)^{1/5} \,.$$

In der Praxis erweist sich das Verfahren stabiler, wenn man den Exponenten variabel macht:

$$\Delta t_2 = \Delta t_1 \left(\frac{\epsilon}{d(\Delta t_1)}\right)^{p}$$

und

$$p = \begin{cases} 1/5 & \text{wenn } d < \epsilon \\ 1/4 & \text{wenn } d \geq \epsilon \end{cases}$$

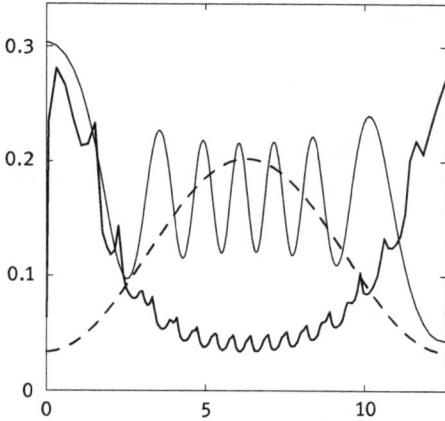

Abb. 4.5: Das ungedämpfte mathematische Pendel mit zeitabhängiger Frequenz. Fett: adaptiver Zeitschritt, fein: $\varphi(t)$, num. Lösung (skaliert), strichliert: $\Omega_0(t)$ (skaliert). Δt ist bei $t = 0$ auf $0{,}01$ gesetzt und nimmt dann schnell zu. Genauigkeit $\epsilon = 10^{-5}$.

wählt. Wir testen das Schema am Pendel mit zeitabhängiger Frequenz:

$$\Omega_0(t) = \Omega_{00}(1 + a \sin^2(bt))$$

Das Ergebnis für $\Omega_{00} = 1, a = 5, b = 1/4$ zeigt Abb. 4.5, für das Programm siehe Anhang B. Der Zeitschritt nimmt ab, wenn Ω_0 zunimmt und umgekehrt.

4.3.3.3 Aufgabe

Das Lotka–Volterra-Modell besteht aus den beiden gekoppelten Ratengleichungen

$$\begin{aligned}
\dot{n}_1 &= \alpha_1 n_1 - \alpha_2 n_1 n_2 \\
\dot{n}_2 &= -\beta_1 n_2 + \beta_2 n_1 n_2 , \quad \alpha_i, \beta_i > 0 .
\end{aligned} \tag{4.25}$$

Sie wurden von Lotka (1920) und Volterra (1931) vorgeschlagen, um die Wechselwirkung zwischen einer Beute- ($n_1(t)$) und einer Räuberpopulation ($n_2(t)$) zu beschreiben. Die Gleichungen (4.25) gelten als einfachstes (minimales) Räuber-Beute-System.

1. Interpretieren Sie die einzelnen Terme in (4.25). Zeigen Sie durch Skalieren von Zeit, n_1 und n_2, dass sich (4.25) schreiben lässt als

$$\begin{aligned}
\dot{\tilde{n}}_1 &= a\tilde{n}_1 - \tilde{n}_1 \tilde{n}_2 \\
\dot{\tilde{n}}_2 &= -\tilde{n}_2 + \tilde{n}_1 \tilde{n}_2 , \quad a > 0
\end{aligned} \tag{4.26}$$

2. Geben Sie die Fixpunkte von (4.26) an und untersuchen Sie deren Stabilität.
3. Zeigen Sie, dass

$$W(\tilde{n}_1, \tilde{n}_2) = \tilde{n}_1 + \tilde{n}_2 - \ln \tilde{n}_1 - a \ln \tilde{n}_2 \tag{4.27}$$

   unter der Dynamik von (4.26) erhalten bleibt.

4. Lösen Sie jetzt (4.26) numerisch durch RK4 und prüfen Sie die Erhaltung von (4.27). Plotten Sie Trajektorien im Phasenraum für verschiedene a und verschiedene Anfangsbedingungen.

4.4 RK4-Anwendung: Himmelsmechanik

Unter der klassischen Himmelsmechanik versteht man die Berechnung der Bahnen zweier oder mehrerer Himmelskörper, die miteinander über das Newton'sche Gravitationsgesetz wechselwirken. Im einfachsten Fall (Zweikörperproblem, z. B. Sonne und ein Planet) lassen sich als analytische Lösungen die Kepler'schen Ellipsen (bzw. Hyperbeln für ungebundene Körper) finden (1. Kepler'sches Gesetz).

4.4.1 Kepler-Problem: geschlossene Planetenbahnen

Zwei Massepunkte mit Massen m_i sollen sich bei $\vec{r}_i(t)$ befinden. Zwischen beiden Massen wirke die Newton'sche Gravitationskraft. Die Bewegungsgleichungen lauten

$$\ddot{\vec{r}}_1 = -G\,m_2\,\frac{\vec{r}_1 - \vec{r}_2}{|\vec{r}_1 - \vec{r}_2|^3}$$
$$\ddot{\vec{r}}_2 = -G\,m_1\,\frac{\vec{r}_2 - \vec{r}_1}{|\vec{r}_2 - \vec{r}_1|^3} = -\frac{m_1}{m_2}\ddot{\vec{r}}_1$$

$$(4.28)$$

mit der Newton'schen Gravitationskonstanten $G \approx 6{,}67 \cdot 10^{-11}$ m^3/kg s^2. Die 6 mechanischen Freiheitsgrade lassen sich durch Einführen von Relativkoordinaten $\vec{\eta} = \vec{r}_1 - \vec{r}_2$ auf drei reduzieren (Gesamtimpulserhaltung)

$$\ddot{\vec{\eta}} = -G\,M\frac{\vec{\eta}}{\eta^3} \tag{4.29}$$

mit der Gesamtmasse $M = m_1 + m_2$. Legt man den Ursprung des Koordinatensystems in den Schwerpunkt, gilt der Zusammenhang

$$\vec{r}_1 = \frac{m_2}{M}\,\vec{\eta}, \quad \vec{r}_2 = -\frac{m_1}{M}\,\vec{\eta}\,. \tag{4.30}$$

Bedingt durch das Zentralpotential gilt Drehimpulserhaltung und die Bewegung lässt sich auf eine Ebene beschränken (2 mechanische Freiheitsgrade). Es genügt demnach, das 2D-Problem mit $\vec{\eta} = (x, y)$ zu untersuchen. Durch geeignete Skalierung $|\eta| = |\vec{\eta}|(GM)^{1/3}$ erhält man die beiden parameterfreien DGLs 2. Ordnung

$$\ddot{x} = -\frac{x}{r^3}$$
$$\ddot{y} = -\frac{y}{r^3}$$

$$(4.31)$$

mit $r = \sqrt{x^2 + y^2}$. Die Gesamtenergie in Einheiten von $GM^{2/3}$ ergibt sich zu

$$E = \frac{1}{2}(\dot{x}^2 + \dot{y}^2) - \frac{1}{r} \tag{4.32}$$

und ist eine Konstante der Bewegung. Da außerdem der Bahndrehimpuls

$$L = x\dot{y} - y\dot{x} \tag{4.33}$$

konstant ist, bleiben in (4.31) von ursprünglich vier nur noch 2 dynamische Freiheitsgrade übrig. Dies schließt chaotisches Verhalten aus, man erwartet zumindest für beschränkte Lösungen entweder Fixpunkte oder periodische Orbits[1]. Fixpunkte mit endlichem E existieren beim Kepler-Problem allerdings nicht, die periodischen Lösungen
entsprechen den geschlossenen Planetenbahnen.

Eine sofort ersichtliche Lösung von (4.31) ist eine Kreisbahn mit Radius R,

$$x = R \cos(\omega t), \quad y = R \sin(\omega t).$$

Einsetzen in (4.31) ergibt das 3. Kepler'sche Gesetz

$$\omega^2 = \frac{1}{R^3}. \tag{4.34}$$

Die numerische Lösung von (4.31) kann mit Hilfe von RK4 erfolgen. Die Subroutine,
die die Gleichungen definiert, hat dann die Form

```
SUBROUTINE kepler_dgl(rhside,y,t)
REAL, DIMENSION(4) :: rhside,y
r32=(y(1)**2+y(3)**2)**(3/2.)
rhside(1)=y(2)
rhside(2)=-y(1)/r32
rhside(3)=y(4)
rhside(4)=-y(3)/r32
END
```

Wählt man als Anfangsbedingung

$$x(0) = R, \quad y(0) = 0, \quad \dot{x}(0) = 0, \quad \dot{y}(0) = L/R,$$

so erhält man für $L = L_0 = \sqrt{R}$ einen Kreis mit Radius R, sonst Ellipsen, bzw. Hyperbeln. Für $L < L_0$ bildet der Anfangspunkt den Aphel (größter Abstand), für $L > L_0$ den
Perihel der Ellipse. Für E ergibt (4.32)

$$E = \frac{L^2}{2R^2} - \frac{1}{R},$$

d. h. für $L > \sqrt{2R}$ wird $E > 0$ und es existieren keine gebundenen Bahnen mehr. Dann
sind die beiden Körper frei und bewegen sich auf Hyperbeln um den gemeinsamen
Schwerpunkt.

Interessant ist die Frage der numerischen Dämpfung. Wie gut bleibt die Energie
nach (4.32) erhalten? Aufschluss gibt Abb. 4.6, die E nach 10 000 Umläufen über Δt
für Kreisbahnen mit $R = 1$, $L = 1$, $\omega = 1$ zeigt. Man erkennt eine sehr gute Energieerhaltung bis zu Zeitschritten von etwa 0,05. Man beachte, dass die Umlaufzeit 2π
beträgt, man bei $\Delta t = 0,05$ also nur noch etwa 120 Zeitschritte je Umlauf auflösen
kann. Trotzdem beträgt die Gesamtenergie nach $t = 10\,000 \cdot 2\pi$ etwa $E = -0,50024$,
also eine Abweichung von unter 0,05 %.

---

[1] Dies gilt allerdings nur für das $1/r$-Potential, siehe die Anmerkung in Abschn. 4.4.2.

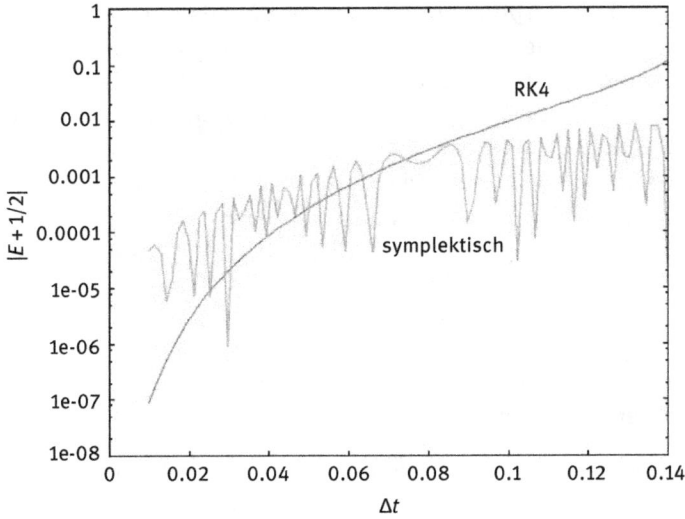

Abb. 4.6: Abweichung der Energie eines Planeten auf einer Kreisbahn ($R = 1$, $L = 1$) nach 10 000 Umläufen vom exakten Wert $E = -1/2$ über dem Zeitschritt Δt. Obwohl das symplektische Verfahren von der Ordnung Δt^2 ist, ist es dem Runge-Kutta-Verfahren 4. Ordnung zumindest bei größerem Δt überlegen.

Will man das symplektische Verfahren 1. Ordnung verwenden, so kann man einen Zeitschritt einfach mittels

```
     SUBROUTINE symplekt(y,dt)
C integriert einen Zeitschritt dt symplektisch
     REAL, DIMENSION(4) :: y
     r32=(y(1)**2+y(3)**2)**(3/2.) ! Nenner
     y(2)=y(2)-y(1)/r32*dt
     y(4)=y(4)-y(3)/r32*dt
     y(1)=y(1)+y(2)*dt
     y(3)=y(3)+y(4)*dt
     END
```

integrieren. Wie ebenfalls aus Abb. 4.6 ersichtlich, ist das symplektische Verfahren hier nicht in jedem Fall vorzuziehen. Zwar wird bei relativ großem Zeitschritt die Energie besser erhalten, bei kleinem Δt ist RK4 aber einfach wesentlich genauer.

4.4.2 Quasiperiodische Planetenbahnen, Periheldrehung

Sämtliche Bahnen mit $E < 0$ sind geschlossen. Dies ist eine spezielle Eigenschaft des $1/r$-Potentials, eine beliebig kleine Abänderung

$$V(r) = -\frac{1}{r^{(1+\epsilon)}}, \quad |\epsilon| \ll 1$$

führt sofort zu nichtgeschlossenen, quasiperiodischen Bahnen, deren Perihel sich langsam um die Sonne drehen (Abb. 4.7). Die einzige geschlossene Trajektorie für $\epsilon \neq 0$ bleibt der Kreis.

Vorher haben wir gesehen, dass die Bewegung durch die Erhaltungssätze auf zwei dynamische Freiheitsgrade eingeschränkt ist. Wie kann es dann zu sich überkreuzenden Trajektorien wie in Abb. 4.7 kommen? Offenbar gibt es ab dem Kreuzungspunkt zwei mögliche Wege für die weitere Entwicklung. Dies liegt an dem nicht eindeutigen Zusammenhang $\dot{x} = \dot{x}(x, y)$, $\dot{y} = \dot{y}(x, y)$. Eliminiert man z. B. $\dot{y}$ mittels (4.33) aus dem Energiesatz (4.32), so erhält man eine quadratische Gleichung für $\dot{x}(x, y)$ mit zwei verschiedenen Lösungen.

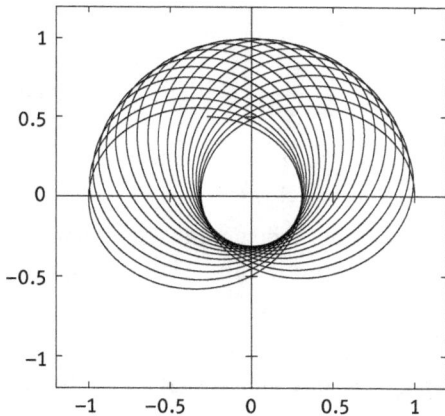

Abb. 4.7: Periheldrehung bei kleiner Abweichung vom $1/r$-Potential. Trajektorien durch RK4 berechnet mit $R = 1$, $L = 0{,}7$, $\epsilon = 0{,}05$.

4.4.3 Mehrere Planeten: Ist unser Sonnensystem stabil?

Untersucht man ein System mit zwei oder mehr Planeten, werden die Dinge wesentlich komplizierter. Insbesondere lassen sich analytische Lösungen der Bewegungsgleichungen nur noch näherungsweise (Störungstheorie) für bestimmte Spezialfälle angeben.

Der schwedische König Oscar II stellte 1887 die Frage „Ist unser Sonnensystem stabil?" und setzte für die Antwort 2500 Kronen aus. Die Frage kann selbst heute nicht mit Sicherheit beantwortet werden. Allerdings gelang 1890 Henri Poincaré eine Art Gegenbeweis. Er konnte zeigen, dass bereits beim sogenannten Drei-Körper-Problem, also z. B. ein Planet und ein Doppelstern, keine regelmäßigen Bahnen mehr existieren. Der französische Astronom Jacques Laskar berechnete 1989 numerisch die Bahnen der inneren vier Planeten, 1994 die Bahnen aller Planeten für die nächsten 25 Milliarden Jahre. Er fand dabei, dass die Bahnen „leicht chaotisch" und Zusammenstöße in den nächsten 200 Millionen Jahren eher unwahrscheinlich sind [1]. Ein weiterer Hinweis auf die Instabilität gewisser Bahnradien ist die Asteroidenverteilung zwischen Mars und Jupiter. Signifikant sind hier die sogenannten Kirkwood'schen Lücken, welche für Bahnradien auftreten, deren Umlaufzeiten T_A im ganzrationalen Verhältnis zur Umlaufzeit T_J des Jupiters stehen:

$$T_A = \frac{T_J}{n}, \quad n = 2, 7/3, 5/2, 3, \ldots \tag{4.35}$$

Dadurch kommt es zu Resonanzen, die Asteroiden der betreffenden Bahnen werden innerhalb (zumindest im astronomischen Maßstab) kurzer Zeit vom Jupiter „herausgezogen", siehe auch Abb. 1.1 links.

Die Wechselwirkung dreier Himmelskörper lässt sich numerisch untersuchen. Ausgehend von (4.28) betrachten wir das erweiterte System

$$\ddot{\vec{r}}_1 = -Gm_2 \frac{\vec{r}_1 - \vec{r}_2}{|\vec{r}_1 - \vec{r}_2|^3} - Gm_3 \frac{\vec{r}_1 - \vec{r}_3}{|\vec{r}_1 - \vec{r}_3|^3}$$

$$\ddot{\vec{r}}_2 = -Gm_1 \frac{\vec{r}_2 - \vec{r}_1}{|\vec{r}_2 - \vec{r}_1|^3} - Gm_3 \frac{\vec{r}_2 - \vec{r}_3}{|\vec{r}_2 - \vec{r}_3|^3} \tag{4.36}$$

$$\ddot{\vec{r}}_3 = -Gm_1 \frac{\vec{r}_3 - \vec{r}_1}{|\vec{r}_3 - \vec{r}_1|^3} - Gm_2 \frac{\vec{r}_3 - \vec{r}_2}{|\vec{r}_3 - \vec{r}_2|^3} \cdot$$

Die Anzahl der Freiheitsgrade lässt sich wieder um drei reduzieren. Wählt man das Koordinatensystem so, dass der Schwerpunkt im Ursprung ruht, lässt sich z. B. $\vec{r}_3$ eliminieren:

$$\vec{r}_3 = -\alpha_1 \vec{r}_1 - \alpha_2 \vec{r}_2 \tag{4.37}$$

mit den dimensionslosen Massenverhältnissen $\alpha_i = m_i/m_3$. Durch Skalierung der Zeit

$$\tau = t \left(\frac{Gm_3}{\ell^3} \right)^{1/2}$$

mit einer noch zu definierenden Länge ℓ ergibt sich das dimensionslose System

$$\ddot{\vec{r}}_1 = -\alpha_2 \frac{\vec{r}_1 - \vec{r}_2}{|\vec{r}_1 - \vec{r}_2|^3} - \frac{\vec{r}_1 - \vec{r}_3}{|\vec{r}_1 - \vec{r}_3|^3}$$

$$\ddot{\vec{r}}_2 = -\alpha_1 \frac{\vec{r}_2 - \vec{r}_1}{|\vec{r}_2 - \vec{r}_1|^3} - \frac{\vec{r}_2 - \vec{r}_3}{|\vec{r}_2 - \vec{r}_3|^3} \tag{4.38}$$

und $\vec{r}_3$ aus (4.37). Die mit ℓ/Gm_3^2 skalierten Energien der drei Körper lauten

$$E_i = \frac{1}{2} \alpha_i (\dot{\vec{r}}_i)^2 + \sum_{k \neq i} V_{ik}, \quad V_{ik} = -\frac{\alpha_i \alpha_k}{|\vec{r}_i - \vec{r}_k|}, \tag{4.39}$$

die natürlich keine Erhaltungsgrößen sind. Allerdings muss die Gesamtenergie

$$E = \frac{1}{2} \sum_i \alpha_i (\dot{\vec{r}}_i)^2 + \frac{1}{2} \sum_{i,k \neq i} V_{ik} \qquad (4.40)$$

weiterhin eine Konstante der Bewegung sein. Diese eignet sich als Kontrollgröße bei der numerischen Integration. Ebenfalls erhalten sein sollten die drei Komponenten des Gesamtdrehimpulses

$$\vec{L} = \sum_i m_i \left(\vec{r}_i \times \dot{\vec{r}}_i \right) .$$

In drei räumlichen Dimensionen bleiben also 12 − 1 − 3 = 8 dynamische Freiheits-grade, mehr als genug um chaotische Dynamik zu erwarten. Wir beschränken jedoch unsere Untersuchung weiterhin auf 2 räumliche Dimensionen. Dies ist ein Spezialfall, der normalerweise nicht vorkommt. Er gilt jedoch, wenn die Anfangsbedingungen so gewählt werden, dass für alle Körper z. B. $z_i(0) = \dot{z}_i(0) = 0$ gilt. Die Anzahl der Freiheitsgrade beträgt dann nur noch 8 − 1 − 1 = 6, ist jedoch immer noch groß genug um dem Chaos Raum zu lassen.

Das System (4.38) lässt sich entweder mittels RK4 oder durch ein symplektisches Verfahren integrieren. Je nach Wahl von α_i und den Anfangsbedingungen erhält man verschiedene Lösungen. Eine Lösung für relativ kleine α_i zeigt Abb. 4.8. Körper $i = 3$ übernimmt wegen $m_3 \gg m_1, m_2$ die Rolle des Zentralgestirns, welches von Körper 2 und 3 (Planeten) umkreist wird. Durch die gegenseitige Wechselwirkung sind die Bahnen allerdings nicht mehr geschlossen und zeigen leicht chaotisches Verhalten.

Bei größeren α_i werden die Lösungen in der Regel extrem irregulär und chaotisch. Dabei nimmt oft ein Körper soviel Energie auf, dass er sich von den beiden anderen befreien kann, obwohl $E < 0$ ist. Dieser Körper entfernt sich dann im Lauf der Zeit beliebig weit von den beiden anderen, die dann für $t \to \infty$ ein periodisches Zweikörperproblem bilden (Abb. 4.9).

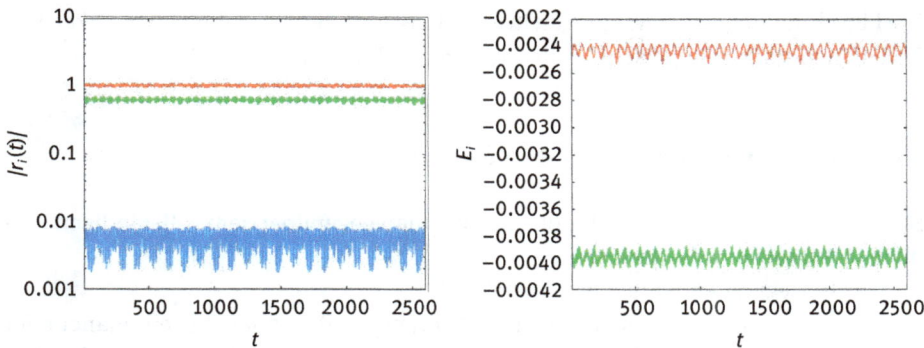

Abb. 4.8: Drei-Körperproblem, numerische Lösung für $\alpha_1 = \alpha_2 = 0{,}001$. Links: Die Abstände vom Ursprung $|r_i|$, rechts: Energien E_1, E_2 nach (4.39). Die beiden leichten Körper (rot, grün) umkreisen den schweren (blau) auf gestörten Kreisbahnen.

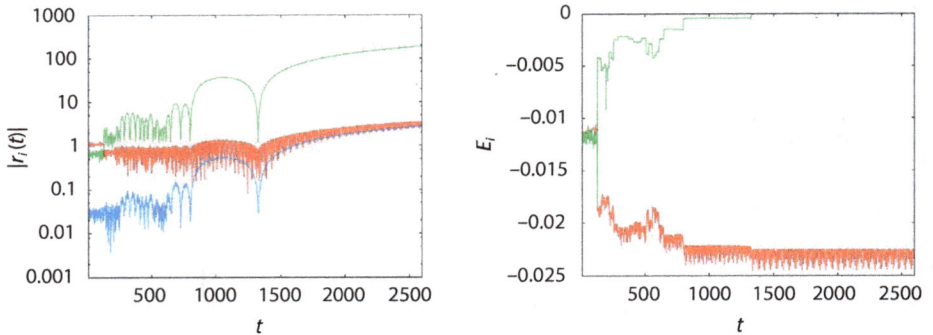

Abb. 4.9: Dasselbe wie in Abb. 4.8, aber für $\alpha_1 = 0{,}015$, $\alpha_2 = 0{,}025$. Die Entwicklung verläuft jetzt wesentlich chaotischer. Bei $t \approx 100$ wandert der zunächst innere Planet (grün) nach außen. Er nimmt dann weiter Energie von den beiden anderen Körpern auf und gerät auf immer größere Umlaufbahnen. Schließlich kann er dem Einfluss der anderen beiden Körper entkommen ($E_2 \approx 0$, $t > 1400$). Die beiden verbliebenen Massen bilden ein stabiles periodisches Zweikörperproblem.

Beide Lösungen wurden mit einem symplektischen Verfahren der Ordnung Δt^2 berechnet, die Änderungen der Gesamtenergie und des Drehimpulses wurden aufgezeichnet. Bei einem Zeitschritt von $\Delta t = 2 \cdot 10^{-6}$ betragen die maximalen relativen Abweichungen

$$\Delta X = 2 \left| \frac{X_{\max} - X_{\min}}{X_{\max} + X_{\min}} \right|$$

im Zeitraum $0 < t < 2600$ für Abb. 4.8

$$\Delta E = 4{,}8 \cdot 10^{-7}, \quad \Delta L = 3{,}0 \cdot 10^{-12} \,,$$

für Abb. 4.9

$$\Delta E = 2{,}2 \cdot 10^{-5}, \quad \Delta L = 2{,}9 \cdot 10^{-12} \,.$$

Die Einschränkung auf Bewegungen in einer Ebene erhöht die Wahrscheinlichkeit von Kollisionen stark. Realistischer wäre hier eine 3D-Rechnung.

4.4.4 Das reduzierte Drei-Körper-Problem

Beim reduzierten Drei-Körper-Problem macht man gegenüber dem vollständigen Problem (4.36) folgende Näherungen:
- Die Bewegung findet in einer Ebene statt.
- Einer der drei Körper ist so leicht (Testkörper, im folgenden TK, ein Planet oder Asteroid), dass er die Bewegung der beiden anderen nicht beeinflusst, also z. B. $m_1 \ll m_2, m_3$.
- Die beiden schwereren Körper (Hauptkörper genannt, z. B. Sonne und Jupiter oder ein Doppelsternsystem) bewegen sich auf Kreisen um ihren gemeinsamen

Schwerpunkt mit der Kreisfrequenz ω. Zeit und Längen werden so skaliert, dass ihr Abstand $|\vec{r}_2 - \vec{r}_3| = 1$ sowie $\omega = 1$ gilt.

4.4.4.1 Die zeitabhängigen Bewegungsgleichungen

Als Systemparameter verwendet man das Massenverhältnis

$$\mu = \frac{m_3}{m_2 + m_3} \ . \tag{4.41}$$

Skaliert man die Zeit mit

$$\tau = t \left(\frac{G m_3}{\mu \ell^3} \right)^{1/2} ,$$

so erhält man aus (4.36) nach etwas Rechnung die beiden Kreisbahnen

$$\vec{r}_2(t) = -\mu \begin{pmatrix} \cos t \\ \sin t \end{pmatrix}, \quad \vec{r}_3(t) = (1 - \mu) \begin{pmatrix} \cos t \\ \sin t \end{pmatrix} \ . \tag{4.42}$$

Für den Testkörper m_1 ergibt sich schließlich die Bewegungsgleichung

$$\ddot{\vec{r}}_1 = -(1 - \mu) \frac{\vec{r}_1 - \vec{r}_2(t)}{|\vec{r}_1 - \vec{r}_2(t)|^3} - \mu \frac{\vec{r}_1 - \vec{r}_3(t)}{|\vec{r}_1 - \vec{r}_3(t)|^3} \ . \tag{4.43}$$

4.4.4.2 Die Grundgleichungen im rotierenden System

Wie Euler zuerst zeigte, lässt sich die explizite Zeitabhängigkeit in (4.43) durch eine Transformation auf das mit den beiden Hauptkörpern gleichförmig rotierende Koordinatensystem $\vec{r} = (\tilde{x}, \tilde{y})$ gemäß

$$\tilde{x} = x \cos t + y \sin t$$
$$\tilde{y} = -x \sin t + y \cos t$$

beseitigen. Als Scheinkräfte treten jetzt jedoch Coriolis- und Zentrifugalkraft auf und man erhält (wir lassen die Tilden wieder weg):

$$\begin{aligned} \ddot{x} &= 2\dot{y} - \partial_x V \\ \ddot{y} &= -2\dot{x} - \partial_y V \end{aligned} \tag{4.44}$$

mit dem Potential (Jacobi-Potential):

$$V(x, y) = -\frac{1 - \mu}{r_2} - \frac{\mu}{r_3} - \frac{1}{2} r^2 \tag{4.45}$$

und

$$r = \sqrt{x^2 + y^2} \ ,$$

sowie den Abständen

$$r_2 = \sqrt{(x + \mu)^2 + y^2}, \quad r_3 = \sqrt{(x + \mu - 1)^2 + y^2}$$

des TK zu den beiden Hauptkörpern. Im mitrotierenden System ruhen die beiden Hauptkörper auf der x-Achse:

$$\vec{r}_2 = (-\mu, 0)\,, \quad \vec{r}_3 = (1 - \mu, 0)\,,$$

ihr gemeinsamer Schwerpunkt liegt im Ursprung. Wie man leicht zeigen kann, ist die Gesamtenergie

$$E = \frac{1}{2}(\dot{x}^2 + \dot{y}^2) + V(x, y) \tag{4.46}$$

eine Erhaltungsgröße, ihr Wert wird durch die Anfangsbedingungen festgelegt. Weil der kinetische Energieanteil nicht negativ sein kann, kann sich der TK nur in Bereichen bewegen, für die

$$E - V(x, y) \geq 0$$

gilt (Abb. 4.10).

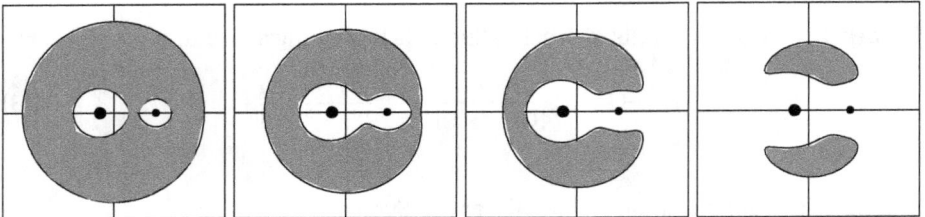

Abb. 4.10: Verbotene Bereiche (grau) für $\mu = 1/4$ und $E = -2,0$, $-1,8$, $-1,7$, $-1,55$ (von links nach rechts). Für $E \geq -3/2 - \mu(\mu - 1) \approx -1,406$ kann sich der Testkörper in der ganzen Ebene aufhalten.

4.4.4.3 Lagrange-Punkte und Trojaner

Die Gleichungen (4.44) besitzen fünf Fixpunkte ($\dot{x} = \ddot{x} = \dot{y} = \ddot{y} = 0$), der TK „ruht" im rotierenden System, also relativ zu den beiden Hauptkörpern. Die Fixpunkte werden Lagrange-Punkte oder auch Liberationspunkte genannt. Man erhält sie aus den Gleichgewichtsbedingungen

$$\partial_x V = \partial_y V = 0\,.$$

Drei der Lagrange-Punkte liegen auf der x-Achse (Abb. 4.11), ihre x-Werte lassen sich nur numerisch bestimmen (Aufgabe). Sie sind für alle μ instabil. Interessanter sind die beiden Fixpunkte $y \neq 0$, auch Trojaner-Punkte genannt. Sie ergeben sich zu

$$x_{4,5} = 1/2 - \mu, \quad y_{4,5} = \pm\sqrt{3}/2 \tag{4.47}$$

und bilden mit den beiden Hauptkörpern jeweils ein gleichseitiges Dreieck mit der Seitenlänge eins. Linearisieren von (4.44) um (4.47)

$$x = x_{4,5} + \bar{x}, \quad y = y_{4,5} + \bar{y}$$

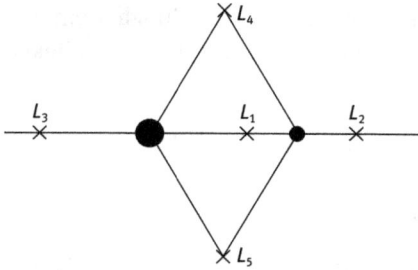

Abb. 4.11: Lage der fünf Lagrange-Punkte für $\mu = 1/4$. L_4 und L_5 werden als Trojaner-Punkte bezeichnet und sind für kleine Werte von μ stabil.

ergibt für die Abweichungen das System

$$\ddot{\bar{x}} = 2\,\dot{\bar{y}} + \frac{3}{4}\,\bar{x} \mp \frac{3\sqrt{3}}{4}(2\mu - 1)\,\bar{y}$$

$$\ddot{\bar{y}} = -2\,\dot{\bar{x}} \mp \frac{3\sqrt{3}}{4}(2\mu - 1)\,\bar{x} + \frac{9}{4}\,\bar{y}$$

$$(4.48)$$

was mittels $\bar{x}, \bar{y} \sim \exp \lambda t$ auf das charakteristische Polynom

$$\lambda^4 + \lambda^2 + \frac{27}{4}\,\mu(1 - \mu) = 0 \tag{4.49}$$

führt. Die Fixpunkte $x_{4,5}$, $y_{4,5}$ sind instabil sobald (4.49) ein $\lambda^2 > 0$ liefert. Dies ist der Fall, wenn

$$\frac{1}{2} - \frac{1}{2}\sqrt{\frac{23}{27}} < \mu < \frac{1}{2} + \frac{1}{2}\sqrt{\frac{23}{27}}\;.$$

Für alle anderen Werte von μ sind die Trojaner stabil (rein imaginäre λ).

Die zu den fünf Lagrange-Punkten gehörenden Potentialwerte $V_1, \ldots, V_5$ stellen wichtige Energiewerte dar, die qualitativ verschiedene Lösungen unterscheiden ($\mu <$ 1/2, schwererer Hauptkörper links), vgl. auch Abb. 4.10:

- $E \leq V_1$: Der TK bewegt sich entweder um den einen oder um den anderen Hauptkörper.
- $V_1 < E \leq V_2$: Der erlaubte Bereich umfasst auch die Region zwischen den Hauptkörpern, der TK kann sich auf Bahnen um beide Hauptkörper bewegen.
- $V_2 < E \leq V_3$: Der erlaubte Bereich öffnet sich rechts und der TK kann sich beliebig weit von den Hauptkörpern entfernen (Escape-Trajektorien).
- $V_3 < E \leq V_4$: Der erlaubte Bereich öffnet sich zusätzlich links.
- $V_{4,5} \leq E$: Der verbotene Bereich ist komplett verschwunden.

4.4.4.4 Regularisierung und numerische Lösungen

Man könnte versuchen, das System (4.44) mittels Runge-Kutta numerisch zu integrieren. Da die Bahnen jedoch sehr irregulär sind, werden kleine Abstände zu den Hauptmassen im Lauf der Zeit wahrscheinlich, was zu großen Gravitationskräften führt.

Dies macht die Ergebnisse sehr ungenau oder schränkt den Zeitschritt stark ein. Ein Ausweg besteht in einer Regularisierung. Durch Umskalieren von Geschwindigkeit und Zeit mit abstandsabhängigen Faktoren lassen sich die Singularitäten in (4.44) beheben.

Wir führen das geometrische Mittel der Abstände

$$s = \sqrt{r_2 r_3}$$

ein. Für $s \leq 1$ kann der Testkörper einer der Hauptmassen nahe kommen. Die Skalierungen

$$d\tau = \frac{1}{s^3} dt, \quad u = s^2 \dot{x}, \quad v = s^2 \dot{y} \tag{4.50}$$

führen nach etwas Rechnung auf das System

$$d_\tau x = s^2 u$$
$$d_\tau y = s^2 v$$
$$d_\tau u = 2s^3 v - s^4 \partial_x V - \frac{s^2}{2} F_x$$
$$d_\tau v = -2s^3 u - s^4 \partial_y V - \frac{s^2}{2} F_y \tag{4.51}$$

mit

$$F_x = (r_2^2 + r_3^2)((x+\mu)u^2 + yuv) - r_2^2 u^2$$
$$F_y = (r_2^2 + r_3^2)((x+\mu)uv + yv^2) - r_2^2 uv . \tag{4.52}$$

Sämtliche Nenner aus (4.44) und (4.45) sind verschwunden. Die Regularisierung (4.50) führt allerdings für große Abstände $r \to \infty$ zu divergierenden Geschwindigkeiten u, v. Um dies zu vermeiden, wählen wir für $s > 1$:

$$d\tau = dt, \quad u = \frac{1}{s} \dot{x}, \quad v = \frac{1}{s} \dot{y}$$

und erhalten

$$d_\tau x = s u$$
$$d_\tau y = s v$$
$$d_\tau u = 2 v - \frac{1}{s} \partial_x V - \frac{1}{2s^3} F_x$$
$$d_\tau v = -2 u - \frac{1}{s} \partial_y V - \frac{1}{2s^3} F_y . \tag{4.53}$$

Das System (4.51), (4.53) lässt sich gut mit RK4 programmieren. Effektiver ist RK4 mit adaptivem Zeitschritt, siehe Abschn. 4.3.3.2. Es empfiehlt sich, die Genauigkeit dynamisch vorzugeben:

$$\epsilon = \epsilon_0 s .$$

Dadurch bleibt die relative Genauigkeit ϵ/r in etwa konstant. Für das vollständige Programm verweisen wir auf die Webseite [2].

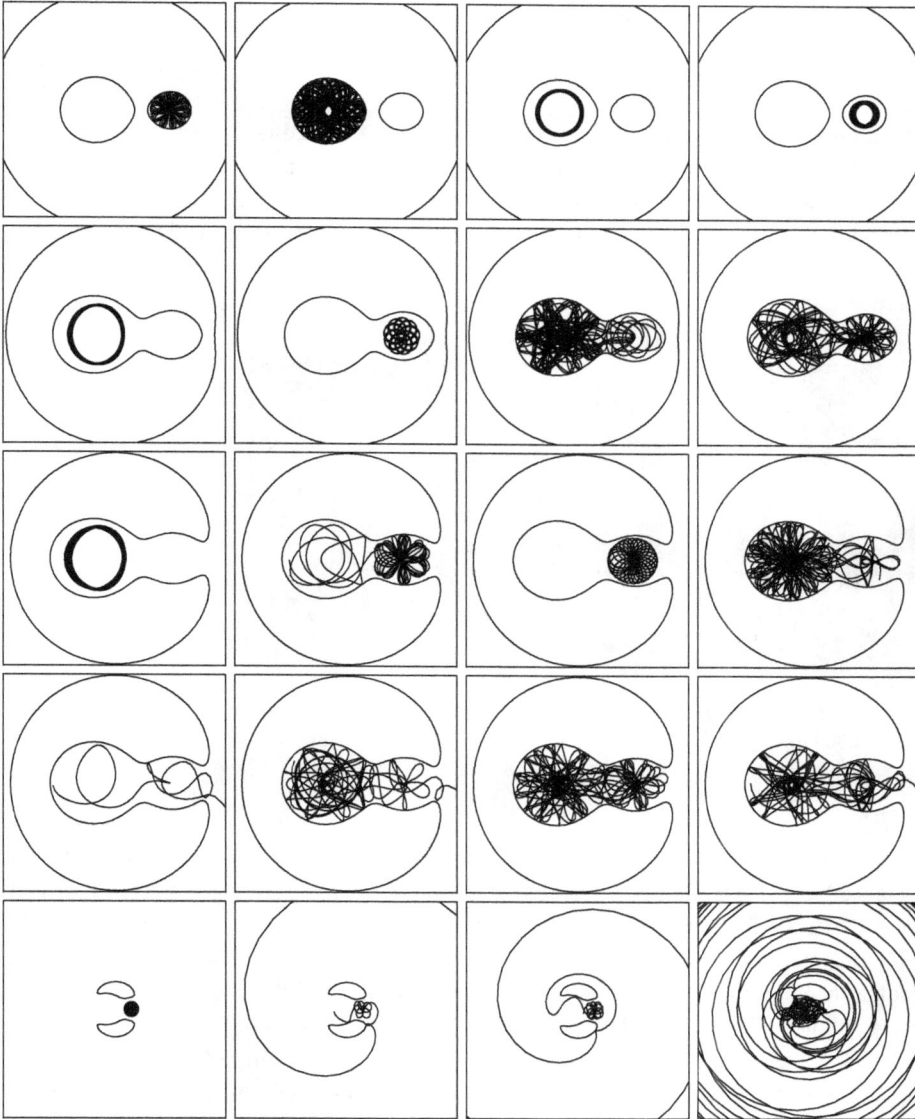

Abb. 4.12: Trajektorien für $\mu = 1/4$ und $E = -2,0$ (obere Reihe), $E = -1,8$ (zweite Reihe), $E = -1,75$ (dritte und vierte Reihe), $E = -1,55$ (untere Reihe).

Abb. 4.12 zeigt numerisch gefundene Trajektorien für $\mu = 1/4$ und verschiedene Werte von E. Die Langrange-Punkte liegen bei

$$x_1 = 0{,}361, \quad x_2 = 1{,}266, \quad x_3 = -1{,}103, \quad y_{1,2,3} = 0, \quad x_{4,5} = 1/4, \quad y_{4,5} = \pm\sqrt{3}/2,$$

die dazu gehörenden Potentialwerte lauten

$$V_1 = -1{,}935, \quad V_2 = -1{,}781, \quad V_3 = -1{,}622, \quad V_{4,5} = -1{,}406\,.$$

Bei allen Lösungen wurde $\epsilon_0 = 0{,}001$ gewählt, was zu Zeitschritten zwischen 10^{-5} und 10^{-2} führt. Für $E < V_1$ findet man in der Regel periodische oder quasiperiodische Bahnen. Für $E > V_1$ werden die Trajektorien schnell chaotisch. Für noch höhere Energien verlassen die meisten Bahnen den Bereich um die Hauptkörper und verschwinden im Unendlichen. Es existieren aber auch hier gebundene Bahnen (letzte Reihe links).

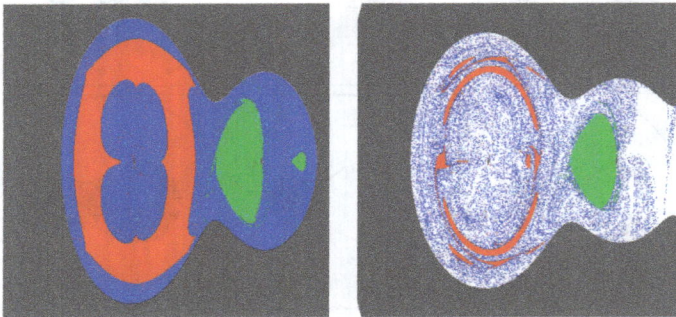

Abb. 4.13: Scan durch den erlaubten Bereich der Anfangsbedingungen mit einer Auflösung von 400 × 400 Punkten. $\mu = 1/4$, $E = -1{,}8$ (links) und $E = -1{,}75$ (rechts). Die verschiedenen Farben entsprechen der Art der Trajektorien (siehe Text).

Wie man aus der Abbildung erkennt, erhält man für dieselben Werte von μ und E zum Teil ganz verschiedene Trajektorien, abhängig von den Anfangsbedingungen. Man kann für festes E den erlaubten Bereich für $x(t = 0), y(t = 0)$ scannen, die Gleichungen von $t = 0$ bis zu einer vorgegebenen Zeit $t = t_e$ integrieren und die Trajektorien auswerten. Entsprechend dem Resultat wird der Startpunkt eingefärbt. Zwei solcher „Orbit-Typen-Diagramme" zeigt Abb. 4.13, wieder für $\mu = 1/4$ und für $E = -1{,}8$, bzw. $E = -1{,}75$. Der Betrag der Anfangsgeschwindigkeit ergibt sich aus dem Energiesatz (4.46), die Richtung wurde normal zu $\vec{r}_1$ gewählt[2]. Wir unterscheiden zwischen ($t_e = 1000$)

- weiß: Escape-Bahn. Trajektorie verlässt das Gebiet $r < 4$ innerhalb von $t < t_e$.
- rot: Bahn um Hauptkörper bei $-\mu$. Gebunden bis $t = t_e$.
- grün: Bahn um Hauptkörper bei $1 - \mu$. Gebunden bis $t = t_e$.
- blau: Bahn um beide Hauptkörper. Gebunden bis $t = t_e$.

---

2 Die Richtung ist ein zusätzlicher Freiheitsgrad. Für andere Richtungen entstehen andere Diagramme.

Deutlich ist zu sehen, dass die Grenzen der verschiedenen Bereiche zumindest bei $E = -1{,}75$ fraktal verlaufen, ein Zeichen für chaotische Trajektorien. Bei diesem Energiewert sind Bahnen um den schwereren Hauptkörper eher selten, sodass man bei einem Doppelstern mit diesen Massenverhältnissen zumindest keine stabilen Planetenbahnen erwarten wird.

4.4.4.5 Aufgaben

1. Untersuchen Sie das 3-Planeten-System (4.38) in drei Raumdimensionen. Programmieren Sie das DGL-System, verwenden Sie ein symplektisches Verfahren. Wählen Sie die Anfangsbedingungen so, dass die beiden Umlaufbahnen nicht genau in einer Ebene liegen. Untersuchen Sie numerisch die Stabilität der Bahnen für verschiedene Werte von α_i. Kontrollieren Sie, ob E und $\vec{L}$ erhalten bleiben.
2. Bestimmen Sie die Lagrange-Punkte L_1 bis L_3 numerisch in Abhängigkeit von μ.

4.5 Molekulare Dynamik (MD)

In den letzten 5 Jahrzehnten wurden direkte numerische Simulationen zur statistischen Auswertung von Vielteilchensystemen immer wichtiger. So lassen sich Phasenübergänge, aber auch makroskopische Materialparameter aus „first principles" berechnen. In der statistischen Physik hat man es allerdings normalerweise mit sehr vielen Teilchen in der Größenordnung 10^{23} zu tun, was wohl für immer jenseits aller numerischen Möglichkeiten bleiben dürfte. War „viel" in den ersten Arbeiten [3] noch deutlich unter 1000, so sind heutzutage Teilchenzahlen von einigen 100 Millionen realisierbar.

4.5.1 Klassische Formulierung

Die meisten MD-Systeme basieren auf den Gesetzen der klassischen Mechanik. Im einfachsten Fall betrachtet man N Teilchen, die über zwei-Körper-Kräfte wechselwirken. Die Wechselwirkung wird oft gut durch ein Lennard–Jones-Potential

$$V(r) = 4\epsilon \left(\left(\frac{\sigma}{r} \right)^{12} - \left(\frac{\sigma}{r} \right)^{6} \right) \tag{4.54}$$

beschrieben, mit r als dem Abstand der beiden Teilchen und den materialabhängigen Parametern ϵ und σ, die z. B. bei dem Edelgas Argon $\epsilon/k_B = 120\,\mathrm{K}$, $\sigma = 3{,}4\,\text{Å}$ ($k_B =$ Boltzmann-Konstante) betragen.

Wir werden uns hier auf ein ebenes Problem in zwei räumlichen Dimensionen beschränken. Das ist zwar nicht besonders realistisch, aber einfacher und schneller in der Ausführung. Die prinzipielle Vorgehensweise weicht nicht von der dreidimensionalen Rechnung ab. Die Erweiterung auf 3D ist ohne Probleme durchführbar und bleibt dem Leser überlassen. Nach der Skalierung

$$r = \sigma \tilde{r}, \quad t = \sigma \sqrt{m/\epsilon}\, \tilde{t}$$

ergeben sich die $2N$ dimensionslosen Bewegungsgleichungen (Tilden werden weggelassen)

$$\ddot{x}_i = 24 \sum_{j \neq i}^{N} f(r_{ij})\,(x_i - x_j), \quad \ddot{y}_i = 24 \sum_{j \neq i}^{N} f(r_{ij})\,(y_i - y_j) \tag{4.55}$$

mit

$$f(r) = 2r^{-14} - r^{-8} \tag{4.56}$$

und dem Abstand $r_{ij} = \sqrt{(x_i - x_j)^2 + (y_i - y_j)^2}$. Das skalierte Lennard–Jones-Potential

$$U(r) = 4\left(\left(\frac{1}{r}\right)^{12} - \left(\frac{1}{r}\right)^{6}\right). \tag{4.57}$$

besitzt ein Minimum bei $r_0 = 2^{1/6} \approx 1,12$ mit $U(r_0) = -1$, was der Gleichgewichtskonfiguration entspräche, wenn nur zwei Teilchen vorhanden wären. Die mit ϵ skalierte Gesamtenergie (innere Energie) lautet

$$E = E_G + U_G \tag{4.58}$$

und muss, wenn keine äußeren Kräfte wirken, eine Erhaltungsgröße sein. Hierbei ist die gesamte innere kinetische Energie durch

$$E_G = \frac{1}{2} \sum_{i}^{N} (\dot{\vec{r}}_i)^2 , \tag{4.59}$$

die gesamte innere potentielle Energie durch

$$U_G = \sum_{j>i}^{N} U(r_{ij}) \tag{4.60}$$

gegeben.

4.5.2 Randbedingungen

Normalerweise verwendet man periodische Randbedingungen, d. h. man stellt sich den Integrationsbereich mit einer gegebenen Periodenlänge L in x und y fortgesetzt vor. Für Teilchen in der Nähe eines „Randes", z. B. $x_i = L - a$ mit $a \ll L$ muss man dann aber auch die Teilchen „auf der anderen Seite", also mit $x_j < L/2$ so berücksichtigen, als wären sie an der Stelle $x_j + L$. Um diese Problematik zu vermeiden, verwenden wir hier feste, undurchlässige Wände. Ergibt sich während der Integration eine neue Teil-chenposition x_i, y_i außerhalb des Bereichs, z. B. $x_i > L$, so soll das Teilchen reflektiert werden. Dabei wird einfach

$$x_i \to 2L - x_i, \quad \dot{x}_i \to -\dot{x}_i$$

gesetzt. Dasselbe gilt für y und sinngemäß für die Ränder $x = 0$, $y = 0$. Die Teilchen wechselwirken also mit den Rändern in Form von elastischen Stößen, bei denen Energie und Impulsbetrag erhalten bleiben.

4.5.3 Mikrokanonisches und kanonisches Ensemble

Die makroskopischen Zustandsvariablen eines abgeschlossenen Vielteilchensystems sind die innere Energie E, das Volumen V (festgelegt durch $V = L^2$) und die Teilchenzahl N. Alle drei Größen stellen Konstante der Bewegung dar und sind durch das System, bzw. die Anfangsbedingungen einstellbar. In der Sprache der Statistischen Mechanik handelt es sich um ein mikrokanonisches Ensemble, bei dem die Trajektorien der verschiedenen Ensemble-Mitglieder im Γ-Raum auf der $4N-1$-dimensionalen Hyperfläche

$$E(x_1, y_1, \ldots, x_N, y_N, u_1, v_1, \ldots, u_N, v_N) = \text{const.}$$

verlaufen, wobei $u_i = \dot{x}_i$, $v_i = \dot{y}_i$ die Geschwindigkeiten bezeichnen. Die Temperatur lässt sich mit dem Gleichverteilungssatz der kinetischen Energie gemäß

$$\frac{f}{2} k_B T = E_G \tag{4.61}$$

zuordnen, wobei f die Anzahl der mechanischen Freiheitsgrade bezeichnet. Die Temperatur wird sich im Laufe der Entwicklung ändern und im Limes $t \to \infty$ einen Gleichgewichtswert T_0 erreichen. Skaliert man die Temperatur mit ϵ/k_B und wie in (4.58) die Energie mit ϵ, so ergibt sich mit $f = 2N$

$$T = E_G/N \,. \tag{4.62}$$

Wenn man Systemeigenschaften an Phasenübergängen untersuchen will, gibt man oft die Temperatur durch Kopplung an ein Wärmebad vor und die innere Energie wird sich entsprechend einstellen, man spricht vom kanonischen Ensemble. Es gibt verschiedene Möglichkeiten, um dies in der Molekulardynamik zu berücksichtigen. Wegen (4.61) wird mit T auch E_G vorgegeben. Man kann dann nach einer betimmten Anzahl von Zeitschritten die Geschwindigkeiten aller Teilchen mit dem Faktor

$$\sqrt{T_s/T}$$

multiplizieren und erfüllt damit (4.61). Hierbei ist T_s die vorgegebene Solltemperatur (des Wärmebads).

Eine andere Art der Temperaturregulierung besteht in der Einführung von geschwindigkeitsabhängigen Dämpfungstermen in den Bewegungsgleichungen (4.55). Addiert man auf den rechten Seiten

$$-\gamma(T)\,\dot{\vec{r}}_i$$

und wählt

$$\gamma(T) = \gamma_0 \left(1 - \frac{T_s}{T} \right) \, , \tag{4.63}$$

so lässt sich zeigen, dass die Temperatur T_s mit $\exp(-2\gamma_0 t)$ erreicht wird (Aufgabe). Jedes Teilchen steht somit unmittelbar in Kontakt mit dem Wärmebad, an das es Energie abgibt solange $T > T_s$ und von dem es Energie aufnimmt, wenn $T < T_s$ ist.

4.5.4 Algorithmus

Wir wollen hier nur kurz auf den Algorithmus eingehen, ein ausführliches Listing befindet sich in [2]. Zur Integration von (4.55) mit (4.63) wird am besten ein symplektisches Verfahren verwendet. Durch Einführen der Geschwindigkeiten $(u, v) = (\dot{x}, \dot{y})$ erhält man ein System von $4N$ DGLs 1. Ordnung:

$$
\begin{aligned}
\dot{u}_i &= 24 \sum_{j \neq i}^{N} f(r_{ij})\,(x_i - x_j) - \gamma(T)\,u_i \\
\dot{x}_i &= u_i \\
\dot{v}_i &= 24 \sum_{j \neq i}^{N} f(r_{ij})\,(y_i - y_j) - \gamma(T)\,v_i \\
\dot{y}_i &= v_i \, ,
\end{aligned}
\tag{4.64}
$$

welches sich in das Iterationsschema (siehe Abschn. 3.3.2)

$$
\begin{aligned}
u_i^{(n+1)} &= u_i^{(n)} + \left[24 \sum_{j \neq i}^{N} f(r_{ij}^{(n)})(x_i^{(n)} - x_j^{(n)}) - \gamma(T)\,u_i^{(n)} \right] \Delta t \\
x_i^{(n+1)} &= x_i^{(n)} + u_i^{(n+1)} \Delta t \\
v_i^{(n+1)} &= v_i^{(n)} + \left[24 \sum_{j \neq i}^{N} f(r_{ij}^{(n)})(y_i^{(n)} - y_j^{(n)}) - \gamma(T)\,v_i^{(n)} \right] \Delta t \\
y_i^{(n+1)} &= y_i^{(n)} + v_i^{(n+1)} \Delta t
\end{aligned}
\tag{4.65}
$$

bringen lässt.

4.5.4.1 Optimierung

Um die Kräfte auf ein Teilchen zu erhalten, muss für jedes Teilchen die Summe über alle anderen Teilchen berechnet werden. Das entspricht $N(N-1)$ Potentialauswertungen je Zeitschritt. Das Programm lässt sich stark optimieren, indem man in den Summen nur diejenigen Teilchen berücksichtigt, die einen gewissen maximalen Abstand r_m nicht überschreiten. Da das Lennard–Jones-Potential mit $1/r^6$ abfällt, genügt ein r_m von $4r_0$. Man erhält $U(r_m) \approx -0{,}0005$, ein gegenüber $U(r_0) = -1$ sicher vernachlässigbarer Wert. Um die Summe auf die Nachbarn zu beschränken, muss man für jedes Teilchen seine Umgebung kennen. Dies geschieht durch ein zweidimensionales Feld `NB(N,Nmax+1)`. Die Teilchen sind von 1 bis N durchnummeriert. Der erste Index von NB bezieht sich auf das Teilchen, der zweite listet die Nachbarn auf. Dabei ist `NB(k,1)` die Anzahl der Nachbarn von Teilchen k. Wäre z. B. `NB(k,1)=5`, so hätte Teilchen k fünf Nachbarn innerhalb von r_m, deren Nummern man in `NB(k,2)` bis `NB(k,6)` findet. Da sich die Teilchenpositionen laufend verändern, muss das Nachbarschaftsfeld immer wieder auf den neuesten Stand gebracht werden, was zusätzlich Rechenzeit erfordert. Allerdings ist dies nicht bei jedem Zeitschritt notwendig, in der Praxis reicht, abhängig vom Zeitschritt und der maximalen Teilchengeschwindigkeit, ein Update alle 20–30 Zeitschritte.

4.5.4.2 Anfangsbedingungen

Wie in der klassischen Mechanik üblich, benötigt man alle Teilchenpositionen und Geschwindigkeiten bei $t = 0$. Die Teilchen kann man z. B. in einem Quadratgitter mit Abstand r_0 anordnen. Weil auch übernächste und weitere Teilchen wechselwirken, wird dies natürlich nicht dem kräftefreien Gleichgewicht entsprechen. Die Geschwindigkeiten wählt man am besten in der Nähe des thermodynamischen Gleichgewichts, einer Maxwell–Boltzmann-Verteilung entsprechend. Hierzu eignet sich die Box–Muller-Methode, auf die wir ausführlicher in Abschn. 8.1.3.3 zurückkommen werden. Man setzt

$$u_i^{(0)} = \sqrt{-2T \ln (1 - \xi_1)} \, \cos (2\pi\xi_2)$$
$$v_i^{(0)} = \sqrt{-2T \ln (1 - \xi_1)} \, \sin (2\pi\xi_2) \tag{4.66}$$

mit den beiden unabhängigen, gleichverteilten Zufallszahlen ξ_1, ξ_2 in $[0, 1)$.

4.5.5 Auswertung

4.5.5.1 Konfigurationen im Ortsraum

Abb. 4.14 zeigt drei Schnappschüsse einer Anordnung von 1600 Teilchen für verschiedene Temperaturen. Sehr deutlich unterscheidet sich der gasförmige Zustand. Der Unterschied zwischen „flüssig" und „fest" besteht vorwiegend darin, dass sich bei letzterem die Teilchenpositionen bis auf kleine Schwingungen nicht ändern. In Abb. 4.15

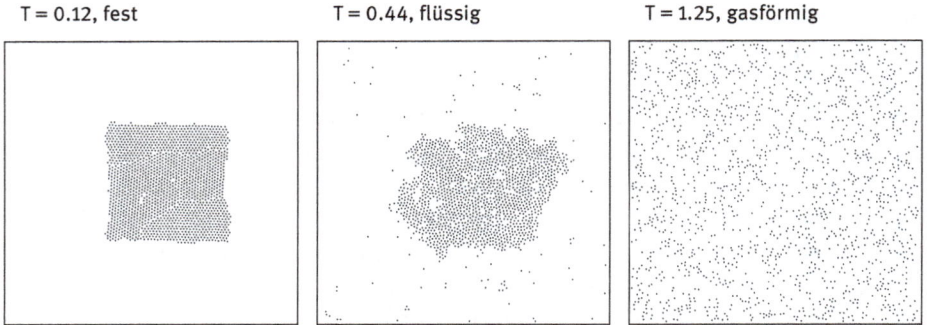

Abb. 4.14: Konfigurationen der 1600 Teilchen für verschiedene Temperaturen, jeweils nach $t = 200$.

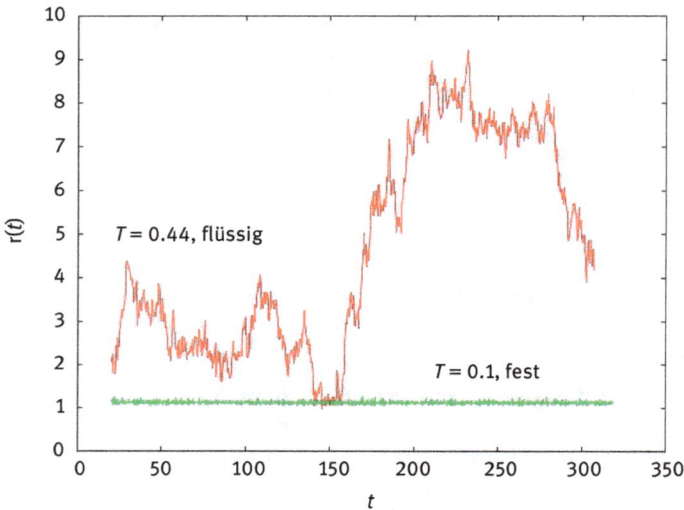

Abb. 4.15: Abstand zweier anfangs benachbarter Teilchen über der Zeit.

ist der Abstand zweier anfangs benachbarter Teilchen aus der Mitte des Integrationsgebiets über der Zeit aufgezeichnet. Würde man die Abstände aller Teilchen mitteln, müsste sich im flüssigen Zustand ein Verhalten wie

$$\langle r^2 \rangle = D\,t$$

ergeben. Im festen Zustand wird die Diffusionskonstante D null.

Bei 1600 Teilchen befindet sich ein relativ hoher Prozentsatz an der Oberfläche, sodass Randeffekte eine zusätzliche Rolle spielen. Dies lässt sich durch die (aufwendigeren) periodischen Randbedingungen vermeiden, siehe hierzu z. B. [4].

4.5.5.2 Paarverteilungsfunktion

In drei Dimensionen gibt die Paarverteilungsfunktion $g(r)$ die Wahrscheinlichkeit an, im Abstand r irgendeines Teilchens ein weiteres Teilchen in der Kugelschale mit dem Volumen $4\pi r^2\,dr$ zu finden. In 2D wir aus der Kugelschale ein Ring mit der Fläche $2\pi r\,dr$. Sei $n(r)$ die Anzahl der Teilchen auf dem Ring $[r, r + \Delta r]$,

$$n(r) = \sum_{i,j\neq i}^{N} \Theta(r_{ij} - r)\,\Theta(r + \Delta r - r_{ij})\,, \tag{4.67}$$

wobei Θ die Stufenfunktion bezeichnet, so lässt sich $g(r)$ berechnen:

$$g(r)\,2\pi r\,\Delta r = \frac{1}{N(N-1)}\,n(r)\,. \tag{4.68}$$

Um $n(r)$ zu finden, fertigt man ein Histogramm an. Dazu zählt man diejenigen Teilchen ab, die auf dem Ring mit Radius zwischen r und $r + \Delta r$ liegen. Um Fluktuationen zu eliminieren, mittelt man (4.67) über eine bestimmte Zeit (Zeitmittel = Scharmittel). Abb. 4.16 zeigt die (skalierten) Paarverteilungsfunktionen für die drei verschiedenen Temperaturen aus Abb. 4.14. Deutlich ist hier der Übergang von einer Fernordnung (fest) über eine Nahordnung (flüssig) zu einer reiner Abstoßung (gasförmig) zu erkennen.

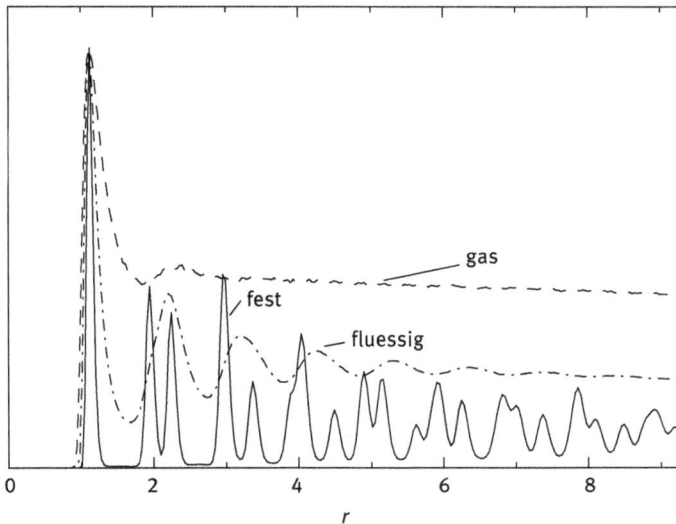

Abb. 4.16: Skalierte Paarverteilungsfunktionen für verschiedene Temperaturen, durchgezogen: $T = 0{,}12$, punktstrichliert: $T = 0{,}44$, strichliert: $T = 1{,}25$.

4.5.5.3 Spezifische Wärme

Die spezifische Wärme eines mechanisch abgeschlossenen Systems (konstantes Volumen) folgt aus

$$c_V = \frac{dE}{dT} \tag{4.69}$$

mit E als Gesamtenergie (4.58). Es gibt verschiedene Möglichkeiten, c_V aus MD-Simulationen zu berechnen. So folgt für ein kanonisches Ensemble

$$c_V = \frac{1}{k_b T^2} \, \mathrm{Var}\,(E)$$

mit der Varianz $\mathrm{Var}\,(E) = \langle E^2 \rangle - \langle E \rangle^2$ und $\langle \cdots \rangle$ als Schar- oder Zeitmittel. Bei den oben vorgestellten Rechnungen ist jedoch E eine Erhaltungsgröße und damit $\mathrm{Var}\,(E) = 0$.

Setzt man dagegen für die kinetische Energie in (4.58) $E_G = NT$ ein, so ergibt sich aus (4.69)

$$c_V = N + \frac{dU_G}{dT} \, . \tag{4.70}$$

$U_G(T)$ lässt sich leicht aus der MD-Simulation finden. Den Verlauf von U_G über T zeigt Abb. 4.17. Der starke Anstieg um $T \approx 0{,}45$ weist auf einen Phasenübergang hin. In der Tat sollte im thermodynamischen Limes c_V am Phasenübergang divergieren.

Eine andere Methode zur Berechnung von c_V wurde von Lebowitz et al. [5] entwickelt. Man benötigt nur die Varianz der kinetischen Energie (4.59) und erhält:

$$c_V = \frac{N}{1 - \dfrac{\mathrm{Var}\,(E_G)}{NT^2}} \, . \tag{4.71}$$

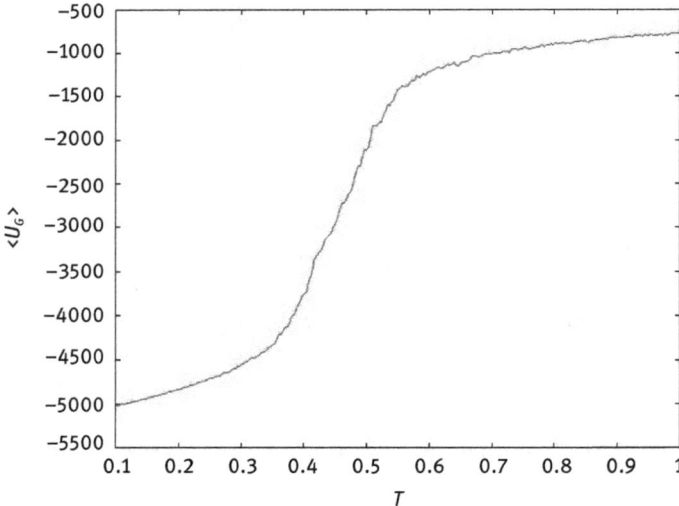

Abb. 4.17: Innere Energie U_G über T, jeweils gemittelt über einen Zeitraum von $\Delta t = 100$. In der Nähe eines Phasenüberganges ändert sich U_G stark. Simulation mit $N = 1600$.

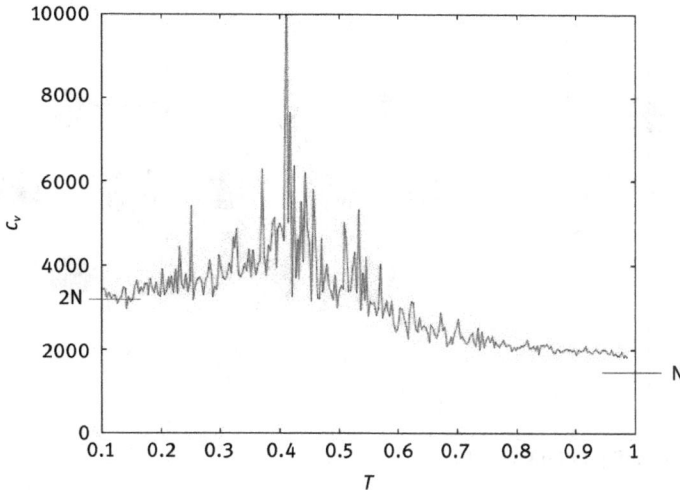

Abb. 4.18: Spezifische Wärme nach (4.71). Für $T \to 0$ erwartet man $c_v = 2N$ (elastischer Festkörper), für $T \to \infty$ dagegen $c_v = N$ (ideales Gas). Simulation mit $N = 1600$.

Abb. 4.18 zeigt c_v nach (4.71) aus derselben Simulation wie in Abb. 4.17. Die Daten sind stark verrauscht. Trotzdem erkennt man deutlich ein Maximum bei $T \approx 0,45$ sowie das richtige asymptotische Verhalten von c_v.

Für sehr kleines T ergibt sich aus dem Gleichverteilungssatz wegen $E = 2NT$ (zwei Freiheitsgrade der Translation und zwei aus Schwingungen um die Ruhelage) ein $c_v = 2N$. Für großes T erwartet man dagegen fast-freie Teilchen (ideales Gas) mit $c_v = N$.

4.5.6 Aufgaben

1. **Thermalisierung.** Eine Methode zur Einstellung einer vorgegebenen Temperatur T_s eines Vielteilchensystems besteht darin, wie in (4.63) in die Bewegungsgleichungen Reibungsterme einzuführen:

$$d_{tt}^2 \vec{r}_i = \vec{F}_i - \gamma(T, T_s)\, \vec{v}_i \tag{4.72}$$

mit

$$\gamma(T, T_s) = \gamma_0 \left(1 - \frac{T_s}{T}\right).$$

Leiten Sie für den wechselwirkungsfreien Fall $\vec{F}_i = 0$ aus (4.72) eine DGL 1. Ordnung für $T(t)$ her. Lösen Sie diese, zeigen Sie dass T exponentiell mit $\exp(-2\gamma_0 t)$ gegen T_s geht.

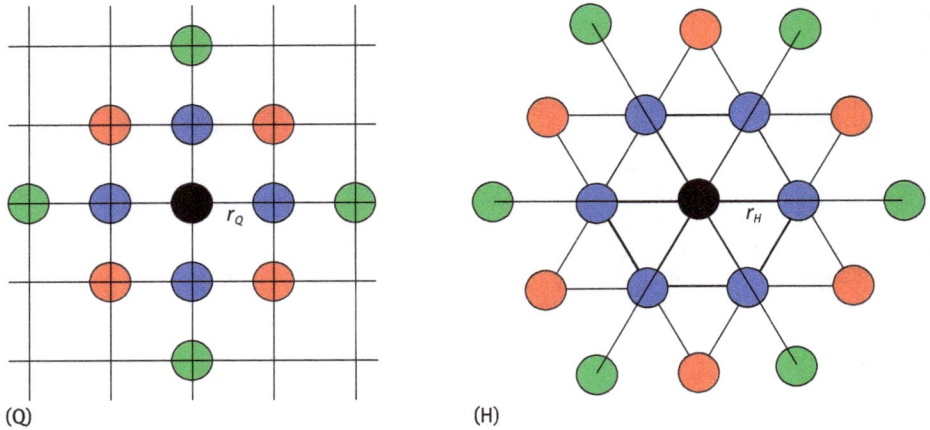

Abb. 4.19: Zwei periodische Konfigurationen in 2D.

2. **2D-Gleichgewichtskonfigurationen.** Ein (unendlich ausgedehntes) 2D-Vielteil-
    chensystem bilde im Gleichgewicht ein periodisches Gitter. Betrachten Sie die
    beiden Konfigurationen (Q) quadratisch und (H) hexagonal (Abb. 4.19).
    Die Zweiteilchen-Wechselwirkung sei durch ein Lennard–Jones-Potential wie
    (4.57) gegeben. Berechnen Sie die Gleichgewichtsabstände r_Q und r_H unter
    Berücksichtigung nur der
    (a) nächsten Nachbarn (blau)
    (b) auch der übernächsten Nachbarn (rot)
    (c) und zusätzlich der überübernächsten Nachbarn (grün).
    Welche der beiden Konfigurationen ist die stabilere?

4.6 Chaos

Schon in Kapitel 3, aber auch speziell in den letzten beiden Abschnitten haben wir
gesehen, dass chaotisches Verhalten eher die Regel als die Ausnahme ist, sobald der
Phasenraum genügend Dimensionen besitzt. Dabei treten chaotische Trajektorien sowohl in Hamilton'schen Systemen (Abschn. 3.3, 4.4.3, 4.4.4) als auch in dissipativen
Systemen (Abschn. 3.2.7, 4.5) auf. Bei Hamilton'schen Systemen spielen Anfangsbedingungen eine große Rolle, man erhält oft ein qualitativ verschiedenes Verhalten
(periodisch, quasi-periodisch, chaotisch) für dicht benachbarte Startwerte, was z. B.
aus Abb. 4.13 ersichtlich ist. Dies ist bei dissipativen Systemen meist nicht der Fall.
Hier werden die Anfangsbedingungen in der Regel nach einer typischen, durch die
Dämpfung festgelegten Relaxationszeit „vergessen" (es gibt Ausnahmen: startet man
z. B. im Einzugsbereich eines stabilen Fixpunktes oder eines Grenzzyklus, so wird die-

ser asymptotisch erreicht werden, was chaotische Trajektorien für andere Anfangsbedingungen aber nicht ausschließt).

4.6.1 Harmonisch angetriebenes Pendel

Wir untersuchen weiter niedrig-dimensionale Systeme ($N > 2$) der Form

$$\frac{dy_i}{dt} = f_i(y_1, y_2, \ldots, y_N), \qquad y_i(0) = a_i, \quad i = 1, \ldots, N, \tag{4.73}$$

bei welchen Reibungsterme eine Rolle spielen sollen (dissipative Systeme, keine Energieerhaltung). Wir beginnen mit dem harmonisch angetriebenen, nichtlinearen mathematische Pendel

$$\ddot{\varphi} + \alpha\dot{\varphi} + \Omega_0^2 \sin\varphi = A\cos\omega t, \tag{4.74}$$

bei dem es sich zunächst um ein nicht-autonomes Problem handelt, welches aber durch Einführen zusätzlicher Variablen $y_1 = \varphi$, $y_2 = \dot{\varphi}$, $y_3 = \omega t$ in ein dreidimensionales autonomes System der Form (4.73) transformiert wird:

$$\begin{aligned}
\dot{y}_1 &= y_2 \\
\dot{y}_2 &= -\alpha y_2 - \Omega_0^2 \sin y_1 + A\cos y_3 \\
\dot{y}_3 &= \omega.
\end{aligned} \tag{4.75}$$

Die RK4-Subroutine `pendel_dgl` sieht dann so aus:

```
SUBROUTINE pendel_dgl(rhside,y,t)
REAL, DIMENSION(3) :: rhside,y
COMMON /PARAM/ alpha,omega0,a,omega
rhside(1)=y(2)
rhside(2)=-alpha*y(2)-omega0**2*SIN(y(1))+a*COS(y(3))
rhside(3)=omega
END
```

Natürlich lässt sich die letzte Gleichung (4.75) sofort integrieren und man kann genauso gut (und mit weniger Aufwand) das nicht-autonome System numerisch lösen:

```
rhside(1)=y(2)
rhside(2)=-alpha*y(2)-omega0**2*SIN(y(1))+a*COS(omega*t)
```

Allerdings gelten die folgenden Überlegungen nur für autonome Systeme, weshalb wir (4.75) verwenden wollen.

Abb. 4.20 links zeigt eine Trajektorie im Phasenraum (y_1, y_2), deren Verlauf chaotisch ist. Die Existenz einer Separatrix im nicht-angetriebenen System ist für das Zustandekommen von Chaos wichtig: befindet sich die Trajektorie in der Nähe der Separatrix, so kann durch einen entsprechenden Antrieb („richtige" Phase und Amplitude) die Separatrix überschritten werden, die Bewegung geht z. B. von der Oszillation zur Rotation über, ändert sich also qualitativ (Abb. 4.21).

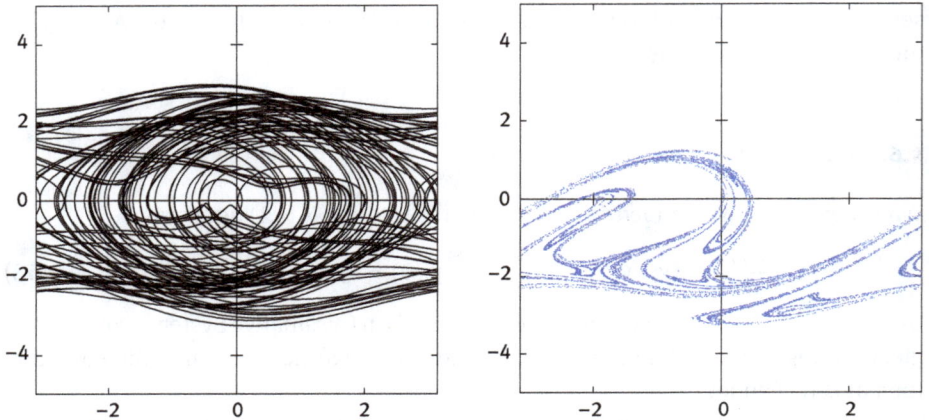

Abb. 4.20: Chaos beim angetriebenen Pendel. Links: Phasenraum, y_2 über y_1, rechts: Poincaré-Schnitt, Durchstoßpunkte durch die Ebenen $y_3 = 3\pi/2 + 2n\pi$. $A = 1$, $\omega = 0,8$, $\Omega_0 = 1$, $\alpha = 0,1$.

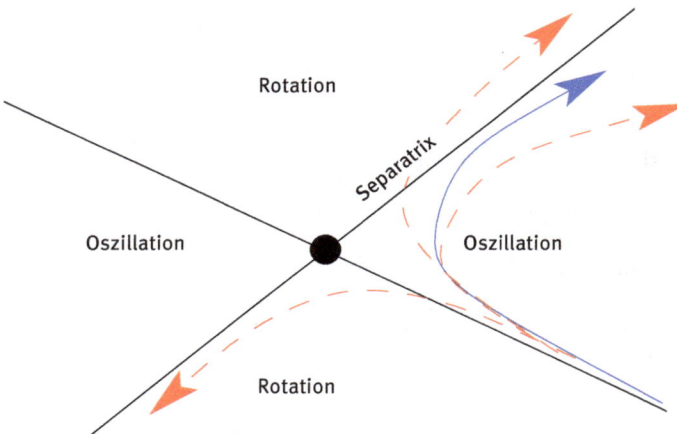

Abb. 4.21: In der Nähe der Separatrix können kleine Änderungen durch den Antrieb zu qualitativ anderen Trajektorien führen. Durchgezogen: ohne Antrieb, strichliert: mögliche Bahnen mit Antrieb.

4.6.2 Poincaré-Schnitt und Bifurkationsdiagramm

Um dreidimensionale Trajektorien zu visualisieren, benötigt man Projektionen. So zeigt Abb. 4.20 links die Projektion auf die y_1-y_2-Ebene. Eine andere Möglichkeit ist die stroboskopartige Aufnahme zu bestimmten Zeiten, welche beim Pendel durch die Antriebsfrequenz ω nahegelegt wird. Es resultiert der Poincaré-Schnitt, eine Methode, die wir schon in Abschn. 3.3.3 kennen gelernt haben. In Abb. 4.20 rechts sind y_1-y_2-Werte immer dann eingetragen, wenn der Antrieb einen Nulldurchgang mit positiver Steigung besitzt, also für $\omega t = 3\pi/2 + 2n\pi$. Besteht der Poincaré-Schnitt für $t \to \infty$

aus endlich vielen, voneinander separierten Punkten, so verläuft die Trajektorie periodisch, eine durchgezogene Linie würde auf quasi-periodisches Verhalten deuten (Schnitt durch einen Torus), ausgefüllte Bereiche mit (fraktalen) Lücken entsprechen chaotischen Trajektorien.

Ein Bifurkationsdiagramm entsteht, wenn man irgendeinen Kontrollparameter durchfährt und darüber den Wert einer Variablen zu bestimmten, definierten Zeitpunkten aufträgt. Abb. 4.22 (unten) zeigt ein solches Diagramm, bei dem der Wert von y_1 über dem Antrieb aufgezeichnet wurde, und zwar wieder zu den festen Zeiten $\omega t = 3\pi/2 + 2n\pi$.

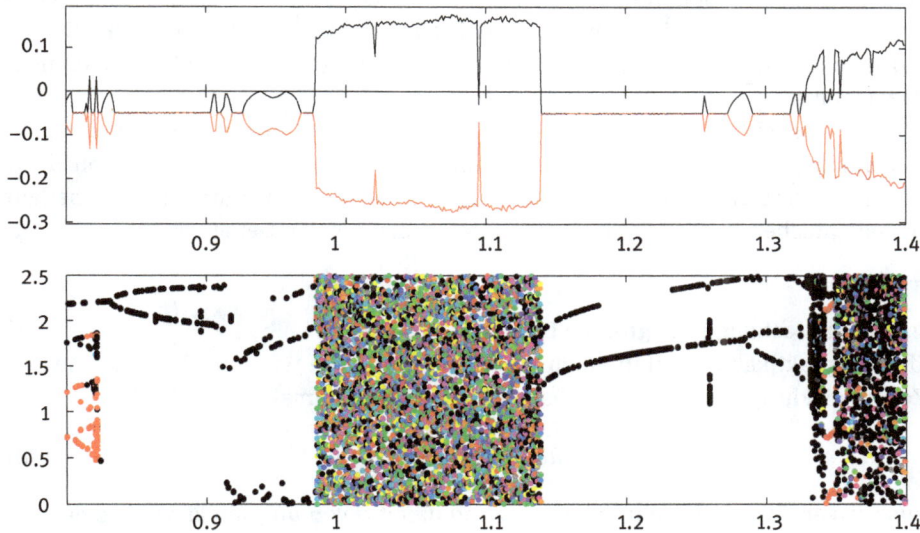

Abb. 4.22: Oben: die beiden nicht trivialen Lyapunov-Exponenten beim angetriebenen Pendel mit Reibung, Parameter wie in Abb. 4.20. Unten: Bifurkationsdiagramm zum angetriebenen Pendel, Ordinate: $|y_1|$ zu $\omega t = 3\pi/2 + 2n\pi$, Abszisse: A.

4.6.3 Lyapunov-Exponenten

Sei $\vec{y}^{(0)}(t)$ eine bekannte, numerische Lösung von (4.73). Wir fragen nach der Stabilität mittels linearer Stabilitätsanalyse:

$$\vec{y}(t) = \vec{y}^{(0)}(t) + \vec{u}(t) \,.$$

Im Gegensatz zur Linearisierung um einen Fixpunkt hängt bei der Linearisierung um eine Trajektorie die Jacobi-Matrix von der Zeit ab:

$$\frac{d\vec{u}(t)}{dt} = \underline{L}(t)\,\vec{u}(t) \tag{4.76}$$

mit

$$L_{ij}(t) = \left.\frac{\partial f_i}{\partial y_j}\right|_{\vec{y}^{(0)}(t)}.$$

Wenn man annimmt, dass bedingt durch die Linearität von (4.76) für große Zeiten exponentielles Verhalten

$$|\vec{u}(t)| \sim e^{\sigma t}, \quad t \to \infty$$

gilt, so gibt die Größe

$$\sigma = \lim_{t \to \infty} \frac{1}{t} \ln |\vec{u}(t)| \qquad (4.77)$$

Auskunft über die Stabilität von $\vec{y}^{(0)}$. Ist $\sigma > 0$, so wachsen beliebig kleine Abweichungen im Lauf der Zeit exponentiell an. Die Trajektorie ist instabil und chaotisches Verhalten liegt vor. Das in (4.77) definierte σ wird als (größter) Lyapunov-Exponent bezeichnet.

Wie lässt sich σ berechnen? Eine Möglichkeit wäre, (4.76) numerisch zu integrieren und für großes t (4.77) auszuwerten. Durch das exponentielle Wachstum von $|\vec{u}|$ für positives σ verbietet sich das jedoch, es würde schnell zu einem numerischen Überlauf der entsprechenden Variablen kommen, selbst in doppelter Genauigkeit.

4.6.3.1 Berechnung des größten Lyapunov-Exponenten

Um ein praktikables Verfahren zu konstruieren, führen wir zunächst den linearen Zeitentwicklungsoperator $\underline{Q}$ ein. Damit lässt sich $\vec{u}(t)$ formal als

$$\vec{u}(t) = \underline{Q}(t, 0)\, \vec{u}(0) \qquad (4.78)$$

ausdrücken. Wie man sieht, hängt $\vec{u}(t)$ und damit σ von $\vec{u}(0)$ ab. Es wird soviel verschiedene Lyapunov-Exponenten geben wie linear unabhängige Anfangsbedingungen, nämlich N, entsprechend der Dimension des Phasenraums. Oft genügt es allerdings, das größte σ zu finden, da dieses zwischen chaotischer und regelmäßiger Dynamik unterscheidet. Wegen

$$\underline{Q}(t, t_0) = \underline{Q}(t, t_1)\, \underline{Q}(t_1, t_0), \quad t > t_1 > t_0$$

lässt sich (4.78) als Produkt

$$\vec{u}(t) = \underline{Q}(t, t - \Delta T)\, \underline{Q}(t - \Delta T, t - 2\Delta T) \cdots \underline{Q}(\Delta T, 0)\, \vec{u}(0)$$

schreiben. Mit den Abkürzungen

$$\underline{Q}_k \equiv \underline{Q}(k\Delta T, (k-1)\Delta T), \quad \vec{u}_k \equiv \vec{u}(k\Delta T), \quad k = 0, 1, 2, \ldots$$

erhalten wir

$$\vec{u}_k = \underline{Q}_k\, \underline{Q}_{k-1} \cdots \underline{Q}_1\, \vec{u}_0 \qquad (4.79)$$

mit $k = t/\Delta T$. Wählt man ΔT klein genug, so wird sich bei jedem einzelnen Schritt

$$\vec{u}_k = \underline{Q}_k\, \vec{u}_{k-1}$$

kein Überlauf einstellen. Man kann dann jeweils normieren

$$\hat{u}_k = \frac{\vec{u}_k}{d_k}, \quad d_k = |\vec{u}_k|$$

und erhält

$$\vec{u}_k = d_0\, \underline{Q}_k\, \underline{Q}_{k-1} \cdots \underline{Q}_2\, \underbrace{\underline{Q}_1\, \hat{u}_0}_{=\hat{u}_1 d_1} = d_0\, d_1\, \underline{Q}_k\, \underline{Q}_{k-1} \cdots \underbrace{\underline{Q}_2\, \hat{u}_1}_{=\hat{u}_2 d_2} = d_0\, d_1 \cdots d_k\, \hat{u}_k \,.$$

Daraus liest man

$$|\vec{u}_k| = \prod_{\ell=0}^{k} d_\ell$$

ab und findet, eingesetzt in (4.77),

$$\sigma = \lim_{k \to \infty} \frac{1}{k\Delta T} \ln\left(\prod_{\ell=0}^{k} d_\ell\right) = \lim_{k \to \infty} \frac{1}{k\Delta T} \sum_{\ell=0}^{k} \ln d_\ell \,, \tag{4.80}$$

den Lyapunov-Exponenten zur Anfangsbedingung $\hat{u}_0$.

Man muss also folgenden Algorithmus umsetzen (Abb. 4.23):
1. Berechne Referenztrajektorie nach (4.73) über einen gewissen Vorlauf T_v.
2. Wähle irgendein $\hat{u}_0$, $d_0 = 1$ zum Zeitpunkt $t = T_v$, setze $\ell = 1$.
3. Integriere (4.73) und dazu parallel (4.76) über das Intervall ΔT.
4. Bestimme $d_\ell = |\vec{u}(t + \ell\, \Delta T)|$. Normiere $\vec{u}$ zu $\hat{u}_\ell$.
5. $\ell := \ell + 1$, $t = t + \Delta T$.
6. Gehe nach 3.

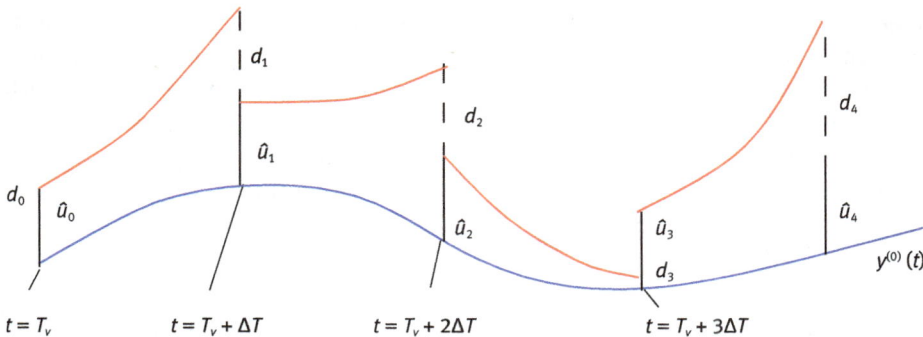

Abb. 4.23: Numerische Berechnung des größten Lyapunov-Exponenten. Nach konstanten Zeitintervallen wird der Betrag der Störung d_k ermittelt und die Störung auf eins normiert, ohne dass dabei ihre Richtung verändert wird.

Bezeichnet man $\ln d_k$ als lokalen Lyapunov-Exponenten, so entspricht (4.80) dem Mittelwert dieser lokalen Exponenten.

In der Praxis ersetzt man den Limes $k \to \infty$ durch „großes" k. Was heißt hier groß? Wir führen den Lyapunov-Exponenten nach k Iterationen ein:

$$\sigma_k = \frac{1}{k\,\Delta T} \sum_{\ell=0}^{k} \ln d_\ell \qquad (4.81)$$

und erhalten aus (4.80) für die nächste Iteration

$$\sigma_{k+1} = \frac{1}{(k+1)\,\Delta T} \left(\sum_{\ell=0}^{k} \ln d_\ell + \ln d_{k+1} \right) = \frac{k}{k+1}\,\sigma_k + \Delta\sigma$$

und weiter mit $k \gg 1$

$$\Delta\sigma = \sigma_{k+1} - \sigma_k \approx \frac{1}{k\,\Delta T} \ln d_{k+1}\,.$$

Offensichtlich konvergiert $\Delta\sigma \sim 1/k$. Man bricht die Summe in (4.80) also dann ab, wenn der Fehler $|\Delta\sigma|$ eine bestimmte, vorgegebene untere Schranke erreicht. Wahlweise kann man auch den relativen Fehler

$$\left| \frac{\Delta\sigma}{\sigma_k} \right| < \epsilon_{\text{rel}}$$

als Abbruchkriterium verwenden.

Ein N-dimensionales System besitzt N Lyapunov-Exponenten (Spektrum). Das eben beschriebene Verfahren liefert davon den größten. Dies sieht man leicht ein, wenn man die Störung $\vec{u}(t)$ in die Basis $\hat{v}_k$ von $\underline{L}$ zerlegt:

$$\vec{u}(t) = c_1 \hat{v}_1(t) e^{\sigma_1 t} + \cdots + c_N \hat{v}_N(t) e^{\sigma_N t}\,,$$

wobei σ_k jetzt das sortierte Lyapunov-Spektrum mit

$$\sigma_1 \geq \sigma_2 \geq \cdots \geq \sigma_N$$

bezeichnet und die Konstanten c_k durch den Anfangswert $\vec{u}(0)$ festgelegt sind. Für $t \to \infty$ wird sich $\vec{u}$ parallel zu $\vec{v}_1$ einstellen, unabhängig von der Anfangsbedingung. Wenn allerdings c_1 exakt verschwindet, würde man σ_2 erhalten, etc. So könnte man zumindest im Prinzip das gesamte Spektrum berechnen, was in der Praxis jedoch nicht funktionieren wird. Numerisch wird man immer einen winzigen Anteil in Richtung $\vec{v}_1$ erhalten, der sich (exponentiell) schnell vergrößert und die Störung letztlich dominiert. Wir werden weiter unten angeben, wie sich dennoch das gesamte Spektrum berechnen lässt.

4.6.3.2 Theorem: Ein Lyapunov-Exponent verschwindet für alle Trajektorien, die nicht auf einem Fixpunkt enden

Wir setzen weiter beschränkte Systeme

$$|\vec{y}(t)| \leq D_1\,, \quad |\dot{\vec{y}}(t)| = |\vec{f}(y(t))| \leq D_2\,, \quad D_i > 0$$

voraus und zeigen das wichtige Theorem. Differenzieren von (4.73) ergibt

$$\ddot{y}_i = \sum_j^N \frac{\partial f_i}{\partial y_j}\,\dot{y}_j = \sum_j^N L_{ij}\,\dot{y}_j\,,$$

d. h. aber, dass mit $\vec{u} = \dot{\vec{y}}$ die Zeitableitung jeder Lösung von (4.73) auch das lineare System (4.76) löst. Speziell gilt dies für die Referenztrajektorie $\vec{y}^{(0)}(t)$, d. h. die Störung liegt immer in Richtung der Bahn (Abb. 4.24).

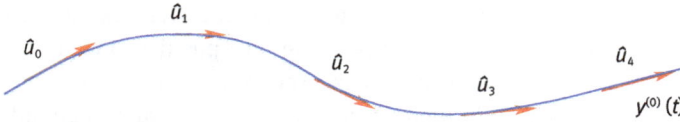

Abb. 4.24: Eine Störung in Richtung der Referenztrajektorie bleibt dort und besitzt einen verschwindenden Lyapunov-Exponenten, solange die Trajektorie nicht auf einem Fixpunkt endet.

Für diesen speziellen (marginalen) Lyapunov-Exponenten gilt dann mit (4.77)

$$\sigma_m = \lim_{t\to\infty} \frac{1}{t}\,\ln|\dot{\vec{y}}^{(0)}(t)| \le \lim_{t\to\infty} \frac{1}{t}\,\ln|D_2| = 0\,, \qquad (4.82)$$

also

$$\sigma_m \le 0\,.$$

Wegen

$$|\dot{\vec{y}}^{(0)}(t)| \sim e^{\sigma_m t}, \quad t \to \infty$$

wäre für $\sigma_m < 0$

$$|\dot{\vec{y}}^{(0)}(t)| = 0, \quad t \to \infty$$

und die Trajektorie würde auf einem Fixpunkt enden, was aber laut Voraussetzung ausgeschlossen sein soll. Damit bleibt nur

$$\sigma_m = 0\,.$$

4.6.3.3 Lyapunov-Exponenten höherer Ordnung

Wie lässt sich das gesamte Spektrum der Lyapunov-Exponenten berechnen? Dazu führen wir das Konzept der Lyapunov-Exponenten der Ordnung p ein; die in (4.77) definierte Größe ist dann der Lyapunov-Exponent 1. Ordnung und gibt die mittlere Kontraktionsrate eines Vektors (eindimensional) an. Entsprechend steht der Exponent p-ter Ordnung für die mittlere Kontraktionsrate eines p-dimensionalen Parallelepipeds:

$$\sigma^{(p)} = \lim_{t\to\infty} \frac{1}{t}\,\ln|V_p(t)|\,. \qquad (4.83)$$

Betrachtet man ein mitschwimmendes Parallelepiped das durch die Basis $\vec{v}_k$ aufgespannt wird, so kann man zeigen, dass

$$\sigma^{(p)} = \sigma_1 + \sigma_2 + \cdots + \sigma_p$$

gilt. Kennt man also alle N Lyapunov-Exponentenordnungen, so lassen sich die einzelnen Exponenten gemäß

$$\sigma_1 = \sigma^{(1)}$$
$$\sigma_2 = \sigma^{(2)} - \sigma^{(1)} \tag{4.84}$$
$$\sigma_N = \sigma^{(N)} - \sigma^{(N-1)}$$

ausrechnen. Die Kenntnis aller Lyapunov-Exponenten erlaubt eine Klassifikation der Referenztrajektorie $\vec{y}^{(0)}(t)$ (Tab. 4.1). Speziell kennzeichnet ein positiver Lyapunov-Exponent die exponentielle Divergenz der Trajektorien. Andererseits muss die Bewegung auf ein endliches Gebiet beschränkt bleiben und es treten Kontraktionen auf, die mindestens einen negativen Lyapunov-Exponenten zur Folge haben.

Tab. 4.1: Klassifizierung von Trajektorien eines dissipativen Systems in drei Dimensionen durch die Vorzeichen ihrer Lyapunov-Exponenten.

σ_1	σ_2	σ_3	
–	–	–	Trajektorie endet auf stabilem Fixpunkt
0	–	–	stabiler Grenzzyklus (periodische Bewegung)
0	0	–	stabiler Torus (quasi-periodische Bewegung)
+	0	–	seltsamer Attraktor (chaotische Bewegung)

Bei dissipativen Systemen wird ein mitschwimmendes N-dimensionales Volumenelement $V_N(t)$ im zeitlichen Mittel kontrahiert, siehe Abschn. 3.2.3. Nehmen wir zunächst einfachheitshalber $\operatorname{div}\vec{f} = c$ mit $c < 0$ als konstant an. Aus (3.21) ergibt sich

$$V_N(t) = V_N(0)\, e^{ct}$$

und mit (4.83)

$$\sigma^{(N)} = \sum_{k=1}^{N} \sigma_k = c = \operatorname{div}\vec{f} = \operatorname{Sp}\underline{L}\,. \tag{4.85}$$

Die Summe aller Lyapunov-Exponenten entspricht also der Divergenz von f (oder der Spur der Jacobi-Matrix $\underline{L}$) und ist für dissipative Systeme negativ. Daraus ergibt sich notwendig, dass mindestens ein Lyapunov-Exponent kleiner null sein muss. In drei Dimensionen sind somit alle möglichen Kombinationen in Tabelle 4.1 aufgelistet. Im Allgemeinen ist $\operatorname{div}\vec{f}$ jedoch nicht konstant. Dann lässt sich der Mittelwert bilden und es gilt

$$\sigma^{(N)} = \sum_{k=1}^{N} \sigma_k = \lim_{t\to\infty} \frac{1}{t} \int_0^t dt\, \operatorname{div}\vec{f}\,, \tag{4.86}$$

was für dissipative Systeme ebenfalls negativ sein wird.

Für Hamilton'sche Systeme haben die Bewegungsgleichungen kanonische Form (siehe Abschn. 3.3), woraus $\operatorname{div} \vec{f} = 0$ resultiert, die Summe aller Lyapunov-Exponenten muss demnach null sein.

Am Beispiel des gedämpften Pendels ergibt sich

$$\sigma^{(3)} = \sum_{k=1}^{3} \sigma_k = -\alpha \, .$$

4.6.3.4 Numerische Berechnung aller Lyapunov-Exponenten

Wir geben ein Verfahren zur Bestimmung des gesamten Spektrums σ_n an und folgen dabei hauptsächlich [6]. Startet man mit einem p-dimensionalen Parallelepiped, so werden durch die exponentiell veschiedenen Zeitskalen der Richtungen nach wenigen Zeitschritten die aufspannenden Vektoren mehr oder weniger in eine Richtung, eben die des größten Lyapunov-Exponenten, zeigen. Dies kann man umgehen, indem man nach einer bestimmten Zeitspanne die aufspannenden Vektoren durch ein Schmidt'sches Verfahren immer wieder orthogonalisiert.

Wir erklären das Prinzip an einem dreidimensionalen Phasenraum, $N = 3$:

1. Wähle drei orthonormale Einheitsvektoren $\hat{u}_1, \hat{u}_2, \hat{u}_3$, $(\hat{u}_i, \hat{u}_j) = \delta_{ij}$, $t = 0$, $k = 0$.
2. Integriere (4.76) bis $t + \Delta T$:

$$\vec{w}_i = \underline{Q}(t + \Delta T, t)\, \hat{u}_i$$

3. Berechne die Volumina $V_k^{(p)}$, welche von $\vec{w}_1, \ldots, \vec{w}_p$ aufgespannt werden:

$$V_k^{(p)} = \sqrt{|\det \underline{V}|}$$

mit der $p \times p$-Matrix

$$V_{ij} = \sum_{k}^{N} w_k^{(i)} w_k^{(j)}$$

und $w_k^{(i)}$ als k-te Komponente des Vektors $\vec{w}_i$.

4. Bestimme durch ein Schmidt-Verfahren die neuen $\hat{u}_i$ so, dass jeweils die ersten p Vektoren $\hat{u}_i$ den Unterraum der $\vec{w}_1$ bis $\vec{w}_p$ aufspannen und dabei paarweise senkrecht aufeinander stehen:

$$\hat{u}_1 = \frac{\vec{w}_1}{|\vec{w}_1|},$$

$$\vec{u}_2 = \vec{w}_2 - c_{12}\hat{u}_1, \quad \hat{u}_2 = \frac{\vec{u}_2}{|\vec{u}_2|}, \quad c_{12} = \hat{u}_1 \cdot \vec{w}_2,$$

$$\vec{u}_3 = \vec{w}_3 - c_{13}\hat{u}_1 - c_{23}\hat{u}_2, \quad \hat{u}_3 = \frac{\vec{u}_3}{|\vec{u}_3|}, \quad c_{13} = \hat{u}_1 \cdot \vec{w}_3, \quad c_{23} = \hat{u}_2 \cdot \vec{w}_3$$

5. $t := t + \Delta T$, $k := k + 1$
6. Gehe nach 2.

Nach genügend vielen Schritten (großes k) lässt sich der Lyapunov-Exponent der Ordnung p berechnen:

$$\sigma^{(p)} = \frac{1}{k\Delta T} \sum_{i=1}^{k} \ln V_i^{(p)}$$

und daraus schließlich nach (4.84) das gesamte Spektrum σ_k.

Die Subroutine `dlyap_exp`, die die obigen Schritte umsetzt, wird im Anhang B erklärt.

4.6.3.5 Beispiel: Das angetriebene Pendel

Wir demonstrieren das Verfahren am angetriebenen Pendel (4.75). Die Jacobi-Matrix in (4.76) lautet

$$\underline{L}(t) = \begin{pmatrix} 0 & 1 & 0 \\ -\Omega_0^2 \cos y_1^{(0)}(t) & -\alpha & -A \sin y_3^{(0)}(t) \\ 0 & 0 & 0 \end{pmatrix}. \tag{4.87}$$

Wegen der letzten Gleichung (4.75) existieren keine Fixpunkte. Mindestens ein Lyapunov-Exponent muss daher immer null sein. Wegen der einfachen Struktur von (4.87) lassen sich einige analytische Aussagen machen. So folgt aus der dritten Zeile sofort

$$\dot{u}_3 = 0, \quad u_3 = \text{const.}$$

Für kleines A kann man selbstkonsistent $|y_1^{(0)}|$, $|y_2^{(0)}| \sim A$ annehmen und

$$\cos y_1^{(0)} \approx 1 \tag{4.88}$$

linearisieren. Speziell für $u_3 = 0$ sind die beiden Gleichungen für u_1, u_2 äquivalent zum gedämpften Pendel mit den Lösungen

$$|(u_1, u_2)| \sim h_i(t) \exp\left(-\frac{\alpha}{2}\right), \quad i = 1, 2$$

mit $h_i(t)$ als oszillierende, beschränkte Funktionen. Mit (4.77) ergeben sich daraus die beiden Lyapunov-Exponenten

$$\sigma_2 = \sigma_3 = -\alpha/2.$$

Setzt man $u_3 = 1$, so entsprechen die Gleichungen für u_1, u_2 denen des angetriebenen harmonischen Oszillators. Hier gilt das Langzeitverhalten

$$y_1 \sim \sin(\omega t + \beta)$$

was $\sigma_1 = 0$ liefert. Die Lösung $\vec{y}^{(0)}(t)$ ist also für kleines A ein stabiler Grenzzyklus (Tab. 4.1).

Für größeres A wird die Linearisierung (4.88) unzulässig, der Grenzzyklus wird instabil und endlich entstehen chaotische Bahnen. Abb. 4.25 zeigt numerische Ergebnisse für kleineres A, Abb. 4.22 für größere Werte.

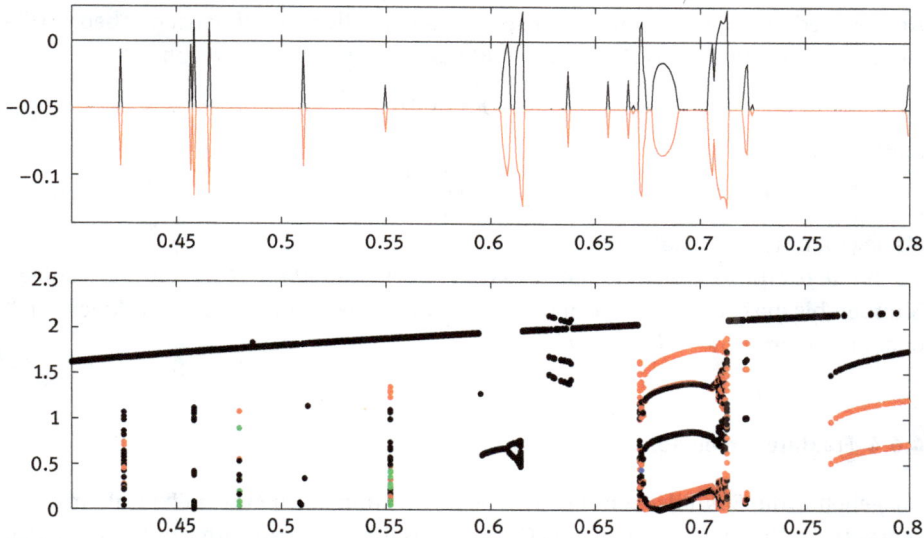

Abb. 4.25: Lyapunov-Exponenten und Bifurkationsdiagramm beim angetriebenen Pendel mit Reibung, Parameter wie in Abb. 4.20.

Programm. Im Programm auf der Webseite [2] wird anstatt des dreidimensionalen autonomen Systems (4.75) das äquivalente zweidimensionale nicht-autonome System

$$\dot{y}_1 = y_2$$
$$\dot{y}_2 = -\alpha\, y_2 - \Omega_0^2 \sin y_1 + A \cos \omega t \tag{4.89}$$

verwendet. Die Jacobi-Matrix reduziert sich dann zu

$$\underline{L}(t) = \begin{pmatrix} 0 & 1 \\ -\Omega_0^2 \cos y_1^{(0)}(t) & -\alpha \end{pmatrix}. \tag{4.90}$$

Es gibt nur noch zwei Lyapunov-Exponenten. Derjenige, der beim 3D-System identisch null wäre, tritt nicht auf (das Theorem Abschn. 4.6.3.2 gilt nur für autonome Systeme).

4.6.3.6 Lyapunov-Zeit

In dynamischen Systemen, die aus physikalischen Problemstellungen hervorgehen, sind die Anfangsbedingungen normalerweise nur mit endlicher Genauigkeit $\Delta\epsilon(0)$ bekannt. Liegt chaotische Dynamik vor, können kleine Fehler aber exponentiell anwachsen, wobei der größte Lyapunov-Exponent ein Maß für die Wachstumsrate (Dimension 1/Zeit) ist. Kennt man den größten Lyapunov-Exponenten σ_1, so lässt sich eine Zeit t^* abschätzen, nach der der Anfangsfehler auf eine gewisse Größe L (die typische Ausdehnung des Attraktors im Phasenraum) angewachsen ist. Spätestens dann wird die

Anfangsbedingung keine Rolle mehr spielen, sodass die deterministische Theorie (die Differentialgleichungen (4.73)), keine Vorhersage mehr erlaubt. Wegen

$$L = \Delta\epsilon(t^*) = \Delta\epsilon(0)\, e^{\sigma_1 t^*}$$

ergibt sich

$$t^* = \frac{1}{\sigma_1}\, \ln\left(\frac{L}{\Delta\epsilon(0)}\right)$$

als sogenannte Lyapunov-Zeit.

So liegt z. B. bei der Wettervorhersage je nach Wetterlage t^* bei oft nur wenigen Stunden bis maximal zwei Wochen – das Studium des „Hundertjährigen Kalenders" oder ähnlicher Werke erübrigt sich.

4.6.4 Fraktale Dimension

Ausgehend vom Euklidischen Dimensionsbegriff können wir einem Fixpunkt im Phasenraum die Dimension null, einem Grenzzyklus die Dimension eins und einem Torus die Dimension zwei zuordnen. Wegen der Kreuzungsfreiheit der Trajektorien kann ein chaotischer Attraktor nicht vollständig in eine Fläche passen und muss daher eine größere Dimension als zwei besitzen. Allerdings braucht er auch nicht den gesamten Phasenraum auszufüllen, was bei $N = 3$ auf eine fraktale Dimension

$$2 < d < 3$$

führen würde. Wie lässt sich d ermitteln?

4.6.4.1 Kapazitätsdimension

Abb. 4.20 rechts legt nahe, die Dimension mit Hilfe der in Abschn. 2.4.1 vorgestellten Box-Counting-Methode zu bestimmen. Man muss beachten, dass es sich beim Poincaré-Schnitt um eine Projektion handelt, die tatsächliche Dimension des Attraktors ist um eins größer (Ein Grenzzyklus würde im Poincaré-Schnitt einer endlichen Anzahl von Punkten entsprechen, hätte also die Dimension null). Man kann d natürlich auch im N-dimensionalen Phasenraum berechnen, in dem man diesen mit Hyperwürfeln der Dimension N und der Kantenlänge L abdeckt. Genau wie in Abschn. 2.4.1 lässt sich d ermitteln, indem man die Zahl M der vom Attraktor aufgesuchten Würfel als Funktion von L bestimmt:

$$d_K = -\frac{\log M}{\log L}\,.$$

Die so definierte Größe wird als Kapazitätsdimension bezeichnet.

Zur Demonstration berechnen wir d_K beim angetriebenen Pendel zunächst für zwei Werte von A, einmal im periodischen, zum anderen im chaotischen Bereich. Der dreidimensionale Phasenraum wird dabei im Bereich

$$-\pi \le y_1 \le \pi, \quad -3{,}5 \le y_2 \le 3{,}5, \quad 0 \le y_3 \le 2\pi$$

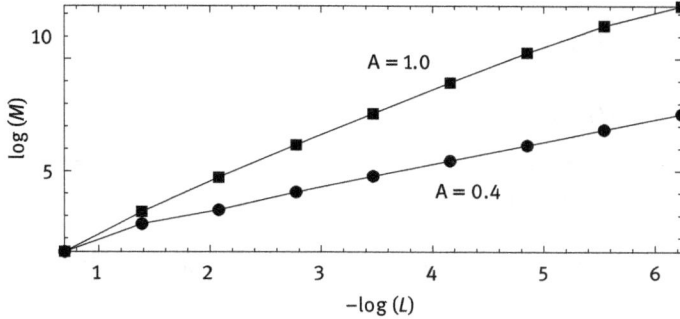

Abb. 4.26: Fraktale Dimension (Steigung) nach der Box-Counting-Methode, Kapazitätsdimension. Angetriebenes Pendel, $\Omega_0 = 1$, $\alpha = 0,1$, $\omega = 0,8$, $A = 0,4$ (Punkte), $A = 1,0$ (Quadrate). Bei $A = 0,4$ ergibt sich $d_K \approx 1,04$, bei $A = 1,0$ ein $d_K \approx 2,01$.

nacheinander mit n^3 Würfeln bedeckt, wobei $n = 2, 4, 8, 16, \ldots, 512$. Jedesmal wird M ermittelt, M als Funktion von der Würfelkantenlänge L ist in Abb. 4.26 gezeigt. Man sieht, dass sich im chaotischen Bereich eine Dimension nur knapp über zwei ergibt, es lässt sich also nur schwer aus der Dimension alleine zwischen chaotischem Attraktor und quasi-periodischer Bewegung unterscheiden.

Abb. 4.27 gibt schließlich d_K über einen weiteren Bereich von A wieder, wobei kaum Werte über zwei erreicht werden.

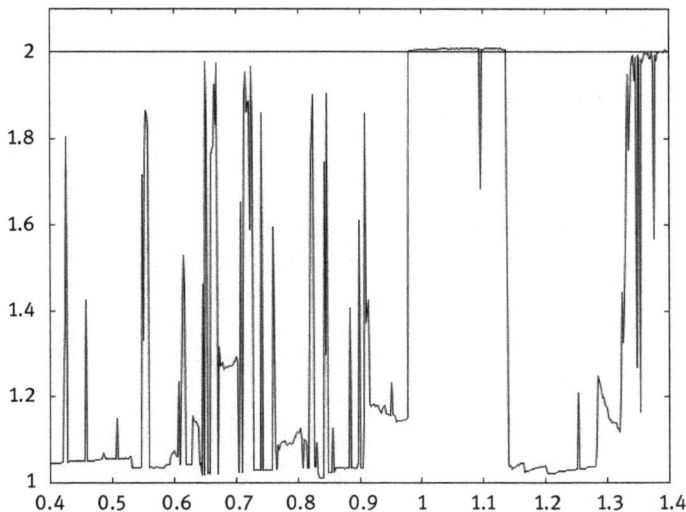

Abb. 4.27: Fraktale Dimension des angetriebenen Pendels im Bereich $0,4 \leq A \leq 1,4$, Parameter sonst wie in Abb. 4.20. Die Bereiche für die $d_K \approx 2$ stimmen gut mit denen aus Abb. 4.22 überein.

4.6.4.2 Korrelationsdimension

Gegeben sei eine Anzahl von P Punkten im N-dimensionalen Phasenraum

$$\vec{y}^{\,i} = (y_1^i, y_2^i, \dots, y_N^i)\,, \quad i = 1, \dots, P\,.$$

Diese können das Ergebnis einer numerischen Lösung einer DGL sein, es kann sich aber auch um eine Messreihe (z. B. Temperatur über der Zeit an N verschiedenen Orten, o. ä.) handeln.

Man berechnet die Korrelationsdimension, indem man zunächst für jeden Punkt die Anzahl der Nachbarpunkte mit Abstand $\leq R$ ermittelt:

$$C(R) = \text{Anzahl der Paare mit } |\vec{y}^{\,i} - \vec{y}^{\,j}| \leq R \quad \text{für alle } i \neq j\,.$$

Dies lässt sich mit Hilfe der Stufenfunktion Θ formulieren:

$$C(R) = \sum_{i=1}^{P} \sum_{j=i+1}^{P} \Theta(R - |\vec{y}^{\,i} - \vec{y}^{\,j}|)\,.$$

Ist die Anzahl der Punkte P groß genug, sollte

$$C(R) \sim R^d$$

sein, wobei d die Dimension des Objektes beschreibt, auf welchem sich die Punkte P befinden. Man kann sich dies für $N = 3$ veranschaulichen; füllen die Punkte den Raum gleichmäßig aus, wird ihre Anzahl proportional zum Volumen der Kugel mit Radius R sein, also $d = 3$. Liegen die Punkte auf einer Ebene, wird $C(R) \sim R^2$ sein und $d = 2$, bei einer Linie gilt $d = 1$.

Das ist die Definition der Korrelationsfunktion, wenn man R klein genug wählt:

$$d_C = \lim_{R \to 0} \frac{\ln C(R)}{\ln R}\,. \tag{4.91}$$

Man erhält d_C durch doppelt-logarithmisches Auftragen von C über R als Steigung (Abb. 4.28). Wieder stellt sich die Frage, an welcher Stelle man die Steigung auswertet. Für zu kleine R wird die Kurve flacher, weil zu wenig Punkte in die Kugeln fallen, um eine statistische Auswertung betreiben zu können. Für zu großes R wird die Steigung ebenfalls abnehmen, weil der Attraktor eine endliche Ausdehnung besitzt (Beim Pendel von der Größenordnung 2π).

4.6.5 Rekonstruktion von Attraktoren

Oft liegen nur eindimensionale Messreihen (Zeitserien) einer Größe $Y(t)$ vor:

$$Y_0, Y_1, Y_2, \dots, Y_{P-1}\,, \quad Y_n = Y(n\Delta t)\,.$$

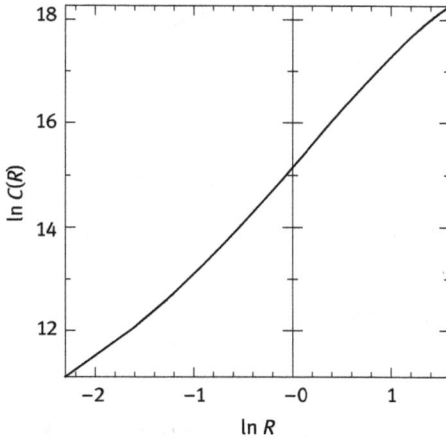

Abb. 4.28: Korrelationsdimension (Steigung) beim angetriebenen Pendel, $\Omega_0 = 1$, $\alpha = 0{,}1$, $\omega = 0{,}8$. Chaotischer Attraktor bei $A = 1$, $d_C \approx 2{,}12$.

Auch daraus lässt sich eine fraktale Dimension bestimmen, obwohl die Dimension N des Phasenraums in der Regel unbekannt ist. Diese kann bei komplexen Systemen sehr groß sein. Sind die Messwerte vollständig unkorreliert (z. B. die Ergebnisse eines Münzwurfs), so lässt sich die Messreihe überhaupt nicht in einen Phasenraum einbetten und $N \to \infty$.

Man entfaltet zunächst die Messreihe in einem Raum mit vorgegebener Dimension N', der Einbettungsdimension. Dazu wählt man ein festes Zeitintervall ΔT, die Delay-Rate, die in der Regel eine Ordnung größer als Δt ist. Sei

$$K = \Delta T / \Delta t$$

eine ganze Zahl. Man konstruiert eine Reihe von N'-dimensionalen Vektoren nach

$$y_1(t_k) = Y_k$$
$$y_2(t_k) = Y_{k+K}$$
$$y_3(t_k) = Y_{k+2K}$$
$$\vdots$$
$$y_{N'}(t_k) = Y_{k+(N'-1)K} \, ,$$

erhält also für

$$t_k = k\Delta t, \qquad k = 0, \ldots, k_{\max}, \quad k_{\max} = P - 1 - (N' - 1)K$$

insgesamt $P - (N' - 1)K$ N'-dimensionale Vektoren, aus denen sich dann z. B. die Korrelationsdimension wie oben bestimmen lässt.

Wie groß muss man N' wählen? Kreuzungsfreiheit der Trajektorien ist sicher ein Kriterium. Der niederländische Mathematiker Floris Takens konnte den folgenden Satz 1981 beweisen [7]:

Satz. *Erzeugt ein deterministisches System den N-dimensionalen Fluss $\vec{y}$:*

$$\frac{d\vec{y}}{dt} = \vec{f}(\vec{y}) \, ,$$

so stellt

$$x_1 = y(t), \ x_2 = y(t + \Delta T), \ \ldots, \ x_{2N+1} = y(t + 2N\Delta T)$$

eine stetig differenzierbare Einbettung dar, wobei y eine beliebige Komponente von $\vec{y}$ sein kann.

Damit bleibt die Dimension eines Attraktors erhalten, wenn

$$N' \geq 2N + 1$$

gilt. In der Praxis wird man N' so lange vergrößern, bis die fraktale Dimension konvergiert.

4.7 Differentialgleichungen mit periodischen Koeffizienten

4.7.1 Floquet-Theorem

Das Floquet-Theorem ist äquivalent zum Bloch'schen Theorem aus der Festkörperphysik und macht eine wichtige Aussage zu linearen DGL's der Form (4.76), allerdings für den Fall, dass $\underline{L}(t)$ periodisch von der Zeit abhängt:

$$\underline{L}(t) = \underline{L}(t + T) \, .$$

Wie in (4.78) lässt sich ein Zeitentwicklungsoperator $\underline{C}$ einführen, der $\vec{u}$ diesmal aber um eine Periode T weiter entwickelt:

$$\vec{u}(T) = \underline{C}(T) \, \vec{u}(0) \, . \tag{4.92}$$

$\underline{C}$ wird auch als Monodromie-Matrix bezeichnet. Sind mit

$$\underline{C} \, \vec{w}_k = \sigma_k(T) \, \vec{w}_k \tag{4.93}$$

die Eigenwerte und Eigenvektoren von $\underline{C}$ bekannt, so gilt wegen

$$\underline{C} \, \underline{C} \, \vec{w}_k = \sigma_k(T) \, \sigma_k(T) \, \vec{w}_k = \sigma_k(2T) \, \vec{w}_k$$

auch

$$(\sigma_k(T))^n = \sigma_k(nT)$$

und daher

$$\sigma_k = \exp\left(\lambda_k T\right) \, . \tag{4.94}$$

Die σ_k werden als Floquet-Multiplikatoren, die λ_k als Floquet-Exponenten bezeichnet.

Wir nehmen an, dass die $\vec{w}_k$ eine vollständige Basis im Phasenraum aufspannen. Dann lässt sich

$$\vec{u}(t) = \sum_k a_k(t)\, \vec{w}_k\, e^{\lambda_k t} \tag{4.95}$$

entwickeln. Anwenden von $\underline{C}$ ergibt

$$\underline{C}\,\vec{u}(t) = \sum_k a_k(t)\, \underline{C}\, \vec{w}_k\, e^{\lambda_k t} = \sum_k a_k(t)\, \sigma_k\, \vec{w}_k\, e^{\lambda_k t}$$

$$= \sum_k a_k(t)\, \vec{w}_k\, e^{\lambda_k(t+T)} \stackrel{!}{=} \vec{u}(t+T)\,.$$

Mit (4.95) ist

$$\vec{u}(t+T) = \sum_k a_k(t+T)\, \vec{w}_k\, e^{\lambda_k(t+T)}$$

und daraus

$$a_k(t) = a_k(t+T)\,,$$

d. h., die Entwicklungskoeffizienten in (4.95) sind periodisch in t mit der Periodendauer T. Damit haben wir das Floquet-Theorem bewiesen, das zusammengefasst lautet:

Die Lösung von

$$\dot{\vec{u}}(t) = \underline{L}(t)\, \vec{u}(t) \quad \text{mit } \underline{L}(t) = \underline{L}(t+T) \tag{4.96}$$

hat die Form

$$\vec{u}(t) = \sum_k \vec{q}_k(t)\, \exp\left(\lambda_k t\right),$$

wobei die $\vec{q}_k$ periodische Funktionen

$$\vec{q}_k(t) = \vec{q}_k(t+T)$$

sind. Die Floquet-Exponenten λ_k folgen aus den Eigenwerten σ_k der Monodromie-Matrix $\underline{C}(T)$ als

$$\lambda_k = \frac{1}{T}\ln \sigma_k = \frac{1}{T}\ln |\sigma_k|\, e^{i\alpha_k} = \frac{1}{T}\ln |\sigma_k| + \frac{i\alpha_k}{T}\,. \tag{4.97}$$

4.7.2 Stabilität von Grenzzyklen

Wir untersuchen die Stabilität einer periodischen Lösung

$$\vec{y}^{(0)}(t) = \vec{y}^{(0)}(t+T) \tag{4.98}$$

von (4.73). Linearisierung führt auf ein Problem (4.96) für die Störungen $\vec{u}(t)$. Wenn ein Floquet-Exponent einen positiven Realteil besitzt, so wird der Betrag der Störung exponentiell anwachsen und der Grenzzyklus (4.98) ist instabil. Die Stabilitätsbedingung lautet demnach

$$|\sigma_k| \leq 1 \quad \text{für alle } k\,.$$

4.7.3 Parametrische Instabilität: Pendel mit oszillierendem Aufhängepunkt

Als Beispiel untersuchen wir das in Abb. 4.29 skizzierte Pendel. Der Aufhängepunkt soll mit $A \sin \omega t$ vertikal oszillieren.

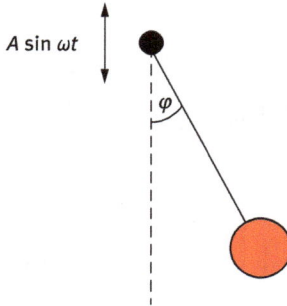

Abb. 4.29: Durch einen vertikal oszillierenden Aufhängepunkt angetriebenes Pendel.

Dies führt im mitbeschleunigten Koordinatensystem zu einer Scheinkraft in vertikaler Richtung, welche durch die Substitution

$$g \to g(1 + a \sin \omega t), \quad a = \frac{A\omega^2}{g}$$

in (4.4) berücksichtigt werden muss. Aus (4.5) wird für den ungedämpften Fall ($\alpha = 0$)

$$\begin{aligned}
\dot{y}_1 &= y_2 \\
\dot{y}_2 &= -\Omega_0^2 (1 + a \sin y_3) \sin y_1 \\
\dot{y}_3 &= \omega \, .
\end{aligned} \tag{4.99}$$

Die Zeitabhängigkeit ist im Gegensatz zu (4.75) jetzt multiplikativ und es existieren Fixpunkte in der (y_1, y_2)-Ebene. Die untere (stabile) Ruhelage lautet

$$y_1^{(0)} = y_2^{(0)} = 0, \quad y_3^{(0)} = \omega t.$$

Linearisierung um die untere Ruhelage führt auf

$$\begin{aligned}
\dot{u}_1 &= u_2 \\
\dot{u}_2 &= -\Omega_0^2 (1 + a \sin \omega t) u_1 \\
\dot{u}_3 &= 0 \, .
\end{aligned} \tag{4.100}$$

Da u_3 nicht an u_1, u_2 koppelt, genügt es, das 2D-Problem

$$\dot{\vec{u}} = \underline{L} \, \vec{u} \tag{4.101}$$

mit

$$\vec{u} = (u_1, u_2)$$

und

$$\underline{L}(t) = \begin{pmatrix} 0 & 1 \\ -\Omega_0^2(1 + a\sin\omega t) & 0 \end{pmatrix} \tag{4.102}$$

weiter zu untersuchen, welches die Form (4.96) mit

$$T = \frac{2\pi}{\omega}$$

besitzt. Um die Floquet-Exponenten zu berechnen, benötigen wir zuerst die Monodromie-Matrix. Dazu wählt man zwei orthogonale Anfangsbedingungen

$$\vec{u}_1(0) = (1, 0), \quad \vec{u}_2(0) = (0, 1) \,,$$

integriert (4.101) mit (4.102) für jedes $\vec{u}_i$ numerisch bis $t = T$ und kennt dann $\vec{u}_i(T)$. Wegen (4.92) gilt aber auch

$$(\vec{u}_1(T), \vec{u}_2(T)) = \underline{C} \cdot \underbrace{(\vec{u}_1(0), \vec{u}_2(0))}_{=\underline{1}} = \underline{C} \,. \tag{4.103}$$

Die Vektoren $\vec{u}_i(T)$ bilden somit die beiden Spalten von $\underline{C}$. Damit lassen sich die Eigenwerte σ_{12} angeben:

$$\sigma_{12} = \frac{1}{2}\,\text{Sp}\,\underline{C} \pm \frac{1}{2}\sqrt{(\text{Sp}\,\underline{C})^2 - 4\det\underline{C}} \tag{4.104}$$

und mit (4.97) die Floquet-Exponenten. Wie man leicht einsieht, gilt für die Summe aller Floquet-Exponenten ebenfalls die Beziehung (4.86), bzw. (4.85). Wegen $\text{Sp}\,\underline{L} = 0$ heißt das aber

$$\lambda_1 + \lambda_2 = 0 \,. \tag{4.105}$$

Es gibt zwei Möglichkeiten für die Lösungen von (4.104):

1. Beide σ_k sind reell und größer null, dann sind die λ_k ebenfalls reell und ein λ_k wegen (4.105) größer null. Der Fixpunkt $\vec{y}^{(0)}$ ist instabil (Sattel).
2. Die σ_k sowie die λ_k bilden ein komplex-konjugiertes Paar. Dann muss wegen (4.105) $\lambda_1 = -\lambda_2 = -\lambda_1^*$ und damit

$$\lambda_{12} = \pm i\alpha, \quad \alpha \in \mathcal{R}$$

gelten. Der Fixpunkt $\vec{y}^{(0)}$ ist stabil (Zentrum). Die Linien im Parameterraum (a, ω), auf denen zwei reelle Lösungen von (4.104) in ein konjugiert-komplexes Paar übergehen, also wo

$$(\text{Sp}\,\underline{C})^2 - 4\det\underline{C} = 0 \tag{4.106}$$

gilt, trennen die stabilen von den instabilen Bereichen.

4.7.4 Mathieu-Gleichung

Die beiden DGLs (4.101) mit (4.102) sind äquivalent zu einer DGL 2. Ordnung, der Mathieu-Gleichung:

$$\ddot{u} + \Omega_0^2(1 + a\sin\omega t)u = 0 \qquad (4.107)$$

mit $u = u_1$. In der Literatur findet man oft die Form

$$\ddot{u} + (p + 2b\sin 2\tilde{t})u = 0 \qquad (4.108)$$

welche durch die Skalierung

$$\tilde{t} = \frac{\omega}{2} t$$

sowie

$$p = \frac{4\Omega_0^2}{\omega^2}, \quad b = \frac{2\Omega_0^2}{\omega^2} a$$

aus (4.107) hervorgeht. Wie oben beschrieben, erhalten wir die Stabilitätsgrenzen des unteren Fixpunktes durch Berechnen der Monodromie-Matrix für bestimmte Parameter p, b:

$$\underline{C} = \underline{C}(p, b) .$$

Dann werden die Nullklinen der Funktion

$$f(p, b) = (\text{Sp}\,\underline{C}(p, b))^2 - 4\det\underline{C}(p, b)$$

in der Parameterebene gezeichnet. Abb. 4.30 links zeigt das Ergebnis. Bei den Resonanzen

$$p = n^2, \quad n = 1, 2, \ldots \qquad (4.109)$$

genügen beliebig kleine Amplituden b, um das Pendel zu destabilisieren, die Schwingung schaukelt sich auf. Setzt man p in (4.109) ein, so ergibt sich für die Resonanzen ein Verhältnis

$$\frac{\Omega_0}{\omega} = \frac{n}{2}$$

zwischen Eigenfrequenz des Pendels und Antriebsfrequenz.

Interessanterweise erhält man auch für negatives p einen kleinen Bereich, indem die Floquet-Exponenten imaginär sind, Abb. 4.30 rechts. Negatives p entspricht aber der Linearisierung um den instabilen Fixpunkt des Pendels, $y_1 = \pi$. Wählt man b entsprechend, so lässt sich das Pendel sogar oben stabil halten.

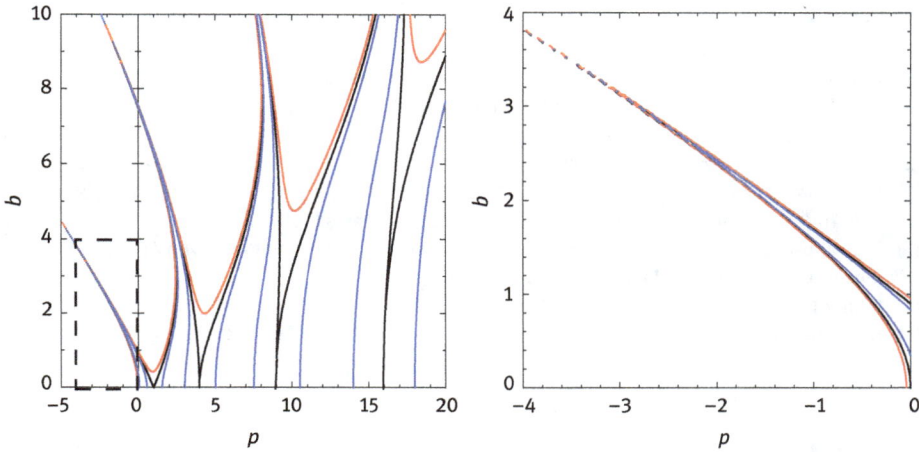

Abb. 4.30: Links: Stabilitätsdiagramm der Mathieu-Gleichung (4.108). Schwarz: $\lambda_1 = \lambda_2 = 0$, Stabilitätsgrenzen, rot: λ_k reell, instabil, blau: $\lambda_k = \pm i\alpha$, stabil. Rechts: Strichlierter Ausschnitt für negatives p: die obere Ruhelage in dem schmalen Keil zwischen den schwarzen Linien ist stabil.

4.7.5 Aufgaben

1. Linearisieren Sie (4.99) um die obere, instabile Ruhelage

$$y_1^{(0)} = \pi, \quad y_2^{(0)} = 0, \quad y_3^{(0)} = \omega t.$$

Leiten Sie für die Abweichungen $y_1 = \pi + u(t)$ eine Gleichung der Form (4.108) her. Was ändert sich in (4.108)?
Zeigen Sie mit dem Ansatz

$$u(t) = u_0 \cos(t + \alpha)\, e^{\lambda t} \, ,$$

dass das Pendel in der oberen Ruhelage stabilisiert werden kann. Vernachlässigen Sie dabei höhere Harmonische, d. h. Sie machen die Näherung

$$\sin 2t \cos(t + \alpha) = \frac{1}{2}\left(\sin(t - \alpha) + \sin(3t + \alpha)\right) \approx \frac{1}{2}\sin(t - \alpha) \, .$$

Welche Bedingungen muss λ erfüllen, damit die obere Ruhelage stabil wird?

2. Untersuchen Sie die gedämpfte Mathieu-Gleichung

$$\ddot{u} + \alpha \dot{u} + \Omega_0^2 (1 + a \sin \omega t) u = 0$$

numerisch. Plotten Sie die Stabilitätsbereiche in der q-b-Ebene für festes $\alpha > 0$. Was ändert sich qualitativ an Abb. 4.30? Begründung!

Referenzen

[1] J. Laskar, *Large-scale chaos in the solar system*, Astron. Astrophys. 287, L9 (1994).
J. Laskar, M. Gastineau, *Existence of collisional trajectories of Mercury, Mars and Venus with the Earth*, Nature 459, 7248 (2009)
[2] FORTRAN-Programme auf http://www.degruyter.com/view/product/431593
[3] A. Rahman, *Correlations in the Motion of Atoms in Liquid Argon*, Phys. Rev. 136, A405 (1964)
[4] J. M. Thijssen, *Computational Physics*, Cambridge Univ. Press (2007)
[5] J. L. Lebowitz, J. K. Percus, L. Verlet, *Ensemble Dependence of Fluctuations with Application to Machine Computations*, Phys. Rev. 153, 250 (1967)
[6] J. Argyris, G. Faust, M. Haase, R. Friedrich *Die Erforschung des Chaos*, Springer-Verlag (2010)
[7] F. Takens, in *Dynamical Systems and Turbulence*, Lect. Notes in Math. Vol. 898 (1981)

5 Gewöhnliche Differentialgleichungen II, Randwertprobleme

5.1 Vorbemerkungen

5.1.1 Randbedingungen

Wir betrachten wieder Systeme aus N gewöhnlichen DGLs 1. Ordnung

$$\frac{d\vec{y}(x)}{dx} = \vec{f}(\vec{y}(x), x) \,. \tag{5.1}$$

Im Gegensatz zum Anfangswertproblem sind beim Randwertproblem Bedingungen an zwei verschiedenen gegebenen Punkten $x = a, b$ vorgegeben:

$$\underline{A}\,\vec{y}(a) + \underline{B}\,\vec{y}(b) = \vec{c} \,. \tag{5.2}$$

Normalerweise handelt es sich bei a und b um die „Ränder" von x, man ist also an der Lösung $\vec{y}(x)$ im Bereich

$$a \le x \le b$$

interessiert. Die Randbedingungen (5.2) sind linear in $\vec{y}$. Es können aber auch nichtlineare Randbedingungen der allgemeinen Form

$$g_i(\vec{y}(a), \vec{y}(b)) = 0, \quad i = 1, \ldots, N$$

vorliegen, wobei die g_i Funktionen von $2N$ Variablen sind. In der Praxis sind die Randbedingungen meistens separiert:

$$\underline{A}_1\,\vec{y}(a) = \vec{c}_1, \quad \underline{B}_1\,\vec{y}(b) = \vec{c}_2 \,. \tag{5.3}$$

Damit das Problem weder über- noch unterbestimmt ist, dürfen in (5.3) aber nur N linear unabhängige Bedingungen vorkommen.

Das Anfangswertproblem (4.2) aus Kapitel 4 ist mit

$$\underline{A}_1 = \underline{1}, \quad \underline{B}_1 = 0, \quad \vec{c}_1 = (\vec{r}_i{}^{(0)}, \vec{v}_i{}^{(0)})$$

in der Formulierung (5.3) enthalten.

Wir wollen uns hier auf lineare, separierte Randbedingungen wie (5.3) beschränken. Anfangswertprobleme haben normalerweise eine eindeutige Lösung. Dagegen können selbst lineare Randwertprobleme auch gar keine oder mehrere Lösungen besitzen. Dies wird sofort am Beispiel der DGL 2. Ordnung

$$y'' + y = 0$$

klar. Für die Randbedingungen $y(0) = 0$, $y(\pi/2) = 1$ gibt es genau eine Lösung

$$y(x) = \sin x \,,$$

für $y(0) = 0$, $y(\pi) = 0$ existieren unendlich viele Lösungen

$$y(x) = A \sin x$$

mit beliebigem A und für $y(0) = 0$, $y(\pi) = 1$ findet man gar keine Lösung.

5.1.2 Beispiel: Der schiefe Wurf

Ein Massepunkt werde bei $(x, y) = 0$ mit einer bestimmten gegebenen Geschwindigeit $\vec{v}^{(0)} = (v_x^{(0)}, v_y^{(0)})$ im konstanten Gravitationsfeld nach oben geschossen und lande nach einer bestimmten Zeit $t = T$ bei $x(T) = L$, $y(T) = 0$. Die Bewegungsgleichungen lauten

$$\ddot{x} = -\alpha \dot{x} + \beta y$$
$$\ddot{y} = -\alpha \dot{y} - g \,, \tag{5.4}$$

wobei geschwindigkeitsabhängige Reibung α und eine linear mit der Höhe zunehmende horizontale Windkraft (Scherströmung, β) berücksichtigt werden. Für $\alpha = \beta = 0$ ist die Flugbahn eine Parabel

$$y(t) = v_y^{(0)} t - \frac{1}{2} g t^2 \,, \quad x(t) = v_x^{(0)} t$$

oder

$$y(x) = \frac{v_y^{(0)}}{v_x^{(0)}} x - \frac{g}{2 (v_x^{(0)})^2} x^2$$

mit

$$T = \frac{2 v_y^{(0)}}{g} \,, \quad L = \frac{2 v_x^{(0)} v_y^{(0)}}{g} \,. \tag{5.5}$$

Aus den Anfangswerten $x(0) = 0$, $y(0) = 0$, $\dot{x}(0) = v_x^{(0)}$, $\dot{y}(0) = v_y^{(0)}$ folgt eindeutig die Lösung $x(t), y(t)$ sowie die Flugzeit T und der Aufschlagpunkt L. Dies ist ein klassisches Anfangswertproblem. Wie lässt es sich als Randwertproblem formulieren? Wir suchen nach einer Lösung von (5.4), die die Randbedingungen

$$x(0) = y(0) = 0 \,, \quad x(T) = L \,, \quad y(T) = 0$$

für festes T (Parameter) erfüllt. Der Massepunkt soll also zu gegebener Zeit T am gegebenen Ort $x = L$ auftreffen. Aus (5.5) folgt $v_y^{(0)} = g T/2$ und $v_x^{(0)} = L/T$ oder

$$y(t) = \frac{1}{2} g t (T - t) \,, \quad x(t) = \frac{L}{T} t \,. \tag{5.6}$$

Was aber, wenn man (5.4) nur numerisch lösen kann? Man könnte dann iterativ verschiedene Werte von $v_x^{(0)}$, $v_y^{(0)}$ so durchfahren, dass die Bahn nach $t = T$ in $(L, 0)$ endet. Das führt auf das sogenannte Schießverfahren, auf das wir in Abschn. 5.5 zurückkommen werden.

5.2 Finite Differenzen

Wie bei Anfangswertproblemen lassen sich auch bei Randwertproblemen die Ableitungen durch die Differentialquotienten ausdrücken und man erhält ein algebraisches Gleichungssystem, die diskretisierten Gleichungen.

5.2.1 Diskretisierung

Wir zeigen die Vorgehensweise am Beispiel aus Abschn. 5.1.2. Zunächst wird das Gebiet $0 \le t \le T$ mit (äquidistanten) Stützstellen unterteilt

$$t_i = i \, \Delta t, \qquad i = 0, \ldots, n, \quad \Delta t = T/n \,.$$

Dann werden die Ableitungen durch

$$\dot{x}_i = \frac{x_{i+1} - x_{i-1}}{2\Delta t}, \quad \ddot{x}_i = \frac{x_{i+1} - 2x_i + x_{i-1}}{\Delta t^2} \,, \tag{5.7}$$

und entsprechend für y ersetzt, x_i, y_i steht für $x(t_i)$, $y(t_i)$. Aus (5.4) werden die beiden linearen Gleichungssysteme

$$\sum_{i=1}^{n-1} \underline{A}_{ij} y_j = a_i \tag{5.8}$$

$$\sum_{i=1}^{n-1} \underline{A}_{ij} x_j = \beta y_i + b_i \,. \tag{5.9}$$

Hierbei bezeichnet A_{ij} die Tridiagonalmatrix

$$A_{ii} = -\frac{2}{\Delta t^2}, \quad A_{i,i+1} = \frac{1}{\Delta t^2} + \frac{\alpha}{2\Delta t}, \quad A_{i,i-1} = \frac{1}{\Delta t^2} - \frac{\alpha}{2\Delta t} \tag{5.10}$$

und

$$a_i = -g \,.$$

Die Randbedingungen lauten

$$x_0 = y_0 = 0, \quad x_n = L, \quad y_n = 0$$

und müssen in das System (5.8), (5.9) eingearbeitet werden. Die linken Punkte sind in den ersten Gleichungen ($i = 1$) bereits berücksichtigt, weil $A_{1,0} = 0$. Rechts ($i = n - 1$) erhält man für die letzte Gleichung aus (5.9)

$$A_{n-1,n-1} x_{n-1} + A_{n-1,n} L = \beta y_{n-1} + b_{n-1}.$$

Weil aber $A_{n-1,n}$ nicht existiert (bei $\underline{A}$ handelt es sich um eine $(n-1) \times (n-1)$-Matrix), muss die zusätzliche Inhomogenität in b_{n-1} berücksichtigt werden:

$$b_{n-1} = -\left(\frac{1}{\Delta t^2} + \frac{\alpha}{2\Delta t} \right) L \,, \qquad b_i = 0 \quad \text{für } i = 1, \ldots, n-2 \,.$$

Numerisch lassen sich die Gleichungen (5.8), (5.9) nacheinander durch eine LAPACK-Routine, z. B. SGTSV lösen [1]:

```
    PARAMETER (n=10)   ! Anzahl der Stuetzstellen
    REAL, DIMENSION(n) :: x,y,dl,du,di
    G=9.81
    tend=1.      ! T, Intervallgrenze rechts
    xl=1.        ! Laenge L
...
C Matrix A (tridiagonal), Vektor a fuer y-Gleichungen
    dl=1./dt**2-alpha/2./dt  ! untere Nebendiag.
    du=1./dt**2+alpha/2./dt  ! obere
    di=-2./dt**2             ! Diagonale
    y=-g                     ! Inhomogenitaet
C LAPACK-Aufruf fuer y-Gleichungen
    CALL sgtsv(n,1,dl,di,du,y,n,info)
C Matrix A (tridiagonal), Vektor b fuer x-Gleichungen
    dl=1./dt**2-alpha/2./dt  ! untere Nebendiag.
    du=1./dt**2+alpha/2./dt  ! obere
    di=-2./dt**2             ! Diagonale
    x=beta*y
    x(n)=x(n)-xl*du(n)       ! Randbedingung x=L
C LAPACK-Aufruf fuer x-Gleichungen
    CALL sgtsv(n,1,dl,di,du,x,n,info)
... Ausgabe, plotten etc. ...
```

Das Ergebnis für nur 10 Stützstellen (in der Praxis wird man wesentlich mehr verwenden) zeigt Abb. 5.1 für verschiedene Werte von α und β. Es lässt sich auch für $\alpha, \beta \neq 0$ eine analytische Lösung finden (die Gleichungen sind linear), die allerdings komplizierter als (5.6) aussieht (Aufgaben) und die ebenfalls in der Abbildung zu sehen ist. Das Differenzenverfahren scheint selbst für eine sehr kleine Stützstellenzahl ziemlich genaue Resultate zu liefern. Durch die Näherungen (5.7) ist der Diskretisierungsfehler $\sim \Delta t$ oder $\sim 1/n$.

Da es bei dieser Problemstellung vorwiegend um die Inversion von Matrizen geht, liegt eine Umsetzung in MATLAB nahe. Zur Demonstration geben wir das Programm von oben inklusive grafischer Auswertung an:

```
clear;
n=100; tend=1; g=9.81; xl=1;
alpha=[0.5,3,5.5]; beta=[-5,-2.5,0];
dt=tend/(n-1); dt2=dt^2; k=0;
for i=1:3
  for j=1:3
    a=(1/dt2-alpha(j)/2/dt)*ones(n,1);   ! Matrixelemente
    b=(1/dt2+alpha(j)/2/dt)*ones(n,1);
    m=spdiags([b,a],[-1,1],n,n)-2/dt2*speye(n);
    inh(1:n)=-g;         ! Matrizen invertieren
```

```
    y=inh/m;
    inh=beta(i)*y;
    inh(n)=inh(n)-xl*m(n,n-1);
    x=inh/m;
    k=k+1;
    subplot(3,3,k); plot(x,y); ! plotten
  end
end
```

Es entsteht eine Abbildung ähnlich wie Abb. 5.1.

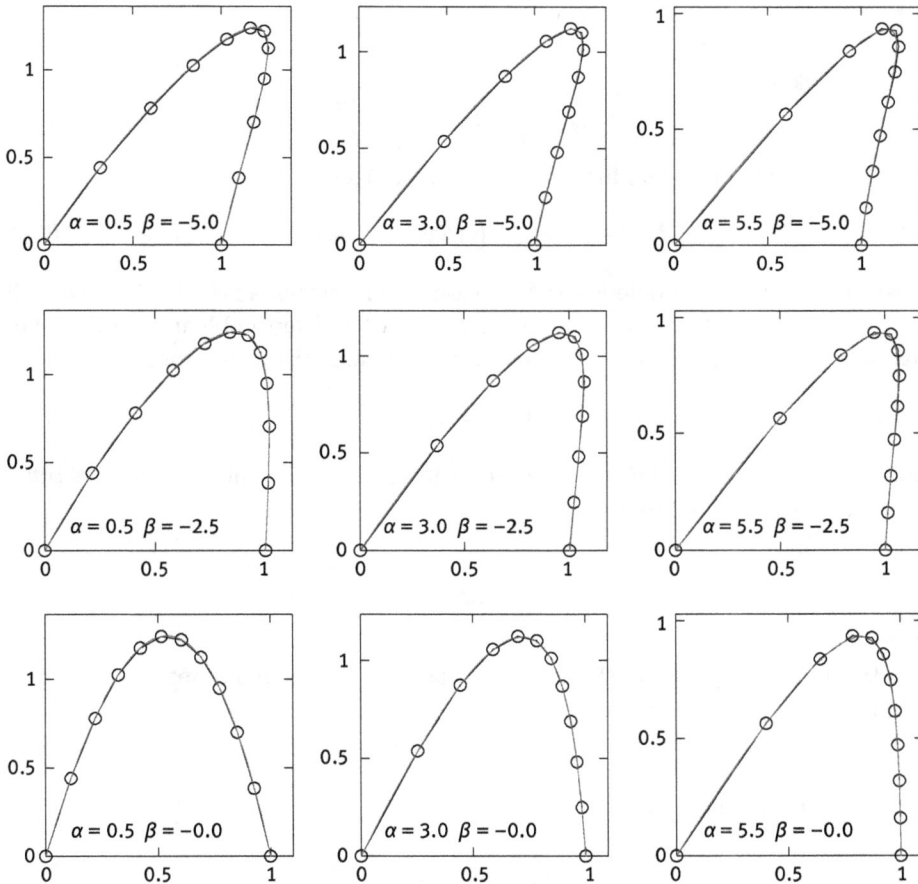

Abb. 5.1: Schiefer Wurf, numerische Lösungen von (5.4) für 10 Stützstellen (Kreise) im Vergleich zur exakten Lösung (durchgezogen), $L = 1$ m, $T = 1$ s.

5.2.2 Beispiel Schrödinger-Gleichung

In der Quantenmechanik ist man an Lösungen der Schrödinger-Gleichung [2]

$$\left[-\frac{\hbar^2}{2m}\Delta + U(\vec{r}, t) \right] \Psi(\vec{r}, t) = i\hbar \frac{\partial}{\partial t} \Psi(r, t) \tag{5.11}$$

für verschiedene vorgegebene Potentiale $U(\vec{r}, t)$ interessiert. Dies ist eine partielle DGL, geht aber für den Spezialfall einer räumlichen Dimension (x) und eines zeitunabhängigen Potentials $V = V(x)$ durch die Separation

$$\Psi(x, t) = \Phi(x) \exp\left(-i\frac{\tilde{E}}{\hbar} t \right)$$

mit den Abkürzungen

$$V(x) = \frac{2m}{\hbar^2} U(x), \quad E = \frac{2m}{\hbar^2} \tilde{E}$$

in die zeitunabhängige (eindimensionale) Schrödinger-Gleichung

$$-\Phi''(x) + V(x)\,\Phi(x) = E\,\Phi(x) \tag{5.12}$$

über. Hinzu kommen problemspezifische Randbedingungen an Φ. Bei (5.12) handelt es sich im Gegensatz zu (5.4) um ein homogenes Randwertproblem, allerdings mit variablen Koeffizienten. Gl. (5.12) kann auch als lineares Eigenwertproblem

$$\hat{H}\varphi_n = E_n \varphi_n$$

aufgefasst werden, wobei E_n die Eigenwerte und $\varphi_n(x)$ die Eigenfunktionen des Differentialoperators (Hamilton-Operator)

$$\hat{H} = -\frac{d^2}{dx^2} + V(x)$$

bezeichnen.

Diskretisierung von (5.12) führt auf ein homogenes algebraisches Eigenwertproblem:

$$\sum_j H_{ij}\,\Phi_j = E\,\Phi_i \tag{5.13}$$

mit der Tridiagonalmatrix

$$H_{ii} = \frac{2}{\Delta x^2} + V(x_i), \quad H_{i,i-1} = H_{i,i+1} = -\frac{1}{\Delta x^2} \tag{5.14}$$

und $\Phi_i = \Phi(x_i)$.

5.2.2.1 Stark-Effekt

Als Anwendung untersuchen wir ein Teilchen in einem eindimensionalen Potential-topf der Länge L. Sind die Wände unendlich hoch, so muss die Aufenthaltswahr-scheinlichkeit außerhalb des Topfes null sein und aus der Stetigkeit von Φ folgen die Randbedingungen

$$\Phi(0) = \Phi(L) = 0 \,. \tag{5.15}$$

Legt man zusätzlich ein elektrisches Feld der Stärke V_0 an, so lautet das Potential in (5.12)

$$V(x) = V_0 \cdot (x - L/2) \,. \tag{5.16}$$

Für $V_0 = 0$ kennt man die exakten Lösungen

$$\Phi_k(x) = \sqrt{\frac{2}{L}} \sin \frac{k\pi}{L} x, \quad E_k = \frac{k^2 \pi^2}{L^2}, \quad k = 1, 2, \dots \,.$$

D. h. $\hat{H}$ besitzt abzählbar unendlich viele Eigenfunktionen mit verschiedenen Eigen-werten. Aus der Störungstheorie berechnet man in 1. Ordnung von V_0 [2]

$$E_k^{(1)} = \frac{2}{L} \int\limits_0^L dx \, V(x) \sin^2 \frac{k\pi}{L} x \,,$$

was aus Symmetriegründen für alle k verschwindet. Die Änderung des Spektrums ist demnach mindestens $\sim V_0^2$ (quadratischer Stark-Effekt).

Die direkte numerische Lösung besteht im Auffinden der Eigenwerte und Eigen-vektoren des Problems (5.13)–(5.15) mit

$$V(x_i) = V_0 \cdot (i\Delta x - L/2), \quad i = 1, \dots, n, \quad \Delta x = \frac{L}{n+1} \,.$$

Hierbei entspricht $i = 0$ dem rechten, $i = n + 1$ dem linken Rand, bei $\underline{H}$ handelt es sich um eine $n \times n$-Matrix. Abb. 5.2 zeigt die Wahrscheinlichkeitsdichten $|\Phi(x)|^2$ der ersten drei Zustände für verschiedene Werte von V_0. Man sieht, dass für zunehmendes V_0 die Wahrscheinlichkeitsdichten immer weiter nach links rücken, da dort das Potential ein Minimum besitzt.

Zur Berechnung des Eigenwertproblems kann die LAPACK-Routine `SSTEQR` (re-elle, symmetrische Tridiagonalmatrix) verwendet werden:

```
...
      xl=1.              ! Laenge L des Topfs
      dx=xl/FLOAT(n+1)
      DO i=1,n
        dl(i)=-1./dx**2        ! Matrix-Elemente
        di(i)=2./dx**2 + v0*(FLOAT(i)*dx-xl/2)
      ENDDO
      CALL ssteqr('i',n,di,dl,z,n,work,info)
C ... Eigenwerte in di, Eigenvektoren in z
C ... z(1:n,k) gehoert zu di(k)
... plotten, Ausgabe, etc.
```

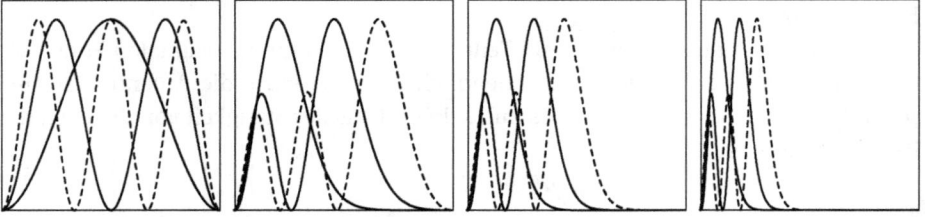

Abb. 5.2: Numerische Lösungen der stationären Schrödinger-Gleichung mit (5.16). Gezeichnet sind jeweils die ersten drei Zustände (Wahrscheinlichkeitsdichten $|\Phi|^2$) (fett, dünn, gestrichelt) für $V_0 = 0, 300, 1000, 5000$ (von links nach rechts), $L = 1$, $n = 1000$.

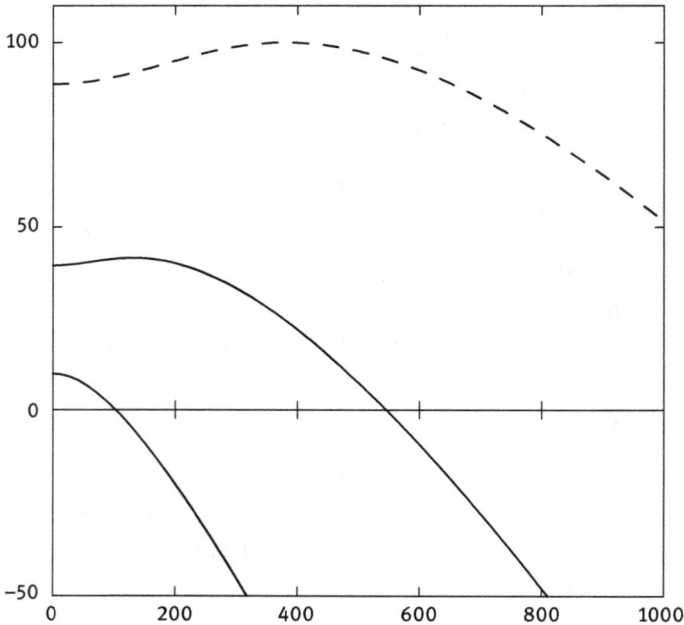

Abb. 5.3: Die ersten drei Eigenwerte über V_0 für $L = 1$.

Die ersten drei Energiewerte als Funktion von V_0 zeigt Abb. 5.3. Alle Energiewerte werden für sehr großes V_0 wieder kleiner. Dann sind auch die höheren Zustände im Bereich negativer Energie (links) lokalisiert.

Da auch dieses Programm im Wesentlichen auf Matrizenrechnung beruht, hier der komplette MATLAB-Code zu Abb. 5.2:

```
clear;
n=1000; v0=[0,300,1000,5000];
dx=1/(n+1); dx2=dx^2;
x=-.5+dx:dx:0.5-dx;
```

```
a=-1/dx2*ones(n,1);
for k=1:4
  b=2/dx2*ones(n,1)+v0(k)*x';
  m=spdiags([a,b,a],[-1,0,1],n,n);
  [v,e]=eigs(m,3,'sm');
  subplot(1,4,k);
  plot(x,v(1:n,1).^2,x,v(1:n,2).^2,x,v(1:n,3).^2);
end
```

5.2.2.2 Harmonischer Oszillator

Die stationäre Schrödinger-Gleichung des harmonischen Oszillators mit Eigenfrequenz ω_0 lautet

$$\left[-\frac{\hbar^2}{2m}\frac{d^2}{dx^2} + \frac{1}{2}m\omega_0^2 x^2 \right] \Phi(x) = \tilde{E}\,\Phi(x)\,,$$

oder in der Skalierung von (5.12)

$$-\Phi''(x) + \Omega_0^2\, x^2\,\Phi(x) = E\,\Phi(x) \tag{5.17}$$

mit

$$\Omega_0 = \omega_0 m/\hbar\,.$$

Das Problem gehört zu den wenigen der Quantenmechanik, die sich exakt lösen lassen. Man erhält die äquidistanten Eigenwerte (Energie-Niveaus)

$$E_k^{\text{ex}} = \Omega_0(1 + 2k)\,, \quad k = 0, 1, \ldots$$

sowie die hermitschen Polynome als Eigenfunktionen. Wir wollen aber auch hier eine numerische Lösung suchen und anschließend das quadratische Potential verallgemeinern. Eine Komplikation bei der Lösung von (5.17) besteht darin, dass jetzt asymptotische Randbedingungen der Form

$$\lim_{x\to\pm\infty}\Phi(x) = 0$$

vorliegen, man also im Prinzip einen unendlich großen x-Bereich ($L \to \infty$) hätte. In der Praxis kann man L so groß wählen, dass die Wellenfunktionen beinahe null bei $x = \pm L/2$ sind und dann die Randbedingungen

$$\Phi(L/2) = \Phi(-L/2) = 0 \tag{5.18}$$

verwenden, was wieder einem unendlich hohen Potentialtopf, diesmal mit einem quadratischen Potential im Innern, entspricht. Wir können dasselbe Programm wie für den Stark-Effekt verwenden und müssen nur das Potential entsprechend verändern. Es empfiehlt sich allerdings, $x = 0$ in die Mitte des Kastens zu legen. Den Wert für L bestimmt man am besten durch Ausprobieren. Abb. 5.4 zeigt die ersten drei Wahrscheinlichkeitsdichten sowie die fünfzigste. Es gilt zu beachten, dass die räumliche Ausdehnung der Wellenfunktionen mit k zunimmt. Um also die höheren Zustände und

Energien korrekt zu berechnen, muss man L entsprechend groß wählen. In Tab. 5.1 findet man die entsprechenden Energiewerte im Vergleich zu den exakten Werten. Die relativen Abweichungen bleiben deutlich unter einem Prozent. Das Programm verwendet $n = 1000$ Stützstellen im gesamten Intervall.

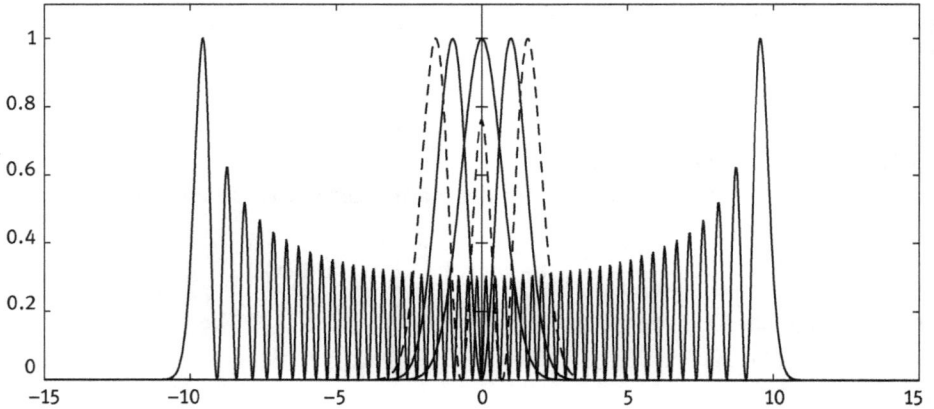

Abb. 5.4: Die ersten drei Eigenfunktionen $|\Phi|^2$ sowie die 50. beim harmonischen Oszillator, $L = 30$, $\Omega_0 = 1$, 1000 Stützstellen.

Tab. 5.1: Energieniveaus harmonischer Oszillator, Differenzenverfahren verglichen mit den exakten Werten.

Zustand k	E_k (numerisch)	$E_k^{ex} = 1 + 2k$	Fehler $|E_k - E_k^{ex}|/E_k$
0	0,999717832	1	−2,82168388E−04
1	2,99929714	3	−2,34285995E−04
2	4,99920225	5	−1,59549716E−04
3	6,99843979	7	−2,22887305E−04
4	8,99729633	9	−3,00407410E−04
5	10,9976883	11	−2,10155136E−04
6	12,9952221	13	−3,67531407E−04
7	14,9935150	15	−4,32332366E−04
8	16,9906712	17	−5,48755401E−04
9	18,9886627	19	−5,96698956E−04
⋮	⋮	⋮	⋮
49	96,7354813	97	−2,72699725E−03

5.2.2.3 Anharmonische Oszillator

Wir können jetzt andere Potentiale untersuchen. Abb. 5.5 zeigt die ersten 100 Niveaus für Potentiale der Form

$$V(x) = \Omega_0^2\, |x|^p \qquad (5.19)$$

für $\Omega_0 = 1$ und $p = 3/2, 2, 3, 4$. Je größer p, desto schneller steigen die Energien an, klassisch wird die Feder „härter" bei größeren Amplituden. Deutlich ist auch eine Abweichung für $p = 3/2$ ab $k \approx 70$ zu erkennen. Hier sind die Wellenfunktionen bereits zu breit für das Gebiet $L = 30$, sodass die genäherten Randbedingungen (5.18) das Ergebnis verfälschen.

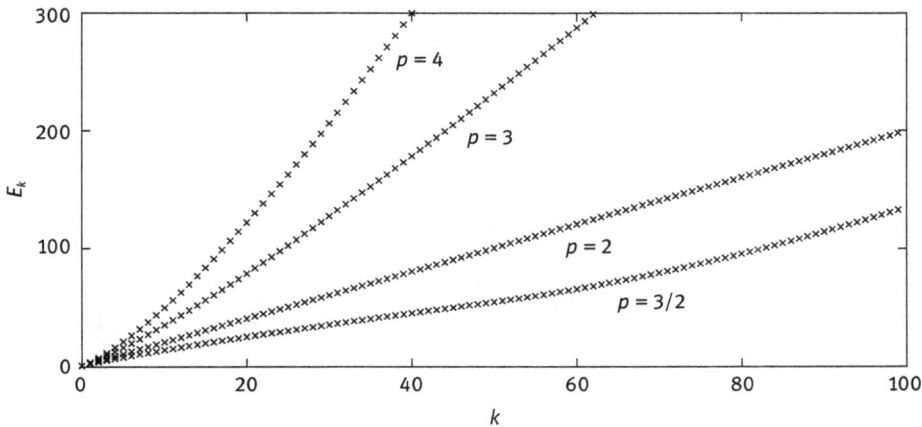

Abb. 5.5: Die ersten 100 Energiewerte für verschiedene Potentiale (5.19).

5.3 Methode der gewichteten Residuen

5.3.1 Verschiedene Verfahren

Der Grundgedanke hinter der Methode der gewichteten Residuen (Weighted Residual Method, WRM) besteht darin, Differentialgleichungen der Form

$$\hat{L}(d_x)y(x) = b(x) \qquad (5.20)$$

näherungsweise im Bereich X durch einen Ansatz (Testfunktion)

$$\tilde{y} = \tilde{y}(a_1, a_2, \ldots, a_N, x) \qquad (5.21)$$

zu lösen und die N freien Parameter a_k so zu bestimmen, dass das Residuum (Rest)

$$R(x) = \hat{L}\tilde{y} - b\,,$$

auf verschiedene Gewichtsfunktionen $w_k(x)$ projeziert, verschwindet:

$$R_k = \int_X dx\, R(x) w_k(x) = 0, \quad k = 1, \ldots, M\,. \tag{5.22}$$

Wenn die Anzahl der Gewichtsfunktionen M gleich der Anzahl der Paramater N ist, lassen sich die a_k aus den N Gleichungen (5.22) bestimmen.

Speziell untersuchen wir in diesem Abschnitt lineare Differentialoperatoren $\hat{L}$ sowie für (5.21) lineare Ansätze der Form

$$\bar{y}(x) = \sum_{i=1}^{N} a_i \varphi_i(x) \tag{5.23}$$

mit linear unabhängigen Basisfunktionen $\varphi_i(x)$. Dann wird aus (5.22) das lineare Gleichungssystem

$$\sum_{j=1}^{N} L_{ij} a_j = b_i \tag{5.24}$$

mit den Matrixelementen

$$L_{ij} = \int_X dx\, w_i(x) \hat{L}(d_x) \varphi_j(x), \qquad b_i = \int_X dx\, w_i(x) b(x)\,.$$

Handelt es sich bei $\hat{L}$ um einen nichtlinearen Operator, so erhält man anstatt (5.24) ein nichtlineares algebraisches System für die Parameter a_k, welches sich in der Regel nur noch iterativ lösen lässt.

Je nach Gewichtsfunktionen unterscheidet man zwischen verschiedenen WRMs. Wir nennen die wichtigsten:

1. **Subdomain-Methode.** Man wählt die $w_k(x)$ so, dass sie in N bestimmten Bereichen D_k von X (die sich überlappen können) gleich eins sind, sonst verschwinden:

$$w_k(x) = \begin{cases} 1 & \text{wenn } x \in D_k \\ 0 & \text{sonst} \end{cases}$$

Somit lassen sich Lösungen finden, die in bestimmten Bereichen hohe Genauigkeit besitzen, in anderen dafür nicht (Strömungsprobleme).

2. Die **Kollokations-Methode** kann als Spezialfall von 1. betrachtet werden, wenn man die D_k punktförmig wählt

$$w_k(x) = \delta(x - x_k)$$

mit der Dirac'schen Delta-Funktion $\delta(x)$. Wegen (5.22) bedeutet das

$$R(x_k) = 0$$

und

$$L_{ij} = \hat{L}(d_x) \varphi_j(x)\big|_{x=x_i}, \qquad b_i = b(x_i)\,.$$

Die x_k werden als Kollokationspunkte bezeichnet.

3. **Least-Squares-Methode.** Anstatt (5.22) direkt zu fordern, kann man auch das mittlere quadratische Residuum

$$S = \int_X dx\, R^2(x) \tag{5.25}$$

minimieren und aus

$$\frac{\partial S}{\partial a_i} = 0 \tag{5.26}$$

die a_i bestimmen. Mit (5.25) ergibt sich

$$\frac{\partial S}{\partial a_i} = 2 \int_X dx\, R(x) \frac{\partial R}{\partial a_i} = 0 \, .$$

Bei der Least-Squares-Methode kommt man demnach ohne Gewichtsfunktionen aus

4. **Galerkin-Methode.** Hier sind die Gewichts- und Basisfunktionen identisch:

$$w_k(x) = \varphi_k(x) \, , \quad k = 1, \dots, N \, .$$

Wegen (5.22) steht das Residuum senkrecht auf dem durch die Basisfunktionen aufgespannten Unterraum. Wählt man N immer größer, so wird dieser Unterraum immer „vollständiger" und das Residuum $R(x)$ muss für $N \to \infty$ verschwinden.

5.3.2 Beispiel Stark-Effekt

Wir berechnen den Grundzustand und den ersten angeregten Zustand von

$$-\Phi''(x) + V_0 \cdot (x - 1/2)\, \Phi(x) = E\, \Phi(x), \quad \Phi(0) = \Phi(1) = 0 \, , \tag{5.27}$$

entsprechend dem Stark Effekt im unendlich hohen Potentialtopf mit $L = 1$. Als Testfunktion verwenden wird ein Polynom 3. Ordnung

$$\tilde{\Phi}(x) = a_0 + a_1 x + a_2 x^2 + a_3 x^3 \, .$$

Soll $\tilde{\Phi}$ die Randbedingungen erfüllen, ergibt sich

$$a_0 = 0, \quad a_3 = -a_1 - a_2 \, ,$$

oder

$$\tilde{\Phi} = a_1 \varphi_1 + a_2 \varphi_2$$

mit den linear unabhängigen Basisfunktionen

$$\varphi_1 = x - x^3, \quad \varphi_2 = x^2 - x^3 \, .$$

Da es sich bei (5.27) im Gegensatz zu (5.20) um ein homogenes Problem handelt, werden wir anstatt (5.24) ein verallgemeinertes lineares Eigenwertproblem der Form

$$\sum_{j=1}^{2} (L_{ij} - E M_{ij}) a_j = 0 \tag{5.28}$$

erhalten. Die Matrixelemente L_{ij}, M_{ij} hängen dabei vom Verfahren ab. Wir bestimmen im Folgenden die beiden Eigenwerte E aus der Lösbarkeitsbedingung

$$\det (L_{ij} - E M_{ij}) = 0 \,. \tag{5.29}$$

1. **Subdomain-Methode.** Für die beiden Bereiche $D_1 : 0 \le x \le 1/2$, $D_2 : 1/2 < x \le 1$ ergibt sich

$$E_{0,1} = 30 \mp \frac{1}{10} \sqrt{32400 + 5V_0^2} \,.$$

2. Die **Kollokations-Methode** mit $x_1 = 1/4$, $x_2 = 3/4$ liefert

$$E_{0,1} = \frac{64}{3} \mp \frac{1}{12} \sqrt{16384 + 9V_0^2} \,.$$

3. Bei der **Least-Squares-Methode** ergeben sich aus (5.26) zwei homogene Gleichungen, in denen E jeweils quadratisch auftritt. Aus deren Lösbarkeitsbedingung resultiert ein Polynom 4. Grades für E. Um die Eigenwerte zu bestimmen erscheint diese Methode schlecht geeignet, weshalb wir sie hier nicht weiter verfolgen wollen.

4. **Galerkin-Methode.** Mit der Wahl $w_k = \varphi_k$ ergibt sich schließlich

$$E_{0,1} = 26 \mp \sqrt{256 + \frac{V_0^2}{28}} \,.$$

Natürlich hängen die Ergebnisse vom Verfahren ab. Man muss auch beachten, dass wir nur zwei Basisfunktionen verwendet haben, was von vornherein genauere Resultate ausschließt. Abb. 5.6 vergleicht die drei Verfahren mit den Ergebnissen des Differenzenverfahrens aus dem vorigen Abschnitt. In Tab. 5.2 sind die jeweiligen Werte des ungestörten Problems $V_0 = 0$ aufgeführt.

Alle Verfahren liefern eine quadratische Abhängigkeit von V_0 sowie das richtige Vorzeichen für die Krümmung. Der erste angeregte Zustand ist nicht genau, was aber wegen der Testfunktion mit nur zwei freien Parametern nicht verwundern kann. Die

Tab. 5.2: Die ersten beiden Energieniveaus bei $V_0 = 0$ für die verschiedenen Verfahren.

	exakt	Subdomain	Kollokation	Galerkin
E_0	$\pi^2 \approx 9{,}87$	12,0	10,7	10,0
E_1	$4\pi^2 \approx 39{,}5$	48,0	32,0	46,0

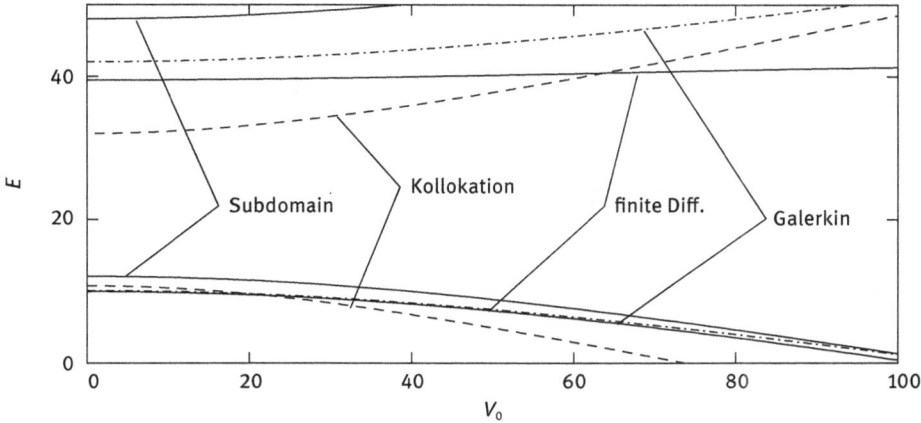

Abb. 5.6: Stark-Effekt, die Verfahren im Vergleich, Energie des Grundzustands und des 1. angeregten Zustands über V_0.

Grundzustandsenergie stimmt dagegen erstaunlich gut, zumindest beim Galerkin-Verfahren. Bei den beiden anderen Verfahren herrscht noch weitere Freiheit in der Wahl der Unterbereiche, bzw. der Kollokationspunkte.

5.4 Nichtlineare Randwertprobleme

Bisher haben wir lineare Probleme der Form (5.20) untersucht. Dies wollen wir jetzt auf bestimmte nichtlineare Probleme

$$\hat{L}(d_x^n)y(x) + g(y, d_x^{n-1}y, \dots) = b(x) \tag{5.30}$$

erweitern, wobei $\hat{L}$ einen linearen Differentialoperator bezeichnet und die höchste vorkommende Ableitung beinhalten soll. Die nichtlineare Funktion g soll mindestens bilinear in y und seinen Ableitungen sein. Unabhängig vom verwendeten Verfahren wird man nach der Diskretisierung ein nichtlineares, algebraisches Gleichungssystem erhalten.

5.4.1 Nichtlineare Systeme

Es gibt keine allgemeine Vorgehensweise zur Lösung nichtlinearer algebraischer Systeme. Dies macht man sich leicht an einem Beispiel aus nur zwei Gleichungen klar. Sei eine Lösung von

$$\begin{aligned} f(x, y) &= 0 \\ g(x, y) &= 0 \end{aligned} \tag{5.31}$$

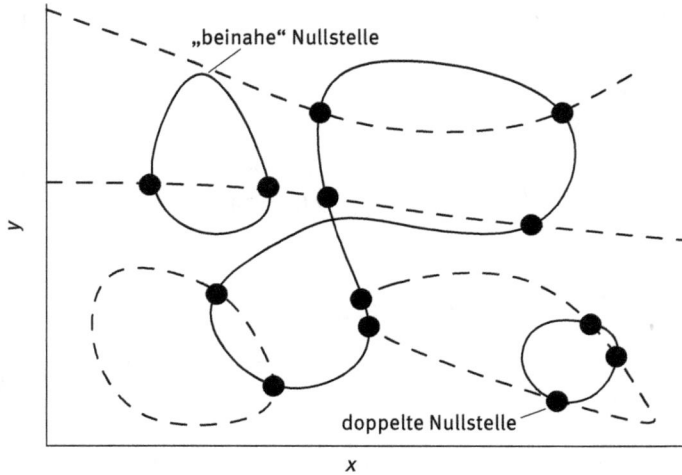

Abb. 5.7: Nullklinen zweier Funktionen $f(x, y) = 0$ (durchgezogen) und $g(x, y) = 0$ (gestrichelt). Die Schnittpunkte entsprechen den simultanen Lösungen von (5.31). Wie man sieht, kann es sehr viele Lösungen geben, dabei auch „beinahe-Lösungen" und doppelte Nullstellen. Eine iterativ gefundene Lösung wird stark vom Startwert $x^{(0)}$, $y^{(0)}$ abhängen.

gesucht mit beliebigen nichtlinearen Funktionen f, g in den beiden Variablen x, y. Graphisch lassen sich die gemeinsamen Nullstellen als Schnittpunkte der Nullklinen bestimmen, Abb. 5.7. Allerdings sind die Funktionen f und g vollständig unabhängig voneinander. Die Nullklinen jeder Funktion können eine beliebige Anzahl von nicht zusammenhängenden, geschlossenen Linien bilden. Es kann also schon bei zwei Gleichungen keine, eine, mehrere oder sogar unendlich viele Lösungen geben.

Man erkennt, dass ohne zusätzliche Information eine Lösung von (5.31) praktisch unmöglich wird. Diese zusätzliche Information kann in der ungefähren Lage der gesuchten Nullstelle bestehen. Man benötigt also einen Startwert x_0, y_0 und versucht dann iterativ eine Lösung von (5.31) zu erreichen.

5.4.2 Newton–Raphson

Die Newton- oder Newton–Raphson-Methode ist bekannt zur iterativen Bestimmung der Nullstellen einer Funktion

$$f(x) = 0 . \tag{5.32}$$

Sei $x^{(0)}$ ein (Start-)Wert in der Nähe der Nullstelle x_k, so gilt in seiner Umgebung die Taylor-Entwicklung

$$f(x^{(0)} + \delta x) = f(x^{(0)}) + d_x f(x^{(0)})\delta x + O(\delta x^2) \tag{5.33}$$

Man kennt $f(x^{(0)})$ und $d_x f$ an der Stelle $x^{(0)}$. Nun lässt sich aus der Forderung

$$f(x^{(0)} + \delta x) = 0$$

δx bestimmen:

$$\delta x = -\frac{f(x^{(0)})}{d_x f(x^{(0)})} + O(\delta x^2) \tag{5.34}$$

und damit die Nullstelle

$$x_k = x^{(0)} + \delta x \, . \tag{5.35}$$

Wegen Vernachlässigung der höheren Ordnungen in (5.34) wird man die Nullstelle natürlich nicht exakt erreichen, es ergibt sich ein Näherungswert $\tilde{x}_k$. Allerdings wird $\tilde{x}_k$ näher an der tatsächlichen Nullstelle liegen als der Startwert $x^{(0)}$. Geht man mit $\tilde{x}_k$ wieder in die Formel (5.34), so wird man einen noch besseren Wert bekommen usw. Es ergibt sich die Iterationsvorschrift

$$x^{(i+1)} = x^{(i)} - \frac{f(x^{(i)})}{d_x f(x^{(i)})} \, , \tag{5.36}$$

wobei die Folge $x^{(i)}$ gegen die Nullstelle x_k konvergiert. Als Abbruchkriterium gilt

$$|\delta x^{(i)}| = |x^{(i+1)} - x^{(i)}| < \epsilon$$

mit vorgegebener Genauigkeit ϵ. Besitzt (5.32) mehrere Lösungen, so wird die gefundene Nullstelle vom Anfangswert $x^{(0)}$ abhängen.

Das Newton–Raphson-Verfahren lässt sich auf Gleichungssysteme mit N Gleichungen und Variablen verallgemeinern:

$$f_i(x_1, x_2, \dots, x_N) = 0 \, , \quad i = 1, \dots, N \, . \tag{5.37}$$

Anstatt (5.33) ergibt sich dann

$$f_i(\vec{x}^{(0)} + \delta \vec{x}) = f_i(\vec{x}^{(0)}) + \sum_{j=1}^{N} \frac{\partial f_i}{\partial x_j} \delta x_j + \cdots \tag{5.38}$$

und daraus

$$\sum_{j=1}^{N} \alpha_{ij} \delta x_j = -f_i \tag{5.39}$$

mit der Matrix

$$\alpha_{ij} = \frac{\partial f_i}{\partial x_j} \, . \tag{5.40}$$

Zur Bestimmung der δx_i muss man also bei jedem Iterationsschritt das inhomogene Gleichungssystem (5.39) lösen. Aus δx_i ergibt sich dann analog zu (5.36)

$$\vec{x}^{(i+1)} = \vec{x}^{(i)} + \delta \vec{x}^{(i)} \, .$$

5.4.3 Beispiel: nichtlineare Schrödinger-Gleichung

Wir untersuchen die nichtlineare stationäre Schrödinger-Gleichung in einer Dimension

$$- \Phi'' + \gamma |\Phi|^2 \Phi = E\Phi , \tag{5.41}$$

die als Modell für ein geladenes Teilchen in einer selbsterzeugten Ladungswolke mit dem Potential

$$V = \gamma |\Phi^2|$$

verwendet werden kann. Man kann Φ reell wählen und erhält

$$\Phi'' + E\Phi - \gamma\Phi^3 = 0 . \tag{5.42}$$

Anwendung des Differenzenverfahrens aus Abschn. 5.2.2 ergibt das algebraische System

$$f_i(\Phi_1, \Phi_2, \ldots, \Phi_N) = \sum_{j}^{N} L_{ij}\Phi_j - \gamma\Phi_i^3 = 0 \tag{5.43}$$

mit der Tridiagonal-Matrix

$$L_{ii} = -\frac{2}{\Delta x^2} + E , \quad L_{i,i+1} = L_{i,i-1} = \frac{1}{\Delta x^2} . \tag{5.44}$$

Für die Matrix $\underline{\alpha}$ in (5.40) erhält man mit (5.43)

$$\alpha_{ij} = \frac{\partial f_i}{\partial \Phi_j} = L_{ij} - 3\delta_{ij}\gamma\Phi_i^2$$

mit dem Kronecker-Symbol δ_{ij}.

5.4.3.1 Exakte Lösungen

Wir haben gesehen, dass man gewisse Vorstellungen der Lösungen als Startwert der Iteration benötigt. Für die nichtlineare Schrödinger-Gleichung kennt man zwei exakte Lösungen.

Multiplikation von (5.42) mit Φ' ergibt nach Integration

$$(\Phi')^2 = C - E\Phi^2 + \frac{\gamma}{2}\Phi^4 \tag{5.45}$$

mit der Integrationskonstanten C. Durch Separation der Variablen gelingt eine 2. Integration welche für allgemeines C auf elliptische Integrale führt. Für bestimmte C unterscheidet man die beiden Fälle

1. $E > 0$, $\gamma > 0$, $C = E^2/2\gamma$, abstoßendes Potential, freie Lösung,

$$\Phi(x) = \sqrt{\frac{E}{\gamma}} \tanh\left(\sqrt{\frac{E}{2}}(x - x_0)\right) . \tag{5.46}$$

2. $E < 0$, $\gamma < 0$, $C = 0$, anziehendes Potential, gebundene Lösung, „Selbstfokusierung".

$$\Phi(x) = \sqrt{\frac{2E}{\gamma}} \, \frac{1}{\cosh\left(\sqrt{-E}(x - x_0)\right)} \, . \tag{5.47}$$

Hierbei entspricht (5.46) einer Front bei $x = x_0$, die die beiden asymptotischen Lösungen $\Psi(x \to \pm\infty) = \pm\sqrt{E/\gamma}$ miteinander verbindet, (5.47) dagegen einer um $x = x_0$ lokalisierten Wellenfunktion, Abb. 5.8.

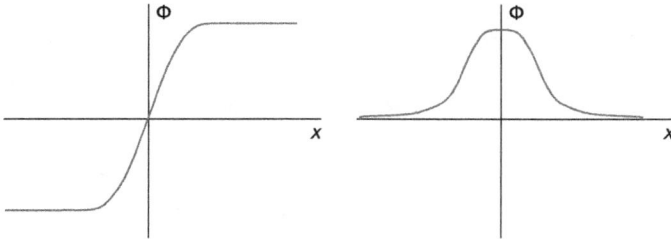

Abb. 5.8: Links: Front für $E, \gamma > 0$ und rechts: Puls für $E, \gamma < 0$ als exakte Lösungen der nichtlinearen Schrödinger-Gleichung.

5.4.3.2 Numerische Umsetzung

Wir untersuchen zuerst den 1. Fall, $E, \gamma > 0$.

Bei der Frontenlösung verschwinden die Ableitungen im Unendlichen. Wir verwenden wieder den Trick, die asymptotischen Randbedingungen durch Bedingungen bei $x = \pm L/2$ mit großem L zu nähern, d. h. wir fordern

$$d_x\Phi|_{x=-L/2} = 0, \; \to \Phi_0 = \Phi_1, \quad d_x\Phi|_{x=L/2} = 0, \; \to \Phi_{N+1} = \Phi_N \, . \tag{5.48}$$

Dies lässt sich in die Differenzenmatrix (5.44) einarbeiten, indem man das erste und das letzte Diagonalelement abändert:

$$L_{11} = L_{NN} = -\frac{2}{\Delta x^2} + E + \frac{1}{\Delta x^2} = -\frac{1}{\Delta x^2} + E \, .$$

Als Startwert für Φ kann man eine Gerade wählen:

```
xl=10; dx=xl/FLOAT(n+1)
DO i=1,n
  phi(i)=FLOAT(i-n/2)*dx/xl
ENDDO
```

Je nach Parameter erhält man verschiedene Lösungen. Die analytische ist auch dabei (Abb. 5.9).

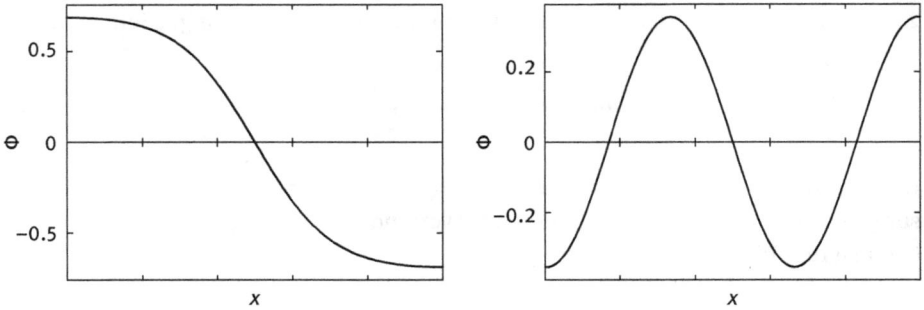

Abb. 5.9: Zwei Lösungen der nichtlinearen Schrödinger-Gleichung. Links: Front für $E = 1/2$, $\gamma = 1$, rechts eine andere Lösung für $E = 1$, $\gamma = 1$. Die linke Kurve entspricht der analytischen Lösung (5.46).

Der 2. Fall, $E, \gamma < 0$:
 Bei den lokalisierten Lösungen verschwinden die Wellenfunktionen im Unendlichen. Wir setzen deshalb

$$\Phi|_{x=-L/2} = 0, \ \to \Phi_0 = 0, \quad \Phi|_{x=L/2} = 0, \ \to \Phi_{N+1} = 0 . \tag{5.49}$$

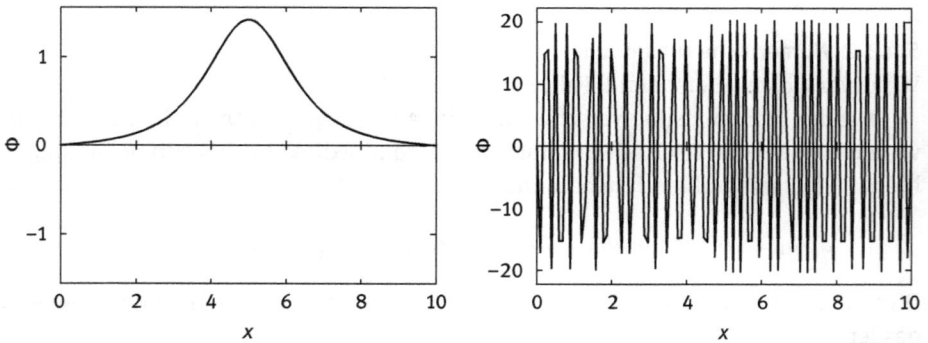

Abb. 5.10: Zwei Lösungen im Bereich gebundener Zustände. Links: Puls für $E = -1$, $\gamma = -1$, rechts numerischer Schrott für $E = -2$, $\gamma = -1$. Die Rechnung erfolgte mit 100 Stützstellen.

Diese Randbedingungen sind in der Tridiagonalmatrix automatisch enthalten. Um ein konvergierendes Newton-Verfahren zu erhalten, muss man Anfangsbedingungen wählen, die „in der Nähe" der zu erwartenden lokalisierten Lösung liegen, z. B.

```
DO i=1,n
  phi(i)=COS(pi*FLOAT(i-n/2)*dx/xl)
ENDDO
```

Auch hier hängen die gefundenen Lösungen wieder stark von den Parametern ab. So erhält man für $y = -1$, $E = -1$ die analytische Pulslösung, dagegen für $y = -1$, $E = -2$ numerischen Schrott, der allerdings auch die Abbruchbedingung erfüllt (Abb. 5.10).

5.4.4 Beispiel: Flug zum Mond

In Jules Vernes berühmtem Roman [3] wird ein Raumschiff mit einer Kanone Richtung Mond geschossen. Diese wenig knochenschonende Vorgehensweise schien vor der Erfindung der Rakete die einzig mögliche. Obwohl nicht umsetzbar eignet sie sich doch hervorragend dafür, als Randwertproblem analog zum schiefen Wurf (Abschn. 5.1.2) formuliert zu werden. Wenn sich die Flugbahn der Rakete in der Erde-Mond-Ebene befindet und wir näherungsweise annehmen, dass die Mondbahn kreisförmig ist, dann können wir die reduzierten Dreikörpergleichungen aus Abschn. 4.4.4 mit

$$\mu = \frac{M_{\text{Mond}}}{M_{\text{Erde}} + M_{\text{Mond}}} \approx 0{,}012$$

verwenden. Nach Diskretisierung der Zeitableitungen durch finite Differenzen mit n Stützstellen ergibt sich aus (4.44) das nichtlineare Gleichungssystem

$$\sum_{i}^{2n} M_{ij} q_j = p_j(\vec{q}) \tag{5.50}$$

mit der Differenzenmatrix (Bandmatrix, Breite = 6)

$$\underline{M} = \frac{1}{\Delta t^2}
\begin{pmatrix}
-2 & 0 & 1 & -\Delta t & 0 & \cdots & & & \\
0 & -2 & \Delta t & 1 & 0 & \cdots & & & \\
1 & \Delta t & -2 & 0 & 1 & -\Delta t & 0 & \cdots & \\
-\Delta t & 1 & 0 & -2 & \Delta t & 1 & 0 & \cdots & \\
& & & \ddots & & & & & \\
& & & & \ddots & & & & \\
& & & & & \ddots & & & \\
& & \cdots & 0 & 1 & \Delta t & -2 & 0 & \\
& & \cdots & 0 & -\Delta t & 1 & 0 & -2 &
\end{pmatrix},$$

dem Lösungsvektor

$$\vec{q} = (x_1, y_1, \ldots, x_n, y_n)$$

und der nichtlinearen Inhomogenität

$$
\begin{aligned}
p_{2i-1} &= -\frac{1-\mu}{r_2^3(x_i, y_i)}(x_i + \mu) - \frac{\mu}{r_3^3(x_i, y_i)}(x_i + \mu - 1) + x_i \\
p_{2i} &= -\frac{1-\mu}{r_2^3(x_i, y_i)} y_i - \frac{\mu}{r_3^3(x_i, y_i)} y_i + y_i, \qquad i = 1, \ldots, n
\end{aligned}
\tag{5.51}
$$

(für die Bezeichnungen siehe Abschn. 4.4.4.2). Abweichend von Jules Vernes soll unser Raumschiff nach vorgegebener Zeit $t = T$ auf dem Mond „landen". Dies führt auf Randbedingungen vom Dirichlet-Typ:

$$x(0) = x_0 = x_s, \quad y(0) = y_0 = y_s, \quad x(T) = x_{n+1} = x_z, \quad y(T) = y_{n+1} = y_z$$

mit dem Startvektor (x_s, y_s), vorgegeben irgendwo auf der Erdoberfläche und dem Zielvektor x_z, y_z auf der Mondoberfläche.

Das System (5.50) lässt sich nur iterativ lösen. Um die Konvergenzeigenschaften zu verbessern, ist es von Vorteil auf der rechten Seite von (5.50) einen Dämpfungsterm der Form $s(\vec{q}^{k+1} - \vec{q}^k)$ zu addieren. Man erhält

$$\vec{q}^{k+1} = (\underline{M} - s\,\underline{1})^{-1}(\vec{p}(\vec{q}^k) - s\vec{q}^k) . \tag{5.52}$$

Im Wesentlichen handelt es sich also um die sukzessive Lösung inhomogener Gleichungssysteme. Wir geben den MATLAB Code an:

```
clear;
% Flugzeiten (Skalierungen nach Abschn. 4.4.4)
n=10000; tend=[0.2,0.75,2.5]
mu=1./82; erdr=6300/380000; mondr=1600/380000;
xs=-mu+erdr; ys=0; xz=1-mu-mondr; yz=0; % Randbedingungen
s=100; % Konvergenzfaktor

for kk=1:3 % drei Flugzeiten
  dt=tend(kk)/(n-1); dt2=dt^2;
  q(1:2*n)=0;
  for i=1:2:2*n-1 % Sparse Matrix setzen
    a(i)=dt; b(i+1)=dt;
  end
  a(2*n)=0; delta=1;
  m=spdiags([-b',ones(2*n,1),a',(-2-s*dt2)*ones(2*n,1),b',
             ones(2*n,1),-a'],[-3,-2,-1,0,1,2,3],2*n,2*n);

  while delta>0.1    % Iterationsschleife
    for i=1:2:2*n-1 % Rechte Seite
      i1=i+1;
      r13=sqrt((q(i)+mu)^2+q(i1)^2)^3;
      r23=sqrt((q(i)+mu-1)^2+q(i1)^2)^3;
      p(i)=(-(1-mu)/r13*(q(i)+mu)-mu/r23*(q(i)+mu-1)+q(i)*(1-s))*dt2;
      p(i1)=(-(1-mu)/r13*q(i1)-mu/r23*q(i1)+q(i1)*(1-s))*dt2;
    end
% Randbedingungen als zusaetzliche Inhomog.
    p(1)=p(1)-ys*dt-xs; p(2)=p(2)+xs*dt-ys;
    p(2*n)=p(2*n)-xz*dt-yz; p(2*n-1)=p(2*n-1)+yz*dt-xz;
    q1=q;
    q=p/m;
    delta=norm(q-q1); % Abbruch
  end
```

```
    yof=(kk-1)*3;
    subplot(3,3,1+yof); plot(q(1:2:2*n),q(2:2:2*n)); % Ausgabe
    subplot(3,3,2+yof); plot(1:n,q(1:2:2*n));
    subplot(3,3,3+yof); plot(1:n,q(2:2:2*n));
end
```

Die Abweichung von einem Schritt zum nächsten ergibt sich in der L_2-Norm zu

$$\delta^k = |\vec{q}^k - \vec{q}^{k-1}| \, .$$

Wenn δ^k einen vorgegebenen Wert unterschreitet, wird die Iteration abgebrochen und das Ergebnis geplottet (Abb. 5.11). Die Flugbahnen hängen außer von den Start- und Zielpunkten auch stark von der vorgegebenen Flugzeit T ab.

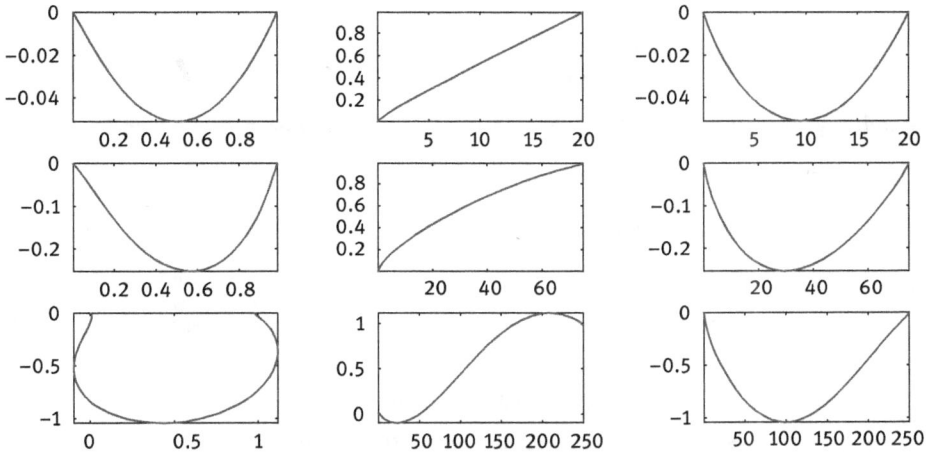

Abb. 5.11: Flugbahn (links), x (Mitte) und y Koordinaten über der Zeit für die drei verschiedenen Flugzeiten $T = 20$ h, 75 h, 250 h (von oben nach unten).

Rechnet man in dimensionsbehaftete Größen zurück, so ergibt sich für die drei Flugzeiten 20 h, 75 h, 250 h eine „Landegeschwindigkeit" $v(T) = \sqrt{\dot{x}^2(T) + \dot{y}^2(T)}$ von jeweils 18 000 km/h, 7000 km/h, 5500 km/h. Beim Start liegt die Geschwindigkeit bei allen drei Rechnungen bei etwa 40 000 km/h. Jules Vernes hatte demnach recht mit seiner Vermutung, dass die Astronauten den Knall der Kanone deshalb nicht hören konnten, weil sie sofort schneller als der Schall waren. Allerdings wären sie ohnehin vorher zu Brei zerquetscht worden.

5.5 Schießverfahren

5.5.1 Die Methode

Beim Schießverfahren (engl.: Shooting Method) sucht man die Lösung eines Rand-wertproblems durch iteratives Lösen von Anfangswertproblemen. Die Anfangsbedin-gungen werden dabei solange systematisch variiert, bis die Randbedingungen erfüllt sind.

Gesucht sei die Lösung $y(x)$ einer DGL 2. Ordnung in $0 \leq x \leq 1$:

$$y'' = f(y, y', x)$$

bzw. des äquivalenten Problems

$$y_1' = y_2, \quad y_2' = f(y_1, y_2, x) \tag{5.53}$$

mit den Randbedingungen

$$y(0) = a, \quad y(1) = b.$$

Man integriert (5.53) z. B. mit RK4 numerisch bis $x = 1$ mit den Anfangsbedingungen

$$y_1(0) = a, \quad y_2(0) = s$$

für verschiedene Werte von s (Abb. 5.12) und erhält am rechten Rand

$$y_R(s) = y_1(x = 1, s).$$

Es gilt jetzt, dasjenige s zu finden, welches $y_R = b$ erfüllt. Man sucht also eine Null-stelle der Funktion

$$f(s) = y_R(s) - b,$$

wozu man die Newton–Raphson Methode verwenden kann:

$$s^{(i+1)} = s^{(i)} - \frac{f(s)}{f'(s)}.$$

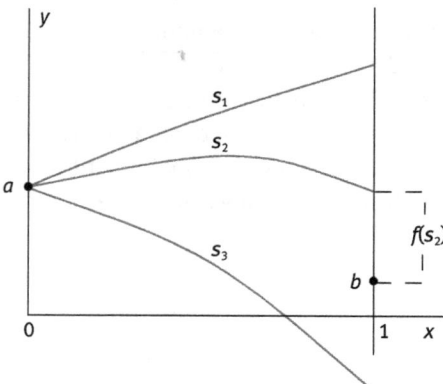

Abb. 5.12: Schießverfahren, verschiedene Lösungen, die nur die linke Randbedingung als Anfangswert erfüllen.

Allerdings lässt sich f' im Allgemeinen nicht angeben, man nähert hier die Ableitung durch den Differenzenquotienten

$$f'(s) \approx \frac{f(s + \Delta s) - f(s)}{\Delta s} \ .$$

Je Integrationsschritt werden demnach zwei verschiedene numerische Lösungen für s und $s + \Delta s$ von (5.53) benötigt.

5.5.2 Beispiel: senkrechter Fall mit quadratischer Reibung

Ein Fallschirmspringer springt aus 1000 m Höhe aus einem still stehenden Hubschrauber zum Zeitpunkt $t = 0$. Auf welcher Höhe y_f muss er den Fallschirm auslösen, um nach einer Minute auf dem Boden $y = 0$ zu landen? Der Flug soll bei geschlossenem Fallschirm ohne, bei geöffnetem mit einer Reibung quadratisch in der Geschwindigkeit stattfinden.

Das Problem lässt sich als Randwertproblem

$$\ddot{y} = -f(y, \dot{y}, y_f)\, \dot{y} - g \tag{5.54}$$

mit den Randbedingungen

$$y(t = 0) = 1000\,\text{m}, \quad \dot{y}(t = 0) = 0, \quad y(t = 60\,\text{s}) = 0 \tag{5.55}$$

formulieren. Die Funktion f berücksichtigt die Reibung:

$$f = \begin{cases} 0 & \text{wenn } y > y_f \\ \alpha\,|\dot{y}| & \text{wenn } y \leq y_f \end{cases} \ .$$

Das Problem scheint zunächst überbestimmt, da die Lösung einer DGL 2. Ordnung drei Randbedingungen erfüllen soll. Allerdings besteht noch ein weiterer Freiheitsgrad in der Wahl von y_f.

Die Gleichungen (5.54) werden mit den Anfangsbedingungen (5.55) mittels RK4 für verschiedene y_f bis $t = 60\,\text{s}$ integriert, das Ergebnis zeigt Tab. 5.3 ($\alpha = 0{,}1/\text{m}$, $g = 10\,\text{m/s}^2$).

Der richtige Wert liegt bei ca. 500 m, welcher jetzt durch ein Newton–Raphson-Verfahren genau berechnet werden kann. Bei einer Genauigkeit von 1 (Meter) benötigt

Tab. 5.3: Höhe y nach einer Minute Flugzeit und Auftreffgeschwindigkeit v für verschiedene y_f. Das optimale y_f liegt zwischen 450 und 550 m.

y_f [m]	10	30	250	450	550	750
$y(t = 60\,\text{s})$ [m]	−472	−451	−246	−63	28	207
$v(y = 0)$ [m/s]	−50	−12	−10	−10		

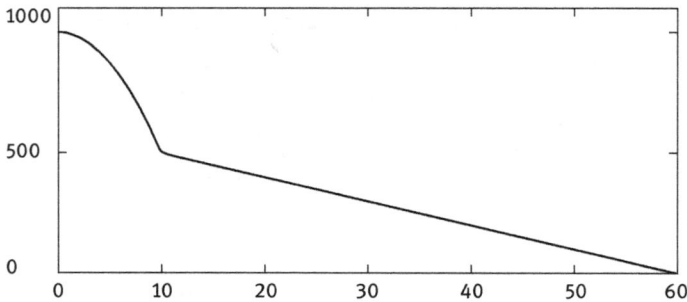

Abb. 5.13: Flugbahn $y(t)$ über t für den richtigen Wert $y_f = 518\,\mathrm{m}$.

das Newton-Verfahren 4 Schritte zur Konvergenz. Es ergibt sich ein Wert von $y_f = 518\,\mathrm{m}$, bei dem der Fallschirm geöffnet werden sollte. Die Flugbahn für diesen Wert zeigt Abb. 5.13.

5.5.3 Gleichungssysteme

Bisher haben wir eine Gleichung 2. Ordnung, bzw. zwei Gleichungen 1. Ordnung untersucht. Der allgemeine Fall besteht aus N Gleichungen 1. Ordnung

$$\frac{dy_i}{dx} = f_i(y_1, y_2, \ldots, y_N, x)\,, \quad i = 1, \ldots, N\,. \tag{5.56}$$

Gesucht sei eine Lösung im Intervall $a \le x \le b$. Wir nehmen lineare, separierbare Randbedingungen an, wobei am linken Rand

$$\underline{A}\,\vec{y}(a) = \vec{a} \tag{5.57}$$

n_1 Bedingungen, am rechten Rand

$$\underline{B}\,\vec{y}(b) = \vec{b} \tag{5.58}$$

$n_2 = N - n_1$ Bedingungen erfüllt sein sollen. Bei $\underline{A}$ und $\underline{B}$ handelt es sich um nichtquadratische Matrizen mit $n_1 \times N$, bzw. $n_2 \times N$ Elementen. Aus (5.57) lassen sich n_1 der y_i als Anfangswert eindeutig als Funktion der anderen n_2 y_i festlegen. Die freien y_i lassen sich in einem n_2-komponentigen Vektor $\vec{V}$ zusammenfassen. Durch numerische Integration von (5.56) erhält man am rechten Rand

$$y_i^R(\vec{V}) = y_i(x = b, \vec{V})\,. $$

Diese $\vec{y}^R$ sollen die n_2 rechten Randbedingungen (5.58) erfüllen, was der Nullstellensuche der Funktionen

$$\vec{f}(\vec{V}) = \underline{B}\,\vec{y}^R(\vec{V}) - \vec{b} \tag{5.59}$$

entspricht. Bei (5.59) handelt es sich um n_2 Gleichungen für die n_2 Komponenten von $\vec{V}$. Die Newton–Raphson-Methode liefert ein Iterationsverfahren gemäß

$$\underline{\alpha}\, \delta \vec{V}^{(i)} = -\vec{f}(\vec{V}^{(i)})$$

und

$$\vec{V}^{(i+1)} = \vec{V}^{(i)} + \delta \vec{V}^{(i)}$$

mit der $n_2 \times n_2$-Matrix

$$\alpha_{k\ell} = \frac{\partial f_k}{\partial V_\ell}\,.$$

Da f nur numerisch bekannt ist, lassen sich die Ableitungen nach V_ℓ nicht analytisch durchführen. Man nähert durch die Differenzenquotienten

$$\frac{\partial f_k}{\partial V_\ell} \approx \frac{f_k(V_1,\dots,V_\ell+\Delta V_\ell,\dots,V_{n_2}) - f_k(V_1,\dots,V_\ell,\dots,V_{n_2})}{\Delta V_\ell}\,,$$

muss also für jeden Iterationsschritt das System (5.56) insgesamt $n_2 + 1$-mal integrieren.

5.5.4 Aufgaben

1. Geben Sie eine analytische Lösung von (5.4) mit $\alpha, \beta \neq 0$ an.
2. Verifizieren Sie die Lösungen (5.46) und (5.47). Was passiert für beliebige Werte von C?
3. Lösen Sie das Problem aus Abschn. 5.1.2 (Schiefer Wurf) mit Hilfe des Schießverfahrens. Untersuchen Sie auch den Einfluss nichtlinearer Reibungskräfte der Form

$$\vec{F}_R = -\alpha\,(\dot{x}^2 + \dot{y}^2)^{1/2} \begin{pmatrix} \dot{x} \\ \dot{y} \end{pmatrix}\,.$$

Referenzen

[1] LAPACK – Linear Algebra PACKage – Netlib, www.netlib.org/lapack/
[2] siehe Lehrbücher der Quantenmechanik, z. B. S. Gasiorowicz, *Quantenphysik*, Oldenburg Verlag (2012)
[3] Jules Vernes, *Reise um den Mond*, Nikol Verlag (2013)

6 Partielle Differentialgleichungen I, Grundlagen

Will man kontinuierliche physikalische Systeme untersuchen, so wird man in den allermeisten Fällen mit partiellen Differentialgleichungen (PDGLs) konfrontiert werden. Unter „kontinuierlich" wollen wir Objekte wie elektromagnetische Felder, Dichten, Geschwindigkeits- und Verschiebungsfelder, quantenmechanische Wellenfunktionen etc. verstehen, die den ganzen Raum ausfüllen und normalerweise auch von der Zeit abhängen.

Die diese Felder beschreibenden PDGLs enthalten normalerweise erste und zweite Ableitungen nach dem Ort und nach der Zeit. Sie lassen sich klassisch einteilen in elliptische, hyperbolische und parabolische Gleichungen, entsprechend der Anzahl der vorhandenen Charakteristiken. Unter einer Charakteristik versteht man eine Kurve in der Fläche der abhängigen Variablen, entlang der durch die Lösung Information übertragen wird. Dies impliziert eine Richtung, bei physikalischen Problemen normalerweise die Zeit. Darüber hinaus lässt sich zwischen (quasi) linearen und nichtlinearen PDGLs unterscheiden. Bei linearen PDGLs bilden diejenigen mit konstanten Koeffizienten wieder einen Sonderfall, der gewisse allgemeinere Aussagen erlaubt.

6.1 Klassifizierung

Wir beginnen mit der mathematischen Standardklassifizierung durch die Charakteristiken und untersuchen die dadurch entstehenden Vorgaben an die numerische Umsetzung und an die Randbedingungen. Wir werden uns zunächst auf PDGLs für eine abhängige skalare Variable u beschränken [1].

6.1.1 PDGL 1. Ordnung

Betrachten wir für den Anfang zwei unabhängige Variable (x, t), so lautet die allgemeinste quasilineare PDGL 1. Ordnung

$$A(u, x, t)\, \frac{\partial u}{\partial x} + B(u, x, t)\, \frac{\partial u}{\partial t} = C(u, x, t)\,. \tag{6.1}$$

Hängt A oder B zusätzlich noch von ersten Ableitungen von u ab, handelt es sich um eine nichtlineare PDGL. Eine lineare PDGL hat dagegen die allgemeine Form

$$\tilde{A}(x, t)\, \frac{\partial u}{\partial x} + \tilde{B}(x, t)\, \frac{\partial u}{\partial t} = \tilde{C}(x, t)\, u + \tilde{D}(x, t)\,. \tag{6.2}$$

Mithilfe der DGL (6.1) lässt sich die Änderung von u (das totale Differential) zu

$$du = \frac{\partial u}{\partial x}\,dx + \frac{\partial u}{\partial t}\,dt = \frac{C}{A}\,dx + \frac{\partial u}{\partial t}\left[dt - \frac{B}{A}\,dx\right]$$

$$= \frac{C}{B}\,dt + \frac{\partial u}{\partial x}\left[dx - \frac{A}{B}\,dt\right] \tag{6.3}$$

umformen. Wählt man den Weg in der xt-Ebene so, dass

$$\frac{dx}{dt} = \frac{A}{B}\,, \tag{6.4}$$

so veschwinden die beiden eckigen Klammern und es bleibt

$$du = \frac{C}{B}\,dt = \frac{C}{A}\,dx \tag{6.5}$$

entlang der Linie (Charakteristik) $x_c(t)$, die man als Lösung der gewöhnlichen DGL (6.4) erhält. Für den Spezialfall $C = 0$ (homogene PDGL) gilt offensichtlich

$$du = 0, \quad \text{und damit } u(x_c(t), t) = \text{const.}$$

6.1.1.1 Beispiel: Konvektionsgleichung

Um das Ganze zu veranschaulichen, wollen wir die Konvektionsgleichung

$$\partial_t u + v(x)\partial_x u = 0 \tag{6.6}$$

mit ortsabhängiger Geschwindigkeit als Spezialfall von (6.1) mit $A = v(x)$, $B = 1$, $C = 0$ untersuchen. Sei

$$v(x) = \alpha\,(x_s - x)\,. \tag{6.7}$$

Durch Integration von (6.4) erhält man die Charakteristiken (Abb. 6.1) als Kurvenschar

$$x_c(t) = x_s\left(1 - e^{-\alpha(t-t_0)}\right)$$

mit beliebigem, konstanten t_0 (Integrationskonstante), entlang denen u konstant ist ($C = 0$).

Gleichung (6.6) könnte als Modell einer räumlichen Konzentrationsentwicklung (z. B. Schadstoffe) in einer vorgegebenen Luftströmung (6.7) dienen. Durch die spezielle Form von $v(x)$ sammeln sich die Stoffe im Lauf der Zeit in der Nähe von x_s.

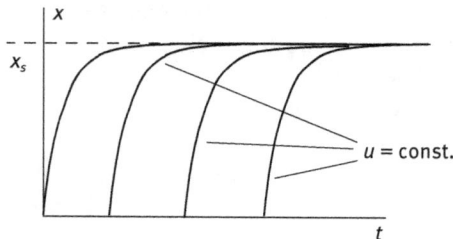

Abb. 6.1: Charakteristiken der Konvektionsgleichung mit $v(x)$ nach (6.7), auf denen Information in positiver t-Richtung transportiert wird.

6.1.1.2 Beispiel: Burgers-Gleichung

Als quasilineare PDGL wollen wir die eindimensionale Burgers-Gleichung

$$\partial_t u + u\,\partial_x u = 0 \tag{6.8}$$

untersuchen. Durch die Nichtlinearität kommt es im Lauf der Zeit zu sich aufsteilenden Wellenfronten und schließlich zur Singularität, an der (6.8) ihre Gültigkeit verliert (Wellenbrechung, Abb. 6.2).

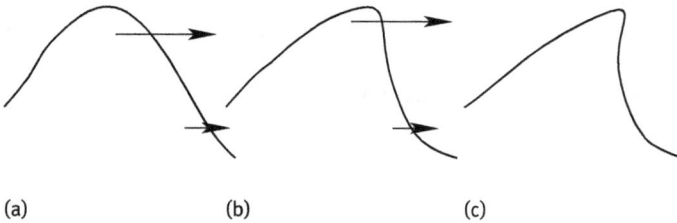

Abb. 6.2: Wie die Konvektionsgleichung beschreibt die Burgers-Gleichung für $u > 0$ rechtslaufende Wellen. Da jedoch die Geschwindigkeit proportional zur Amplitude ist, holen Wellenberge Wellentäler ein (b), was schließlich zur Wellenbrechung führt (c). In (c) kann u nicht mehr als Funktion von x ausgedrückt werden.

Eine spezielle Lösung der Burgers-Gleichung ist linear in x und lautet

$$u(x,t) = -\frac{\alpha x}{1-\alpha t}. \tag{6.9}$$

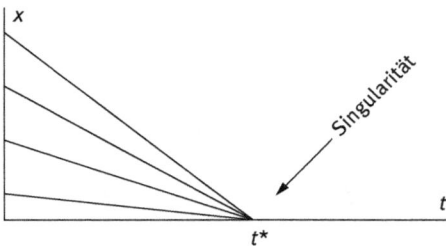

Abb. 6.3: Burgers-Gleichung, Charakteristiken der speziellen Lösung (6.9). Der Schnittpunkt der Charakteristiken ist mit einer Singularität von u verbunden.

Für $\alpha > 0$ existiert bei $t^* = 1/\alpha$ eine Singularität (unendliche Steigung, Brechung). Dies lässt sich auch an den Charakteristiken ablesen. Man erhält aus (6.4)

$$\frac{dx_c}{dt} = u = -\frac{\alpha x_c}{1-\alpha t}.$$

nach Integration

$$x_c(t) = x_0 \cdot (1-\alpha t)$$

mit der Integrationskonstanten $x_0 = x_c(0)$. Alle Charakteristiken treffen sich in der Singularität $t = t^*$, $x = 0$ (Abb. 6.3).

6.1.2 PDGL 2. Ordnung

Wir diskutieren zunächst wieder zwei unabhängige Variable, x, y. Die allgemeine Form einer PDGL 2. Ordnung lautet

$$A\frac{\partial^2 u}{\partial x^2} + B\frac{\partial^2 u}{\partial x \partial y} + C\frac{\partial^2 u}{\partial y^2} + \underbrace{D\frac{\partial u}{\partial x} + E\frac{\partial u}{\partial y} + F}_{\equiv H} = 0 \tag{6.10}$$

mit $A, \ldots, F$ als Funktionen von x, y und eventuell von u. Wie wir sehen werden, spielen zur Berechnung der Charakteristiken nur die Koeffizienten der zweiten Ableitungen A, B, C eine Rolle. Wir versuchen die gleiche Vorgehensweise wie in Abschn. 6.1.1: wie lauten die Kurven, auf denen die Änderung von u durch ein vollständiges Differential wie in (6.5) beschrieben wird? Die gesuchten Kurven seien in der Form

$$y = y_c(x) \tag{6.11}$$

gegeben, ihre lokale Steigung im Punkt x, y_c sei $m(x, y_c) = dy_c/dx$. Mit den Abkürzungen

$$P = \partial_x u, \quad Q = \partial_y u$$

ergibt sich

$$du = P\,dx + Q\,dy \tag{6.12}$$

und

$$dP = (\partial_{xx}^2 u)\,dx + (\partial_{xy}^2 u)\,dy, \quad dQ = (\partial_{xy}^2 u)\,dx + (\partial_{yy}^2 u)\,dy. \tag{6.13}$$

Mit (6.13) lassen sich die zweiten Ableitungen entlang (6.11) als

$$\partial_{xx}^2 u = \frac{dP}{dx} - m\partial_{xy}^2 u, \quad \partial_{yy}^2 u = \frac{dQ}{dy} - \frac{1}{m}\partial_{xy}^2 u \tag{6.14}$$

ausdrücken. Einsetzen von (6.14) in (6.10) ergibt

$$-\partial_{xy}^2 u\,[Am^2 - Bm + C] + \left(A\frac{dP}{dx} + H\right)m + C\frac{dQ}{dx} = 0. \tag{6.15}$$

Wählt man die lokale Steigung der Charakteristik so, dass der Ausdruck in der eckigen Klammer verschwindet, also

$$m_{1,2} = \frac{1}{A}\left(\frac{B}{2} \pm \sqrt{\frac{B^2}{4} - AC}\right), \tag{6.16}$$

so lassen sich die Änderungen von P und Q entlang der jeweiligen Charakteristik als

$$m_i A\,dP_i + C\,dQ_i = -Hm_i\,dx_i \tag{6.17}$$

berechnen. P und Q (und mit (6.12) auch u) ergeben sich dann aus den vorigen Werten P_i, Q_i, u (Abb. 6.4) nach

$$P = P_i + dP_i, \quad Q = Q_i + dQ_i. \tag{6.18}$$

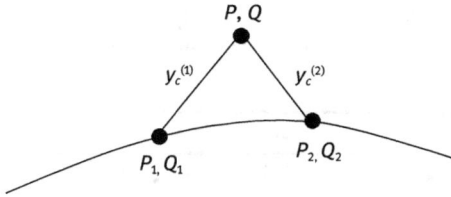

Abb. 6.4: Aus den gegebenen Werten P_i, Q_i lässt sich P, Q mithilfe von (6.17), (6.18) angeben.

Aus den sechs Gleichungen (6.17), (6.18) lassen sich die sechs Unbekannten P, Q, dP_i, dQ_i berechnen.

Kennt man m_i aus (6.16), so lassen sich die Charakteristiken durch Lösen der gewöhnlichen DGLs

$$\frac{dy_c^{(i)}}{dx} = m_i(y_c^{(i)}, x) \tag{6.19}$$

finden. Für lineare DGLs ist (6.16) und damit auch $y_c(x)$ unabhängig von der Lösung u.

6.1.2.1 Diskriminante

Existieren immer zwei verschiedene charakteristische Kurvenscharen? Dies ist offensichtlich nur dann der Fall, wenn die zwei Lösungen (6.16) reell und verschieden sind. Zur weiteren Klassifizierung führt man die Diskriminante

$$\mathcal{D} = \frac{B^2}{4} - AC \tag{6.20}$$

ein und unterscheidet die Fälle
- $\mathcal{D} > 0$: $m_1 \neq m_2$, beide reell, hyperbolische DGL
- $\mathcal{D} = 0$: $m_1 = m_2$, reell, parabolische DGL
- $\mathcal{D} < 0$: $m_1 = m_2^*$, komplex, elliptische DGL

In Tab. 6.1 sind verschiedene PDGLs und ihre Zugehörigkeit zu den obigen Klassen aufgelistet, allerdings in 3 räumlichen Dimensionen.

6.1.2.2 *N* unabhängige Variable

Wir erweitern das Konzept auf N unabhängige Variable x_i, $i = 1, \ldots, N$ und schreiben die allgemeine Form als

$$\sum_{i,j=1}^{N} A_{ij} \frac{\partial^2 u}{\partial x_i \partial x_j} + \sum_{i=1}^{N} B_i \frac{\partial u}{\partial x_i} + Cu = 0 \,. \tag{6.21}$$

Die Koeffizientenmatrix $\underline{A}$ ist symmetrisch und besitzt reelle Eigenwerte, deren Vorzeichen eine Klassifizierung wie in Abschn. 6.1.2.1 erlauben. Betrachten wir zunächst

Tab. 6.1: Verschiedene wichtige PDGLs 2. Ordnung aus der Physik und ihre Einteilung nach Charakteristiken in drei Raumdimensionen, $\Delta = \partial^2_{xx} + \partial^2_{yy} + \partial^2_{zz}$. Die Eigenwerte der Koeffizientenmatrix $\underline{A}$ in der Form (6.21) werden mit λ_l bezeichnet.

hyperbolisch	parabolisch	elliptisch
Wellengleichung	Diffusionsgleichung	Poisson-Gleichung
$\partial^2_{tt}u - c^2\Delta u = 0$	$\partial_t u - D\Delta u = 0$	$\Delta u = -\rho/\epsilon_0$
$\lambda_1 = 1, \lambda_{2,3,4} = -c^2$	$\lambda_1 = 0, \lambda_{2,3,4} = -D$	$\lambda_{1,2,3} = 1$
$\mathcal{D} = c^6 > 0$	$\mathcal{D} = 0$	$\mathcal{D} = -1$
	Navier–Stokes-Gleichung	Stationäre Schrödinger-Gleichung
	$\rho\, d\vec{v}/dt = \eta\Delta\vec{v} - \nabla P$	$-\Delta u + Vu = Eu$
	$\lambda_1 = 0, \lambda_{2,3,4} = -\eta$	$\lambda_{1,2,3} = -1$
	$\mathcal{D} = 0$	$\mathcal{D} = -1$

$N = 2$, so lautet $\underline{A}$ mit der Bezeichnung aus (6.10)

$$\underline{A} = \begin{pmatrix} A & B/2 \\ B/2 & C \end{pmatrix}$$

mit den Eigenwerten

$$\lambda_{1,2} = \frac{1}{2}\left(\operatorname{Sp}\underline{A} \pm \sqrt{(\operatorname{Sp}\underline{A})^2 + 4\mathcal{D}}\right)$$

und

$$\mathcal{D} = -\det\underline{A}.$$

Wegen $\lambda_1\lambda_2 = \det\underline{A}$ gilt entsprechend Abschn. 6.1.2.1
– $\mathcal{D} > 0$: $\lambda_1\lambda_2 < 0$, hyperbolisch,
– $\mathcal{D} = 0$: $\lambda_1\lambda_2 = 0$, parabolisch,
– $\mathcal{D} < 0$: $\lambda_1\lambda_2 > 0$, elliptisch.

Dies lässt sich auf N Variable erweitern: Sei λ_i das Spektrum der Koeffizientenmatrix $\underline{A}$. Die PDGL (6.21) ist
–   **hyperbolisch,** wenn alle $\lambda_i \neq 0$ und alle λ_i bis auf eines dasselbe Vorzeichen besitzen (Sattelpunkt),
–   **parabolisch,** wenn ein beliebiges $\lambda_i = 0$
–   **elliptisch,** wenn alle $\lambda_i \neq 0$ und alle λ_i dasselbe Vorzeichen besitzen (Knoten)

6.1.3 Rand- und Anfangsbedingungen

Wie bei gewöhnlichen DGLs benötigt man zur Bestimmung eindeutiger Lösungen bei PDGLs noch zusätzliche Bedingungen, die man hier als Rand- und/oder Anfangsbedingungen bezeichnet. Hier spielt jedoch der Typ der PDGL eine entscheidende Rolle.

Will man z. B. die Konvektionsgleichung mit v = const. auf dem Gebiet $0 \leq x \leq L$ lösen und gibt $u = u_0(x)$ bei $t = 0$ vor, so verschiebt sich u entlang der Charakteristik $u(x, t) = u_0(x - vt)$ und man kann nicht beliebige Randbedingungen bei $x = L$ zusätzlich vorgeben. Bei PDGLs zweiter Ordnung exisitieren reine Randwertprobleme nur bei elliptischen Gleichungen.

6.1.3.1 Elliptische DGLs

Man unterscheidet zwischen Problemen, bei denen u entlang eines Randes R festgehalten wird (Dirichlet'sches Randwertproblem) und solchen, bei denen die Ableitung senkrecht zum Rand vorgegeben ist (Neumann'sches Randwertproblem), Abb. 6.5. Die allgemeine Form ist eine Kombination (Robin'sches Randwertproblem)

$$\alpha u + \beta \hat{n} \cdot \nabla u = \gamma, \quad \vec{x} \in \mathcal{R} \tag{6.22}$$

und beinhaltet die beiden Fälle Dirichlet ($\beta = 0$) und Neumann ($\alpha = 0$).

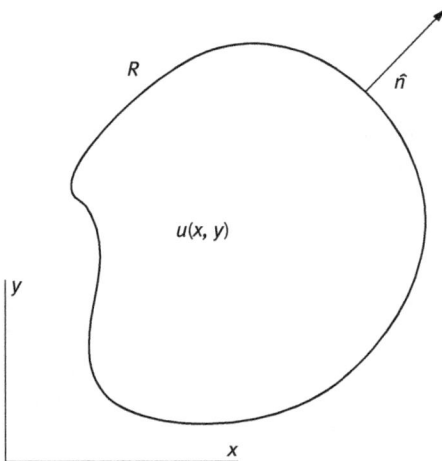

Abb. 6.5: Typisches Randwertproblem für elliptische DGLs zweiter Ordnung. Auf einem geschlossenen Rand R wird u (oder der Gradient von u) vorgegeben, $\hat{n}$ ist der Normalenvektor senkrecht zur Randfläche (hier in zwei Dimensionen).

Als Beispiel nennen wir die stationäre Wärmeleitungsgleichung in zwei Dimensionen (Laplace-Gleichung)

$$\frac{\partial^2 T}{\partial x^2} + \frac{\partial^2 T}{\partial y^2} = 0 . \tag{6.23}$$

Gibt man die Temperatur entlang R

$$T(x, y) = T_R(x, y), \quad x, y \in \mathcal{R}$$

vor (Dirichlet), so ist die Lösung eindeutig und entspricht dem stationären Temperaturprofil einer wärmeleitenden Platte. Will man dagegen den Wärmestrom

$$-\hat{n} \cdot \nabla T = j_R, \quad x, y \in \mathcal{R}$$

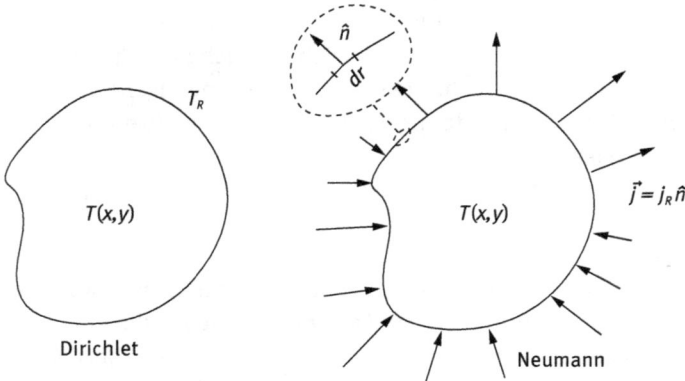

Abb. 6.6: Vorgabe von Temperatur (links) oder Wärmestrom durch den Rand bestimmen das Temperaturprofil im Innern als Lösung der stationären Wärmeleitungsgleichung.

vorgeben, so muss dieser mit (6.23) kompatibel sein, denn wegen

$$\iint\limits_{F(R)} dx\,dy\,\Delta T = \iint\limits_{F(R)} dx\,dy\,\operatorname{div}(\nabla T) = \oint\limits_R \hat{n}\cdot\nabla T\,dr = -\oint\limits_R j_R\,dr = 0 \qquad (6.24)$$

muss in das von R umschlossene Gebiet gleichviel Wärme hinein- wie herausfließen, um eine stationäre Temperaturverteilung zu ermöglichen (Abb. 6.6).

6.1.3.2 Parabolische und hyperbolische DGLs

Durch die Klassifizierung in Abschn. 6.1.2.2 existiert sowohl bei parabolischen als auch bei hyperbolischen DGLs eine ausgezeichnete Richtung, nämlich die, die zum verschwindenden Eigenwert (bzw. zu demjenigen mit anderem Vorzeichen) der Koeffizientenmatrix gehört. Bringt man die PDGL auf Normalform (Diagonalform der Koeffizientenmatrix), so entspricht diese ausgezeichnete Richtung in physikalischen Problemen meistens der Zeit. Weil sich Lösungseigenschaften entlang von Charakteristiken ausbreiten, kann man für diese Variable normalerweise keine Randbedingungen angeben. Man gibt dann u bei $t = t_0$ vor, bei PDGLs 2. Ordnung zusätzlich $\partial_t u$ und erhält für die ausgezeichnete Variable ein Anfangswertproblem (Cauchy-Problem).

Bei der zeitabhängigen, (2 + 1)-dimensionalen[1], Wärmeleitungsgleichung

$$\frac{\partial T}{\partial t} = \kappa\left(\frac{\partial^2 T}{\partial x^2} + \frac{\partial^2 T}{\partial y^2}\right) \qquad (6.25)$$

---

1 Unter $(n + 1)$-dimensional verstehen wir n räumliche Dimensionen plus die Zeit.

handelt es sich um eine parabolische PDGL. Zusätzlich zu den unter Abschn. 6.1.3.1 diskutierten Randbedingungen benötigt man noch eine Anfangsbedingung

$$T(x, y, t = t_0) = T_0(x, y) .$$

Man beachte, dass im Falle Neumann'scher Randbedingungen die Kompatibilitätsbedingung (6.24) nicht mehr erfüllt sein muss. Ist das Integral über den Wärmestrom von null verschieden, so kommt es eben nicht zu einer stationären Lösung.

Die Unterscheidung zwischen Anfangs- und Randbedingungen gilt auch bei hyperbolischen Gleichungen. So erhält man z. B. für die $(1 + 1)$-dimensionale Wellengleichung

$$\frac{\partial^2 u}{\partial t^2} = c^2 \frac{\partial^2 u}{\partial x^2} \tag{6.26}$$

eindeutige Lösungen auf dem Gebiet $0 \leq x \leq L$, $t \geq 0$ bei der Vorgabe von Randbedingungen für x

$$u(0, t) = u_\ell, \quad u(L, t) = u_r \tag{6.27}$$

und den zusätzlichen Anfangsbedingungen

$$u(x, 0) = u_0(x), \quad \partial_t u(x, t)\big|_{t=0} = v_0(x) . \tag{6.28}$$

Tab. 6.2 zeigt verschiedene Kombinationen von Differentialgleichungen 2. Ordnung und Rand/Anfangsbedingungen.

Tab. 6.2: Nur bestimmte Kombinationen von Gleichungstypen und Randbedingungen führen zu gut gestellten Problemen. Unter „Cauchy" wird hier ein Anfangsproblem wie (6.28) verstanden. Für die Begriffe „offen" und „geschlossen" siehe Abb. 6.7.

		elliptisch	hyperbolisch	parabolisch
Dirichlet	offen	unterbestimmt	unterbestimmt	eindeutig
	geschlossen	eindeutig	überbestimmt	überbestimmt
Neumann	offen	unterbestimmt	unterbestimmt	eindeutig
	geschlossen	eindeutig	überbestimmt	überbestimmt
Cauchy	offen	unphysikalisch	eindeutig	überbestimmt
	geschlossen	überbestimmt	überbestimmt	überbestimmt

6.2 Finite Differenzen

Die Vorgehensweise zur numerischen Integration von PDGLs besteht wie bei gewöhnlichen DGLs in der Diskretisierung der verschiedenen unabhängigen Variablen und letztlich im (iterativen) Lösen eines meist großen algebraischen Gleichungssystems. Die Diskretisierung kann auf verschiedene, problemangepasste Arten erfolgen, von denen wir jetzt die wichtigsten angeben wollen. Beginnen wir mit dem Finite-Differenzen-Verfahren (FD).

geschlossen · offen · offen

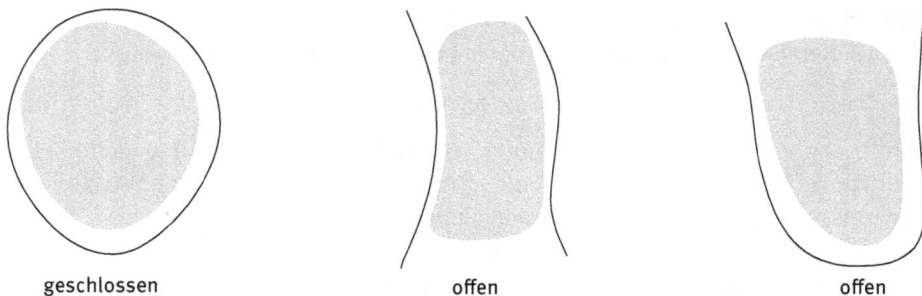

Abb. 6.7: Offene und geschlossene Ränder.

6.2.1 Diskretisierung

Wir untersuchen zunächst den Fall zweier unabhängiger Variablen. Man reduziert die Lösung $u(x, y)$ auf die diskreten Punkte

$$u_{ij} = u(x_i, y_j), \quad x_i = x_0 + i\Delta x, \quad y_j = y_0 + j\Delta y, \quad i = 0, \ldots, I, \; j = 0, \ldots, J,$$

die sich im Integrationsgebiet

$$x_0 \le x \le x_1, \quad y_0 \le y \le y_1$$

auf einem regelmäßigen, rechteckigen Gitter befinden. Die Größen

$$\Delta x = (x_1 - x_0)/I, \quad \Delta y = (y_1 - y_0)/J$$

werden als Schrittweiten bezeichnet. In seiner einfachsten Form wird das FD-Verfahren also nur für rechteckige Geometrien funktionieren. Erweiterungen sind denkbar; so kann man z. B. die Schrittweiten ortsabhängig wählen und damit Gebiete, in denen sich problembedingt u stark verändert, besser auflösen.

Die Ableitungen nach dem Ort lassen sich durch Differenzenquotienten annähern, für die es Ausdrücke in verschiedenen Ordnungen in Δx und Δy sowie in verschiedenen Symmetrien gibt. Wir geben Diskretisierungen für die ersten vier Ableitungen an[2]:

$$\left. \frac{du}{dx} \right|_{x_i, y_j} = \frac{1}{2\Delta x}(u_{i+1,j} - u_{i-1,j}) + O(\Delta x^2), \quad (6.29)$$

---

2 Die Formeln lassen sich am einfachsten durch Taylor-Entwicklung der u bei x_i herleiten.

$$\boxed{1} \!-\!\!-\!\! \boxed{-2} \!-\!\!-\!\! \boxed{1}$$

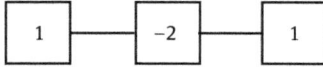

$$\left.\frac{d^2u}{dx^2}\right|_{x_i,y_j} = \frac{1}{\Delta x^2}(u_{i+1,j} - 2u_{i,j} + u_{i-1,j}) + O(\Delta x^2) , \tag{6.30}$$

$$\boxed{-1} \!-\!\!-\!\! \boxed{2} \!-\!\!-\!\! \boxed{} \!-\!\!-\!\! \boxed{-2} \!-\!\!-\!\! \boxed{1}$$

$$\left.\frac{d^3u}{dx^3}\right|_{x_i,y_j} = \frac{1}{2\Delta x^3}(u_{i+2,j} - 2u_{i+1,j} + 2u_{i-1,j} - u_{i-2,j}) + O(\Delta x^2) , \tag{6.31}$$

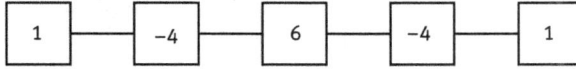

$$\boxed{1} \!-\!\!-\!\! \boxed{-4} \!-\!\!-\!\! \boxed{6} \!-\!\!-\!\! \boxed{-4} \!-\!\!-\!\! \boxed{1}$$

$$\left.\frac{d^4u}{dx^4}\right|_{x_i,y_j} = \frac{1}{\Delta x^4}(u_{i+2,j} - 4u_{i+1,j} + 6u_{i,j} - 4u_{i-1,j} + u_{i-2,j}) + O(\Delta x^2) . \tag{6.32}$$

Für elliptische Gleichungen wählt man oft ein quadratisches Gitter $\Delta x = \Delta y$, weil hier keine Koordinate ausgezeichnet ist. Für diesen Fall (2D) geben wir die vier wichtigsten Formeln zur Diskretisierung des Laplace-Operators an, die alle (bis auf (d)) in derselben Ordnung von Δx gelten (Abb. 6.8), aber verschiedene Symmetrien bezügl. des rechtwinkligen Gitters aufweisen:

$$
\begin{aligned}
\left.\Delta_2 u\right|_{x_i,y_j} \overset{(a)}{=}\ & \frac{1}{\Delta x^2}(u_{i+1,j} + u_{i-1,j} + u_{i,j+1} + u_{i,j-1} - 4u_{i,j}) + O(\Delta x^2) \\[4pt]
\overset{(b)}{=}\ & \frac{1}{4\Delta x^2}(u_{i+1,j+1} + u_{i-1,j+1} + u_{i+1,j-1} + u_{i-1,j-1} - 4u_{i,j}) + O(\Delta x^2) \\[4pt]
\overset{(c)}{=}\ & \frac{1}{3\Delta x^2}(u_{i+1,j+1} + u_{i+1,j} + u_{i+1,j-1} + u_{i,j+1} \\
& \quad + u_{i,j-1} + u_{i-1,j+1} + u_{i-1,j} + u_{i-1,j-1} - 8u_{i,j}) + O(\Delta x^2) \\[4pt]
\overset{(d)}{=}\ & \frac{1}{6\Delta x^2}(u_{i+1,j+1} + u_{i+1,j-1} + u_{i-1,j+1} + u_{i-1,j-1} \\
& \quad + 4(u_{i+1,j} + u_{i,j+1} + u_{i,j-1} + u_{i-1,j}) - 20u_{i,j}) + O(\Delta x^4) .
\end{aligned}
\tag{6.33}
$$

Die Konfiguration (a) ist die Gebräuchlichste. (b) führt normalerweise zu numerischen Oszillationen, weil die geraden Gitterpunkte ($i+j$ gerade) von den ungeraden entkoppeln. Sie ist daher für Diffusionsgleichungen nicht geeignet. Die 9-Punkte-Formeln (c) und (d) sind linear aus (a) und (b) zusammengesetzt. (c) kommt der Rotationssymmetrie von Δ am nächsten, (d) minimiert den Abschneidefehler auf $O(\Delta x^4)$.

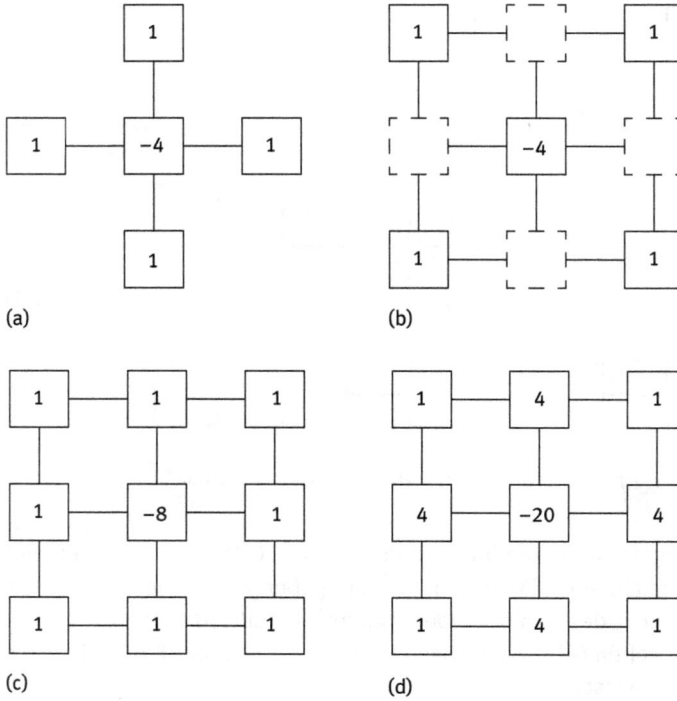

Abb. 6.8: Verschiedene Diskretisierungen des Laplace-Operators in zwei Dimensionen.

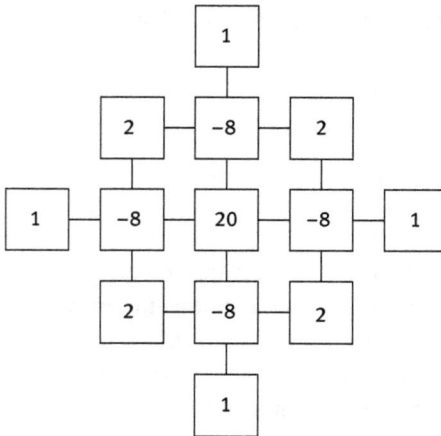

Abb. 6.9: Der biharmonische Operator in zwei Dimensionen.

Der biharmonische Operator besteht aus vierten Ableitungen, darunter auch die gemischte. Wir geben nur die 13-Punkte-Formel (Abb. 6.9) an:

$$
\begin{aligned}
\Delta_2^2 u\big|_{x_i,y_j} &= \left(\frac{\partial^4 u}{\partial x^4} + 2\frac{\partial^4 u}{\partial x^2 \partial y^2} + \frac{\partial^4 u}{\partial y^4} \right)_{x_i,y_j} \\
&= \frac{1}{\Delta x^4}(20u_{i,j} - 8(u_{i+1,j} + u_{i-1,j} + u_{i,j+1} + u_{i,j-1}) \\
&\quad + 2(u_{i+1,j+1} + u_{i-1,j+1} + u_{i+1,j-1} + u_{i-1,j-1}) \\
&\quad + u_{i+2,j} + u_{i-2,j} + u_{i,j+2} + u_{i,j-2}) + O(\Delta x^2)\,.
\end{aligned}
\tag{6.34}
$$

6.2.2 Elliptische PDGL, Beispiel Poisson-Gleichung

Das Grundproblem der Elektrostatik besteht in der Berechnung des elektrischen Feldes unter vorgegebenen Ladungen und Randbedingungen. Man sucht nach Lösungen der Poisson-Gleichung [2]

$$
\Delta u(x, y) = -4\pi \rho(x, y)
\tag{6.35}
$$

mit ρ als Ladungsdichte und u als elektrostatischem Potential, aus dem sich das elektrische Feld zu

$$
\vec{E} = -\nabla u
$$

ergibt. Wir behandeln das Problem wieder in zwei Dimensionen. Gibt man u am Rand vor (Dirichlet-Bedingungen), so existieren eindeutige Lösungen.

Für den Spezialfall $\rho = 0$ und eine rechteckige Geometrie wie in Abb. 6.10 lässt sich das Problem für spezielle Randbedingungen separieren. Sei z. B.

$$
u(0, y) = u(a, y) = 0, \quad u(x, 0) = 0, \quad u(x, b) = u_b(x)\,,
$$

so gelingt der Separationsansatz

$$
u(x, y) = \sum_{n=1}^{\infty} A_n \sin\left(\frac{n\pi}{a}x\right) \sinh\left(\frac{n\pi}{a}y\right)\,,
\tag{6.36}
$$

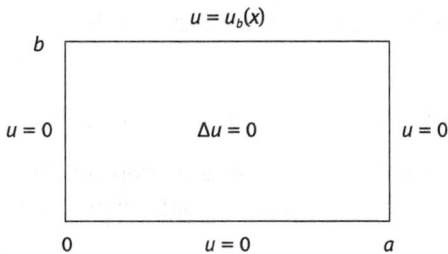

Abb. 6.10: Ein separierbares Problem.

welcher bereits die Randbedingungen bei $x = 0$, a sowie bei $y = 0$ enthält. Die noch frei wählbaren A_n bestimmt man so, dass die Randbedingung bei $y = b$ erfüllt wird:

$$\sum_{n=1}^{\infty} A_n \sin\left(\frac{n\pi}{a}x\right) \sinh\left(\frac{n\pi b}{a}\right) = u_b(x)$$

und erhält schließlich

$$A_n = \frac{2}{a \sinh(n\pi b/a)} \int_0^a dx\, u_b(x) \sin\left(\frac{n\pi}{a}x\right).$$

Je nach Vorgabe von u_b wird die Summe in (6.36) mehr oder weniger schlecht konvergieren. Außerdem ist für kompliziertere Randbedingungen und/oder Geometrien bzw. $\rho = \rho(x, y) \neq 0$ ein Separationsansatz in der Regel nicht mehr möglich. Verwenden wir das FD-Schema nach Abb. 6.8 (a), so resultiert aus der PDGL (6.35) das inhomogene Gleichungssystem

$$4u_{i,j} - u_{i,j+1} - u_{i,j-1} - u_{i+1,j} - u_{i-1,j} = 4\pi\, h^2 \rho_{i,j}\,, \tag{6.37}$$

wobei $\Delta x = \Delta y = h$ und $I = a/h$, $J = b/h$ sowie $\rho_{i,j} = \rho(x_i, y_j)$. Der Rand befindet sich bei $i = 0, I$, bzw. $j = 0, J$. Da die Randwerte vorgegeben sind, muss (6.37) nur im Innern gelöst werden, also für $i = 1, \ldots, I-1$, $j = 1, \ldots, J-1$, es handelt sich demnach um $N = (I-1) \times (J-1)$ Gleichungen. Fasst man die u_{ij} (und ρ_{ij}) als einkomponentigen Vektor auf, z. B. durch eine bestimmte Anordnung

$$\tilde{u}_k = u_{ij}, \quad k = i + (j-1)(I-1)\,,$$

so lässt sich (6.37) als

$$\sum_{k'=1}^{N} L_{kk'} \tilde{u}_{k'} = \tilde{\rho}_k \tag{6.38}$$

schreiben.

6.2.2.1 Implementation der Randbedingungen
Die Randwerte treten in den Reihen, bzw. Zeilen neben den Rändern auf. So lautet (6.37) z. B. für $j = 1$

$$4u_{i,1} - u_{i,2} - u_{i+1,1} - u_{i-1,1} = 4\pi\, h^2 \rho_{i,1} + u_{i,0}\,, \tag{6.39}$$

wobei wir den unteren Randterm $u_{i,0}$ bereits auf die rechte Seite geschrieben haben. Dirichlet-Bedingungen tauchen also als zusätzliche Inhomogenität auf, sodass man

$$\rho'_{i,1} = \rho_{i,1} + u_{i,0}/(4\pi\, h^2)$$

substituieren kann. Entsprechendes gilt für die anderen Ränder.

Liegen Neumann (oder gemischte) Randbedingungen vor, so berechnet man u_{ij} auch auf den Rändern, muss also $(I+1) \times (J+1)$ Gleichungen lösen. Auf den Rändern benötigt man dann eine virtuelle Reihe außerhalb des Gebiets, welche man aus der Randbedingung ausrechnen kann. Sei z. B. bei $y = 0$ die Steigung

$$\partial_y u|_{y=0} = f(x)$$

vorgegeben, so lässt sich durch die Diskretisierung (6.29) die virtuelle Linie

$$u_{i,-1} = u_{i,1} - 2hf_i \qquad (6.40)$$

unterhalb des Randes berechnen. Diese wird dann wie in (6.39) zur entsprechenden Inhomogenität addiert.

6.2.2.2 Iterative Verfahren

Die Matrix $\underline{L}$ in (6.38) enthält zwar viele Nullen, ihre Nichtnull-Elemente können aber sehr weit von der Diagonalen entfernt sein. Außerdem kann N, speziell in 3 Dimensionen, sehr groß werden, sodass eine direkte Lösung durch Inversion von $\underline{L}$ unpraktikabel wird. Man muss auf iterative Methoden zurückgreifen.

Man konstruiert hierbei eine Folge von Näherungen $u_{ij}^{(n)}$, die möglichst schnell gegen die gesuchte Lösung konvergiert. Die einfachste Vorschrift erhält man durch Umstellen von (6.37)

$$u_{i,j}^{(n+1)} = \frac{1}{4}\left(u_{i,j+1}^{(n)} + u_{i,j-1}^{(n)} + u_{i+1,j}^{(n)} + u_{i-1,j}^{(n)}\right) + \pi h^2 \rho_{i,j} . \qquad (6.41)$$

Sie wird als **Jacobi-Verfahren** bezeichnet und konvergiert schon in zwei Dimensionen schlecht. Als Abbruchbedingung kann man eine obere Schranke für die gesamte Abweichung

$$d^{(n)} = \sum_{ij}|u_{ij}^{(n)} - u_{ij}^{(n-1)}| < \epsilon \qquad (6.42)$$

vorgeben.

Bessere Konvergenz wird durch das **Gauß–Seidel-Verfahren** erreicht. Hier verwendet man auf der rechten Seite von (6.41) die zuvor schon in derselben Iterationsschleife berechneten Werte, es handelt sich also ebenfalls um ein „Single-Loop"-Verfahren:

$$u_{i,j}^{(n+1)} = \frac{1}{4}\left(u_{i,j+1}^{(n)} + u_{i,j-1}^{(n+1)} + u_{i+1,j}^{(n)} + u_{i-1,j}^{(n+1)}\right) + \pi h^2 \rho_{i,j} . \qquad (6.43)$$

Das Schema (6.43) bricht allerdings die dem Laplace-Operator (und auch (6.41)) zugrunde liegenden Symmetrien $x \to -x$, $y \to -y$, es können Artefakte mit Vorzugsrichtung entstehen. Dies kann dadurch kompensiert werden, dass man die Schleifen in (6.43) über i und j alternierend vorwärts und rückwärts durchläuft. Für die Rückwärtsschleifen verwendet man dann

$$u_{i,j}^{(n+1)} = \frac{1}{4}\left(u_{i,j+1}^{(n+1)} + u_{i,j-1}^{(n)} + u_{i+1,j}^{(n+1)} + u_{i-1,j}^{(n)}\right) + \pi h^2 \rho_{i,j} .$$

Auch Kombinationen (i vorwärts, j rückwärts) sollten auftreten.

Die Konvergenz lässt sich weiter durch sogenannte **Überrelaxationsverfahren** verbessern. Zunächst schreibt man

$$u_{i,j}^{(n+1)} = u_{i,j}^{(n)} + \omega R_{i,j}$$

mit dem Überrelaxationsfaktor ω und R_{ij} je nach Verfahren, z. B. für Gauß–Seidel

$$R_{i,j} = \frac{1}{4}\left(u_{i,j+1}^{(n)} + u_{i,j-1}^{(n+1)} + u_{i+1,j}^{(n)} + u_{i-1,j}^{(n+1)}\right) + \pi h^2 \rho_{i,j} - u_{i,j}^{(n)}\,.$$

Man erhält das Gauß–Seidel-Verfahren für $\omega = 1$, für $\omega > 1$ spricht man von „Überrelaxation".

Abb. 6.11 zeigt die Anzahl notwendiger Iterationen zur Lösung der Poisson-Gleichung (6.35) mit den Dirichlet-Bedingungen $u = 0$ am Rand und quadratischer Geometrie aufgelöst mit 50 Gitterpunkten in jeder Richtung. Für die Abbruchbedingung (6.42) wurde $\epsilon = 10^{-4}$ gewählt, Abb. 6.12. Als Ladung wurden zwei Punktquellen mit

$$\rho_{20,20} = -1, \quad \rho_{40,30} = +1 \tag{6.44}$$

gesetzt. Das einfache Jacobi-Verfahren zeigt schlechtere Konvergenz und ist instabil bei Überrelaxation. Das Gauß–Seidel-Verfahren konvergiert schneller bis $\omega \approx 1{,}9$, divergiert dann aber ebenfalls.

Beim **ADI-Verfahren** (Alternating Direction Implicit) wird eine noch bessere Konvergenz als bei Gauß–Seidel erreicht. Man betrachtet eine Richtung (z. B. y) und die Diagonalterme in (6.41) implizit, also

$$4u_{i,j}^{(n+1)} - u_{i,j+1}^{(n+1)} - u_{i,j-1}^{(n+1)} = u_{i+1,j}^{(n)} + u_{i-1,j}^{(n)} + 4\pi h^2 \rho_{i,j}\,, \tag{6.45}$$

was sich durch die Zuordnung

$$\vec{v}_i = (u_{i,1}, u_{i,2}, \ldots, u_{i,J}), \quad \vec{a}_i = 4\pi h^2 (\rho_{i,1}, \rho_{i,2}, \ldots, \rho_{i,J})$$

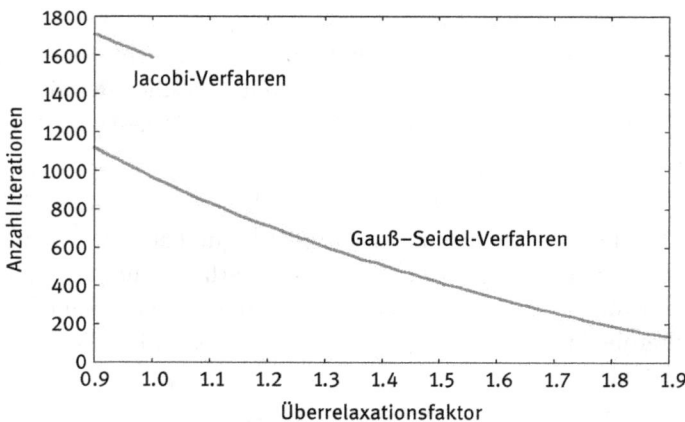

Abb. 6.11: Konvergenz für verschiedene ω. Das Jacobi-Verfahren divergiert für $\omega > 1$.

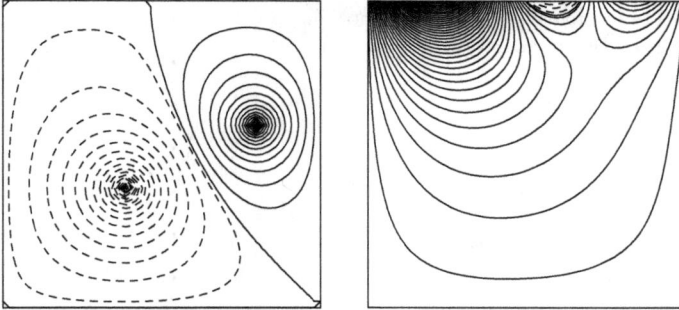

Abb. 6.12: Näherungslösungen von (6.35) wenn $\epsilon \approx 10^{-4}$, FD, 50×50-Gitter. Links: $u_b = 0$ und Inhomogenität nach (6.44), rechts: $\rho = 0$ und inhomogener Rand $u_b(x) = \sin \pi x + \sin 2\pi x + \sin 3\pi x$.

in Matrixform

$$\underline{L}\,\vec{v}_i^{(n+1)} = \vec{a}_i + \underline{Q}\,\vec{v}_i^{(n)} \tag{6.46}$$

mit den beiden Tridiagonalmatrizen

$$Q = \begin{pmatrix} 0 & 1 & 0 & 0 & \cdots \\ 1 & 0 & 1 & 0 & \cdots \\ 0 & 1 & 0 & 1 & \cdots \end{pmatrix}, \quad \underline{L} = \begin{pmatrix} 4 & -1 & 0 & 0 & \cdots \\ -1 & 4 & -1 & 0 & \cdots \\ 0 & -1 & 4 & -1 & \cdots \end{pmatrix} \tag{6.47}$$

schreiben lässt. Durch den Thomas-Algorithmus (Anhang A.3.5) lässt sich $\underline{L}$ schnell invertieren,

$$\vec{v}_i^{(n+1)} = \underline{L}^{-1}[\vec{a}_i + \underline{Q}\,\vec{v}_i^{(n)}]\,, \tag{6.48}$$

was den ersten Halbschritt der Iteration abschließt. Im zweiten Halbschritt wird die andere Richtung implizit berücksichtigt:

$$4u_{i,j}^{(n+2)} - u_{i+1,j}^{(n+2)} - u_{i-1,j}^{(n+2)} = u_{i,j+1}^{(n+1)} + u_{i,j-1}^{(n+1)} + 4\pi h^2 \rho_{i,j}\,, \tag{6.49}$$

was man durch umsortieren der u_{ij} entsprechend

$$\vec{w}_j = (u_{1,j}, u_{2,j}, \ldots, u_{I,j})\,, \quad \vec{a}_j' = 4\pi h^2 (\rho_{1,j}, \rho_{2,j}, \ldots, \rho_{I,j}) \tag{6.50}$$

auf dieselbe Form (6.46) bringt:

$$\underline{L}\vec{w}_j^{(n+2)} = \vec{a}_j' + \underline{Q}\,\vec{w}_j^{(n+1)}$$

und danach durch Inversion von $\underline{L}$ wie in (6.48) den Schritt abschließt. Das Verfahren hat neben dem höheren Implizitheitsgrad den Vorteil der symmetrischen Behandlung von x und y. Es lässt sich einfach auf drei Dimensionen durch Hinzufügen eines weiteren Schrittes erweitern.

Einen kompletten Iterationschritt zeigt der folgende Programmausschnitt.

```
    REAL, DIMENSION (idim,jdim)      :: u,rho
    REAL, DIMENSION (max(idim,jdim)) :: a,b,c,d
...
    v=4.*dx**2*Pi
    a=-1.; c=-1
    g=0.
    DO i=2,idim-1    ! 1. Halbschritt, y implizit
      DO j=2,jdim-1
        d(j-1)=v*rho(i,j)+u(i+1,j)+u(i-1,j)
      ENDDO
      b=4.
      CALL tridag(a,b,c,d,jdim-2)
      DO j=2,jdim-1
        ua=u(i,j)
        u(i,j)=d(j-1)
        g=g+ABS(u(i,j)-ua)
      ENDDO
    ENDDO
    DO j=2,jdim-1    ! 2. Halbschritt, x implizit
      DO i=2,idim-1
        d(i-1)=v*rho(i,j)+u(i,j+1)+u(i,j-1)
      ENDDO
      b=4.
      CALL tridag(a,b,c,d,idim-2)
      DO i=2,idim-1
        ua=u(i,j)
        u(i,j)=d(i-1)
        g=g+ABS(ua-u(i,j))
      ENDDO
    ENDDO
...
```

6.2.2.3 Cyclic Reduction

Abschließend wollen wir noch ein direktes Verfahren nennen, bei dem (6.37) (numerisch) exakt gelöst wird. Mit den Bezeichnungen (6.50) lässt sich (6.37) als (wir lassen den Strich bei $\vec{a}$ weg)

$$\vec{w}_{j-1} - \underline{L}\vec{w}_j + \vec{w}_{j+1} = -\vec{a}_j, \quad j = 1, \ldots, J-1 \tag{6.51}$$

mit $\underline{L}$ wie in (6.47) schreiben. Man bildet (6.51) an drei aufeinander folgenden Stützstellen:

$$\vec{w}_{j-2} - \underline{L}\vec{w}_{j-1} + \vec{w}_j = -\vec{a}_{j-1}$$
$$\underline{L}(\vec{w}_{j-1} - \underline{L}\vec{w}_j + \vec{w}_{j+1}) = -\underline{L}\vec{a}_j$$
$$\vec{w}_j - \underline{L}\vec{w}_{j+1} + \vec{w}_{j+2} = -\vec{a}_{j+1} .$$

Addition der drei Gleichungen führt zur Elimination von $\vec{w}_{j\pm1}$

$$\vec{w}_{j-2} - \underline{L}^{(1)}\vec{w}_j + \vec{w}_{j+2} = -\vec{a}_j^{(1)}, \quad j = 2, 4, \ldots, J - 2 \tag{6.52}$$

mit

$$\underline{L}^{(1)} = 2 \cdot \underline{1} - \underline{L} \cdot \underline{L}, \quad \vec{a}^{(1)} = \vec{a}_{j-1} + 2\underline{L}\vec{a}_j + \vec{a}_{j+1}.$$

Mit (6.52) hat man die Anzahl der zu lösenden Gleichungen halbiert. Wendet man die Methode solange an, bis man den Rand erreicht hat, so lautet die letzte Gleichung der Form (6.52)

$$\underline{L}^{(k)}\vec{w}_{(J+1)/2} = \vec{a}_{(J+1)/2}^{(k)} + \vec{w}_0 + \vec{w}_{J+1}, \tag{6.53}$$

wobei $\vec{w}_0$ und $\vec{w}_{J+1}$ aus den Randbedingungen bekannt sind. Die Methode funktioniert natürlich nur, wenn man $J = 2^k - 1$ innere Gitterpunkte in y-Richtung vorliegen hat. Bei $\underline{L}^{(k)}$ in (6.53) handelt es sich um eine $I \times I$ Matrix, die vollbesetzt ist und rekursiv aus

$$\underline{L}^{(k)} = 2 \cdot \underline{1} - \underline{L}^{(k-1)} \cdot \underline{L}^{(k-1)}$$

berechnet wird. Kennt man $\vec{w}_{(J+1)/2}$, so lassen sich die beiden Zwischenlinien

$$\vec{w}_\ell, \quad \ell = (J + 1)/2 \pm (J + 1)/4$$

ausrechnen usw. bis man schließlich alle $\vec{w}_j$ bestimmt hat.

6.2.3 Parabolische PDGL, Beispiel Wärmeleitungsgleichung

Exemplarisch untersuchen wir die Wärmeleitungsgleichung (6.25) in einer Dimension

$$\frac{\partial T}{\partial t} = \kappa \frac{\partial^2 T}{\partial x^2}, \tag{6.54}$$

die z. B. die zeitliche Entwicklung der Temperaturverteilung entlang eines dünnen Stabes mit der Temperaturleitfähigkeit κ und der Länge L beschreibt. Zusätzlich benötigt man Randbedingungen (z. B. Dirichlet)

$$T(x = 0, t) = T_a, \quad T(x = L, t) = T_b$$

sowie eine Anfangsverteilung

$$T(x, t = 0) = T_0(x).$$

Für konstantes T_a, T_b lässt sich das inhomogene Randwertproblem mit

$$T(x, t) = T_a + (T_b - T_a)\frac{x}{L} + \vartheta(x, t)$$

auf ein homogenes

$$\frac{\partial \vartheta}{\partial t} = \kappa \frac{\partial^2 \vartheta}{\partial x^2}$$

mit

$$\vartheta(x = 0, t) = \vartheta(x = L, t) = 0$$

transformieren. Zerlegung von ϑ in entsprechende trigonometrische Funktionen führt auf eine analytische Lösung in Form einer unendlichen Reihe

$$T(x, t) = T_a + (T_b - T_a)\frac{x}{L} + \sum_{n=1}^{\infty} g_n(t) \sin k_n x \tag{6.55}$$

mit

$$g_n(t) = A_n \, e^{-k_n^2 \kappa t}, \quad k_n = n\pi/L \,.$$

Die A_n werden schließlich so bestimmt, dass die Anfangsbedingung $T = T_0$ erfüllt ist:

$$A_n = \frac{2}{L} \int_0^L dx \, T_0(x) \sin k_n x - \frac{2}{n\pi}(T_a - (-1)^n T_b) \,.$$

Für $t \to \infty$ geht $g_n \to 0$ und die Temperatur nähert sich asymptotisch der stationären Lösung

$$T_s(x) = T_a + (T_b - T_a)\frac{x}{L}$$

an.

6.2.3.1 Iteratives Verfahren

Die Umsetzung in ein finites Differenzenverfahren gelingt ähnlich wie in Abschn. 6.2.2. Allerdings benötigen wir hier die erste Ableitung in der Zeit, welche in niedrigster Ordnung des Zeitschritts Δt

$$\frac{\partial T}{\partial t} = \frac{T(x, t + \Delta t) - T(x, t)}{\Delta t} \tag{6.56}$$

lautet. Da jetzt eine Charakteristische existiert, gibt es eine Vorzugsrichtung, nämlich die Zeit. Dies führt zwanglos zu einer Iteration in t-Richtung. Ausgehend von der Cauchy-Bedingung

$$T_i^{(0)} = T_0(x_i)$$

lassen sich durch

$$T_i^{(j+1)} = T_i^{(j)} + \frac{\Delta t}{\Delta x^2} \kappa \left(T_{i+1}^{(j)} - 2T_i^{(j)} + T_{i-1}^{(j)} \right) \tag{6.57}$$

sämtliche Werte von T zu den späteren, diskreten Zeitpunkten $t = k\Delta t$ ausrechnen. Bei (6.57) handelt es sich um ein explizites Verfahren, weil $T_i^{(j+1)}$ auf der linken Seite isoliert steht. Es wird auch als FTCS-Schema bezeichnet (Forward Time Centered Space). Das entsprechende implizite (Rückwärts-)Verfahren erhält man durch

$$T_i^{(j+1)} = T_i^{(j)} + \frac{\Delta t}{\Delta x^2} \kappa \left(T_{i+1}^{(j+1)} - 2T_i^{(j+1)} + T_{i-1}^{(j+1)} \right) \,. \tag{6.58}$$

Hierbei muss man wieder bei jedem Zeitschritt ein lineares Gleichungssystem lösen, was im Vergleich mit (6.57) zunächst unnötig kompliziert erscheint. Trotzdem haben implizite (oder semi-implizite) Verfahren durch ihre teilweise wesentlich bessere numerische Stabilität eine große praktische Bedeutung, siehe weiter unten.

6.2.3.2 Beispiel: Zimmer mit Ofen und Fenster

Als Anwendung wollen wir die Temperaturverteilung in einem Zimmer mit 3 Meter Länge und 3 Meter Höhe berechnen. Im Zimmer soll sich ein Ofen mit vorgegebener Temperatur T_H befinden. Wände, Boden und Decke seien ideale thermische Isolatoren, es gelten dort die Neumann'schen Randbedingungen $\partial_n T = 0$. Ausnahme ist ein offenes Fenster, das sich in der linken Wand befinden soll. Hier sei die Temperatur als Außentemperatur T_A vorgegeben (Dirichlet-Bedingung), siehe Abb. 6.13.

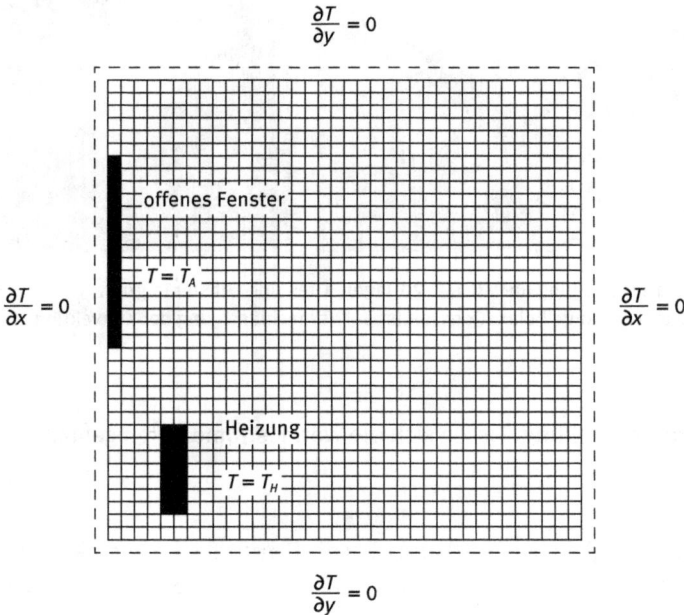

Abb. 6.13: Skizze des Systems, Zimmer mit Fenster und Heizung. FD-Gitter, gestrichelt: virtuelle Punkte. Entlang von Fenster und Heizung Dirichlet-, an den Wänden Neumann-Bedingungen.

Das System (6.57), jetzt allerdings in zwei räumlichen Dimensionen, wird für alle Punkte (auch die Randpunkte) mit Ausnahme des Ofens und des Fensters iteriert:

$$T_{i,j}^{(n+1)} = T_{i,j}^{(n)} + \frac{\Delta t}{\Delta x^2} \kappa \left(T_{i,j+1}^{(n)} + T_{i+1,j}^{(n)} - 4T_{i,j}^{(n)} + T_{i-1,j}^{(n)} + T_{i,j-1}^{(n)} \right). \qquad (6.59)$$

Zur Berechnung der Randpunkte benötigt man wieder die virtuellen Punkte außerhalb, die man sich aus der Neumann-Bedingung beschafft. So ergibt sich z. B. an der rechten Wand ($i = I$) $T_{I+1,j} = T_{I-1,j}$. Dirichlet-Bedingungen (am Ofen und Fenster) werden einfach gesetzt.

Abb. 6.14 zeigt eine Zeitserie, gerechnet auf einem 70×70-Gitter. Als Schrittweiten wurde

$$\Delta x = 3/69, \quad \Delta t = 0{,}1 \Delta x^2 / \kappa$$

gewählt, wobei

$$\kappa = 2 \cdot 10^{-5}\,\mathrm{m}^2/\mathrm{s}$$

die Temperaturleitfähigkeit der Luft bezeichnet. Als Anfangsbedingung wurde die Temperatur auf die Außentemperatur T_A gesetzt.

Abb. 6.14: Zeitserie, Temperaturverteilung nach 0,1, 1, 20 Tagen. Ofen und Fenster in grün, $T_A = 0\,°\mathrm{C}$, $T_H = 70\,°\mathrm{C}$. Die extrem lange Relaxationszeit ist auf Vernachlässigung der Konvektion zurück zu führen.

Kennt man die Temperaturverteilung, lassen sich die Wärmestromdichten gemäß

$$j = -\lambda \hat{n} \nabla T$$

berechnen (λ = Wärmeleitfähigkeit der Luft[3]) und über die Fensterfläche und die Ofenfläche integrieren. Den zeitlichen Verlauf zeigt Abb. 6.15. Im stationären Zustand sollten beide Ströme gleich sein.

---

3 Wärmeleitfähigkeit und Temperaturleitfähigkeit sind verschiedene Materialeigenschaften. Es gilt jedoch der Zusammenhang $\kappa = \lambda / \rho c$ mit der Dichte ρ und der spezifischen Wärme c.

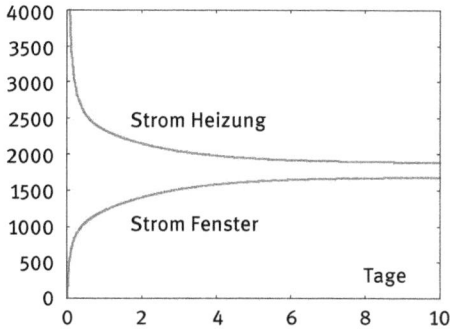

Abb. 6.15: Wärmestromdichten integriert über das Fenster und den Ofen (beliebige Einheiten) über der Zeit.

6.2.3.3 Von Neumann'sches Stabilitätskriterium

In den Iterationsformeln (6.57), (6.58) kommt der numerische gitterabhängige Parameter

$$s = \frac{\Delta t}{\Delta x^2} \kappa$$

vor, von dem die numerische Stabilität der Verfahren abhängt. Um dies zu sehen, zerlegt man T_ℓ in die Eigenmoden einer linearen Federkette

$$T_\ell^{(n)} = A^{(n)} e^{ik\ell} . \tag{6.60}$$

Einsetzen in (6.57) und Kürzen mit $e^{ik\ell}$ führt auf

$$A^{(n+1)} = A^{(n)}[1 + 2s(\cos k - 1)] .$$

Nun sollte aber bei einem stabilen Verfahren die Lösung asymptotisch gegen einen stationären Wert gehen, was nur möglich ist für

$$|A^{(n+1)}| \le |A^{(n)}| ,$$

d. h. aber, dass der Verstärkungsfaktor

$$V_k = 1 + 2s(\cos k - 1)$$

für alle k einen Betrag kleiner gleich eins haben muss. Dies ist das von Neumann'sche Stabilitätskriterium. Im Falle der Diffusionsgleichung ist $V_k \le 1$ für alle k, sodass die Stabilitätsgrenze durch $V_k = -1$ gegeben ist, was auf

$$s = \frac{1}{1 - \cos k}$$

führt. Da dies eine obere Grenze für Δt bildet, muss man dasjenige k suchen, welches s minimiert. Man erhält

$$k = \pi, \quad s = 1/2$$

und damit die Bedingung

$$\Delta t \le \frac{1}{\kappa} \frac{\Delta x^2}{2} . \tag{6.61}$$

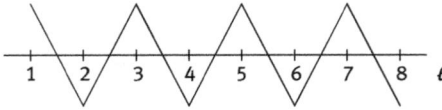

Abb. 6.16: Typische numerische Instabilität bei expliziten FD-Verfahren, entsprechend der „gefährlichsten Mode" $k = \pi$ in (6.60).

Wählt man Δt größer, so wird das Gitter mit der Mode

$$e^{i\pi\ell}$$

numerisch instabil, was einem Vorzeichenwechsel von einem Gitterpunkt zum nächsten entspricht (Abb. 6.16). Der Zusammenhang (6.61) ist typisch für explizite Verfahren. Allgemein ergibt sich

$$\Delta t \sim (\Delta x)^n$$

wenn n die höchste vorkommende Ortsableitung bezeichnet. Diskretisiert man räumlich mit N Stützstellen, so steigt die Anzahl der Gleichungen $\sim N$ und die Anzahl der Zeititerationen $K \sim 1/\Delta t \sim 1/(\Delta x)^n = N^n$. Der gesamte numerische Aufwand wird demnach

$$N_A \sim N^{n+1}$$

sein, was speziell bei höheren Ableitungen den praktischen Einsatz voll expliziter Verfahren stark einschränkt.

Dieselbe Rechnung lässt sich für das implizite Schema (6.58) durchführen, man erhält

$$V_k = \frac{1}{1 - 2s(\cos k - 1)}\,,$$

ein Verstärkungsfaktor, dessen Betrag für alle k kleiner gleich eins bleibt. Das implizite Schema ist demnach bedingungslos stabil, Einschränkungen an den Zeitschritt sind nur durch die erwünschte Genauigkeit gegeben. Der numerische Aufwand wäre dann

$$N_A \sim N\,.$$

6.2.4 Hyperbolische PDGL, Beispiel Konvektionsgleichung, Wellengleichung

6.2.4.1 Konvektionsgleichung

Wir beginnen mit der einfachsten hyperbolischen DGL in $(1 + 1)$ Dimensionen, der Konvektionsgleichung (6.6). Für $v > 0$ hat die Charakteristikenschar in der xt-Ebene positive Steigung, Abb. 6.1. Offene Cauchy-Anfangsbedingungen der Art

$$u(x, 0) = u_0(x), \quad u(0, t) = u_a(t)$$

ergeben auf $0 \le x \le L$, $t \ge 0$ eindeutige Lösungen.

Eine FTCS-Diskretisierung führt auf das Schema

$$u_i^{(n+1)} = u_i^{(n)} - \frac{1}{2}\frac{v\Delta t}{\Delta x}(u_{i+1}^{(n)} - u_{i-1}^{(n)})\,, \tag{6.62}$$

welches zwar mit den Anfangsbedingungen konzistent, aber, wie eine von Neumann'sche Stabilitätsanalyse zeigt, numerisch instabil für alle $\Delta t > 0$ ist.

Beim **Upwind-Verfahren** diskretisiert man die Ortsableitung asymmetrisch in Richtung „stromaufwärts". Anstatt (6.62) ergibt sich in der niedrigsten Ordnung

$$u_i^{(n+1)} = u_i^{(n)} - \frac{v\Delta t}{\Delta x}\begin{cases} u_i^{(n)} - u_{i-1}^{(n)}, & v > 0 \\ u_{i+1}^{(n)} - u_i^{(n)}, & v < 0 \end{cases}\,, \tag{6.63}$$

was sich auf $v = v(x)$ erweitern lässt, indem man v durch v_i ersetzt. Man erhält für den Verstärkungsfaktor (konstantes v)

$$|V|^2 = 1 - 2\left|\frac{v\Delta t}{\Delta x}\right|\left(1 - \left|\frac{v\Delta t}{\Delta x}\right|\right)(1 - \cos k)$$

und wegen $|V|^2 \le 1$ die sogenannte Courant-Bedingung

$$C = \left|\frac{v\Delta t}{\Delta x}\right| \le 1\,. \tag{6.64}$$

C wird als Courant-Zahl bezeichnet.

Beim **Lax-Verfahren** ersetzt man $u_i^{(n)}$ auf der rechten Seite von (6.62) durch seinen Mittelwert und erhält

$$u_i^{(n+1)} = \frac{1}{2}(u_{i+1}^{(n)} + u_{i-1}^{(n)}) - \frac{1}{2}\frac{v\Delta t}{\Delta x}(u_{i+1}^{(n)} - u_{i-1}^{(n)})\,, \tag{6.65}$$

was ebenfalls zu einem stabilen Verfahren führt, solange die Courant-Bedingung (6.64) erfüllt ist.

Sowohl beim Upwind- als auch beim Lax-Verfahren erkauft man die Stabilität durch zusätzliche numerische Dissipation. Vergleicht man (6.63), bzw. (6.65) mit dem FTCS-Schema der (parabolischen) Transportgleichung

$$\partial_t u + v\partial_x u = D\partial_{xx}^2 u\,,$$

so ergibt sich für das Upwind-Verfahren

$$D = |v|\Delta x$$

und für das Lax-Verfahren

$$D = \frac{\Delta x^2}{2\Delta t}\,.$$

Ein **Verfahren zweiter Ordnung in der Zeit** entsteht durch Diskretisierung der Zeitableitung durch

$$\left.\frac{\partial u(t)}{\partial t}\right|_i = \frac{u_i^{(n+1)} - u_i^{(n-1)}}{2\Delta t}$$

und ergibt das Schema

$$u_i^{(n+1)} = u_i^{(n-1)} - \frac{v\Delta t}{\Delta x}(u_{i+1}^{(n)} - u_{i-1}^{(n)}) \,. \tag{6.66}$$

Diese Diskretisierung auf die Diffusionsgleichung angewandt liefert ein instabiles Verfahren, zeigt jedoch bei der Konvektionsgleichung ein wesentlich besseres Stabilitätsverhalten als die oben angegebenen Einschrittverfahren. So berechnet man einen Verstärkungsfaktor von

$$V = -iC \sin k \pm \sqrt{1 - C^2 \sin^2 k} \,,$$

welcher für alle $C \leq 1$ vom Betrag Eins ist. Das Verfahren ist folglich zumindest bei der Konvektionsgleichung frei von numerischer Dissipation. Weil der Zeitsprung über die Ebene der räumlichen Ableitung geht, wird das Verfahren auch als **Leap-Frog-Methode** bezeichnet. Dadurch bilden gerade und ungerade Gitterpunkte jeweils ein entkoppeltes Untergitter (wie die weißen und schwarzen Felder eines Schachbretts), was zum Auseinanderdriften der Untergitter führen kann. Dies kann durch zusätzliche schwache Diffusion verhindert werden.

Abb. 6.17 zeigt drei verschiedene numerische Näherungslösungen der Konvektionsgleichung mit der Anfangsbedingung

$$u_0 = e^{(x-0,1)^2/\gamma^2} \,, \qquad \gamma = 0{,}2 \,, \quad u_a = 0$$

und zeitabhängigem

$$v(t) = 2 \cos(\pi t) \,.$$

Deutlich ist die numerische Dissipation $\sim \Delta x$ beim Upwind-Verfahren zu sehen, die bei Leap-Frog (rechts) ganz verschwindet.

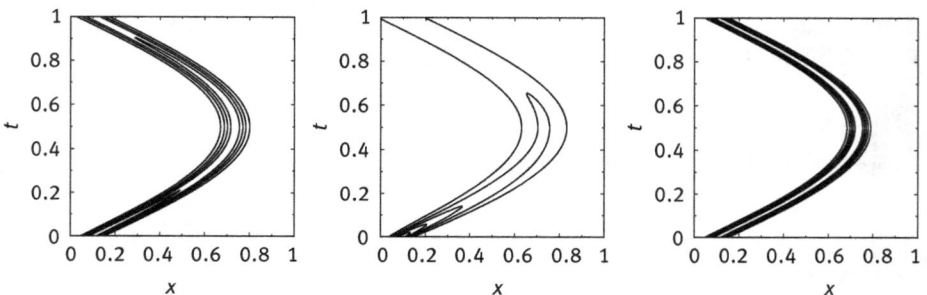

Abb. 6.17: Numerische Lösungen der Konvektionsgleichung, Contour-Linien in der xt-Ebene. Links: Upwind mit $\Delta x = 1/1000$, Mitte: Upwind mit $\Delta x = 1/100$, Rechts: Leap-Frog mit $\Delta x = 1/1000$. Maximale Courant-Zahl $C = 0{,}1$. Das Leap-Frog-Verfahren zeigt keine Dissipation.

6.2.4.2 Wellengleichung

Wellengleichungen kommen in so gut wie allen Bereichen der Theoretischen Physik vor. Wir werden sie hier zunächst in der $(1 + 1)$-dimensionalen Form (6.26) untersuchen. Für konstante Randbedingungen

$$u(0, t) = u_a, \quad u(L, t) = u_b$$

lässt sich eine analytische Lösung wie (6.55) angeben, allerdings jetzt mit

$$g_n(t) = A_n \sin \omega_n t + B_n \cos \omega_n t, \quad \omega_n = |c| k_n = \frac{n|c|\pi}{L} \,.$$

Man muss doppelt soviel Koeffizienten bestimmen wie bei der Diffusionsgleichung und benötigt entsprechend doppelt soviele Anfangsbedingungen. So wird bei physikalischen Problemstellungen oft

$$u(x, 0) = u_0(x), \quad \partial_t u(x, 0) = v_0(x) \tag{6.67}$$

vorgegeben und man erhält nach kurzer Rechnung

$$B_n = \frac{2}{L} \int_0^L dx\, u_0(x) \sin k_n x, \quad A_n = \frac{2}{\omega_n L} \int_0^L dx\, v_0(x) \sin k_n x \,.$$

Diskretisierung der zweiten Zeitableitung mittels (6.30) führt auf ein Leap-Frog-Schema der Form

$$u_i^{(n+1)} = 2u_i^{(n)} - u_i^{(n-1)} + c^2 \frac{\Delta t^2}{\Delta x^2} \left(u_{i+1}^{(n)} - 2u_i^{(n)} + u_{i-1}^{(n)} \right) . \tag{6.68}$$

Es handelt sich hier wie bei (6.66) um ein Zwei-Schritt-Verfahren, d. h. zusätzlich zu $u_i(t)$ muss noch $u_i(t - \Delta t)$ gespeichert werden, um $u_i(t + \Delta t)$ berechnen zu können. Liegen die Anfangsbedingungen wie (6.67) vor, so lässt sich $u_i^{(0)}$ und $u_i^{(-1)}$ aus

$$u_i^{(0)} = u_0(x_i), \quad u_i^{(-1)} = u_i^{(0)} - v_0(x_i)\Delta t$$

finden. Alle weiteren Werte $n > 0$ folgen dann iterativ aus (6.68).

Ist das explizite Vorwärtsschema (6.68) numerisch stabil? Weil es sich um ein Zwei-Schritt-Verfahren handelt, wird die Neumann'sche Stabilitätsanalyse etwas aufwendiger. Mit dem bewährten Modenansatz

$$u_j^{(n)} = A^{(n)} e^{ikj}$$

ergibt sich aus (6.68)

$$\begin{aligned} A^{(n+1)} &= 2A^{(n)} - B^{(n)} + 2q^2 A^{(n)} (\cos k - 1) \\ B^{(n+1)} &= A^{(n)} \end{aligned} \tag{6.69}$$

mit $q = c\Delta t/\Delta x$ und der Hilfsvariablen $B^{(n)}$. In Matrixform lautet (6.69)

$$\begin{pmatrix} A \\ B \end{pmatrix}^{(n+1)} = \underline{M} \begin{pmatrix} A \\ B \end{pmatrix}^{(n)}$$

mit

$$\underline{M} = \begin{pmatrix} 2 + 2q^2(\cos k - 1) & -1 \\ 1 & 0 \end{pmatrix}.$$

Für ein stabiles Verfahren müssen die Beträge der beiden Eigenwerte λ_{12} von $\underline{M}$ kleiner oder gleich eins sein. Wegen

$$\lambda_1 \lambda_2 = \det \underline{M} = 1$$

kann dies nur der Fall sein, wenn $\lambda_1 = \lambda_2 = 1$ oder aber die λ_i ein komplex konjugiertes Paar bilden. Daraus folgt

$$q^2 \leq \frac{2}{1 - \cos k}.$$

Eine obere Schranke für q und damit für den Zeitschritt ergibt sich für $k = \pi$ (vergl. Abb. 6.16) zu $q^2 \leq 1$ oder:

$$\Delta t \leq \Delta x/|c|,$$

also wieder die Courant-Bedingung (6.64).

Als Anwendung wollen wir ein Problem der Hydrodynamik untersuchen. Aus den Euler-Gleichungen für ideale Flüssigkeiten lassen sich systematisch die zweidimensionalen Flachwassergleichungen herleiten:

$$\partial_t h = -(h - f) \cdot \Delta\Phi - (\nabla(h - f)) \cdot (\nabla\Phi)$$
$$\partial_t \Phi = -g \cdot (h - h_0) - \frac{1}{2}(\nabla\Phi)^2. \tag{6.70}$$

Φ und h sind Funktionen von x, y und t, $f(x, y)$ bezeichnet den variablen Grund (siehe Abb. 6.18), $g = 9,81$ m/s^2 ist die Erdbeschleunigung, $\Delta = \partial_{xx}^2 + \partial_{yy}^2$ und $\nabla = (\partial_x, \partial_y)$ stehen für den zweidimensionalen Laplace- bzw. Nabla-Operator.

Das Wasser wird begrenzt durch die beiden Flächen $z = f$ und $z = h$, seine Horizontalgeschwindigkeit an der Oberfläche lässt sich aus dem Potential Φ gemäß

$$\vec{v}_H = \nabla\Phi$$

ausrechnen. Die Gleichungen (6.70) gelten für Oberflächenstrukturen (Wellen), die groß sind gegenüber der mittleren Wassertiefe h_0. Für eine Herleitung verweisen wir auf Hydrodynamik-Lehrbücher, z. B. [3]. Der nichtlinearen Natur der Hydrodynamik entsprechend sind auch die Flachwassergleichungen essentiell nichtlinear. Für kleine Auslenkungen der Oberfläche aus der Gleichgewichtslage

$$h(x, y, t) = h_0 + \eta(x, y, t)$$

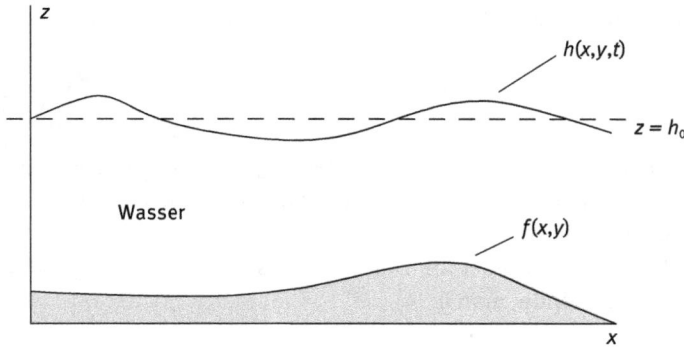

Abb. 6.18: Skizze des Flachwassersystems. Das Wasser befindet sich zwischen dem stationären Grund $z = f$ und der dynamischen Oberfläche bei $z = h$.

lassen sie sich jedoch linearisieren:

$$\partial_t \eta = -(h_0 - f)\Delta\Phi + (\nabla f) \cdot (\nabla\Phi)$$
$$\partial_t \Phi = -g\eta \,. \tag{6.71}$$

Differenzieren der ersten Gleichung nach der Zeit und Einsetzen der zweiten Gleichung führt schließlich auf

$$\partial_{tt}^2 \eta - g \cdot (h_0 - f)\Delta\eta + g \cdot (\nabla f) \cdot (\nabla\eta) = 0 \,.$$

Für schwache Steigungen des Grundes kann man den letzten Term auch noch vernachlässigen und erhält schließlich eine $(2 + 1)$-dimensionale Wellengleichung

$$\partial_{tt}^2 \eta - c^2 \Delta\eta = 0 \tag{6.72}$$

mit der ortsabhängigen Phasengeschwindigkeit

$$c(x, y) = \sqrt{g \cdot (h_0 - f(x, y))} \,.$$

Wellen kommen demnach im flachen Wasser langsamer voran als im tieferen, in Übereinstimmung mit der Erfahrung. Was passiert, wenn eine Welle aus tieferem Wasser in flacheres, etwa in Landnähe, gerät? Um dies zu sehen, lösen wir (6.72) numerisch mit dem Schema (6.68) und einem parabolisch ansteigenden Grund

$$f(x) = 0{,}9x^2$$

auf dem Einheitsquadrat. Die Skalierung von Raum und Zeit kann so gewählt werden, dass $h_0 = g = 1$ ist. Neumann'sche Randbedingungen bei $x = 0, 1$ und $y = 0, 1$ erlauben eine eindeutige Lösung. Die Erzeugung der Wellen erfolgt durch einen δ-förmigen, oszillierenden Quellterm auf der rechten Seite von (6.72)

$$\sim \delta(x - x_0)\,\delta(y - y_0)\cos\omega t \,,$$

was sich numerisch durch Vorgeben eines Gitterpunktes (z. B. in der Mitte, $x_0 = y_0 = 1/2$)

$$u_{I/2,J/2} = \cos \omega t$$

realisieren lässt.

Abb. 6.19 zeigt drei Schnappschüsse zu aufeinander folgenden Zeiten sowie jeweils ein Oberflächenprofil entlang $y = 1/2$. Deutlich ist zu sehen, wie bei Erreichen des flachen Strandes die Wellen immer langsamer und die Wellenlängen kürzer werden. Dabei steigen die Amplituden wieder an. Das Gitter besteht aus $I \times J = 200 \times 200$ Stützstellen, ein Programm findet man in [4].

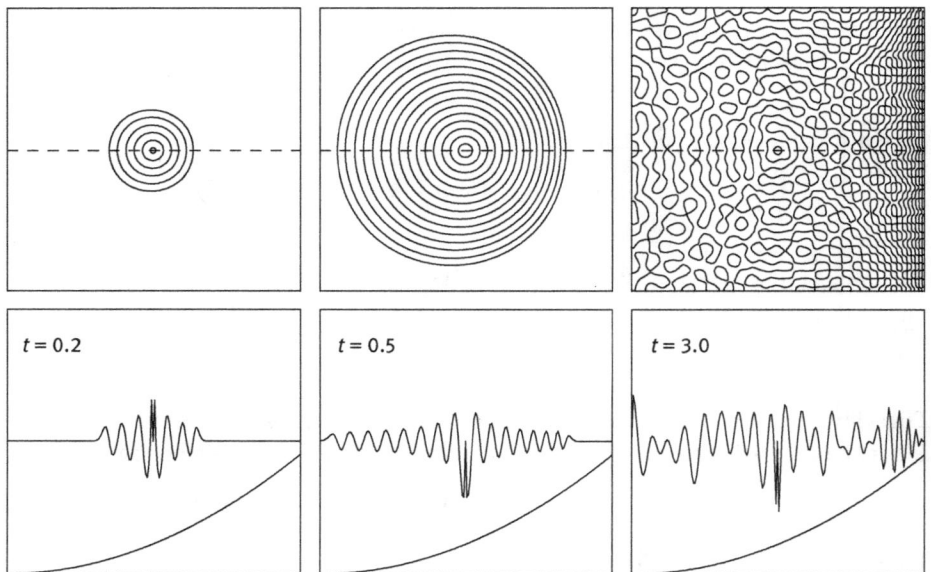

Abb. 6.19: Wellenausbreitung, hervorgerufen durch eine oszillierende Punktquelle in der Mitte des Integrationsgebiets. Die Wassertiefe nimmt in x-Richtung ab. Untere Reihe: Querschnitte entlang der gestrichelten Linien.

6.3 Andere Diskretisierungsverfahren

Die FD-Methode lässt sich mit dem geringsten Aufwand programmieren und erweist sich für verschiedenste Anwendungen als robust. Trotzdem gibt es eine Reihe anderer Verfahren, die genauer sind, schneller konvergieren und zwar mit höherem Programmier- aber oft deutlich weniger Rechenaufwand einher gehen.

6.3.1 Chebyshev-Spektralmethode

Wir erklären die Vorgehensweise zunächst in einer räumlichen Dimension (wir folgen im Wesentlichen [5]). Wie bereits in Abschn. 5.3 erläutert, besteht die Idee hinter allen Spektralmethoden darin, die gesuchte Lösungsfunktion $u(x)$ in eine endliche Summe von bestimmten Funktionen (Basis-Funktionen, Galerkin-Funktionen, Ansatz-Funktionen) $\varphi_i(x)$ zu zerlegen:

$$u^{(N)}(x) = \sum_{i=0}^{N} a_i \varphi_i(x) . \tag{6.73}$$

Man kann auch das FD-Verfahren als eine Spektralmethode mit den speziellen Funktionen

$$\varphi_i(x) = \begin{cases} 1 & \text{wenn } x = x_i \\ 0 & \text{sonst} \end{cases} \tag{6.74}$$

und x_i als den N Gitterpunkten auffassen, obwohl hier die Bezeichnung eher ungewöhnlich ist.

6.3.1.1 Lagrange-Polynome

Bei der Chebyshev-Spektralmethode verwendet man für die Ansatzfunktionen die Lagrange-Polynome N-ten Grades:

$$\varphi_i(x) = \mathcal{L}_i^{(N)}(x) = \prod_{j=0, j \neq i}^{N} \frac{x - x_j}{x_i - x_j} . \tag{6.75}$$

Wie man sich leicht überzeugt, haben die Lagrange-Polynome dieselbe Eigenschaft wie die FD-Funktionen (6.74), nämlich

$$\mathcal{L}_i^{(N)}(x_j) = \delta_{ij} \tag{6.76}$$

mit dem Kronecker-Symbol δ_{ij}. Wie beim FD-Verfahren ist x nur an bestimmten, diskreten Stellen x_j, den Stützstellen oder Kollokationspunkten, definiert. Bei der Chebyshev–Gauß–Lobatto-Methode werden diese durch

$$x_j = -\cos\left(\frac{j\pi}{N}\right), \quad j = 0, \dots, N \tag{6.77}$$

generiert und spannen das Intervall $[-1, 1]$ auf. Die Stützstellen sind nicht äquidistant, sondern häufen sich an den Rändern, was das Konvergenzverhalten wesentlich verbessert.

Abb. 6.20 zeigt die vier Lagrange-Polynome für den Fall $N = 3$. Alle Polynome sind vom dritten Grad, die Stützstellen nach (6.77) liegen bei

$$x_0 = -1, \quad x_1 = -1/2, \quad x_2 = 1/2, \quad x_3 = 1 .$$

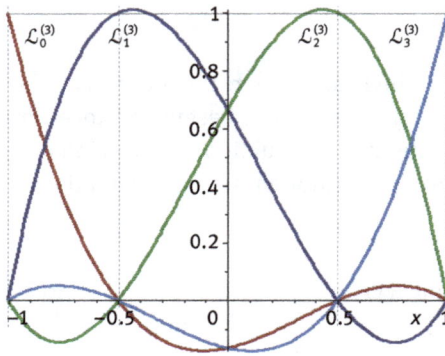

Abb. 6.20: Die vier Lagrange-Polynome für $N = 3$. Die 4 Stützstellen befinden sich bei $x_0 = -1, x_1 = -1/2, x_2 = 1/2, x_3 = 1$ (gestrichelt).

Im Folgenden schreiben wir die numerische Näherung (6.73) als Zerlegung

$$u^{(N)}(x) = \sum_{i=0}^{N} u_i \mathcal{L}_i^{(N)}(x) \,. \tag{6.78}$$

Hierbei präsentiert der $N + 1$-komponentige Vektor $\vec{u}$ die Funktion $u^{(N)}(x)$ bezüglich der Basis der $N + 1$ Lagrange-Polynome $\mathcal{L}_i^{(N)}$. Wegen (6.76) ist die Umkehrrelation besonders einfach:

$$u_i = u^{(N)}(x_i) \,.$$

6.3.1.2 Differenzenmatrix
Wir differenzieren (6.78) nach x und erhalten

$$\frac{du^{(N)}(x)}{dx} = \sum_{i=0}^{N} u_i \frac{d\mathcal{L}_i^{(N)}(x)}{dx} \,. \tag{6.79}$$

Mit der Bezeichnung

$$u_i^{(1)} \equiv \left. \frac{du^{(N)}(x)}{dx} \right|_{x=x_i}$$

lässt sich (6.79) in der Form

$$\vec{u}^{(1)} = \underline{D}\,\vec{u} \tag{6.80}$$

schreiben. Die Differenzenmatrix $\underline{D}$ besitzt die Dimension $(N + 1) \times (N + 1)$, ihre Elemente

$$D_{ij} = \left. \frac{d\mathcal{L}_j^{(N)}(x)}{dx} \right|_{x=x_i}$$

lassen sich analytisch angeben:

$$D_{ij} = \frac{c_i}{c_j} \frac{(-1)^{i+j}}{x_i - x_j} \quad \text{für } i \neq j = 0, \ldots, N \quad \text{mit } c_k = \begin{cases} 2 & \text{wenn } k = 0, N \\ 1 & \text{sonst} \end{cases}$$

$$D_{ii} = -\frac{x_i}{2(1 - x_i^2)} \quad \text{für } i = 1, \ldots, N - 1 \tag{6.81}$$

$$D_{00} = -D_{NN} = -\frac{2N^2 + 1}{6}.$$

Für das Beispiel $N = 3$ ergibt sich damit

$$\underline{D} = \begin{pmatrix} -19/6 & 4 & -4/3 & 1/2 \\ -1 & 1/3 & 1 & -1/3 \\ 1/3 & -1 & -1/3 & 1 \\ -1/2 & 4/3 & -4 & 19/6 \end{pmatrix}. \tag{6.82}$$

Die zweite Ableitung nach x erhält man in Stützstellenrepräsentation durch zweimaliges Anwenden von $\underline{D}$ auf $\vec{u}$:

$$\vec{u}^{(2)} = \underline{D}\,\underline{D}\,\vec{u} = \underline{D}^2\,\vec{u} \tag{6.83}$$

mit

$$\underline{D}^2 = \frac{1}{3} \begin{pmatrix} 16 & -28 & 20 & -8 \\ 10 & -16 & 8 & -2 \\ -2 & 8 & -16 & 10 \\ -8 & 20 & -28 & 16 \end{pmatrix}. \tag{6.84}$$

6.3.1.3 Differentialgleichungen

Wir beginnen mit der stationären Wärmeleitungsgleichung in einer Dimension und inneren Wärmequellen Q:

$$\frac{d^2 T}{dx^2} = -Q(x). \tag{6.85}$$

Zusätzlich seien Dirichlet-Bedingungen der Form

$$T(-1) = T_\ell, \quad T(1) = T_r \tag{6.86}$$

gegeben. Um die Randbedingungen einzuarbeiten, muss die Differenzenmatrix $\underline{D}^2$ modifiziert werden. Zunächst sei $N = 3$. Anstatt (6.84) verwendet man

$$\underline{\tilde{D}}^2 = \begin{pmatrix} 1 & 0 & 0 & 0 \\ 10/3 & -16/3 & 8/3 & -2/3 \\ -2/3 & 8/3 & -16/3 & 10/3 \\ 0 & 0 & 0 & 1 \end{pmatrix} \tag{6.87}$$

und erhält für die diskretisierte Form von (6.85)

$$
\begin{pmatrix}
1 & 0 & 0 & 0 \\
10/3 & -16/3 & 8/3 & -2/3 \\
-2/3 & 8/3 & -16/3 & 10/3 \\
0 & 0 & 0 & 1
\end{pmatrix}
\begin{pmatrix}
T_0 \\ T_1 \\ T_2 \\ T_3
\end{pmatrix}
=
\begin{pmatrix}
T_\ell \\ -Q_1 \\ -Q_2 \\ T_r
\end{pmatrix}
\tag{6.88}
$$

mit der üblichen Bezeichnung $Q_i = Q(x_i)$. Die numerische Aufgabe besteht also darin, $\underline{\underline{D}}^2$ zu invertieren und daraus den Lösungsvektor $\vec{T}$ zu bestimmen. Liegen dagegen an einem oder an beiden Rändern Neumann-Bedingungen vor, so muss $\underline{\underline{D}}^2$ entsprechend verändert werden. Sei z. B.

$$
d_x T|_{x=-1} = S, \qquad T(1) = T_r \,,
$$

so ersetzt man die erste Zeile von $\underline{\underline{D}}^2$ durch die erste Zeile von $\underline{\underline{D}}$ (erste Ableitung) und erhält anstatt (6.88) das System

$$
\begin{pmatrix}
-19/6 & 4 & -4/3 & 1/2 \\
10/3 & -16/3 & 8/3 & -2/3 \\
-2/3 & 8/3 & -16/3 & 10/3 \\
0 & 0 & 0 & 1
\end{pmatrix}
\begin{pmatrix}
T_0 \\ T_1 \\ T_2 \\ T_3
\end{pmatrix}
=
\begin{pmatrix}
S \\ -Q_1 \\ -Q_2 \\ T_r
\end{pmatrix} .
\tag{6.89}
$$

Abb. 6.21 zeigt eine Lösung von (6.85), allerdings für $N = 100$ und den Dirichlet-Bedingungen

$$
T(-1) = T(1) = 0 \,.
$$

Die Wärmequellen wurden zufällig gesetzt, jedoch unter der Vorgabe

$$
\int\limits_{-1}^{1} dx \, Q(x) = 0 \,.
$$

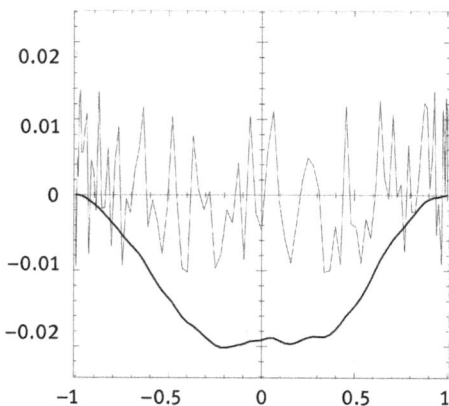

Abb. 6.21: Temperaturverteilung (fett), erzeugt durch zufällige Wärmequellen als Lösung von (6.85) mit $N = 100$ Chebyshev–Gauß–Lobatto-verteilten Stützstellen. Die dünne Linie zeigt $Q(x)$.

Man beachte, dass die diskretisierte Form des Integrals die nicht-äquidistante Stütz-stellenverteilung (6.77) berücksichtigen muss, also

$$\int_{-1}^{1} dx\, Q(x) \approx \sum_{i=1}^{N} Q_i\, \Delta x_i, \quad \text{mit } \Delta x_i = x_i - x_{i-1}\,.$$

Als nächstes untersuchen wir die zeitabhängige Wärmeleitungsgleichung (6.54) mit den Randbedingungen (6.86) und der Anfangsbedingung

$$T(x, 0) = T^a(x)\,.$$

Diskretisierung der Zeitableitung wie in (6.56) führt auf die Iterationsvorschrift

$$\vec{T}^{(j+1)} = \underline{M}\, \vec{T}^{(j)} \tag{6.90}$$

mit

$$\vec{T}^{(j)} = (T_0(j\Delta t), T_1(j\Delta t), \dots, T_N(j\Delta t))$$

und der Matrix

$$\underline{M} = \underline{1} + \kappa\, \Delta t\, \underline{\tilde{D}}^2\,,$$

wobei jetzt die modifizierte Matrix $\underline{\tilde{D}}^2$ für den Spezialfall $N = 3$ die Form

$$\underline{\tilde{D}}^2 = \begin{pmatrix} 0 & 0 & 0 & 0 \\ 10/3 & -16/3 & 8/3 & -2/3 \\ -2/3 & 8/3 & -16/3 & 10/3 \\ 0 & 0 & 0 & 0 \end{pmatrix} \tag{6.91}$$

besitzt. Die Iteration wird mit dem Anfangsvektor

$$\vec{T}^{(0)} = (T_\ell, T_1^a, T_2^a, T_r)$$

gestartet, in den sowohl die Anfangsbedingungen als auch die Randbedingungen ein-gehen.

Bei dem Schema (6.90) handelt es sich um ein explizites Verfahren. Mit wenig mehr Aufwand wird daraus das wesentlich stabilere implizite Verfahren

$$\left(\frac{1}{\Delta t} - \kappa\, \underline{\tilde{D}}^2\right) \vec{T}^{(j+1)} = \frac{\vec{T}^{(j)}}{\Delta t}\,, \tag{6.92}$$

wobei die Matrix zwischen den runden Klammern invertiert werden muss.

6.3.2 Spektral-Methode mittels Fourier-Transformation

6.3.2.1 Ebene Wellen
Für periodische Randbedingungen

$$u(x) = u(x + L)$$

bieten sich als Basisfunktionen ebene Wellen an. Anstatt (6.73) schreiben wir

$$u(x) = \sum_{n=0}^{N-1} \tilde{u}_n e^{-2\pi i n x/L} \tag{6.93}$$

mit $i = \sqrt{-1}$. Die Funktion u an den jetzt äquidistanten Stützstellen $x_j = j\Delta x = jL/N$ ergibt sich daraus zu

$$u_j = \sum_{n=0}^{N-1} \tilde{u}_n e^{-2\pi i n j/N} , \tag{6.94}$$

die Umkehrrelation lautet

$$\tilde{u}_n = \frac{1}{N} \sum_{j=0}^{N-1} u_j e^{2\pi i n j/N} . \tag{6.95}$$

Die Methode eignet sich besonders für lineare PDGLs mit konstanten Koeffizienten, lässt sich aber, wie wir weiter unten sehen werden, auch auf bestimmte nichtlineare Probleme erweitern.

6.3.2.2 Stationäre Probleme

Wir betrachten zunächst (6.85) mit $0 \le x \le L$. Einsetzen von (6.93) liefert

$$\tilde{T}_n = k_n^{-2} \tilde{Q}_n \tag{6.96}$$

mit den Fourier-Transformierten $\tilde{T}_n$, $\tilde{Q}_n$ von $T(x)$, $Q(x)$ und

$$k_n = 2\pi n/L .$$

Um eine Singularität bei $k = 0$ zu vermeiden, muss $\tilde{Q}_0 = 0$ sein. Wegen

$$\tilde{Q}_0 = \frac{1}{N} \sum_{j=0}^{N-1} Q_j$$

bedeutet dies, dass der Mittelwert von Q verschwinden muss, was für periodische Randbedingungen sofort aus der Integration von (6.85) über x folgt. Der Laplace-Operator ist im Fourier-Raum offensichtlich diagonal (gilt in beliebigen räumlichen Dimensionen) und lässt sich dort besonders einfach invertieren. Rücktransformation mittels (6.93) liefert die Funktion $T(x)$ im Ortsraum. Sämtliche Fourier-Transformationen lassen sich durch den FFT-Algorithmus (Fast-Fourier-Transform) sehr effektiv ausführen, der Rechenaufwand ist dabei $\sim N \log N$.

Verwendet man die FD-Darstellung von (6.85)

$$T_{j+1} - 2T_j + T_{j-1} = -\Delta x^2 Q_j$$

und setzt die Fourier-Transformierten nach (6.94) ein, so ergibt sich ein etwas anderes Resultat wie (6.96), nämlich

$$\tilde{T}_n = \frac{\Delta x^2}{2 - 2\cos(k_n \Delta x)} \tilde{Q}_n . \tag{6.97}$$

Entwickelt man den Bruch nach Δx:

$$\frac{\Delta x^2}{2 - 2\cos(k_n \Delta x)} \approx \frac{1}{k_n^2} + \frac{\Delta x^2}{24} + O(\Delta x^4) ,$$

so sieht man, dass die Unterschiede mit Δx^2 verschwinden, sich aber für größere Werte von k_n durchaus bemerkbar machen können (Abb. 6.22).

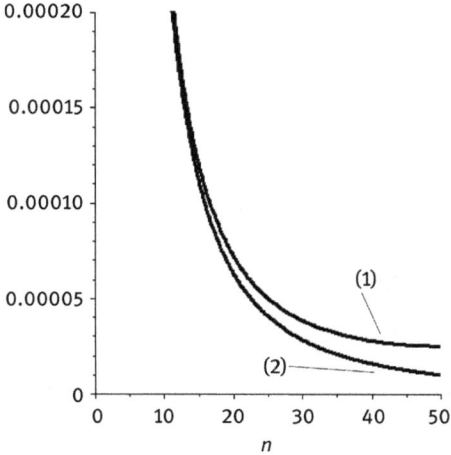

Abb. 6.22: Der Unterschied zwischen (1): $1/(2N^2(1 - \cos(2\pi n/N))$ und (2): $1/(4\pi^2 n^2)$ für $N = 100$ macht sich für größere n bemerkbar.

6.3.2.3 Andere Randbedingungen

Das Verfahren lässt sich ohne weiteres auf homogene Dirichlet-Bedingungen der Form

$$u(0) = u(L) = 0$$

umschreiben. Anstatt (6.93) verwendet man dann einfach die Sinus-Transformation

$$u_s(x) = \sum_{n=1}^{N-1} \tilde{u}_n \, \sin(\pi n x/L) . \tag{6.98}$$

Inhomogene Randbedingungen

$$u(0) = u_\ell, \quad u(L) = u_r \tag{6.99}$$

lassen sich ebenfalls mit (6.98) durch Addition der homogenen Lösung von (6.85)

$$\frac{d^2 u_h}{dx^2} = 0 \tag{6.100}$$

erfüllen:

$$u(x) = u_s(x) + u_h(x) ,$$

wobei u_h die inhomogenen Randbedingungen (6.99) erfüllen muss. In einer Dimension ist die Lösung von (6.100) trivial, man erhält

$$u_h(x) = u_\ell + (u_r - u_\ell)\frac{x}{L} .$$

Die Erweiterung auf mehrere Dimensionen ist möglich. So wird auf dem Rechteck

$$0 \leq x \leq L_x, \quad 0 \leq y \leq L_y$$

aus (6.98)

$$u_s(x, y) = \sum_{n,m} \bar{u}_{nm} \sin(\pi n x/L_x) \sin(\pi m y/L_y) , \qquad (6.101)$$

das homogene Problem lautet

$$\left(\frac{\partial^2}{\partial x^2} + \frac{\partial^2}{\partial y^2} \right) u_h(x, y) = 0 . \qquad (6.102)$$

Will man z. B. die inhomogenen Randbedingungen

$$u(0, y) = u(x, 0) = u(x, L_y) = 0, \quad u(L_x, y) = f(y)$$

erfüllen, so lautet die exakte analytische Lösung von (6.102)

$$u_h(x, y) = \sum_{n=1}^{\infty} A_n \sinh(k_n x) \sin(k_n y) , \quad k_n = \pi n/L_y$$

mit

$$A_n = \frac{2}{L_y \sinh(\pi n L_x/L_y)} \int_0^{L_y} dy\, f(y) \sin(\pi n y/L_y) .$$

Für die diskretisierte Form erhält man

$$u_{ij}^h = \sum_{n=1}^{M-1} \tilde{A}_n \sinh(\pi n i/M) \sin(\pi n j/M)$$

mit

$$\tilde{A}_n = \frac{2}{M \sinh(\pi n N/M)} \sum_{\ell=1}^{M-1} f_\ell \sin(\pi n \ell/M)$$

sowie $f_\ell = f(\ell \Delta y)$. Außerdem haben wir gleiche Schrittweiten

$$\Delta x = \Delta y = L_x/N = L_y/M$$

sowie ein $N \times M$-Gitter angenommen.

6.3.2.4 Zeitabhängige Probleme

Wir untersuchen wieder die eindimensionale Wärmeleitungsgleichung (6.54). Eine implizite Iterationsvorschrift wird durch Rückwärtsdifferenzieren in der Zeit

$$\frac{\partial T}{\partial t} = \frac{T(x,t) - T(x,t-\Delta t)}{\Delta t} = \frac{T^{(j)}(x) - T^{(j-1)}(x)}{\Delta t} \tag{6.103}$$

erzeugt und lautet

$$\left[\frac{1}{\Delta t} - \kappa\frac{\partial^2}{\partial x^2}\right] T^{(j+1)} = \frac{T^{(j)}}{\Delta t} . \tag{6.104}$$

FD-Diskretisierung der zweiten Ableitung führt auf das Schema (6.58). Nach Fourier-Transformation (6.93) wird der Operator in der eckigen Klammer diagonal und lässt sich trivial invertieren:

$$\tilde{T}_n^{(j+1)} = \left[\frac{1}{\Delta t} + \kappa k_n^2\right]^{-1} \frac{\tilde{T}_n^{(j)}}{\Delta t} . \tag{6.105}$$

Will man inhomogene Dirichlet-Bedingungen wie (6.99) erfüllen, so verwendet man wieder die Sinus-Transformation (6.98) und löst zusätzlich noch das zu (6.104) gehörende homogene Problem

$$\left[\frac{1}{\Delta t} - \kappa\frac{\partial^2}{\partial x^2}\right] T_h(x) = 0 . \tag{6.106}$$

Dies lässt sich wieder exakt bewerkstelligen, man erhält

$$T_h(x) = A \sinh(\alpha x) + B \cosh(\alpha x)$$

mit $\alpha = (\kappa\Delta t)^{-1/2}$ und A und B aus den Randbedingungen (6.99)

$$A = \frac{T_r}{\sinh(\alpha L)} - T_\ell \coth(\alpha L), \quad B = T_\ell .$$

6.3.3 Finite-Elemente-Methode

Die Finite-Elemente-Methode (FE) wurde zur Lösung partieller DGLs auf komplizierten Geometrien entwickelt. Es handelt sich dabei um eine Spektralmethode, bei der die Basisfunktionen nur in bestimmten Bereichen, den finiten Elementen, von Null verschieden sind. Innerhalb des jeweiligen Elements nimmt man einfache Polynome oder lineare Abhängigkeit von den Ortskoordinaten an [6].

Wir erklären die Methode am Beispiel der Laplace-Gleichung in zwei Dimensionen

$$\frac{\partial^2 u}{\partial x^2} + \frac{\partial^2 u}{\partial y^2} = 0 \tag{6.107}$$

und Dirichlet-Bedingungen.

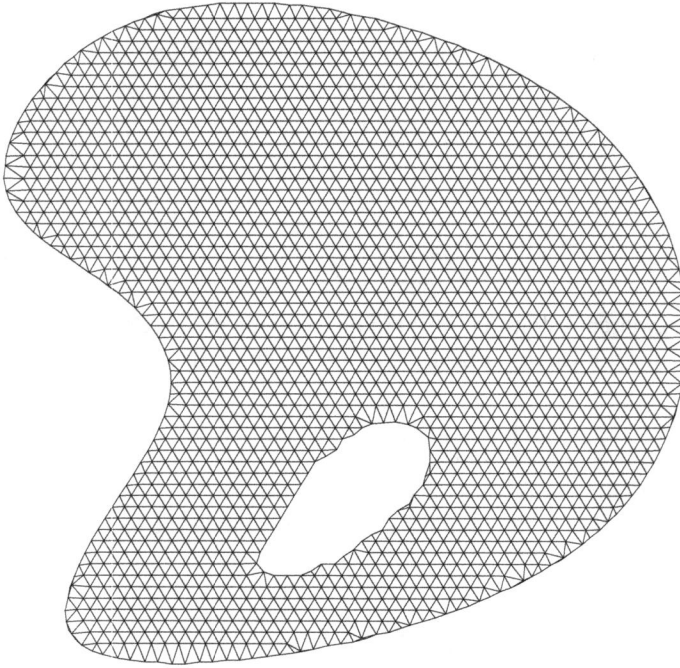

Abb. 6.23: Unregelmäßiges Gebiet mit n inneren und m äußeren Punkten. In zwei Dimensionen bestehen die Elemente aus Dreiecken.

6.3.3.1 Netz und Basisfunktionen

Gegeben sei ein unregelmäßiges, auch mehrfach zusammenhängendes Gebiet wie in Abb. 6.23. Man gibt n innere Punkte

$$(x_i, y_i), \quad i = 1, \dots, n$$

und m Randpunkte vor. Das Gebiet wird nun in Dreiecke aufgeteilt mit den inneren und äußeren Punkten als Ecken (Vertizes). In höheren (d) Dimensionen verwendet man Zellen mit $d + 1$ Ecken. Die gesuchte Näherungslösung lässt sich ähnlich wie (6.73) schreiben:

$$u(x, y) = \sum_i^n \varphi_i(x, y), \tag{6.108}$$

wobei φ_i nur in den Zellen von Null verschieden ist, die den Knotenpunkt x_i, y_i als Vertex enthalten. Dort sei

$$\varphi_i(x_i, y_i) = u_i = u(x_i, y_i)$$

mit u_i als Funktionswert (Knotenwert) am Knoten i. Die Punkte (x_i, y_i), (x_k, y_k), (x_ℓ, y_ℓ) sollen das Dreieck Nr. j aufspannen (Abb. 6.24).

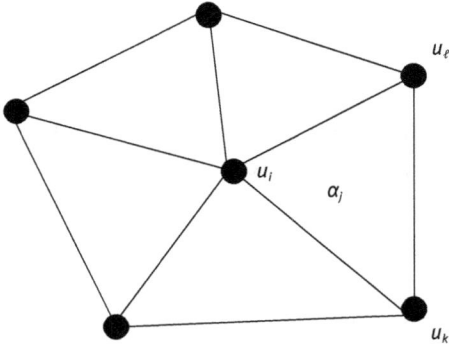

Abb. 6.24: u_i, u_k, u_ℓ spannen das Element j auf, in dem die Basisfunktion α_j linear und durch (6.110) gegeben ist. φ_i setzt sich aus allen (hier fünf) α_j zusammen und ist stetig entlang den Gitterlinien.

Wir teilen die Funktion φ_i auf in

$$\varphi_i = \sum_{j\in\text{Nachbarn}(i)} \alpha_j\,, \tag{6.109}$$

wobei α_j nur im Dreieck j von Null verschieden und dort linear sein soll, also

$$\alpha_j(x,y) = a_j + b_j x + c_j y\,. \tag{6.110}$$

Die Summe über j in (6.109) läuft über alle Dreiecke, die x_i, y_i als Vertex besitzen. Die (in jedem Dreieck verschiedenen) Koeffizienten a_j, b_j, c_j ergeben sich mit (6.108) aus den drei Gleichungen

$$\begin{pmatrix} 1 & x_i & y_i \\ 1 & x_k & y_k \\ 1 & x_\ell & y_\ell \end{pmatrix} \begin{pmatrix} a_j \\ b_j \\ c_j \end{pmatrix} = \begin{pmatrix} u_i \\ u_k \\ u_\ell \end{pmatrix} \tag{6.111}$$

durch Inversion zu

$$\begin{pmatrix} a_j \\ b_j \\ c_j \end{pmatrix} = \frac{1}{D} \begin{pmatrix} x_k y_\ell - x_\ell y_k & x_\ell y_i - x_i y_\ell & x_i y_k - x_k y_i \\ y_k - y_\ell & y_\ell - y_i & y_i - y_k \\ x_\ell - x_k & x_i - x_\ell & x_k - x_i \end{pmatrix} \begin{pmatrix} u_i \\ u_k \\ u_\ell \end{pmatrix}\,. \tag{6.112}$$

Dabei ist D die Determinante

$$D = x_i y_k + x_k y_\ell + x_\ell y_i - x_k y_i - x_\ell y_k - x_i y_\ell\,.$$

Die Koeffizienten a_j, b_j, c_j und damit die Flächenfunktionen α_j hängen linear von den Knotenwerten u_i ab.

6.3.3.2 Variationsproblem
Gleichung (6.107) lässt sich aus einem Extremalprinzip herleiten. Man bildet das Funktional

$$S[u] = \frac{1}{2} \int dx\, dy\, [(\partial_x u)^2 + (\partial_y y)^2] \tag{6.113}$$

und erhält die Funktionalableitung

$$\frac{\delta S}{\delta u} = -\frac{\partial^2 u}{\partial x^2} - \frac{\partial^2 u}{\partial y^2} .$$

Dasjenige u, welches S extremal macht, erfüllt demnach die Laplace-Gleichung (6.107). Zerlegt man aber u wie in (6.108), (6.109) in die Dreiecksflächenfunktionen a_j, so gilt im Dreieck j wegen (6.110) einfach

$$(\partial_x u)_j = b_j, \quad (\partial_y u)_j = c_j .$$

Damit wird (6.113) zu

$$S(u_i) = \frac{1}{2} \sum_j F_j \left(b_j^2 + c_j^2 \right) , \tag{6.114}$$

wobei die Summe über alle Dreiecke läuft und F_j die Fläche des Dreiecks j bezeichnet. Das Extremum von S findet man durch Nullsetzen aller Ableitungen nach u_i:

$$\frac{\partial S}{\partial u_i} = \sum_j F_j \left(b_j \frac{\partial b_j}{\partial u_i} + c_j \frac{\partial c_j}{\partial u_i} \right) = 0 . \tag{6.115}$$

Weil aber b_j und c_j linear von u_i abhängen, handelt es sich bei (6.115) um ein lineares, inhomogenes Gleichungssystem für die n inneren Knotenwerte u_i. Die m Randpunkte bilden dabei die Inhomogenitäten.

6.3.3.3 Algorithmus
FE-Programme bestehen aus drei Teilen:

(a) Netzgenerierung. Die Knotenpunkte werden dem Gebiet und den Rändern angepasst gewählt. Man speichert die Koordinaten

$$x_i, y_i, \quad i = 1, \ldots, n + m$$

ab und markiert die Randpunkte (z. B. durch Sortieren, die ersten oder die letzten m Punkte). Um (6.112) später auszuwerten, muss man zu jedem Punkt i die Anzahl sowie die Nummern seiner Nachbarschaftspunkte kennen. Dies kann durch ein Feld $NN(i, j)$ geschehen, wobei $NN(i, 0)$ die Anzahl k der Nachbarn und $NN(i, j)$, $j = 1, \ldots, k$ deren Nummern enthält.

(b) Laplace-Solver. Das lineare System (6.115) hat die Form

$$\sum_j^n L_{ij} u_j = \sum_k^m R_{ik} u_k^r . \tag{6.116}$$

Hierbei ist $\underline{L}$ eine $n \times n$, $\underline{R}$ eine $n \times m$ Matrix, u_j bezeichnet die inneren Punkte und u_k^r die vorgegebenen Randpunkte (wir beschränken uns hier auf Dirichlet-Bedingungen). Weil jeder Punkt nur mit wenigen anderen, eben seinen Nachbarn, in Verbindung steht, wird es sich bei $\underline{L}$ um eine schwach besetzte (sparse-)Matrix handeln.

(c) Auswertung. Zur Auswertung kann man Contourlinien zeichnen. Seien u_i, u_j, u_k die Knotenwerte an den Ecken eines Dreiecks, so läuft die Contourlinie mit $u = h$ durch das Dreieck, wenn

$$\min(u_i, u_j, u_k) < h < \max(u_i, u_j, u_k). \tag{6.117}$$

Man berechnet dann die Schnittpunkte von h mit den Seiten und verbindet diese mit einer Linie. Ist (6.117) erfüllt, muss es zwei Schnittpunkte geben. Die Fälle, bei denen u auf einer oder auf mehreren Ecken exakt gleich h ist, kann man gesondert betrachten.

Abb. 6.25 zeigt die Lösung der zweidimensionalen Laplace-Gleichung auf dem Gebiet aus Abb. 6.23, bestehend aus $n = 1894$ inneren und $m = 242$ äußeren Punkten.

Ein einfaches „halbautomatisches" Programm `gitter_generator` zur Gittergenerierung befindet sich in [4]. Es benötigt für die Randlinie einen ppm-file (Portable Pixmap), der sich mit einem Grafik-Programm, z. B. *xfig*, erstellen lässt. Danach wird die Laplace-Gleichung durch das Programm `laplace_solver` numerisch gelöst und ein File erzeugt, welcher die Knotenwerte enthält. Von diesem können anschließend mittels `gitter_contur` Contourlinien geplottet werden. Es entsteht eine Abbildung wie 6.25. Eine ausführliche Anleitung zu den FE-Programmen findet man in [4] sowie im Anhang D.2.

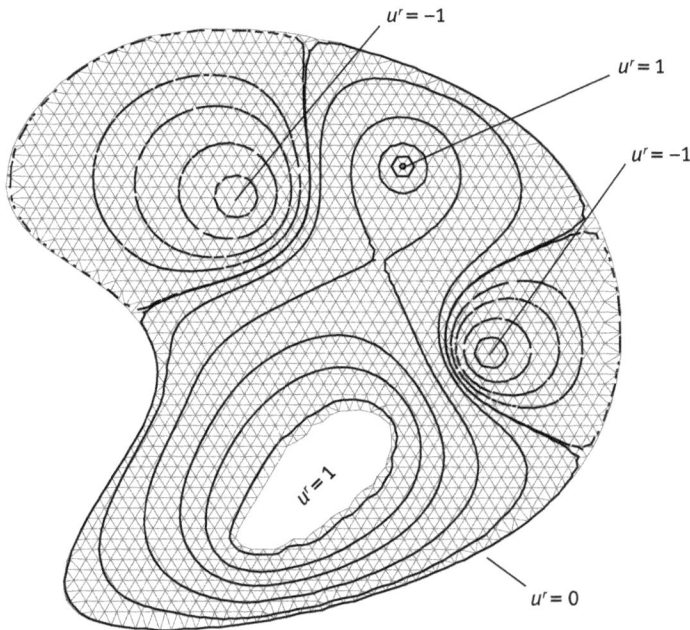

Abb. 6.25: Numerische Lösung der Laplace-Gleichung mit den angegebenen Dirichlet-Bedingungen sowie drei Punktladungen. Die Contourlinien entsprechen den Werten $u = 0{,}001/0{,}05/0{,}2/0{,}4/0{,}6/0{,}9$ (durchgezogen) und $u = -0{,}001/-0{,}05/-0{,}1/-0{,}2/-0{,}4$ (strichliert).

6.4 Nichtlineare PDGL

Im folgenden Kapitel werden wir noch ausführlich auf nichtlineare PDGLs zurück kommen. An dieser Stelle wollen wir uns auf die Ginzburg–Landau-Gleichung beschränken.

6.4.1 Reelle Ginzburg–Landau-Gleichung

Basierend auf einer Idee von Landau[4] [7] lässt sich ein phänomenologisches Modell zur Beschreibung ferromagnetischer Materialien durch Einführen eines Ordnungsparameters $q(t)$ aufstellen. Der Ordnungsparameter beschreibt die Magnetisierung, $q = \pm q_0$ entspricht dem magnetischen Zustand (alle Elementarmagnete ausgerichtet), $q \approx 0$ dem nichtmagnetischen Zustand oberhalb der Curie-Temperatur T_c. Man setzt die freie Energie F als symmetrische Funktion von q mit $F(q) = F(-q)$ an und entwickelt F nach q bis zur vierten Potenz:

$$F(q, T) = F(0, T) + \frac{1}{2}\alpha q^2 + \frac{1}{4}\beta q^4 \,. \tag{6.118}$$

Für $\beta > 0$ existiert ein Minimum von F bei $q = 0$ für $\alpha > 0$, bei $q = \pm q_0 = (-\alpha/\beta)^{1/2}$ für $\alpha < 0$. Offensichtlich markiert $\alpha = 0$ den kritischen Punkt, bei dem der Phasenübergang vom geordneten, ferromagnetischen Zustand in den ungeordneten, nichtmagnetischen übergeht. Es liegt also nahe,

$$\alpha \sim -\frac{T_c - T}{T_c} = -\varepsilon$$

zu setzen, wobei ε als Bifurkationsparameter bezeichnet wird. Um die Dynamik des Phasenübergangs zu beschreiben, nimmt man an, dass F im Lauf der Zeit minimiert wird (Gradientendynamik, überdämpfte Bewegung), also

$$\frac{dq}{dt} = -\frac{dF}{dq} = \varepsilon q - \beta q^3$$

oder nach Skalierung von q:

$$\frac{dq}{dt} = \varepsilon q - q^3 \,. \tag{6.119}$$

Die stationären Lösungen von (6.119)

$$q_0^s = 0, \quad q_{12}^s = \pm\sqrt{\varepsilon} \tag{6.120}$$

entsprechen den verschiedenen Ordnungszuständen, Abb. 6.26.

---

4 Lew Dawidowitsch Landau, russischer Physiker, 1908–1968.

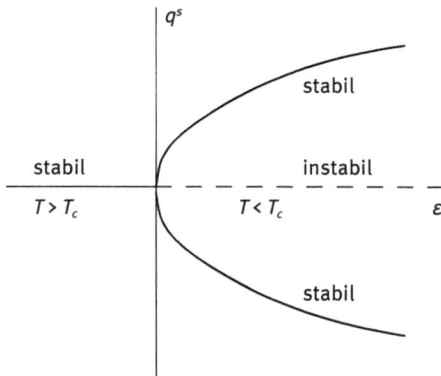

Abb. 6.26: Pitchfork-Bifurkation bei $\varepsilon = 0$. Für $\varepsilon > 0$ wird der nichtmagnetische Zustand $q^s = 0$ instabil, die beiden stabilen Zustände $q^s = \pm\sqrt{\varepsilon}$ zweigen ab. Es handelt sich um einen Phasenübergang 2. Ordnung.

Durch die Erweiterung

$$q(t) \longrightarrow q(x, t)$$

lassen sich magnetische Domänen, getrennt durch Bloch'sche Wände zwanglos berücksichtigen. Jede Versetzung oder Wand erhöht die freie Energie, der Grundzustand entspricht je nach Vorzeichen von ε einem der homogenen Zustände (6.120). Dies erreicht man durch Hinzufügen eines Terms $\sim (\nabla q)^2$ zu (6.118) und Integration über den Ort. So entsteht, hier in zwei räumlichen Dimensionen, das Freie-Energie-Funktional

$$F[q] = \int\limits_F dx\,dx \left\{ \frac{1}{2}\alpha q^2 + \frac{1}{4}\beta q^4 + \frac{1}{2}D\left((\partial_x q)^2 + (\partial_y q)^2\right) \right\} . \tag{6.121}$$

Eine Gradientendynamik ergibt sich wie vorher, allerdings jetzt durch Bilden der Funktionalbleitung

$$\frac{\partial q}{\partial t} = -\frac{\delta F}{\delta q} = -\frac{\partial F}{\partial q} + \partial_x\left(\frac{\partial F}{\partial(\partial_x q)}\right) + \partial_y\left(\frac{\partial F}{\partial(\partial_y q)}\right) ,$$

was schließlich auf die reelle Ginzburg–Landau-Gleichung führt:

$$\partial_t q = \varepsilon q + D\,\Delta q - q^3 . \tag{6.122}$$

Durch Skalierung der Längen kann $D = 1$ gesetzt werden.

6.4.2 Numerische Lösung, explizites Verfahren

Bei (6.122) handelt es sich erstmals um eine nichtlineare PDGL. Ein vollständig explizites FD-Verfahren (FTCS) ergibt sich wie in (6.59) durch Hinzufügen der extra Terme zum Zeitpunkt t:

$$q_{i,j}^{(n+1)} = q_{i,j}^{(n)} + \Delta t\left(\varepsilon q_{i,j}^{(n)} - \left(q_{i,j}^{(n)}\right)^3 + \frac{q_{i,j+1}^{(n)} + q_{i+1,j}^{(n)} - 4q_{i,j}^{(n)} + q_{i-1,j}^{(n)} + q_{i,j-1}^{(n)}}{\Delta x^2} \right) . \tag{6.123}$$

Um die numerische Stabilität zu prüfen, muss man um eine der stabilen Lösungen, z. B. $q^s = \sqrt{\varepsilon}$, linearisieren

$$q_{ij} = \sqrt{\varepsilon} + u_{ij}$$

und erhält für kleine u das lineare System

$$u_{i,j}^{(n+1)} = u_{i,j}^{(n)} + \Delta t \left(-2\varepsilon u_{i,j}^{(n)} + \frac{u_{i,j+1}^{(n)} + u_{i+1,j}^{(n)} - 4u_{i,j}^{(n)} + u_{i-1,j}^{(n)} + u_{i,j-1}^{(n)}}{\Delta x^2} \right). \qquad (6.124)$$

Eine Neumann'sche Stabilitätsanalyse wie in Abschn. 6.2.3.3, aber in zwei Dimensionen

$$u_{m,n}^{(n)} = A^{(n)} e^{i(k_x m + k_y n)}$$

führt auf

$$A^{(n+1)} = V A^{(n)}$$

mit dem Verstärkungsfaktor

$$V = 1 + 2 \left[-\varepsilon + \frac{1}{\Delta x^2} (\cos k_x + \cos k_y - 2) \right]$$

und letztlich mit der Stabilitätsbedingung $|V| \leq 1$ auf die Zeitschrittobergrenze

$$\Delta t \leq \frac{\Delta x^2}{\varepsilon \, \Delta x^2 + 4} . \qquad (6.125)$$

Für die in der Praxis normalerweise erfüllte Bedingung

$$\varepsilon \, \Delta x^2 \ll 1$$

ergibt sich

$$\Delta t \leq \frac{\Delta x^2}{4} , \qquad (6.126)$$

dasselbe Ergebnis wie für die zweidimensionale Diffusionsgleichung. D. h. der Diffusionsanteil in (6.122) dominiert das numerische Stabilitätsverhalten. Die zeitliche Entwicklung einer zufällig gewählten Anfangsbedingung zeigt Abb. 6.27.

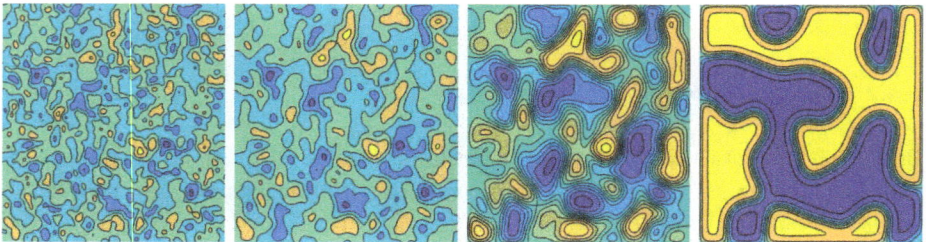

Abb. 6.27: Numerische Lösung der reellen Ginzburg–Landau-Gleichung (6.122) nach (6.127) für $\varepsilon = 0{,}1$, Zeitserie bei $t = 5, 10, 30, 100$.

6.4.3 Numerische Lösung, semi-implizites Verfahren

Ein vollständig implizites Verfahren würde die Kenntnis aller Terme auf der rechten Seite von (6.123) zum Zeitpunkt $t + \Delta t$ voraussetzen. Man müsste dann ein nicht-lineares Gleichungssystem lösen, was wiederum nur iterativ ginge. Eine einfachere Vorgehensweise besteht darin, nur die linearen Teile der rechten Seite zum neuen Zeitpunkt zu wählen. Anstatt (6.123) ergibt sich damit das semi-implizite Schema

$$q_{i,j}^{(n+1)} = q_{i,j}^{(n)} + \Delta t \left(\varepsilon q_{i,j}^{(n+1)} - \left(q_{i,j}^{(n)} \right)^3 + \frac{q_{i,j+1}^{(n+1)} + q_{i+1,j}^{(n+1)} - 4q_{i,j}^{(n+1)} + q_{i-1,j}^{(n+1)} + q_{i,j-1}^{(n+1)}}{\Delta x^2} \right). \quad (6.127)$$

Dieselbe Stabilitätsanalyse wie oben ergibt jetzt für den Zeitschritt die Obergrenze von

$$\Delta t \leq \frac{1}{2\varepsilon}, \quad (6.128)$$

unabhängig von der Schrittweite Δx.

In MATLAB können wir von der Toolbox „Gallery" Gebrauch machen, die unter anderem die Matrix für die FD-Version des Laplace-Operators in 2D enthält [8]. Das Skript

```
clear;
kplot=[5,10,30,100];
n=200; dx=1; dt=1; tend=100; eps=0.1;
lap=-gallery('poisson',n)/dx^2;   % Laplace-Diskretsierung
m=(1/dt-eps)*speye(n^2)-lap;      % Matrix M
phi=rand(n^2,1)'-.5;              % Random Anfangswerte
t=0; k=0; ib=1;
while t<tend                      % Zeitschleife bis tend
  t=t+dt; k=k+1
  phi=(phi/dt-phi.^3)/m;          % Matrixinversion
  if k==kplot(ib)                 % Frame plotten
    subplot(1,4,ib);
    ib=ib+1;
    mm=0;
    for j=1:n
      for kk=1:n
        mm=mm+1;
        psi(j,kk)=phi(mm);        % Psi zurueckrechnen aus Phi
      end
    end
    contour(psi); drawnow;
  end
end
```

erzeugt die Zeitserie aus 4 Schnappschüssen in Abb. 6.27.

6.4.4 Aufgaben

Die Fisher–Kolmogorov-Gleichung.

Mit Papier und Bleistift:

1. Bei der Fisher–Kolmogorov-Gleichung handelt es sich um die nichtlineare Diffusionsgleichung:

$$\partial_t u(x, t) = D\partial^2_{xx} u(x, t) + \alpha u(x, t) - \beta u^2(x, t), \quad u(x, t) \geq 0, \ D, \alpha, \beta > 0 . \quad (6.129)$$

    Transformieren Sie die Fisher–Kolmogorov-Gleichung durch Skalieren von t, x, u auf die Normalform

$$\partial_t u(x, t) = \partial^2_{xx} u(x, t) + u(x, t) - u^2(x, t) . \quad (6.130)$$

2. Zeigen Sie durch lineare Stabilitätsanalyse, dass der Fixpunkt (stationäre Lösung) $u^{(0)} = 0$ instabil, der Fixpunkt $u^{(0)} = 1$ stabil ist.
3. Lösungen, die die beiden Fixpunkte miteinander verbinden und monoton in $\xi = x - vt$ sind

$$u = u(x - vt) = u(\xi), \quad u(\xi \to -\infty) = 1, \ u(\xi \to \infty) = 0, \ v > 0 \quad (6.131)$$

    werden als Fronten bezeichnet. Die Front läuft dabei mit der Geschwindigkeit v nach rechts. Geben Sie eine untere Schranke für v an.
4. Zeigen Sie, dass

$$u(x - vt) = \frac{1}{\left(1 + Ce^{-\kappa(x-vt)}\right)^2}, \quad C > 0 \quad (6.132)$$

    Lösung von (6.130) zu einem ganz bestimmten v ist. Bestimmen Sie diese Geschwindigkeit sowie κ. Welche Bedeutung hat die (beliebige) Konstante C?
5. Zeigen Sie mit Hilfe der Analogie zur eindimensionalen Bewegung eines Massepunktes im Potential, dass stationäre räumlich lokalisierte Lösungen von (6.130) existieren, wenn man die Einschränkung $u \geq 0$ aufgibt. Bestimmen Sie diese durch zweimalige Integration von (6.130)

Und zum Programmieren:

Verifizieren Sie die Ergebnisse aus 1–5 indem Sie (6.130) numerisch durch ein FTCS-Verfahren mit den entsprechenden Anfangsbedingungen lösen. Verwenden Sie für x die Randbedingungen

Teil 3, 4: $u(x = 0) = 1, \quad u(x = L) = 0$

Teil 5: $u(x = 0) = 1, \quad u(x = L) = 1$

und wählen Sie L hinreichend groß.

Referenzen

[1] A. P. S. Selvadurai, *Partial differential equations in mechanics*, Vol. 1, 2, Springer Verlag (2010)

[2] J. D. Jackson, *Klassische Elektrodynamik*, De Gruyter (2002)

[3] M. Bestehorn, *Hydrodynamik und Strukturbildung*, Springer-Verlag (2006)

[4] FORTRAN-Programme auf http://www.degruyter.com/view/product/431593

[5] W. Guo, G. Labrosse, R. Narayanan, *The Application of the Chebyshev-Spectral Method in Transport Phenomena*, Springer-Verlag (2012)

[6] H. Goering, H.-G. Roos, L. Tobiska, *Die Finite-Elemente-Methode für Anfänger*, Wiley-VCH (2010)

[7] L. D. Landau, *On the Theory of Phase Transitions*, Zh. Eksp. Teor. Fiz. 7, (1937)

[8] W. Schweizer, *MATLAB kompakt*, Oldenbourg Verlag (2013)

7 Partielle Differentialgleichungen II, Anwendungen

Wir werden die im vorigen Kapitel vorgestellten Methoden jetzt auf verschiedene mehr oder weniger einfache physikalische Problemstellungen anwenden. Beginnen wollen wir mit der Quantenmechanik.

7.1 Quantenmechanik in einer Dimension

7.1.1 Stationäre Zweiteilchengleichung

Wir betrachten zunächst zwei wechselwirkende Teilchen in einer räumlichen Dimension.

Die beiden Teilchen mit der Masse m befinden sich am Ort x_1, x_2 und seien mit einer Feder (Federkonstante $-\alpha$) verbunden. Die stationäre Schrödinger-Gleichung lautet

$$\hat{H}\,\Psi(x_1, x_2) = E\,\Psi(x_1, x_2)\,,$$

wobei Ψ die Zweiteilchen-Wellenfunktion bezeichnet und der Hamilton-Operator durch

$$\hat{H} = -\frac{\hbar^2}{2m}\left(\frac{\partial^2}{\partial x_1^2} + \frac{\partial^2}{\partial x_2^2}\right) - \frac{1}{2}\alpha\,(x_1 - x_2)^2 \tag{7.1}$$

gegeben ist. Wir werden speziell den Fall einer abstoßenden Wechselwirkung $\alpha > 0$ untersuchen. Außerdem sollen sich die Teilchen in einem unendlich hohen Potentialtopf der Länge L befinden, d. h. die Randbedingungen lauten

$$\Psi(0, x_2) = \Psi(L, x_2) = \Psi(x_1, 0) = \Psi(x_1, L) = 0\,.$$

Durch die Skalierungen

$$x_i = \frac{L}{\pi}\tilde{x}_i, \quad \alpha = \frac{\pi^4\hbar^2}{mL^4}\tilde{\alpha}, \quad E = \frac{\pi^2\hbar^2}{2mL^2}\tilde{E} \tag{7.2}$$

nimmt die stationäre Schrödinger-Gleichung die dimensionslose Form

$$\left(\frac{\partial^2}{\partial \tilde{x}_1^2} + \frac{\partial^2}{\partial \tilde{x}_2^2} + \tilde{\alpha}\,(\tilde{x}_1 - \tilde{x}_2)^2 + \tilde{E}\right)\Psi = 0 \tag{7.3}$$

an. Wir werden die Tilden im Folgenden wieder weglassen. Die exakte Lösung des ungekoppelten Problems ($\alpha = 0$) lautet ($N \to \infty$)

$$\Psi(x_1, x_2) = \frac{2}{\pi}\sum_{\ell,m}^{N} c_{\ell m}\sin \ell x_1 \sin m x_2 \tag{7.4}$$

mit durch die Anfangsbedingung festgelegten Koeffizienten $c_{\ell m}$. Man erhält die diskreten Energie-Niveaus

$$E = E_{\ell m} = \ell^2 + m^2\,, \tag{7.5}$$

die für $\ell \neq m$ zweifach entartet sind (Symmetrie $x_1 \leftrightarrow x_2$). Das ungekoppelte Problem ist analog zur Einteilchen-Schrödinger-Gleichung im zweidimensionalen quadratischen Potentialtopf.

Setzt man (7.4) in (7.3) ein, so erhält man nach Multiplikation mit

$$\frac{2}{\pi} \sin kx_1 \sin nx_2$$

sowie Integration über x_1, x_2 das lineare Gleichungssystem

$$\sum_{\ell,m} M_{kn\ell m} c_{\ell m} = E\, c_{kn} \tag{7.6}$$

mit den Matrixelementen

$$M_{kn\ell m} = (\ell^2 + m^2)\delta_{\ell k}\delta_{mn}$$

$$- \frac{4\alpha}{\pi^2} \iint\limits_0^\pi dx_1\, dx_2\, (x_1 - x_2)^2 \sin kx_1 \sin nx_2 \sin \ell x_1 \sin mx_2$$

$$= \begin{cases} -\dfrac{32\alpha k\ell mn}{\pi^2}\dfrac{-1 + (-1)^{k+\ell} + (-1)^{m+n} - (-1)^{k+\ell+m+n}}{(\ell^2 - k^2)^2(m^2 - n^2)^2}, & k \neq \ell,\ m \neq n \\[2ex] -\dfrac{4\alpha mn\left(1 + (-1)^{m+n}\right)}{(m^2 - n^2)^2}, & k = \ell,\ m \neq n \\[2ex] -\dfrac{4\alpha k\ell\left(1 + (-1)^{k+\ell}\right)}{(k^2 - \ell^2)^2}, & k \neq \ell,\ m = n \\[2ex] \alpha\dfrac{3(n^2 + k^2) - \pi^2 k^2 n^2}{6k^2 n^2} + k^2 + n^2, & k = \ell,\ m = n\,. \end{cases} \tag{7.7}$$

Wie so oft in der Quantenmechanik steht man vor der Aufgabe eine große Matrix zu diagonalisieren. Um aus $\underline{M}$ eine zweidimensionale Matrix zu erhalten, fasst man jeweils zwei Indexpaare zusammen:

$$(k, n) \to k' = k + (n - 1)N \tag{7.8}$$

und für (ℓ, m) genauso. N ist die Anzahl der in (7.4) berücksichtigten Moden, je größer N, desto besser die Ortsauflösung der Wellenfunktionen. Allerdings handelt es sich bei $\underline{M}$ um eine $N^2 \times N^2$ Matrix, sodass man hier mit dem Rechenaufwand schnell an eine Grenze stößt.

Abb. 7.1 zeigt die unteren Eigenwerte in Abhängigkeit von α für $N = 10$. Interessant ist, dass die Entartung durch die Kopplung aufgehoben wird. Für großes α ensteht allerdings wieder „beinahe"-Entartung, hier gehören symmetrische und antisymmetrische Wellenfunktionen der Zustände weit voneinander entfernter Teilchen zum annähernd selben Energiewert.

Abb. 7.2 zeigt die 12 untersten Eigenfunktionen für $\alpha = 10$. Die Aufenthaltswahrscheinlichkeiten sind entlang der zweiten Winkelhalbierenden am größten, entsprechend $x_1 = -x_2$. D. h. aber, die beiden Teilchen sind in den energetisch niedrigsten Zuständen möglichst weit von einander entfernt.

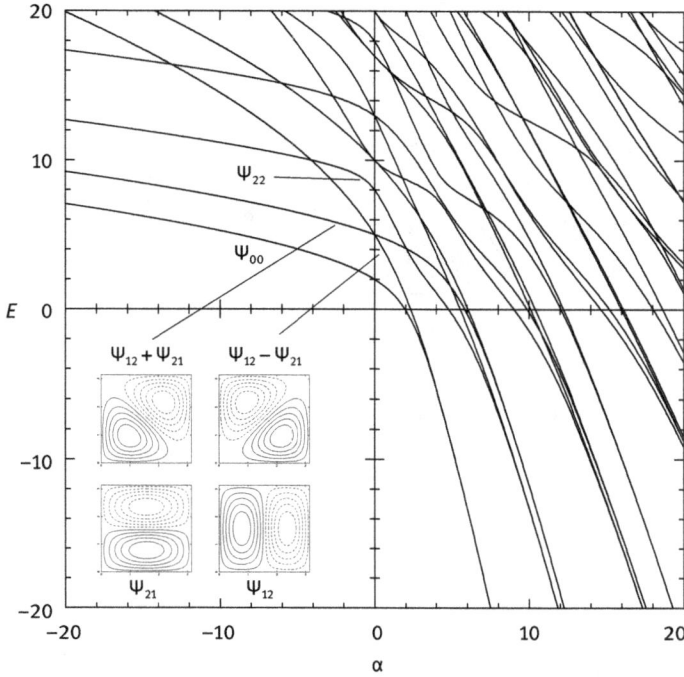

Abb. 7.1: Energie-Niveaus über α. Die für $\alpha = 0$ entarteten Zustände $\Psi_{\ell m}$, $\Psi_{m\ell}$ spalten auf. Inset: Durch Linearkombination zweier entarteter Zustände (unten) lassen sich neue Zustände (oben) zusammensetzen.

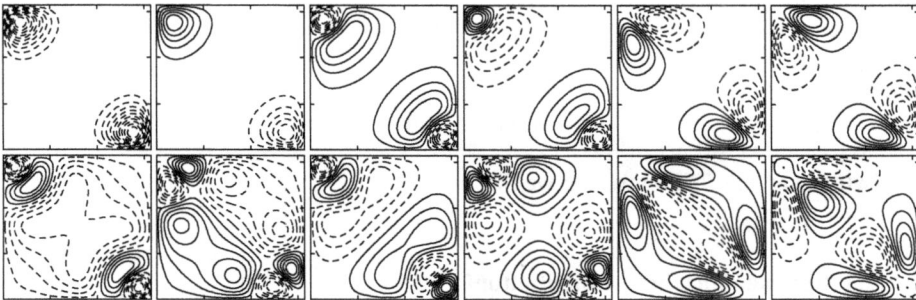

Abb. 7.2: Die untersten zwölf Zustände in der x_1, x_2-Ebene, von links oben nach rechts unten, $\alpha = 10$. Die Zustände $(1, 2)$, $(3, 4)$, $(5, 6)$ sind jeweils beinahe entartet, vgl. Abb. 7.1.

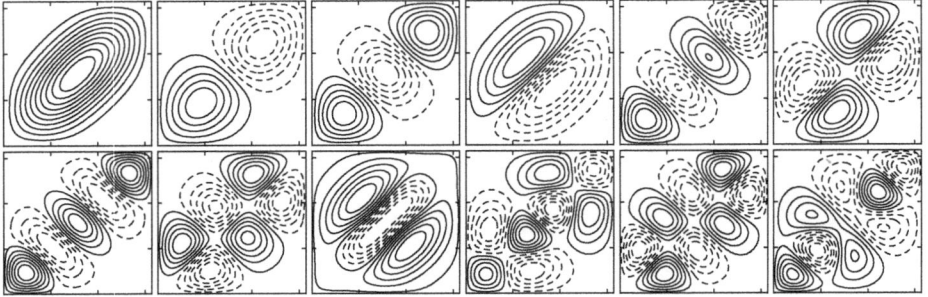

Abb. 7.3: Die untersten Zustände für $\alpha = -10$. Hier ist die Entartung vollständig aufgehoben.

In Abb. 7.3 dagegen sind die Zustände für anziehende Wechselwirkung $\alpha = -10$ gezeigt. Hier ist die Aufenthaltswahrscheinlichkeit entlang der Achse $x_1 = x_2$ am größten, die Teilchen sind sich in den unteren Zuständen gerne nahe.

7.1.2 Zeitabhängige Schrödinger-Gleichung

Die zeitabhängige Schrödinger-Gleichung (5.11) ist per se eine PDGL. Wir wollen sie zunächst ebenfalls in einer räumlichen Dimension betrachten. Skalierung von x wie in (7.2) führt auf die dimensionslose Form

$$-\frac{\partial^2 \Psi(\tilde{x}, \tilde{t})}{\partial \tilde{x}^2} + \tilde{U}(\tilde{x}, \tilde{t})\, \Psi(\tilde{x}, \tilde{t}) = \mathrm{i}\,\frac{\partial \Psi(\tilde{x}, \tilde{t})}{\partial \tilde{t}}\,, \tag{7.9}$$

wobei zusätzlich die Zeit mit

$$\tilde{t} = \frac{\pi^2 \hbar}{2mL^2} t$$

skaliert und

$$\tilde{U} = \frac{2mL^2}{\pi^2 \hbar^2} U$$

gilt (wir lassen alle Tilden wieder weg).

7.1.2.1 Der unendlich hohe Potentialtopf
Wir wollen wieder den unendlich hohen Potentialtopf betrachten mit

$$U(x) = \begin{cases} 0, & 0 < x < \pi \\ \infty, & \text{sonst}\,. \end{cases}$$

Da das Teilchen nicht in die Bereiche unendlich hoher Energie eindringen kann, ergeben sich die Dirichlet-Randbedingungen

$$\Psi(0, t) = \Psi(\pi, t) = 0\,.$$

Das Problem lässt sich durch einen Separationsansatz exakt lösen, die allgemeine Lösung lautet

$$\Psi(x, t) = \sum_{n}^{\infty} A_n \mathrm{e}^{-i\omega_n t} f_n(x) = \sum_{n}^{\infty} A_n \mathrm{e}^{-in^2 t} \sin nx \qquad (7.10)$$

mit aus der Anfangsbedingung zu bestimmenden Konstanten A_n. Offensichtlich kommen nur ganzzahlige Frequenzen

$$\omega_n = n^2 \in \mathcal{N} \qquad (7.11)$$

vor. Das heißt aber, die Wellenfunktion ist periodisch in t

$$\Psi(x, t) = \Psi(x, t + T)$$

mit der Periodendauer $T = 2\pi$, wobei T als „Wiederkehrzeit" bezeichnet werden kann.

Kennt man Ψ, so lassen sich Erwartungswerte ausrechnen, z. B. für Ort und Impuls:

$$\langle x \rangle(t) = \frac{1}{N^2} \int_0^\pi dx \, \Psi^* x \, \Psi$$

$$\langle p \rangle(t) = \frac{1}{N^2} \int_0^\pi dx \, \Psi^* (-2i\partial_x) \Psi \qquad (7.12)$$

mit der Norm

$$N^2 = \int_0^\pi dx \, |\Psi|^2 \, .$$

Wie man leicht mit Hilfe der Schrödinger-Gleichung zeigt, ist N unabhängig von t, d. h. die Norm bleibt erhalten.

7.1.2.2 Wellenpaket

Wählt man als Anfangsbedingung ein Gauß-förmiges Wellenpaket der Breite σ mit Maximum bei x_0[1]

$$\Psi(x, 0) = \mathrm{e}^{ik_0 x} \mathrm{e}^{-(x-x_0)^2/2\sigma^2} \, , \qquad (7.13)$$

so erhält man aus (7.12)

$$\langle x \rangle(0) = x_0, \quad \langle p \rangle(0) = 2k_0 \, .$$

Interpretiert man das Wellenpaket als Teilchen, so beschreiben x_0 und k_0 die beiden klassischen Anfangsbedingungen Ort und Geschwindigkeit.

Wir merken an, dass das Wellenpaket wegen der Dispersionsrelation (7.11) zunächst auseinander fließt, jedoch nach der Wiederkehrzeit T seine ursprüngliche Form (7.13) zurück erhält.

---

[1] Die Anfangsbedingung sollte natürlich die Randbedingungen erfüllen. Dies ist hier nur näherungsweise der Fall, das Wellenpaket sollte schmal genug sein und nicht zu nahe am Rand sitzen, also $\Psi(0, 0) \approx \Psi(\pi, 0) \approx 0$.

7.1.2.3 Algorithmus

Die Lösung der Schrödinger-Gleichung (7.9) lässt sich mit Hilfe des Zeitentwicklungsoperators

$$\hat{U}(t, t_0) = e^{-i \int_{t_0}^{t} dt' \hat{H}(t')}, \quad \hat{H} = -\frac{\partial^2}{\partial x^2} + U(x, t)$$

als

$$\Psi(x, t) = \hat{U}(t, t_0)\Psi(x, t_0) \tag{7.14}$$

formulieren. Betrachtet man die Entwicklung während eines kleinen Zeitschritts $\Delta t = t - t_0$ und entwickelt nach Δt so erhält man in erster Ordnung den Kurzzeitentwicklungsoperator

$$\hat{U}(t + \Delta t, t) = e^{-i \int_{t}^{t+\Delta t} dt' \hat{H}(t')} = e^{-i\hat{H}(t)\Delta t} + O(\Delta t^2) = 1 - i\hat{H}(t)\Delta t + O(\Delta t^2) . \tag{7.15}$$

Eingesetzt in (7.14) ergibt sich die Iterationsvorschrift

$$\Psi(x, t + \Delta t) = \underbrace{\left(1 - i\hat{H}(t)\Delta t\right)}_{\hat{A}} \Psi(x, t) , \tag{7.16}$$

analog zum expliziten Euler-Verfahren. Im Gegensatz zu $\hat{U}$ ist $\hat{A}$ allerdings kein unitärer Operator, sodass die Norm von Ψ

$$\langle \Psi(x, t + \Delta t)|\Psi(x, t + \Delta t)\rangle = \langle \hat{A}\Psi(x, t)|\hat{A}\Psi(x, t)\rangle = \langle \Psi(x, t)|\hat{A}^+\hat{A}|\Psi(x, t)\rangle$$

wegen

$$\hat{A}^+\hat{A} = (1 + i\hat{H}(t)\Delta t)(1 - i\hat{H}(t)\Delta t) = 1 + \hat{H}^2\Delta t^2$$

nur bis zur Ordnung Δt erhalten bleibt. Schreibt man allerdings in (7.15)

$$e^{-i\hat{H}(t)\Delta t} = e^{-i\hat{H}(t)\Delta t/2}e^{-i\hat{H}(t)\Delta t/2} = [e^{i\hat{H}(t)\Delta t/2}]^{-1}e^{-i\hat{H}(t)\Delta t/2}$$

$$= (1 + i\hat{H}(t)\Delta t/2)^{-1}(1 - i\hat{H}(t)\Delta t/2) + O(\Delta t^2) ,$$

so erhält man jetzt für den Kurzzeitentwicklungsoperator

$$\hat{U}(t + \Delta t, t) = (\hat{B}^+)^{-1}\hat{B} + O(\Delta t^2)$$

mit

$$\hat{B} = 1 - i\hat{H}(t)\Delta t/2 ,$$

was wegen

$$[(\hat{B}^+)^{-1}\hat{B}]\,[(\hat{B}^+)^{-1}\hat{B}]^+ = (\hat{B}^+)^{-1}\hat{B}\,\hat{B}^{-1}\hat{B}^+ = (\hat{B}^+)^{-1}\hat{B}^+ = 1$$

unitär in beliebiger Ordnung von Δt ist. Anstatt (7.16) verwendet man deshalb besser die normerhaltende Vorschrift

$$\Psi(x, t + \Delta t) = (\hat{B}^+)^{-1}\hat{B}\,\Psi(x, t)$$

oder

$$\hat{B}^{+}\Psi(x, t + \Delta t) = \hat{B}\,\Psi(x, t)\,. \tag{7.17}$$

Da man bei jedem Iterationsschritt $\hat{B}^{+}$ invertieren muss um $\Psi(x, t + \Delta t)$ zu erhalten, handelt es sich bei (7.17) um ein implizites Verfahren (ähnlich wie das in Abschn. 4.3.2 angegebene Crank–Nicolson-Verfahren).

Um die Operationen in (7.17) auszuwerten, kann man Ψ in ein Funktionensystem zerlegen (Galerkin-Verfahren). Am einfachsten gelingt eine Diskretisierung mittels finiter Differenzen (siehe Abschn. 6.2)

$$\Psi(x, t) \rightarrow \Psi(x_k, t) = \Psi_k(t)\,.$$

Mit der Diskretisierung (6.30) ergibt sich ($U = 0$)

$$-\left(\frac{2i\Delta x^2}{\Delta t} + 2\right)\Psi_k(t + \Delta t) + \Psi_{k+1}(t + \Delta t) + \Psi_{k-1}(t + \Delta t)$$
$$= \left(-\frac{2i\Delta x^2}{\Delta t} + 2\right)\Psi_k(t) - \Psi_{k+1}(t) - \Psi_{k-1}(t) \tag{7.18}$$

oder

$$\underline{L}\vec{\Psi}(t + \Delta t) = \underline{M}\vec{\Psi}(t)\,, \quad \vec{\Psi}(t + \Delta t) = \underline{L}^{-1}\underline{M}\vec{\Psi}(t)$$

mit den beiden Tridiagonalmatrizen $\underline{L}$ und $\underline{M}$.

Abb. 7.4 zeigt eine numerische Lösung nach (7.18) mit $\Delta x = \pi/1000$ und $\Delta t = 10^{-5}$. Als Anfangsbedingung wurde (7.13) mit

$$x_0 = 1\,, \quad k_0 = 40\,, \quad \sigma = 3/4 \tag{7.19}$$

verwendet. Deutlich ist zu sehen, wie das Wellenpaket bis $t \approx 1/2$ auseinander läuft. Das Teilchen ist dann nicht mehr lokalisierbar. Dies wird auch aus Abb. 7.5 ersichtlich. Das Wellenpaket (7.13) wird nach T vollständig, nach $T/2$ teilweise rekonstruiert. Die Varianz

$$\text{Var}\,(x) = \langle x^2 \rangle - \langle x \rangle^2$$

nimmt dort minimale Werte an.

7.1.2.4 Schrittweiten

Wie lassen sich Obergrenzen für die Schrittweiten Δt, Δx in (7.18) abschätzen? Diese hängen von der gewünschten Auflösung ab und damit von systemabhängigen typischen Zeit- und Ortsskalen. Beginnen wir mit den Zeiten:

Im speziellen Problem des Potentialtopfs mit lokalisierter Anfangsbedingung (7.13) gibt es vier charakteristische Zeiten:

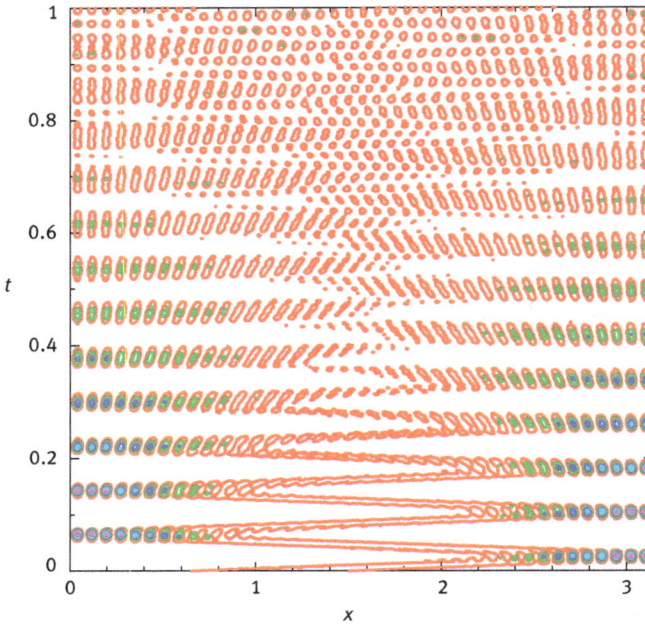

Abb. 7.4: *xt*-Diagramm entstanden durch Iteration von (7.18), Höhenlinien von $|\Psi(x,t)|^2$.

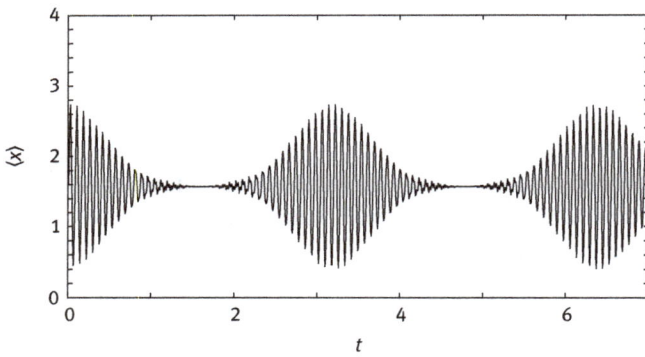

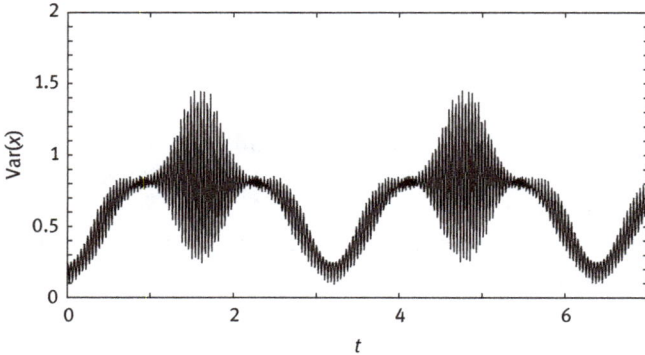

Abb. 7.5: Mittelwert und Varianz. Nach $t = 2\pi$ ist der Anfangszustand vollständig wieder hergestellt, nach $T = \pi$ nehmen die Moden mit geradem n ihren ursprünglichen Wert an.

(1) Die Wiederkehrzeit

$$T_1 = T = 2\pi \approx 6{,}28$$

(2) Die Umlaufzeit (Teilchen von einer Wand zur anderen)

$$T_2 = \pi/2k_0 \approx 0{,}04$$

(3) Die „Zerfließzeit", bis die Breite des Wellenpakets

$$b = 2\sqrt{\frac{\sigma^2}{2} + \frac{2T_3^2}{\sigma^2}}$$

gleich der Kastenlänge π ist, also

$$T_3 = \sqrt{\frac{\pi^2 \sigma^2}{8} - \frac{\sigma^4}{4}} \approx 0{,}8$$

(4) Die Courant-Bedingung (6.64). Die Phasengeschwindigkeit jeder Welle in der Summe in (7.10) ist $v_p = n$. Um das maximale $n = n_m$ zu bestimmen, soll die zu n_m gehörende Amplitude

$$A_{n_m} = \epsilon A_{k_0} = \epsilon$$

sein mit vorgegebenem $\epsilon \ll 1$ (Genauigkeit). Mit

$$A_n = \mathrm{e}^{-\sigma^2(k-k_0)^2/2} = \mathrm{e}^{-\sigma^2(n-k_0)^2/2}$$

ergibt sich

$$n_m = \sqrt{-\frac{2}{\sigma^2} \ln \epsilon} + k_0 \,.$$

Will man die Courant-Bedingung (6.64) erfüllen, so erhält man daraus

$$T_4 = \frac{\Delta x}{n_m} \,.$$

Um schließlich noch Δx festzulegen nehmen wir an, dass die kürzeste vorkommende Wellenlänge $\lambda_0 = 2\pi/n_m$ mit mindestens 10 Stützstellen aufgelöst werden soll, also

$$\Delta x = \frac{2\pi}{10 n_m} \tag{7.20}$$

oder

$$T_4 = \frac{2\pi}{10 n_m^2} \,.$$

Mit den Parametern (7.19) und $\epsilon = 10^{-4}$ folgt $n_m = 46$ und

$$T_4 \approx 3 \cdot 10^{-4} \,.$$

Somit erhält man eine Hierarchie charakteristischer Zeiten der Form

$$T_4 \ll T_2 \ll T_3 \ll T_1 \,,$$

der Zeitschritt bestimmt sich demnach aus der Forderung

$$\Delta t < T_4 \,.$$

Aus (7.20) ergibt sich schließlich eine Obergrenze für Δx,

$$\Delta x < 0{,}014 \,.$$

7.2 Quantenmechanik in zwei Dimensionen

Als zweidimensionales Problem wollen wir die Bewegung eines geladenen Teilchens (Elektron) im homogenen, stationären Magnetfeld untersuchen.

7.2.1 Schrödinger-Gleichung

Die Bewegung des Teilchens (Masse m, Ladung q) soll in der xy-Ebene senkrecht zum Magnetfeld

$$\vec{B} = (0, 0, B)$$

erfolgen. Das analoge klassische Problem liefert Trajektorien in Form von Kreisbahnen mit der Umlauffrequenz $\omega_L = qB/2m$, der Larmor-Frequenz. Den Hamilton-Operator erhält man durch die Minimalsubstitution

$$\hat{H} = \frac{1}{2m}(\hat{\vec{p}} - q\hat{\vec{A}})^2$$

mit $\hat{\vec{A}}$ als dem Operator des zu $\vec{B}$ gehörenden Vektorpotentials $\vec{B} = \operatorname{rot}\vec{A}$. Wegen der Eichfreiheit ist $\vec{A}$ nur bis auf einen Ausdruck $\operatorname{grad}\phi$ bestimmt, wir wählen die symmetrische Form

$$\vec{A} = \frac{1}{2}B \begin{pmatrix} y \\ -x \\ 0 \end{pmatrix} \,.$$

Skalierung wie in Abschn. 7.1 ergibt die dimensionslose Schrödinger-Gleichung

$$\left[-\Delta + iB_0(y\partial_x - x\partial_y) + \frac{1}{4}B_0^2(x^2 + y^2) \right] \Psi(x, y, t) = i\partial_t \Psi(x, y, t) \tag{7.21}$$

mit dem ebenen Laplace-Operator $\Delta = \partial_{xx} + \partial_{yy}$ und

$$B_0 = \frac{qL^2}{\pi^2 \hbar} B \,.$$

Das Teilchen soll sich wieder in einem unendlich hohen (quadratischen) Potentialtopf der Länge L befinden, es gelten demnach die Randbedingungen

$$\Psi(0, y, t) = \Psi(L, y, t) = \Psi(x, 0, t) = \Psi(x, L, t) = 0 \,.$$

7.2.2 Algorithmus

Die Überlegungen aus Abschn. 7.1.2.3 gelten genauso in zwei Dimensionen. Diskretisierung mit finiten Differenzen (Schrittweiten in x, y gleich Δx, $N \times N$ Gitterpunkte)

$$\Psi(x, y, t) \to \Psi(x_k, y_\ell, t) = \Psi_{k,\ell}(t)$$

ergibt dann aus (7.17) die Iterationsvorschrift

$$
\begin{aligned}
-\left(\frac{2\mathrm{i}\Delta x^2}{\Delta t} + 4 + \beta^2(x_k^2 + y_\ell^2) \right) &\Psi_{k,\ell}(t + \Delta t) \\
+ (1 - \mathrm{i}\beta y_\ell)\Psi_{k+1,\ell}(t + \Delta t) &+ (1 + \mathrm{i}\beta y_\ell)\Psi_{k-1,\ell}(t + \Delta t) \\
+ (1 + \mathrm{i}\beta x_k)\Psi_{k,\ell+1}(t + \Delta t) &+ (1 - \mathrm{i}\beta x_k)\Psi_{k,\ell-1}(t + \Delta t) \\
&= \left(-\frac{2\mathrm{i}\Delta x^2}{\Delta t} + 4 + \beta^2(x_k^2 + y_\ell^2) \right) \Psi_{k,\ell}(t) \\
&\quad - (1 - \mathrm{i}\beta y_\ell)\Psi_{k+1,\ell}(t) - (1 + \mathrm{i}\beta y_\ell)\Psi_{k-1,\ell}(t) \\
&\quad - (1 + \mathrm{i}\beta x_k)\Psi_{k,\ell+1}(t) - (1 - \mathrm{i}\beta x_k)\Psi_{k,\ell-1}(t)
\end{aligned}
\tag{7.22}
$$

mit der Abkürzung $\beta = B_0 \Delta x/2$. Führt man wieder wie in (7.8) eindimensionale Vektoren $\vec{\Phi}$

$$\Psi_{k,\ell} = \Phi_{k'}, \quad k' = k + (\ell - 1)N \tag{7.23}$$

ein, so lässt sich (7.22) als

$$\underline{L}\,\vec{\Phi}(t + \Delta t) = \underline{M}\,\vec{\Phi}(t)$$

schreiben. Allerdings besitzt die Matrix $\underline{L}$ jetzt keine Tridiagonalform und lässt sich nicht mehr einfach (und schnell) mit Hilfe des Thomas-Algorithmus invertieren. Man wird vielmehr auf iterative Verfahren zurückgreifen, wie wir sie in Abschn. 6.2.2.2 vorgestellt haben.

7.2.3 Auswertung

Die Abbildungen 7.6 und 7.7 zeigen die zeitliche Entwicklung eines Wellenpakets ohne und mit Magnetfeld. Als Anfangsbedingung wurde

$$\Psi(x, y, 0) = e^{\mathrm{i}\vec{k}_0 \vec{x}}\, e^{-(\vec{x} - \vec{x}_0)^2/2\sigma^2} \tag{7.24}$$

mit

$$\vec{k}_0 = (100, 70), \quad \vec{x}_0 = (1/2, 1/2), \quad \sigma = 1/20$$

gewählt. Das FD-Gitter besteht aus 200×200 Punkten, die Schrittweiten sind

$$\Delta x = 1/199, \quad \Delta t = 5 \cdot 10^{-6}\,.$$

Die schwarzen Kurven markieren die Ortserwartungswerte. Deutlich ist zumindest am Anfang die Übereinstimmung mit den klassischen Trajektorien (Reflexion an den Seitenwänden) zu sehen.

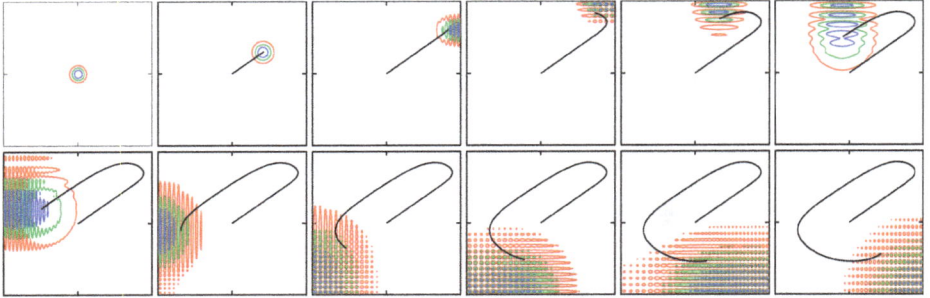

Abb. 7.6: Zeitliche Entwicklung des Wellenpakets (7.24) mit dem Schema (7.22). Schnappschüsse zu äquidistanten Zeiten ohne Magnetfeld. Höhenlinien von $|\Psi|^2$ sowie die „Trajektorie" $\vec{x}_m(t) = \langle \Psi | \vec{x} | \Psi \rangle$.

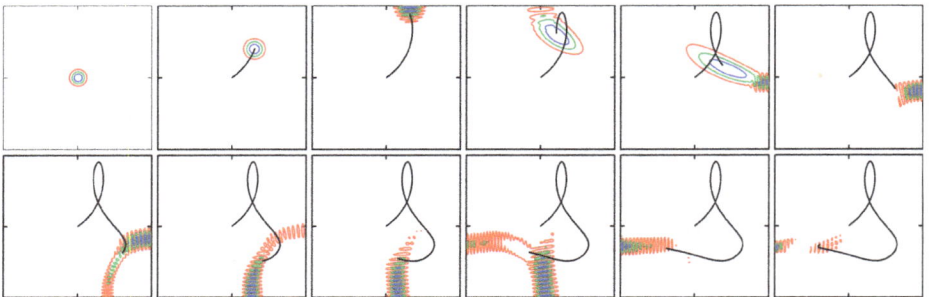

Abb. 7.7: Mit Magnetfeld ($B_0 = -300$) bewegt sich das Teilchen auf Kreissegmenten.

7.3 Hydrodynamik inkompressibler Strömungen

In der Hydrodynamik stellt man sich den Raum durch ein Kontinuum, eben die Flüssigkeit (oder ein Gas), ausgefüllt vor. Der Zustand der Flüssigkeit wird durch das Strömungsfeld $\vec{v}(\vec{r}, t)$, ihre Dichte $\rho(\vec{r}, t)$ sowie den Druck $P(\vec{r}, t)$ beschrieben. Zusätzlich ist bei kompressiblen Fluiden noch ein Materialgesetz der Form $P = P(\rho)$ notwendig. Im nicht-isothermen Fall benötigt man eine weitere Zustandsvariable, das Temperaturfeld $T(\vec{r}, t)$.

7.3.1 Grundgleichungen

Wir wollen uns auf inkompressible Flüssigkeiten $\rho = \rho_0 = $ const. und zunächst auch auf den isothermen Fall $T = $ const. beschränken. Impuls- und Massenerhaltung führen dann auf die Navier–Stokes-Gleichungen

$$\partial_t \vec{v} + (\vec{v} \cdot \nabla)\,\vec{v} = \nu \Delta \vec{v} - \frac{1}{\rho_0}\nabla P \,, \tag{7.25a}$$

$$\nabla \cdot \vec{v} = 0 \,, \tag{7.25b}$$

wobei ν die (konstante) kinematische Viskosität bezeichnet[2].

In drei Dimensionen lässt sich die Inkompressibilitätsbedingung (7.25b) durch den Ansatz

$$\vec{v} = \mathrm{rot}\,(\Psi \hat{e}_z) + \mathrm{rot}\,\mathrm{rot}\,(\Phi \hat{e}_z) \tag{7.26}$$

identisch erfüllen. Die beiden Ausdrücke auf der rechten Seite von (7.26) werden als toroidales, bzw. poloidales Geschwindigkeitsfeld bezeichnet. Durch Bildung der Rotation von (7.25a) lässt sich der Druck eliminieren. Man erhält zwei gekoppelte, skalare Gleichungen für die Felder Ψ und Φ.

7.3.1.1 Ebene inkompressible Strömungen: Stromfunktion

In zwei Dimensionen vereinfacht sich (7.26) zu

$$\vec{v} = \mathrm{rot}\,(\Psi \hat{e}_z) = \begin{pmatrix} \partial_y \Psi \\ -\partial_x \Psi \end{pmatrix} \,. \tag{7.27}$$

Das Feld $\Psi(x, y, t)$ heißt Stromfunktion, die Linien $\Psi(x, y, t) = $ const. sind die Stromlinien. Wegen ($t = $ const.)

$$d\Psi = \partial_x \Psi\, dx + \partial_y \Psi\, dy = -v_y\, dx + v_x\, dy$$

gilt entlang einer Stromlinie ($d\Psi = 0$):

$$\frac{dy}{dx} = \frac{v_y}{v_x} \,.$$

D. h. die Stromlinien sind für den Fall $\partial_t \Psi = 0$ mit den Teilchenbahnen[3] identisch.

7.3.1.2 Wirbelfeld

Als Wirbelfeld ist der Ausdruck

$$\vec{\xi} = \mathrm{rot}\,\vec{v}$$

definiert. In zwei Dimensionen wird daraus mit (7.27) das skalare Feld

$$\xi = -\Delta \Psi \,. \tag{7.28}$$

---

2 Ist ν nicht konstant, z. B. bei nicht-Newtonschen Fluiden oder bei nicht-isothermen Problemen, wird (7.25a) komplizierter. Wir verweisen auf Hydrodynamik-Lehrbücher, z. B. [1].

3 In der Kontinuumsmechanik steht der Begriff „Teilchen" eher für ein mitschwimmendes Volumenelement.

7.3.1.3 Algorithmus und Randbedingungen

In zwei Dimensionen besitzt die Rotation von (7.25a) nur eine z-Komponente. Nach kurzer Rechnung bringt man diese in die Form einer Transportgleichung für die Wirbelstärke ξ:

$$\partial_t \xi + v_x \partial_x \xi + v_y \partial_y \xi = \nu \Delta \xi \,. \tag{7.29}$$

Um $\vec{v}$ aus Ψ zu berechnen, muss (7.28) invertiert werden. Folgende Schritte sind für einen Zeitschritt notwendig:

(1) $t := 0$. Setze Anfangsbedingung $\xi = \xi(t = 0)$.
(2) Invertiere (7.28) durch Poisson-Solver, bestimme $\Psi(t)$, daraus mit (7.27) $\vec{v}(t)$.
(3) Iteriere (7.29) (FTCS, Galerkin etc.) und bestimme $\xi(t + \Delta t)$.
(4) $t := t + \Delta t$. Wenn $t < t_{end}$, gehe nach (2).

Randbedingungen werden in (7.29) sowie zur Inversion von (7.28) benötigt. Entlang einer festen Wand müssen beide Komponenten von $\vec{v}$ verschwinden (no-slip-Bedingung). Wir betrachten exemplarisch den Rand $x = 0$. Aus $\vec{v} = 0$ ergibt sich

$$\partial_x \Psi(x = 0, y) = \partial_y \Psi(x = 0, y) = 0 \,.$$

Da Ψ entlang des Randes konstant und nur bis auf eine Konstante zu bestimmen ist, können wir

$$\Psi(x = 0, y) = 0, \quad \partial_x \Psi(x = 0, y) = 0 \tag{7.30}$$

setzen. Es liegen also zwei Randbedingungen, Dirichlet und Neumann, für Ψ vor, zunächst jedoch keine für die Wirbelstärke ξ. Um ein wohl definiertes Problem zu erhalten, muss man die Randbedingungen jetzt irgendwie auf die Felder Ψ und ξ „verteilen" [2].

Gl. (7.28) lässt sich durch die Dirichlet-Bedingung $\Psi = 0$ eindeutig invertieren. Um die Neumann-Bedingung einzubauen, entwickelt man Ψ um $x = 0$ bis zur zweiten Ordnung und berücksichtigt (7.30):

$$\Psi(\Delta x, y) = \underbrace{\Psi(0, y)}_{=0} + \underbrace{\partial_x \Psi(0, y)}_{=0} \Delta x + \frac{1}{2} \partial_{xx} \Psi(0, y) \Delta x^2 \,. \tag{7.31}$$

Wenn Ψ entlang der Wand konstant ist, verschwindet dort auch $\partial_{yy}\Psi$. Aus (7.28) wird damit

$$\xi(0, y) = -\partial_{xx}\Psi(0, y)$$

und eingesetzt in (7.31) resultiert schließlich die Dirichlet-Bedingung für ξ:

$$\xi(0, y) = -\frac{2\Psi(\Delta x, y)}{\Delta x^2} \,. \tag{7.32}$$

7.3.2 Beispiel: Driven Cavity

7.3.2.1 Das System

Eine Flüssigkeit (2D) werde von vier Wänden der Länge L begrenzt. Die obere Wand bewege sich mit konstanter Geschwindigkeit U_0 nach rechts, die anderen Wände ruhen. Am oberen Rand gelten die no-slip Bedingungen $v_x = U_0$, $v_y = 0$ oder

$$\Psi = 0, \quad \partial_y \Psi = U_0 \,.$$

Weil $\partial_y \Psi$ bei $y = L$ nicht mehr verschwindet, lautet dort die Dirichlet-Bedingung (7.32) für ξ jetzt

$$\xi(x, L) = -\frac{2\Psi(x, L - \Delta x)}{\Delta x^2} - \frac{2 U_0}{\Delta x} \,. \tag{7.33}$$

Abb. 7.8 zeigt das System mit den Randbedingungen.

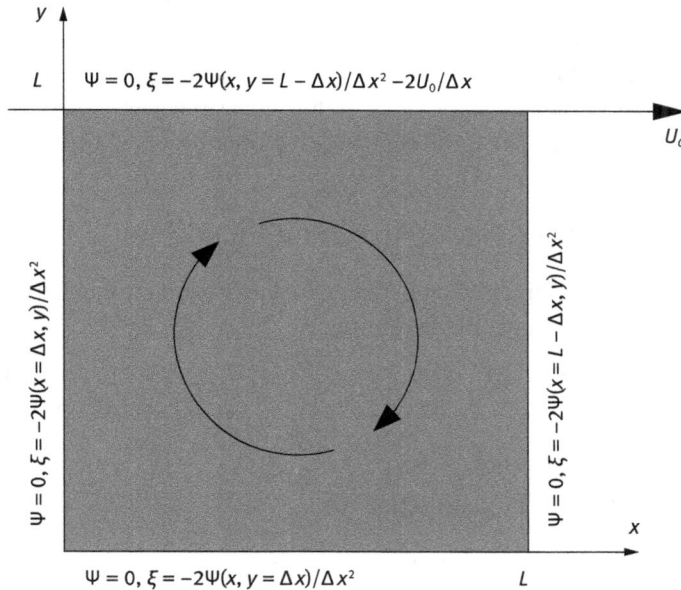

Abb. 7.8: Driven Cavity mit Randbedingungen. Die obere Wand bewegt sich mit konstanter Geschwindigkeit U_0. In der Flüssigkeit (grau) bilden sich Wirbel.

7.3.2.2 Dimensionslose Gleichungen und Randbedingungen

In der Hydrodynamik rechnet man normalerweise mit dimensionslosen Gleichungen und Variablen. Die Skalierungen

$$\vec{v} = U_0 \vec{\tilde{v}}, \quad (x, y) = (L\tilde{x}, L\tilde{y}), \quad t = \frac{L}{U_0} \tilde{t}$$

führen anstatt (7.28), (7.29) auf das System (alle Tilden werden wieder weggelassen)

$$\partial_t \xi + v_x \partial_x \xi + v_y \partial_y \xi = \frac{1}{R_e} \Delta \xi \tag{7.34}$$

$$\xi = -\Delta \Psi$$

mit der Reynolds-Zahl

$$R_e = \frac{U_0 L}{\nu}$$

als einzigem Parameter (charakteristische Zahl). Die obere Randbedingung (7.33) lautet nach der Skalierung

$$\xi(x, 1) = -\frac{2\Psi(x, 1 - \Delta x)}{\Delta x^2} - \frac{2}{\Delta x} .$$

7.3.2.3 Algorithmus
Die Diskretisierung in x und y erfolgt durch finite Differenzen mit Schrittweite Δx. Wir beziehen uns auf den Algorithmus aus Abschn. 7.3.1.3. Für Schritt (2) wird das in Abschn. 6.2.2.2 besprochene ADI-Verfahren verwendet. Wir wollen hier Schritt (3), die numerische Iteration der Wirbelgleichung (7.34), näher ausführen, siehe auch [2]. Ersetzen der Zeitableitung durch den Vorwärts-Differenzenquotienten erster Ordnung ergibt das Einschrittverfahren[4]

$$\frac{\xi(t + \Delta t) - \xi(t)}{\Delta t} = -\partial_x(u(t')\xi(t')) - \partial_y(v(t')\xi(t')) + \frac{1}{R_e}\Delta \xi(t') , \tag{7.35}$$

wobei es sich je nach Wahl von t' um ein explizites ($t' = t$) oder um ein implizites ($t' = t + \Delta t$) Schema handelt. Führen wir die Änderung

$$\delta \xi = \xi(t + \Delta t) - \xi(t) \tag{7.36}$$

ein, so lässt sich (7.35) als

$$\delta \xi = \Delta t \, (\underline{A}_x + \underline{A}_y) \, \xi(t') \tag{7.37}$$

schreiben. Die Matrixoperatoren $\underline{A}_x$, $\underline{A}_y$ sind definiert als

$$\underline{A}_x = \frac{1}{R_e} \underline{L}_{xx} - \underline{L}_x(u)$$

$$\underline{A}_y = \frac{1}{R_e} \underline{L}_{yy} - \underline{L}_y(v) ,$$

wobei

$$\underline{L}_{xx}\xi = \frac{\xi_{i+1,j} - 2\xi i,j + \xi_{i-1,j}}{\Delta x^2} , \quad \underline{L}_x(u)\xi = \frac{u_{i+1,j}\xi_{i+1,j} - u_{i-1,j}\xi_{i-1,j}}{2\Delta x} ,$$

$$\underline{L}_{yy}\xi = \frac{\xi_{i,j+1} - 2\xi i,j + \xi_{i,j-1}}{\Delta x^2} , \quad \underline{L}_y(v)\xi = \frac{v_{i,j+1}\xi_{i,j+1} - v_{i,j-1}\xi_{i,j-1}}{2\Delta x} .$$

---

4 Wegen $\nabla \cdot \vec{v} = 0$ gilt $u\partial_x \xi + v\partial_y \xi = \partial_x(u\xi) + \partial_y(v\xi)$.

Ein semi-implizites Verfahren (Crank–Nicolson) konvergiert besser und besitzt höhere Genauigkeit als ein vollständig explizites. Wir wählen

$$\delta\xi = \frac{1}{2}\Delta t \, (\underline{A}_x + \underline{A}_y) \, \xi(t) + \frac{1}{2}\Delta t \, (\underline{A}_x + \underline{A}_y) \, \xi(t + \Delta t) \,, \tag{7.38}$$

was man mit (7.36) zu

$$\left[1 - \frac{1}{2}\Delta t \, (\underline{A}_x + \underline{A}_y) \right] \delta\xi = \Delta t \, (\underline{A}_x + \underline{A}_y) \, \xi(t) \tag{7.39}$$

umformen kann. Die eckige Klammer lässt sich faktorisieren

$$[\cdots] = \left(1 - \frac{1}{2}\Delta t \, \underline{A}_x \right)\left(1 - \frac{1}{2}\Delta t \, \underline{A}_y \right) - \frac{1}{4}\Delta t^2 \underline{A}_x \, \underline{A}_y \,,$$

wobei der letzte Ausdruck von $O(\Delta t^2)$ ist und selbstkonsistent weggelassen werden kann. Die Inversion der eckigen Klammer in (7.39) lässt sich dann in zwei aufeinanderfolgende Schritte aufteilen, wobei in jedem Schritt eine Tridiagonalmatrix invertiert wird.

Schritt (I):

$$\left(1 - \frac{1}{2}\Delta t \, \underline{A}_x \right) \delta\xi^* = \Delta t \, (\underline{A}_x + \underline{A}_y) \, \xi(t) \,. \tag{7.40}$$

Durch den Thomas-Algorithmus lässt sich $\delta\xi^*$ effektiv berechnen.

Schritt (II):

$$\left(1 - \frac{1}{2}\Delta t \, \underline{A}_y \right) \delta\xi = \delta\xi^* \,. \tag{7.41}$$

Wie beim ADI-Verfahren muss man i, j umsortieren, damit $\underline{A}_x$ und $\underline{A}_y$ jeweils Tridiagonalform besitzen.

Schließlich lässt sich $\xi(t + \Delta t)$ aus

$$\xi(t + \Delta t) = \xi(t) + \delta\xi$$

berechnen. Das komplette Programm findet man in [3].

7.3.2.4 Ergebnisse

Wir zeigen Ergebnisse für ein 200×200 Gitter, $\Delta x = 1/199$, $\Delta t = 1{,}25 \cdot 10^{-4}$ und zwei verschiedene Reynolds-Zahlen. Die Stromlinien zu verschiedenen Zeiten sind in Abb. 7.9, 7.10 dargestellt. Aus der Literatur [4] ist bekannt, dass bei $R_e \approx 8000$ die zunächst stationären Wirbel oszillatorisch instabil werden. Dies lässt sich auch aus den Abbildungen erkennen. Abb. 7.11 zeigt schließlich die gesamte Abweichung (7.36)

$$\delta\bar{\xi}(t) = \sum_{i,j=1}^{200} |\delta\xi_{ij}(t)| \tag{7.42}$$

über der Zeit für die beiden Reynolds-Zahlen. Bei $R_e = 5000$ wird nach $t \approx 100$ ein stationärer Zustand erreicht.

2.53   15.16   99.54

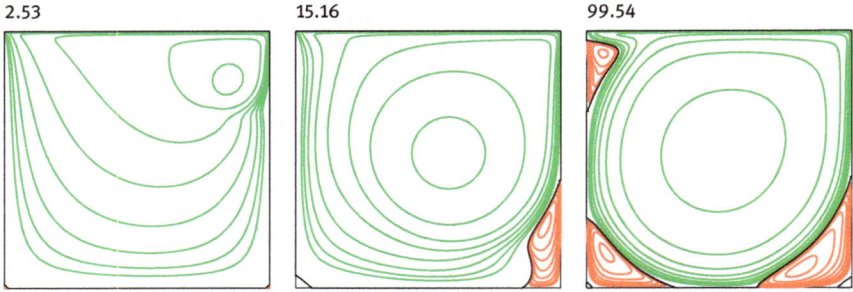

Abb. 7.9: Driven Cavity, Zeitserie für R_e = 5000. Der Zustand am Ende ist stationär. Zeiten in Einheiten von $\tau = 2$ s (Wasser, Cavity-Länge 10 cm, $U_0 = 5$ cm/s).

2.53   12.64   27.58

37.49   49.89   62.29

75.51   88.86   99.54

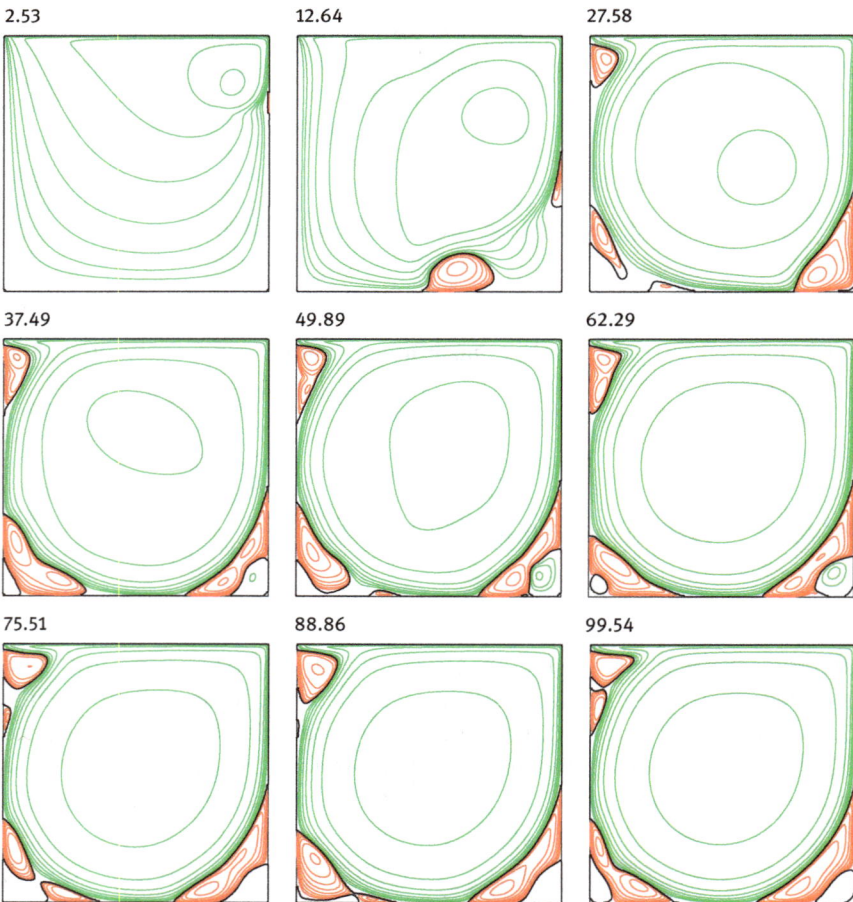

Abb. 7.10: Zeitserie für $R_e = 10\,000$. Hier bleiben die Stromlinien zeitabhängig, $\tau = 1$ s, $U_0 = 10$ cm/s.

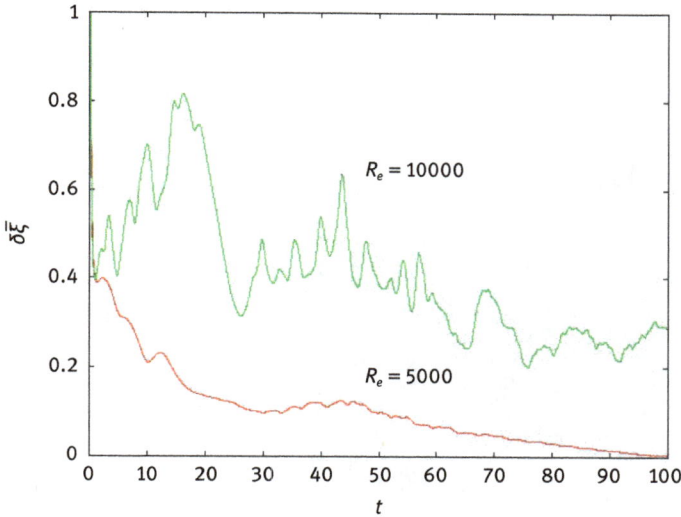

Abb. 7.11: Die Abweichungen (7.42) über der Zeit. Für $R_e = 10000$ bleibt das Strömungsfeld zeitabhängig.

Um ein Gefühl für die Zeitskalen zu bekommen, rechnen wir in dimensionsbehaftete Größen zurück, als Arbeitssubstanz nehmen wir Wasser mit $\nu = 10^{-6}\,\text{m}^2/\text{s}$ an. Für $R_e = 5000$ und $L = 0{,}1\,\text{m}$ ergibt sich $U_0 = 0{,}05\,\text{m/s}$. Für die Zeitskalierung erhält man $\tau = L/U_0 = 2\,\text{s}$. Bei $R_e = 10000$ (Abb. 7.10) wäre $U_0 = 0{,}1\,\text{m/s}$ und $\tau = 1\,\text{s}$.

7.3.3 Thermische Konvektion: (A) quadratische Geometrie

Wir wollen uns noch einmal dem Problem der Temperaturverteilung in einem beheizten Zimmer mit wärmeisolierenden Wänden zuwenden. In Abschn. 6.2.3.2 hatten wir den reinen Diffusionsprozess (Wärmeleitung) untersucht und gesehen, dass es viele Tage dauern würde, bis das Zimmer sich einigermaßen gleichmäßig erwärmt hätte. Durch eine Ergänzung des im vorigen Abschnitts entwickelten Programms lässt sich Konvektion, also durch Temperaturgradienten hervorgerufene Strömung der Luft, mit berücksichtigen. Im Gegensatz zu dem System aus Abschn. 6.2.3.2 nehmen wird jetzt links, rechts und oben isolierende Wände an. Außerdem soll der Boden die konstante vorgegebene Temperatur T_0 besitzen (Fußbodenheizung), Fenster und Ofen entfallen.

7.3.3.1 Grundgleichungen
Abb. 7.12 zeigt das System zusammen mit den Randbedingungen.

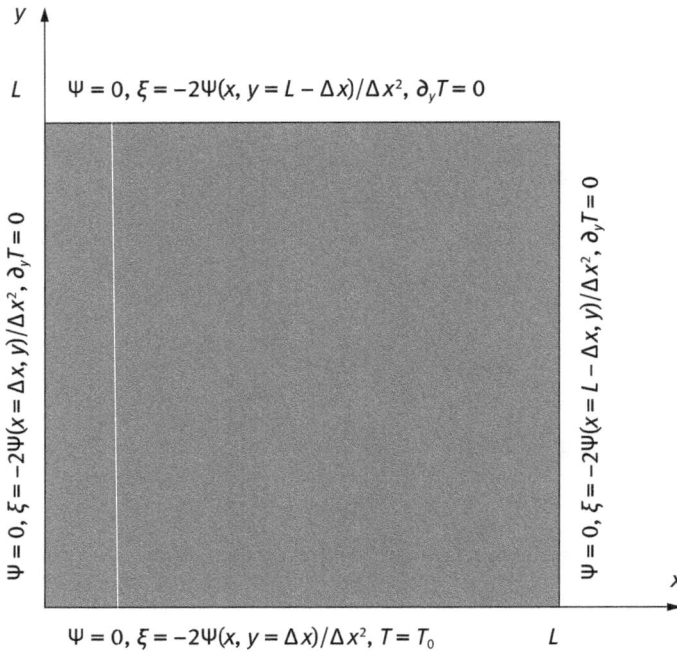

The diagram shows a heated room with boundary conditions:

Top edge ($y = L$): $\Psi = 0, \xi = -2\Psi(x, y = L - \Delta x)/\Delta x^2, \partial_y T = 0$

Left edge: $\Psi = 0, \xi = -2\Psi(x = \Delta x, y)/\Delta x^2, \partial_y T = 0$

Right edge: $\Psi = 0, \xi = -2\Psi(x = L - \Delta x, y)/\Delta x^2, \partial_y T = 0$

Bottom edge: $\Psi = 0, \xi = -2\Psi(x, y = \Delta x)/\Delta x^2, T = T_0$

Abb. 7.12: Der von unten beheizte Raum mit Randbedingungen.

Bliebe die Luft in Ruhe, so würde sich für die Wärmeleitgleichung zu der Anfangsbedingung

$$T(x, y, t = 0) = 0$$

eine analytische Lösung angeben[5] lassen:

$$T(x, y, t) = T_0 \left(1 - \mathrm{erf}\left(y/2\sqrt{\kappa t}\right)\right). \tag{7.43}$$

Hier bezeichnet κ wieder die Temperaturleitfähigkeit der Luft und $\mathrm{erf}(x)$ die Fehlerfunktion. Diese Lösung beschreibt eine Temperaturfront, die sich langsam vom Boden zur Decke ausbreitet (Diffusion), die dazu benötigte Zeit liegt in der Größenordnung der thermischen Diffusionszeit

$$\tau = L^2/\kappa \tag{7.44}$$

und beträgt, wie wir schon aus Abschn. 6.2.3.2 wissen, für $L = 3$ m etwa fünf Tage.

Um die Luftströmung zu berücksichtigen, muss man die Diffusionsgleichung zur Transportgleichung

$$\partial_t T + \vec{v} \cdot \nabla T = \kappa \Delta T$$

---

5 Die Randbedingung bei $y = L$ wird dadurch nur näherungsweise erfüllt, jedoch sehr gut solange $t \ll \tau$ gilt.

erweitern. Die Luftströmung entsteht durch Auftriebskräfte. Warme Luft ist leichter und will nach oben, schwere, kalte Luft nach unten. Setzt man den linearen Zusammenhang (Boussinesq-Näherung)

$$\rho(T) = \rho_0(1 - \alpha(T - T_0))$$

mit dem thermischen Ausdehnungskoeffizienten

$$\alpha = \frac{1}{V}\frac{dV}{dT}\bigg|_{T=T_0}$$

zwischen Dichte ρ und Temperatur voraus, so resultiert auf der rechten Seite der Navier–Stokes-Gleichung (7.25a) die zusätzliche Volumenkraftdichte

$$-\frac{\rho(T)g}{\rho_0}\hat{e}_y = -g(1 - \alpha(T - T_0))\hat{e}_y$$

mit der Gravitationsbeschleunigung $g = 9{,}81\ \text{m/s}^2$. Da jetzt keine Referenzgeschwindigkeit U_0 existiert, wählt man eine etwas andere Skalierung als in Abschn. 7.3.2.2, nämlich:

$$\vec{v} = \frac{L}{\tau}\vec{\tilde{v}}, \quad (x, y) = (L\tilde{x}, L\tilde{y}), \quad t = \tau\tilde{t}, \quad T = T_0\Theta$$

mit τ nach (7.44). Das gesamte System lautet dann (alle Tilden weglassen)

$$\frac{1}{Pr}\left[\partial_t\xi + v_x\partial_x\xi + v_y\partial_y\xi\right] = \Delta\xi + R\,\partial_x\Theta \tag{7.45a}$$

$$\xi = -\Delta\Psi \tag{7.45b}$$

$$\partial_t\Theta + \vec{v}\cdot\nabla\Theta = \Delta\Theta \tag{7.45c}$$

mit der Prandtl-Zahl $Pr = \nu/\kappa$ und der Rayleigh-Zahl

$$R = \frac{g\alpha L^3 T_0}{\kappa\nu}\ .$$

7.3.3.2 Algorithmus und Ergebnisse

Das in Abschn. 7.3.2.3 beschriebene Verfahren lässt sich leicht erweitern. Die Kopplung des Temperaturfelds an das Wirbelfeld erfolgt durch Hinzufügen des Terms

$$R\,\Delta t\frac{\Theta_{i+1,j} - \Theta_{i-1,j}}{2\Delta x}$$

auf der rechten Seite von (7.40). Die Temperaturgleichung (7.45c) lässt sich vollständig explizit durch ein FTCS-Verfahren wie in Abschn. 6.2.3.2 iterieren. Daraus folgt eine obere Grenze für den Zeitschritt

$$\Delta t < \frac{1}{4}\Delta x^2\ .$$

Um genauere Ergebnisse zu erhalten, sollte Δt allerdings wesentlich kleiner sein.

Berechnet man R für die Werte von Luft (α für ein ideales Gas bei $T \approx 0\,°C$):

$$\alpha = 1/273\,\text{K}, \quad \nu = 14 \cdot 10^{-6}\,\text{m}^2/\text{s}, \quad \kappa = 20 \cdot 10^{-6}\,\text{m}^2/\text{s},$$

so erhält man für $L = 3$ m und $T_0 = 20\,°C$ den sehr großen Wert

$$R \approx 7 \cdot 10^{10}\,.$$

Die Luftströmung wird schnell turbulent und bildet kleinskalige Wirbel, welche eine extrem hohe Ortsauflösung erfordern würden. Da das Programm auf einem einfachen

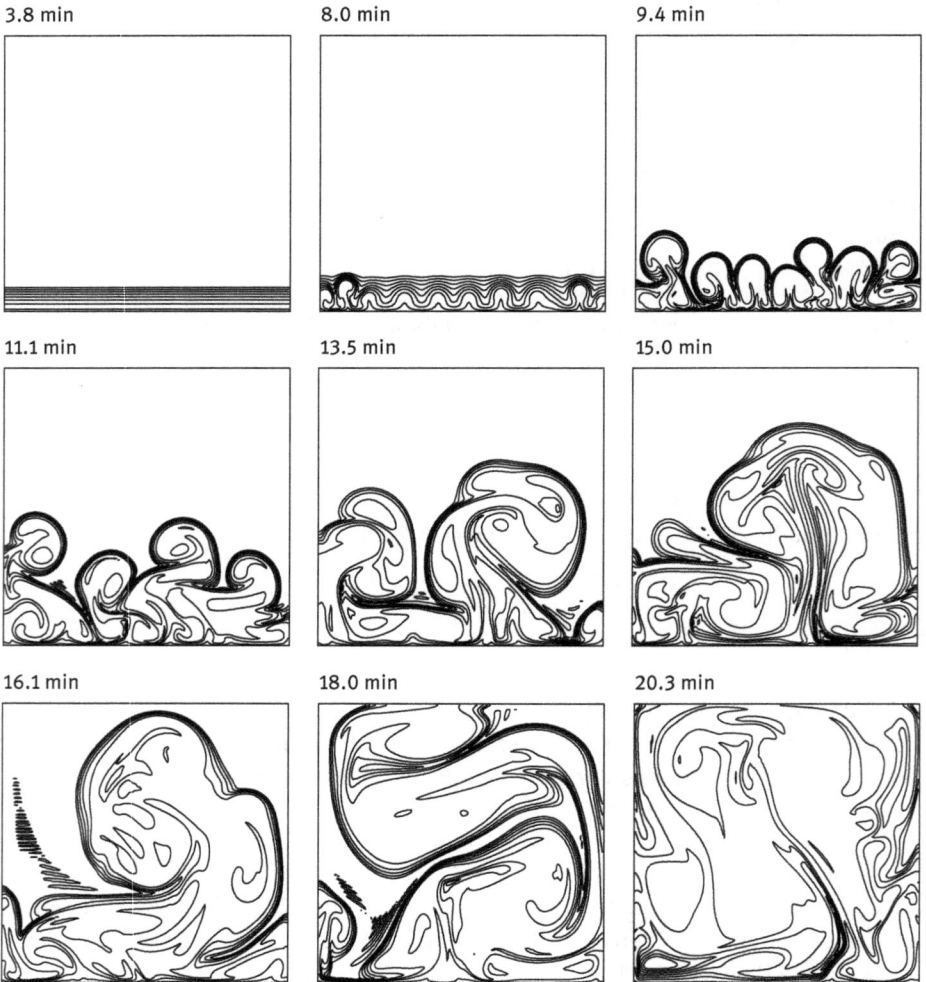

Abb. 7.13: Entwicklung des Temperaturfelds, Zeitserie für $R = 10^8$. Die Strömung wird schnell turbulent. Zeiten für Luft ($\tau = 0,45 \cdot 10^6$ s).

PC laufen soll, wählen wir ein viel kleineres $R = 10^8$, wofür ein 200×200-Gitter mit den Schrittweiten

$$\Delta x = 1/199, \quad \Delta t = 0{,}0003\Delta x^2 \approx 0{,}75 \cdot 10^{-8}$$

ausreicht. Abb. 7.13 zeigt Höhenlinien des Temperaturfelds zu verschiedenen Zeitpunkten (siehe auch Abb. 1.4). Die Diffusionsfront (7.43) wird nach etwa 4 Minuten instabil und es entsteht eine Wirbelströmung, die das Temperaturfeld mitnimmt und schnell im ganzen Raum verteilt. Dadurch kommt es zu einem wesentlich effektiveren Wärmetransport vom Boden zur Decke, was man am zeitlichen Verlauf der mittleren Deckentemperatur

$$\Theta_1(t) = \int_0^1 dx\, \Theta(x, y = 1, t) = \frac{1}{200} \sum_{i=1}^{200} \Theta_{i,200}(t) \tag{7.46}$$

klar erkennen kann, Abb. 7.14.

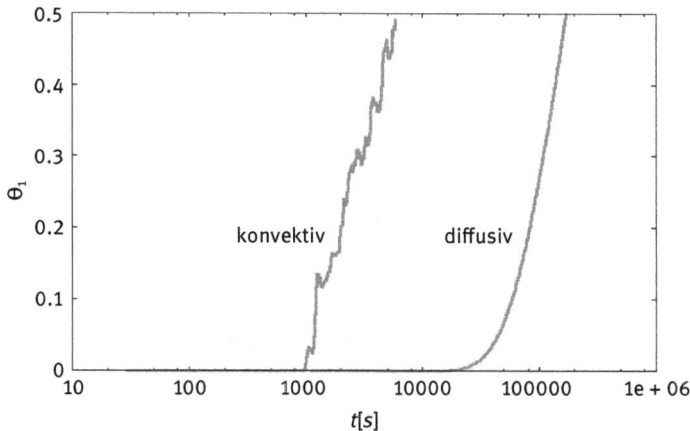

Abb. 7.14: Mittlere Deckentemperatur (7.46) für Konvektion ($R = 10^8$) und reine Diffusion ($R = 0$). Konvektion bei dieser Rayleigh-Zahl führt zu einem mindestens 50 mal höheren Wärmetransport.

Bei der Strömung kann es sich nur um einen transienten Vorgang handeln, der für große Zeiten sein Ende findet. Bedingt durch die isolierenden Wände wird für $t \to \infty$ das thermodynamische Gleichgewicht erreicht, die Luft besitzt dann überall die Temperatur T_0. Dann existieren keine Auftriebskräfte mehr und die Strömung ist durch die viskose Dämpfung zum Erliegen gekommen.

7.3.3.3 Lineare Stabilitätsanalyse

Die Stabilität der Diffusionsfront ist schwierig zu berechnen, weil der instabil werdende Zustand (7.43) zeit- und ortsabhängig ist. Ändert man jedoch die Randbedingungen oben in

$$T(x, y = L) = 0 , \qquad (7.47)$$

so lässt sich der sogenannte wärmeleitende Zustand

$$\Theta^{(0)} = 1 - y , \quad \vec{v} = 0 , \qquad (7.48)$$

also ein lineares Temperaturprofil in ruhender Luft, als Lösung von (7.45) angeben. Linearisierung um diesen Zustand ergibt in den dimensionslosen Gleichungen das System

$$\frac{1}{Pr} \partial_t \xi = \Delta \xi + R \, \partial_x \tilde{\Theta} \qquad (7.49a)$$

$$\xi = -\Delta \Psi \qquad (7.49b)$$

$$\partial_t \tilde{\Theta} = \Delta \tilde{\Theta} - \partial_x \Psi \qquad (7.49c)$$

mit $\tilde{\Theta} = \Theta - \Theta^{(0)}$. Idealisiert man die Randbedingungen für Wirbelfeld und Stromfunktion zu[6]

$$\xi = 0, \quad \Psi = 0$$

auf allen vier Rändern, so lässt sich das lineare Problem (7.49) exakt durch

$$\xi = A \sin (n\pi x) \sin (m\pi y) \, e^{\lambda t} \qquad (7.50a)$$

$$\Psi = B \sin (n\pi x) \sin (m\pi y) \, e^{\lambda t} \qquad (7.50b)$$

$$\tilde{\Theta} = C \cos (n\pi x) \sin (m\pi y) \, e^{\lambda t} \qquad (7.50c)$$

lösen. Einsetzen in (7.49) ergibt schließlich eine Lösbarkeitsbedingung für die Wachstumsrate λ der Störung:

$$\frac{\lambda^2}{Pr} + \lambda \pi^2 (n^2 + m^2)(1 + 1/Pr) + \pi^4 (n^2 + m^2)^2 - \frac{R \, n^2}{n^2 + m^2} = 0 . \qquad (7.51)$$

Das Polynom (7.51) besitzt für $R > 0$ zwei reelle Wurzeln, von denen eine immer negativ ist. Die andere zeigt einen Nulldurchgang für

$$R_{mn}^c = \frac{\pi^4 (n^2 + m^2)^3}{n^2} . \qquad (7.52)$$

D. h. die Lösung (7.48) wird mit der Mode $m = n = 1$ instabil, sobald

$$R \geq R_c = R_{11}^c = 8\pi^4 \approx 779 .$$

---

6 Dies führt für $\vec{v}$ auf die „freien" Randbedingungen, die eigentlich nur an ebenen Oberflächen gelten können.

7.3.4 Thermische Konvektion: (B) Rayleigh–Bénard-Konvektion

In einem Zimmer ergibt sich demnach eine Rayleigh-Zahl, die um einen Faktor 10^8 über der kritischen liegt. Da $R \sim L^3$ ändert sich dies, wenn man in den „Labormaß-stab" geht. Wählt man z. B. $L = 1$ cm und anstatt Luft ein 50cs-Silikonöl mit $\nu = 5 \cdot 10^{-5}$ m/s^2, $\alpha = 0{,}7 \cdot 10^{-3}$ 1/K, so ergibt sich bei einer Temperaturdifferenz zwischen unterem und oberem Rand von einem Grad

$$R \approx 1400 \,,$$

also ein Wert, der sehr dicht bei dem kritischen liegt.

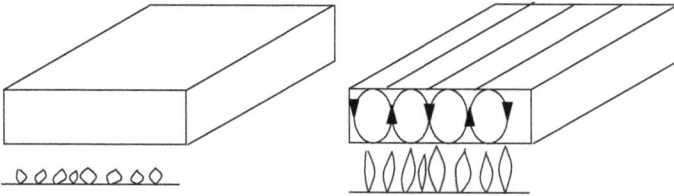

Abb. 7.15: Typische Konvektionszellen in einer von unten gleichmäßig erhitzten Flüssigkeit für $R \approx R_c$, entsprechend der Mode (7.53) mit $m = 1$, $k = k_c$. Der Abstand zwischen zwei Rollen beträgt $\pi L_y/k_c \approx 1{,}4\,L_y$ bei freien, idealisierten Randbedingungen und $\approx L_y$ bei realistischen no-slip Bedingungen.

7.3.4.1 Lineare Stabilitätsanalyse

Das klassische von H. Bénard Anfang des 20. Jahrhunderts durchgeführte Experiment besitzt anstatt einer quadratischen Geometrie eine rechteckige mit (für Details über diese und neuere Experimente siehe z. B. die Monografie von E. L. Koschmieder [5])

$$L_x \gg L_y \,.$$

D. h. aber, die seitlichen Ränder spielen eine vernachlässigbare Rolle und man ver-wendet zur Lösung des linearisierten Systems anstatt (7.50) besser einen Ebene-Wellen-Ansatz

$$\xi = A \sin(m\pi y)\, e^{ikx}\, e^{\lambda t} \tag{7.53a}$$

$$\Psi = B \sin(m\pi y)\, e^{ikx}\, e^{\lambda t} \tag{7.53b}$$

$$\tilde{\Theta} = C \sin(m\pi y)\, e^{ikx}\, e^{\lambda t} \,. \tag{7.53c}$$

Periodische laterale Randbedingungen werden für bestimmte Wellenvektoren

$$k_n = \frac{2\pi}{L_x} n$$

erfüllt. Für großes L_x kann man k als kontinuierlich betrachten und den Index n fortlassen, man erhält periodische Strukturen in x-Richtung mit der Wellenlänge $\Lambda = 2\pi/k$, Abb. 7.15. Mit (7.53) ergibt sich anstatt (7.52)

$$R_m^c(k) = \frac{(k^2 + m^2\pi^2)^3}{k^2} \,.$$ (7.54)

Daraus berechnet man das minimale R_c bei $m = 1$ und $k = k_c = \pi/\sqrt{2}$ zu

$$R_c = \frac{27\pi^4}{4} \approx 658 \,.$$

7.3.4.2 Volles nichtlineares Problem in drei Raumdimensionen

Die lineare Analyse gibt Auskunft darüber, ab welcher Rayleigh-Zahl und mit welcher Wellenzahl das Strömungsmuster anwächst. Über Sättigung, die Orientierung der Walzen oder Selektion verschiedener Überlagerungen (z. B. quadratische oder hexagonale Strukturen) kann sie nichts aussagen. Hierzu ist das vollständig nichtlineare Problem auszuwerten, das wir jetzt in drei Raumdimensionen angehen wollen. Die vertikale Komponente wird ab hier mit z bezeichnet.

Wegen der Divergenzfreiheit von $\vec{v}$ gelingt eine Beschreibung mit zwei skalaren Feldern wie bereits in (7.26) ausgeführt:

$$\vec{v} = \begin{pmatrix} \partial_y \Psi \\ -\partial_x \Psi \\ 0 \end{pmatrix} + \begin{pmatrix} \partial_x \partial_z \Phi \\ \partial_y \partial_z \Phi \\ -\Delta_2 \Phi \end{pmatrix} \,.$$ (7.55)

Ab hier bezeichnet Δ den vollständigen 3D-Laplace-Operator und $\Delta_2 = \partial_{xx}^2 + \partial_{yy}^2$ den horizontalen. Bildet man die Rotation der Navier–Stokes-Gleichungen (7.25a), so lautet deren z-Komponente:

$$\left\{ \Delta - \frac{1}{Pr}\partial_t \right\} \Delta_2 \Psi(\vec{r}, t) = -\frac{1}{Pr}[\nabla \times ((\vec{v} \cdot \nabla)\vec{v})]_z \,.$$ (7.56)

Eine Gleichung für Φ ergibt sich durch zweimaliges Anwenden der Rotation:

$$\left\{ \Delta - \frac{1}{Pr}\partial_t \right\} \Delta\Delta_2 \Phi(\vec{r}, t) = -R\,\Delta_2 \Theta(\vec{r}, t) - \frac{1}{Pr}[\nabla \times \nabla \times ((\vec{v} \cdot \nabla)\vec{v})]_z \,.$$ (7.57)

Für das Temperaturfeld erhält man

$$\{\Delta - \partial_t\}\,\Theta(\vec{r}, t) = -\Delta_2 \Phi(\vec{r}, t) + (\vec{v} \cdot \nabla)\Theta(\vec{r}, t) \,.$$ (7.58)

Hinzu kommen Randbedingungen, die sich für Φ und Ψ aus dem Ansatz (7.55) ergeben. Wir werden uns auf seitlich periodische Randbedingungen beschränken. Noslip-Bedingungen am oberen und unteren Rand fordern dort das Verschwinden aller drei Geschwindigkeitskomponenten, was schließlich auf

$$\Phi(\vec{r}, t) = \Psi(\vec{r}, t) = \partial_z \Phi(\vec{r}, t) = 0, \quad z = 0, 1$$ (7.59)

führt. Die allgemeinen Randbedingungen für das Temperaturfeld lauten

$$\partial_z \Theta(\mathbf{r}, t) = \pm Bi\, \Theta(\mathbf{r}, t) \quad z = 0, 1, \tag{7.60}$$

wobei die Biot-Zahl Bi als ein weiterer dimensionsloser Parameter das Verhältnis der Wärmeleitfähigkeit der oberen und unteren Randplatten zur Flüssigkeit angibt. Ein perfekter Wärmeleiter (Metall) als Rand entspricht $Bi \to \infty$, ein schlechter Wärmeleiter (Glas, Plastik) $Bi \ll 1$.

Mit dem System (7.56)–(7.60) haben wir die Konvektion inkompressibler Newton'scher Flüssigkeiten in der Boussinesq-Näherung vollständig beschrieben. Wir wollen uns hier der Einfachheit halber auf den Grenzfall großer (unendlicher) Prandtl-Zahl beschränken. Dies ist für zähe Flüssigkeiten (Öle) eine sehr gute Näherung, zumindest in der Nähe des kritischen Punktes R_c.

Für $Pr \to \infty$ bleibt von (7.56)

$$\Delta \Delta_2 \Psi(\vec{r}, t) = 0 \,,$$

was zusammen mit den Randbedingungen (7.59) nur die triviale Lösung

$$\Psi = 0$$

erlaubt. D. h., unser Problem wird vollständig durch die beiden Felder Φ und Θ beschrieben. Dies schränkt die Dynamik der möglichen Strukturen stark ein. In der Nähe der kritischen Rayleigh-Zahl beobachtet man ein transientes Verhalten, das nach einer bestimmten Einschwingphase auf stationäre Strömungen in Form von mehr oder weniger parallelen Rollen führt. Für größere Werte von R treten weitere Instabilitäten auf und es entstehen komplizierte, teilweise zeitabhängige Strukturen, auf die wir aber hier nicht weiter eingehen können.

Wir fassen die Gleichungen für unendliches Pr zusammen:

$$\Delta^2 \Delta_2 \Phi(\vec{r}, t) = -R\, \Delta_2 \Theta(\vec{r}, t) \tag{7.61a}$$

$$\{\Delta - \partial_t\}\, \Theta(\vec{r}, t) = -\Delta_2 \Phi(\vec{r}, t) + (\vec{v} \cdot \nabla)\, \Theta(\vec{r}, t) \,. \tag{7.61b}$$

7.3.4.3 Algorithmus, Pseudospektralverfahren

In zwei Dimensionen bestand das Problem im Wesentlichen in der Inversion von Bandmatrizen. In drei Dimensionen ist eine andere Vorgehensweise erforderlich. Als effektiv erweist sich ein Pseudospektralverfahren, bei dem die nichtlinearen Terme im Ortsraum, die linearen im Fourier-Raum berechnet werden. Wir wählen die Ortsskalierung so, dass

$$0 \le x \le L_x, \quad 0 \le y \le L_y, \quad 0 \le z \le 1 \,.$$

Wegen der periodischen Randbedingungen in x, y bietet sich eine Fourier-Zerlegung bezüglich der horizontalen Koordinaten an, siehe Abschn. 6.3.2. Wir verwenden die

2D-Fourier-Transformierten

$$\Theta(\vec{r}, t) = \sum_j^J \sum_\ell^L \tilde{\Theta}(\vec{k}_{j\ell}, z, t)\, e^{-i\vec{k}_{j\ell}\vec{x}}$$

$$\Phi(\vec{r}, t) = \sum_j^J \sum_\ell^L \tilde{\Phi}(\vec{k}_{j\ell}, z, t)\, e^{-i\vec{k}_{j\ell}\vec{x}}$$

(7.62)

mit den 2D-Vektoren

$$\vec{x} = (x, y), \quad \vec{k}_{j\ell} = (k_x, k_y)_{j\ell} = (2\pi j/L_x, 2\pi\ell/L_y)\,.$$

Einsetzen in (7.61) und Diskretisierung der Zeitableitung durch (wir lassen die Indizes bei $\vec{k}$ weg)

$$\partial_t \tilde{\Theta}(\vec{k}, z, t) \approx \frac{\tilde{\Theta}(\vec{k}, z, t + \Delta t) - \tilde{\Theta}(\vec{k}, z, t)}{\Delta t}$$

ergibt das semi-implizite System[7]

$$\left(\frac{1}{\Delta t} + k^2 - \partial_{zz}^2\right)\tilde{\Theta}(\vec{k}, z, t + \Delta t) + k^2 \tilde{\Phi}(\vec{k}, z, t + \Delta t) = \frac{1}{\Delta t}\tilde{\Theta}(\vec{k}, z, t) - \tilde{F}(\vec{k}, z, t) \quad (7.63a)$$

$$(\partial_{zz}^2 - k^2)^2\, \tilde{\Phi}(\vec{k}, z, t + \Delta t) + R\, \tilde{\Theta}(\vec{k}, z, t + \Delta t) = 0 \quad (7.63b)$$

mit $\tilde{F}(\vec{k}, z, t)$ als der 2D-Fourier-Transformierten der Nichtlinearität aus (7.61b)

$$F(\vec{r}, t) = (\vec{v} \cdot \nabla)\Theta(\vec{r}, t)\,.$$

Würde man die Rechnung vollständig im Fourier-Raum ausführen, müsste man für die quadratischen Terme Vierfachsummen (Faltungen) auswerten, was zu inakzeptablem Rechenaufwand führen würde.

Nach Diskretisieren der z-Richtung durch finite Differenzen

$$z = z_n = (n - 1)\Delta z, \quad n = 1, \dots, N, \ \Delta z = 1/(N - 1)$$

lässt sich (7.63) als inhomogenes Gleichungssystem

$$\underline{M}_k \vec{Q}(\vec{k}, t + \Delta t) = \vec{P}(\vec{k}, t) \quad (7.64)$$

mit den 2N-komponentigen Vektoren

$$\vec{Q}(\vec{k}, t) = (\tilde{\Theta}_1(\vec{k}, t), \tilde{\Phi}_1 \vec{k}, t), \dots, \tilde{\Theta}_N(\vec{k}, t), \tilde{\Phi}_N(\vec{k}, t))$$

$$\vec{P}(\vec{k}, t) = (\tilde{\Theta}_1(\vec{k}, t)/\Delta t - \tilde{F}_1(\vec{k}, t), 0, \dots, \tilde{\Theta}_N(\vec{k}, t)/\Delta t - \tilde{F}_N(\vec{k}, t), 0)$$

(7.65)

---

7 Wir haben Δ_2 durch $-k^2$ ersetzt, was streng genommen nur für $L_x, L_y \to \infty$ exakt ist, siehe Abschn. 6.3.2.

Tab. 7.1: Die Bandmatrix $\underline{M}_k$ hat die Bandbreite 9.

$$
\underline{M}_k =
\begin{pmatrix}
A_k-a & k^2 & -1/\Delta z^2 & 0 & 0 & 0 & 0 & & \cdots & & \\
R & B_k+1/\Delta z^4 & 0 & C_k & 0 & 1/\Delta z^4 & 0 & & \cdots & & \\
-1/\Delta z^2 & 0 & A_k & k^2 & -1/\Delta z^2 & 0 & 0 & 0 & \cdots & & \\
0 & C_k & R & B_k & 0 & C_k & 0 & 1/\Delta z^4 & \cdots & & \\
0 & 0 & -1/\Delta z^2 & 0 & A_k & k^2 & -1/\Delta z^2 & 0 & 0 & & \\
0 & 1/\Delta z^4 & 0 & C_k & R & B_k & 0 & C_k & 1/\Delta z^4 & & \\
\vdots & & & & & & & & \ddots & & \\
& & & & & 1/\Delta z^4 & 0 & C_k & R & B_k+1/\Delta z^4 & \cdots \\
& & & & & 0 & -1/\Delta z^2 & 0 & A_k-a & k^2 & \\
& & & & & & 1/\Delta z^4 & 0 & C_k & R & B_k+1/\Delta z^4
\end{pmatrix}
$$

$\underbrace{\qquad\qquad}_{\text{Bandbreite}}$

mit den Abkürzungen:

$$
A_k = \frac{1}{\Delta t} + k^2 + \frac{2}{\Delta z^2}, \qquad
a = \frac{1}{\Delta z^2(Bi\,\Delta z + 1)}, \qquad
B_k = k^4 + \frac{4k^2}{\Delta z^2} + \frac{6}{\Delta z^4}, \qquad
C_k = -\frac{2k^2}{\Delta z^2} - \frac{4}{\Delta z^4}
$$

formulieren, wobei wir die Knotenwerte mit

$$\tilde{\Theta}_n(\vec{k}, t) = \tilde{\Theta}(\vec{k}, z_n, t)$$

bezeichnet haben (für $\tilde{\Phi}$ und $\tilde{F}$ genauso).

Die Randbedingungen bei $z = 0, 1$ müssen in die $2N \times 2N$-Stützstellenmatrix $\underline{M}_k$ eingearbeitet werden. Wegen der abwechselnden Sortierung der Knotenwerte $\tilde{\Theta}_n$ und $\tilde{\Phi}_n$ besitzt $\underline{M}_k$ die Struktur einer Bandmatrix mit jeweils 4 oberen und unteren Nebendiagonalen, siehe Tab. 7.1. Für das komplette Programm siehe [3].

7.3.4.4 Ergebnisse

(A) Lineare Analyse: Die kritische Rayleigh-Zahl R_c oberhalb derer sich die Flüssigkeit in Bewegung setzt und Strukturen bildet, hängt von der Biot-Zahl ab. Um R_c zu berechnen, kann man eine lineare Stabilitätsanalyse von (7.63) durchführen, in dem man die quadratischen Terme $\tilde{F}$ in (7.63a) weg lässt. Um den kritischen Punkt zu finden, setzt man $\partial_t \Theta = 0$, das heißt man streicht in $\underline{M}_k$ die Ausdrücke, die Δt enthalten. Bringt man den Term mit R in (7.63b) auf die rechte Seite, so lässt sich (7.64) als verallgemeinertes Eigenwertproblem

$$\underline{M}'_k \vec{w} = -R \underline{D} \vec{w} \tag{7.66}$$

mit

$$D_{ij} = \begin{cases} 1 & \text{wenn } i \text{ gerade und } j = i - 1 \\ 0 & \text{sonst} \end{cases}$$

formulieren und durch eine entsprechende LAPACK-Routine (z. B. SGGEV) numerisch lösen. Abb. 7.16 zeigt den niedrigsten Eigenwert, das kritische R, für endliche und undendliche Biot-Zahl in Abhängigkeit von k.

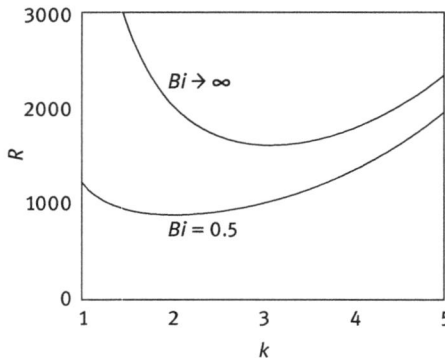

Abb. 7.16: Kritische Rayleigh-Zahl oberhalb welcher Konvektion einsetzt. Sowohl R_c als auch k_c nehmen mit Bi ab. Man erhält $R_c \approx$ 1700 ($Bi \to \infty$), bzw. $R_c \approx 900$ ($Bi = 0,5$).

Abb. 7.17: Temperaturfeld zu verschiedenen Zeiten, Schnitt bei $z = 1/2$. Links: $Bi \to \infty$, $R = 1900$, $t = 75$ (oben), 150 (unten), rechts: $Bi = 0,5$ $R = 1000$, $t = 75$ (oben), 1000 (unten). Die jeweils letzten Strukturen sind noch nicht stationär. Im Limes $t \to \infty$ erhält man links parallele Streifen, rechts ein perfektes Quadratmuster.

(B) Nichtlineare Analyse: Abb. 7.17 zeigt das Temperaturfeld in der Mitte der Schicht berechnet aus der direkten numerischen Simulation von (7.63). Als Anfangsbedingung wurde ein im Ortsraum zufällig verteiltes Temperaturfeld

$$\Theta_{ijk}(t = 0) = r_{ijk}, \quad -0,1 \leq r_{ijk} \leq 0,1$$

gesetzt. Das Gitter besteht aus $128 \times 128 \times 20$ Punkten, die Schrittweiten sind

$$\Delta t = 0,05, \quad \Delta x = 0,2 \, .$$

Aus Experiment und Theorie ist bekannt, dass für kleine Biot-Zahlen quadratische Strukturen präferiert werden, für große dagegen Rollen (Streifen). Die von Bénard zuerst beobachteten Hexagone findet man bei einer freien Oberfläche ($z = 1$) unter zusätzlicher Berücksichtigung einer temperaturabhängigen Oberflächenspannung (Marangoni-Effekt), worauf wir hier aus Platzgründen leider nicht eingehen können.

7.4 Strukturbildung fern vom Gleichgewicht

7.4.1 Reaktions-Diffusions-Systeme

Aus einem System chemischer Reaktionen mit K Reaktanten N_i lässt sich nach Zuordnung von zeitabhängigen Konzentrationen $w_i(t)$ der Spezies N_i ein normalerweise nichtlineares, gewöhnliches DGL-System

$$d_t w_i = f_i(w_1, \ldots, w_K, p), \quad i = 1, \ldots, K \tag{7.67}$$

herleiten. Hierbei beschreibt p einen Satz von Kontrollparametern wie Druck, Temperatur, oder bestimmte konstant gehaltene Konzentrationen die sich von außen steuern lassen. Erlaubt man für die einzelnen Reaktanten noch räumliche Diffusion, so muss man das Konzept auf ortsabhängige Konzentrationsfelder $w_i(\vec{r}, t)$ erweitern und erhält anstatt (7.67) ein System gekoppelter partieller DGLs:

$$\partial_t w_i = D_i \, \Delta w_i + f_i(w_1, \ldots, w_K, p), \quad i = 1, \ldots, K \tag{7.68}$$

mit den von der jeweiligen Spezis abhängenden Diffusionskonstanten D_i.

Wie kann es zu den oft auftretenden periodischen Strukturen in der belebten und unbelebten Natur kommen (Abb. 7.18)? Alan Turing erkannte um 1950 [7] aus rein theoretischen Überlegungen, dass ein Minimalmodell aus mindestens $K = 2$ gekoppelten Diffusionsgleichungen hierfür ausreicht[8].

7.4.1.1 Turing-Instabilität

Wir beschränken uns also jetzt auf das Modell (7.68) mit $K = 2$, zunächst in einer räumlichen Dimension:

$$\partial_t w_1(x, t) = D_1 \, \partial_{xx}^2 w_1(x, t) + f_1(w_1, w_2) \tag{7.69a}$$

$$\partial_t w_2(x, t) = D_2 \, \partial_{xx}^2 w_2(x, t) + f_2(w_1, w_2) . \tag{7.69b}$$

Weiter nehmen wir an, dass ein räumlich homogener Fixpunkt existiert, der sich aus

$$f_1(w_1^0, w_2^0) = 0, \quad f_2(w_1^0, w_2^0) = 0 \tag{7.70}$$

---

8 Turing untersuchte Gleichungen der Form (7.68), die eine hypothetische chemische Reaktion beschreiben, welche in der embryonalen Phase des entsprechenden Lebewesens ablaufen soll. Nachdem sich durch die Reaktion eine Struktur ausgebildet hat, soll diese die Pigmentzellen steuern, die dann für die Einfärbung von Haut oder Haaren zuständig wären.

Abb. 7.18: Nach A. Turing entstehen Haut-, Schuppen- oder Fellzeichnungen bei Tieren durch eine chemische Instabilität in der embryonalen Phase. Zufällige Defekte und Versetzungen in den sonst eher regelmäßigen Strukturen scheinen Turings Theorie zu bestätigen.

berechnen lässt. Mit den Abkürzungen (Jacobi-Matrixelemente)

$$a_1 = \frac{\partial f_1}{\partial w_1}\bigg|_{w^0}, \quad b_1 = \frac{\partial f_1}{\partial w_2}\bigg|_{w^0}, \quad a_2 = \frac{\partial f_2}{\partial w_2}\bigg|_{w^0}, \quad b_2 = \frac{\partial f_2}{\partial w_1}\bigg|_{w^0}$$

ergibt sich nach Taylor-Entwicklung der f_i und Linearisierung aus (7.69) das System

$$\partial_t u_1(x, t) = D_1 \, \partial_{xx}^2 u_1(x, t) + a_1 u_1(x, t) + b_1 u_2(x, t) \tag{7.71a}$$

$$\partial_t u_2(x, t) = D_2 \, \partial_{xx}^2 u_2(x, t) + a_2 u_2(x, t) + b_2 u_1(x, t) \tag{7.71b}$$

für die Abweichungen $u_i(x, t)$ vom Fixpunkt w_i^0. Der Ansatz

$$u_j(x, t) = v_j \exp(\lambda t + \mathrm{i} k x), \tag{7.72}$$

transformiert (7.71) in das lineare Eigenwertproblem

$$(\underline{M} - \lambda \underline{\mathbb{1}}) \, \vec{v} = 0 \tag{7.73}$$

mit der 2×2-Matrix

$$\underline{M} = \begin{pmatrix} -D_1 k^2 + a_1 & b_1 \\ b_2 & -D_2 k^2 + a_2 \end{pmatrix}.$$

Nullsetzen der Systemdeterminanten von (7.73) liefert das charakteristische Polynom

$$\lambda^2 + \lambda(D_1 k^2 + D_2 k^2 - a_1 - a_2) + (D_1 k^2 - a_1)(D_2 k^2 - a_2) - b_1 b_2 = 0. \tag{7.74}$$

Anstatt (7.74) nach λ aufzulösen können wir uns auch fragen, für welche Parameterwahl a_i, b_i eine Instabilität auftritt und ein stabiler (alter) Zustand ($\lambda < 0$) instabil wird ($\lambda > 0$). Der kritische Punkt wird also durch $\lambda = 0$ festgelegt. Aus (7.74) folgt damit

$$(D_1 k^2 - a_1)(D_2 k^2 - a_2) - b_1 b_2 = 0\,,$$

oder nach a_1 aufgelöst:

$$a_1 = D_1 k^2 - \frac{b_1 b_2}{D_2 k^2 - a_2}\,. \tag{7.75}$$

Sei $a_1 > 0$. Weil die beiden Diffusionskonstanten D_i sicher positiv sind, kann dies nur dann für beliebiges k gelten, wenn

$$b_1 b_2 < 0, \quad \text{und} \quad a_2 < 0$$

ist. Der Wert von a_1 (wie der der anderen Koeffizienten auch) hängt von den ablaufenden Reaktionen ab. Nehmen wir an, wir könnten a_1, z. B. durch Ändern der Temperatur oder des Drucks, von null an beliebig erhöhen. Dann wird die Mode mit derjenigen Wellenzahl $k = \pm k_c$ zuerst anwachsen, bei der (7.75) ein Minimum ($a_1 = a_1^c$) besitzt. Nullsetzen der Ableitung von (7.75) nach k ergibt

$$k_c^2 = \frac{a_2}{D_2} + \sqrt{-\frac{b_1 b_2}{D_1 D_2}} = \frac{1}{2}\left(\frac{a_1}{D_1} + \frac{a_2}{D_2}\right)\,. \tag{7.76}$$

Für $a_1 > a_1^c$ wird also der Fixpunkt (7.70) instabil und die Mode (7.72) mit $k = k_c$ exponentiell in der Zeit anwachsen. Diese räumlich periodische Struktur wird mittlerweile als *Turing-Instabilität* oder *Turing-Struktur* bezeichnet.

7.4.1.2 Hopf-Instabilität

Um den kritischen Punkt zu berechnen, haben wir in (7.74) einfach $\lambda = 0$ gesetzt. Es gibt jedoch noch eine weitere Möglichkeit für eine Instabilität: λ kann komplex sein und die Moden oszillieren zeitlich. Es handelt sich dann um gedämpfte (stabiler alter Zustand) oder exponentiell anwachsende Schwingungen, je nachdem, ob der Realteil von λ kleiner oder größer Null ist. Der kritische Punkt ergibt sich diesmal durch

$$\lambda = i\omega$$

in (7.74) mit einer reellen, noch zu bestimmenden Frequenz ω. Nach Trennung von Real- und Imaginärteil erhält man aus (7.74) die beiden Gleichungen

$$\omega^2 = (D_1 k^2 - a_1)(D_2 k^2 - a_2) - b_1 b_2 \tag{7.77a}$$

$$0 = (D_1 + D_2)k^2 - a_1 - a_2\,. \tag{7.77b}$$

Gl. (7.77b) liefert den kritischen Punkt in Abhängigkeit von der Wellenzahl:

$$a_1 = (D_1 + D_2)k^2 - a_2\,. \tag{7.78}$$

Offensichtlich wird die Mode mit $k = 0$ zuerst instabil, sobald

$$a_1 \geq -a_2$$

gilt. Die oszillatorische Mode wird also eine langwellige, im Extremfall räumlich homogene Struktur besitzen, entsprechend

$$k_c = 0 \, . \tag{7.79}$$

Instabilitäten mit einem Paar konjugiert komplexer Eigenwerte werden auch als *Hopf-Instabilitäten*[9] bezeichnet. Entsprechend heißt die Frequenz am kritischen Punkt *Hopf-Frequenz*. Sie folgt aus (7.77a) mit $k = 0$:

$$\omega_c = \sqrt{a_1 a_2 - b_1 b_2} = \sqrt{-a_1^2 - b_1 b_2} \, . \tag{7.80}$$

Um eine reelle Frequenz zu erhalten, muss $b_1 b_2 < 0$ gelten. Sei $b_1 < 0$ und $b_2 > 0$. Dann erzeugt die Substanz w_1 über die Kopplung b_2 die Substanz w_2, während w_2 über b_1 zum Abbau von w_1 führt, man bezeichnet deshalb (7.69) auch als *Aktivator-Inhibitor-System* mit w_1 als Konzentration des Aktivators, w_2 als der des Inhibitors.

Zeitliche Oszillationen eines räumlich homogenen Zustandes wurden zuerst im Experiment bei chemischen Nichtgleichgewichtsreaktionen beobachtet, bei denen der pH-Wert regelmäßige Schwingungen um einen mittleren Wert ausführt (Belousov–Zhabotinskii-Reaktion).

7.4.1.3 Kodimension zwei

Was passiert aber nun wirklich, wenn einer der Kontrollparameter, sagen wir wieder a_1, erhöht wird? Der homogene stationäre Zustand wird instabil, aber auf welche Art, das entscheiden die anderen Parameter. Je nachdem, welche Werte a_1, b_1 und b_2 sowie die beiden Diffusionskonstanten haben, werden wir zuerst eine in der Zeit periodische (Hopf) oder eine im Ort periodische (Turing) Instabilität beobachten. Aus der Mathematik ist der Begriff der *Kodimension* bekannt. Die Kodimension ist definiert als Differenz von Raumdimension und der Dimension eines bestimmten geometrischen Objekts. So besitzt zum Beispiel eine Fläche im dreidimensionalen Raum die Kodimension $3 - 2 = 1$. Instabilitätsbedingungen wie (7.75) oder (7.78), die den Wert eines Parameters in Relation zu den anderen festlegen, definieren einen $n - 1$-dimensionalen Unterraum im n-dimensionalen Parameterraum und haben demnach die Kodimension eins.

Nun können die Parameter aber auch so eingestellt werden, dass Turing- und Hopf-Mode gleichzeitig instabil werden. Dies schränkt die mögliche Parameterwahl natürlich weiter ein, und zwar auf einen $n-2$-dimensionalen Unterraum. Solche „doppelten" Instabilitäten werden deshalb als Kodimension-Zwei-Instabilitäten bezeichnet (Abb. 7.19).

---

9 Benannt nach ihrem „Entdecker", dem Mathematiker E. Hopf (1902–1983).

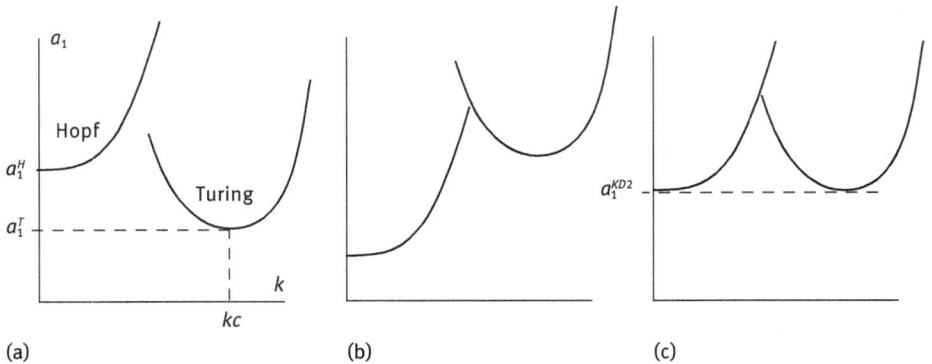

Abb. 7.19: Turing- und Hopf-Instabilität beim Zwei-Moden-Modell (7.71). Wenn $a_2 < a_2^{KD2}$ kommt die Turing-Instabilität zuerst (a), wenn $a_2 > a_2^{KD2}$ die Hopf-Instabilität (b). In (c) ist $a_2 = a_2^{KD2}$.

Setzt man die kritische Wellenzahl (7.76) in (7.75) ein, so erhält man den für eine Turing-Instabilität minimal notwendigen Wert für a_1:

$$a_1^T = \frac{D_1}{D_2}a_2 + 2\sqrt{-b_1 b_2 \frac{D_1}{D_2}}\,. \tag{7.81}$$

Genauso ergibt sich für die oszillatorische Instabilität aus (7.78) mit (7.79)

$$a_1^H = -a_2\,. \tag{7.82}$$

Gleichsetzen der beiden Ausdrücke führt auf eine Bedingung für a_2:

$$a_2^{KD2} = -2\frac{\sqrt{-b_1 b_2 D_1 D_2}}{D_1 + D_2}, \quad a_1^{KD2} = -a_2^{KD2}\,. \tag{7.83}$$

Dieser Punkt wird als *Kodimension-Zwei-Punkt* bezeichnet. Offensichtlich wird für $a_2 > a_2^{KD2}$ zuerst die Hopf-Mode instabil, für $a_2 < a_2^{KD2}$ wird man dagegen die Turing-Mode an der Schwelle beobachten. Für $a_2 \approx a_2^{KD2}$ erwartet man durch die simultane Instabilität zweier Moden ein besonders reiches raumzeitliches Verhalten der vollständig nichtlinearen Gleichungen.

7.4.1.4 Der Brusselator

Der Brusselator wurde in den 60er Jahren von Prigogine und Lefever entwickelt um die etwa 10 Jahre vorher entdeckten chemische Oszillationen von Belousov zu modellieren. Er basiert auf vier hypothetischen chemischen Reaktionen, aus denen sich zwei Ratengleichungen ($K = 2$) herleiten lassen. Mit zusätzlicher Diffusion entsteht ein System wie (7.69), das dann je nach Parameterwahl Hopf- oder Turing-Instabilitäten zeigen kann.

(A) Gleichungen und lineare Analyse. Beim Brusselator gilt

$$f_1 = A - (B + 1)\, w_1 + w_1^2 w_2, \quad f_2 = B w_1 - w_1^2 w_2, \tag{7.84}$$

einziger Fixpunkt ist

$$w_1^0 = A, \quad w_2^0 = B/A .$$

Für die Elemente der Jacobi-Matrix erhält man

$$a_1 = B - 1, \quad b_1 = A^2, \quad a_2 = -A^2, \quad b_2 = -B . \tag{7.85}$$

Da es nur die beiden Parameter (A, B) gibt, sind die vier Koeffizienten nicht unabhängig wählbar. Stellt man A fest ein und definiert B als Kontrollparameter, so lassen sich die Beziehungen (7.75), (7.78) nach B auflösen:

$$B_c^{(T)} = \frac{A^2 + (D_1 A^2 + D_2) k^2 + D_1 D_2 k^4}{D_2 k^2} \tag{7.86}$$

$$B_c^{(H)} = (D_1 + D_2) k^2 + A^2 + 1 .$$

Für den Turing-Bereich folgt aus (7.76)

$$k_c^2 = \frac{A}{\sqrt{D_1 D_2}} . \tag{7.87}$$

Aus (7.81), (7.82) wird

$$B^T = B_c^{(T)}(k_c) = \left(A \sqrt{\frac{D_1}{D_2}} + 1 \right)^2, \quad B^H = B_c^{(H)}(0) = A^2 + 1, \tag{7.88}$$

woraus man schließlich durch Gleichsetzen den Kodimension-Zwei-Punkt

$$A^{KD2} = \frac{2 \sqrt{D_1 D_2}}{D_2 - D_1}, \quad B^{KD2} = \frac{(D_1 + D_2)^2}{D_2 - D_1} \tag{7.89}$$

berechnet. Abb. 7.20 zeigt die Parameter-Ebene für $D_1 = 1/2$, $D_2 = 1$. Je nach Wahl von A sind beide Instabilitätstypen möglich.

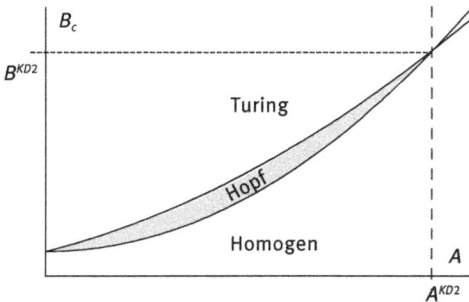

Abb. 7.20: Parameter-Ebene des Brusselators für $D_2 = 2D_1$. Links der gestrichelten Linie wird der homogene Zustand oszillatorisch instabil, rechts davon beobachtet man Turing-Muster.

(B) Semi-implizites Spektralverfahren. Zur numerischen Iteration des vollen nichtlinearen Problems kann man wieder ein semi-implizites Pseudospektralverfahren wie in Abschn. 7.3.4.3 versuchen. Chemische Reaktionen laufen oft auf dünnen Gelen ab, daher bietet sich eine Darstellung in zwei räumlichen Dimensionen an. Außerdem ist es von Vorteil, anstatt den Konzentrationen w_1, w_2 die Abweichungen u_1, u_2 vom Fixpunkt, also

$$u_1 = w_1 - A, \quad u_2 = w_2 - B/A$$

wie in (7.71) zu verwenden. Man erhält für $u_i = u_i(x, y, t)$ das System

$$\partial_t u_1 = D_1 \Delta u_1 + (B - 1)u_1 + A^2 u_2 + f(u_1, u_2) \tag{7.90a}$$

$$\partial_t u_2 = D_2 \Delta u_2 - B u_1 - A^2 u_2 - f(u_1, u_2) \tag{7.90b}$$

mit der Nichtlinearität

$$f(u_1, u_2) = \left(\frac{B}{A} + u_2 \right) u_1^2 + 2A u_1 u_2 . \tag{7.91}$$

Die semi-implizite Formulierung führt ähnlich wie (7.64) auf ein inhomogenes Gleichungssystem

$$\underline{M}_k \vec{u}_k(t + \Delta t) = \frac{1}{\Delta t} \vec{u}_k(t) + f_k(u_1(t), u_2(t)) \begin{pmatrix} 1 \\ -1 \end{pmatrix} \tag{7.92}$$

mit

$$\vec{u}_k = (u_{k1}, u_{k2})$$

und u_k, f_k als Fourier-Transformierte von u und f. Weil die dritte Dimension fehlt, handelt es sich bei $\underline{M}_k$ diesmal nur um eine 2×2-Matrix

$$\underline{M}_k = \begin{pmatrix} \frac{1}{\Delta t} + D_1 k^2 + 1 - B & -A^2 \\ B & \frac{1}{\Delta t} + D_2 k^2 + A^2 \end{pmatrix}, \tag{7.93}$$

deren Inverse sich explizit angeben lässt:

$$\underline{M}_k^{-1} = \frac{1}{\det M_k} \begin{pmatrix} \frac{1}{\Delta t} + D_2 k^2 + A^2 & A^2 \\ -B & \frac{1}{\Delta t} + D_1 k^2 + 1 - B \end{pmatrix} .$$

(C) Ergebnisse. Wir wählen zunächst $D_1 = 0,1$, $D_2 = 1$. Für A oberhalb des Kodimension-Zwei-Punktes $A^{KD2} \approx 0,7$ erhält man Turing-Strukturen meist in Form mehr oder weniger regelmäßiger Hexagone mit Punkt- und Liniendefekten, darunter großskalige oszillierende Strukturen, in Übereinstimmung mit der linearisierten Theorie (Abb. 7.21).

Näher am Kodimension-Zwei-Punkt entsteht ein komplexes Wechselspiel von Turing- und Hopf-Mode, vergl. hierzu Abb. 1.3 in der Einleitung. Qualitativ andere Strukturen, nämlich die aus Experimenten bekannten Target- oder Spiralmuster, findet man für weniger unterschiedliche Diffusionskonstanten, z. B. $D_1 = 0,5$, $D_2 = 1$ und wesentlich weiter im Hopf-Bereich, $A = 0,2$, $B = 1,2$, Abb. 7.22.

$t = 200$ $t = 200$

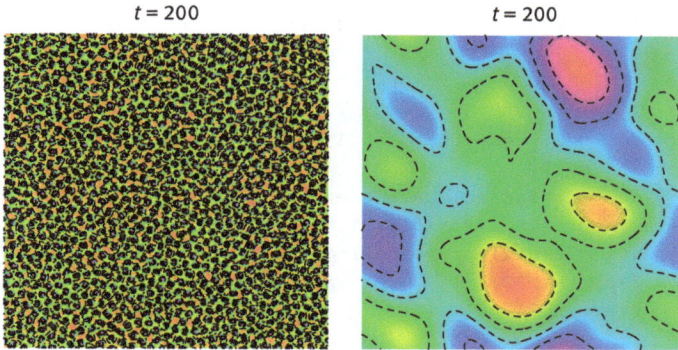

Abb. 7.21: Beim eben ausgedehnten Brusselator bilden sich je nach Wahl von A (stationäre) Turing-Strukturen (links, $A = 0{,}8$), bzw. räumlich großskalige, zeitlich oszillierende Muster (rechts, $A = 0{,}35$). Für $D_1/D_2 = 0{,}1$ ergibt sich $A^{KD2} \approx 0{,}7$.

$t = 15$ $t = 26$

$t = 34$ $t = 50$

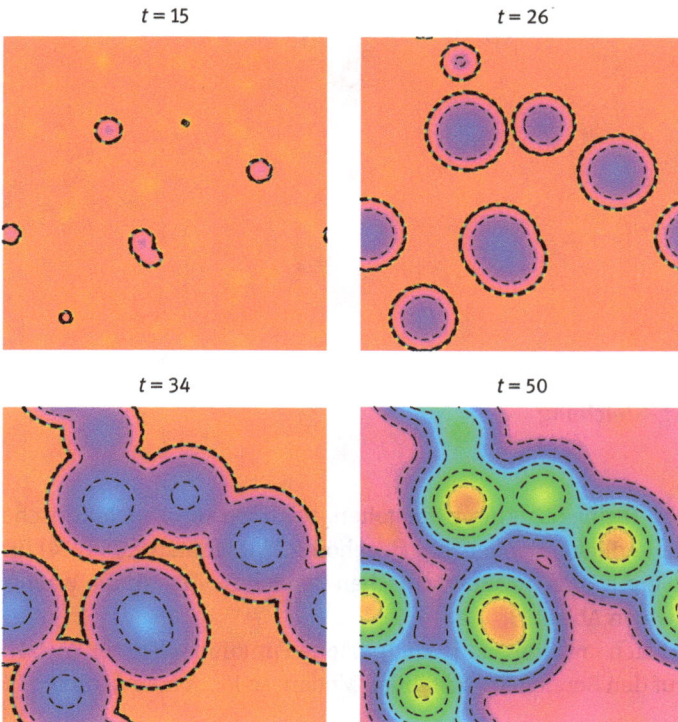

Abb. 7.22: Sich ausbreitende Fronten entstehen für andere Parameter im oszillatorischen Bereich. Sie ähneln den bei der Belousov–Zhabotinsky-Reaktion beobachteten chemischen Nichtgleichgewichtsstrukturen. Zeitserie für $D_1/D_2 = 0{,}5$, $A = 0{,}2$, $B = 1{,}2$.

Abschließend geben wir noch ein MATLAB-Programm zum semi-impliziten Algorithmus (7.92) an:

```
clear
n=100; n2=n^2; dx=0.4; dt=0.1; tend=50; d1=0.1;
dif=-gallery('poisson',n)/dx^2;
a=0.8; b=1.57*1.01;            % Kontrollparameter
mk(1:n2,1:n2)=(1/dt+1-b)*speye(n^2)-d1*dif; % Matrix M_k
mk(n2+1:2*n2,n2+1:2*n2)=(1/dt+a^2)*speye(n^2)-dif;
mk(1:n2,n2+1:2*n2)=-a^2*speye(n^2);
mk(n2+1:2*n2,1:n^2)=b*speye(n^2);

psi=rand(2*n^2,1)-0.5; t=0;  % Random Anfangsbed.
while t<tend      % Zeitschleife
  t=t+dt
  fn=(b/a+psi(n2+1:2*n2)).*psi(1:n2).^2+2*a*psi(1:n2).*psi(n2+1:2*n2);
  f(1:n2)=psi(1:n2)/dt+fn;
  f(n2+1:2*n2)=psi(n2+1:2*n2)/dt-fn;
  psi=mk\f';
end
m=0;      % Ausgabe
for j=1:n
  for k=1:n
    m=m+1;
    z(j,k)=psi(m);
  end
end
contour(z)
```

7.4.2 Swift–Hohenberg-Gleichung

7.4.2.1 Motivation

Instabilitäten, aus denen Turing-Strukturen entstehen, zeichnen sich durch kritische Moden aus, die zu einer endlichen Wellenzahl k_c gehören. Wertet man z. B. (7.74) für den Brusselator aus, so ergibt sich im superkritischen Bereich $B > B_c$ für die Wachstumsrate λ ein Verlauf wie in Abb. 7.23.

Bei $\lambda(k^2)$ handelt es sich um eine relativ komplizierte Funktion mit einer Wurzel. Beschränkt man sich auf den Bereich der instabilen Moden, so kann man λ um B_c, k_c^2 entwickeln:

$$\lambda \approx a(B - B_c) - b(k^2 - k_c^2)^2 \tag{7.94}$$

mit

$$a = \left.\frac{\partial \lambda}{\partial B}\right|_{B_c, k_c^2}, \qquad b = -\frac{1}{2}\left.\frac{\partial^2 \lambda}{\partial (k_c^2)^2}\right|_{B_c, k_c^2}.$$

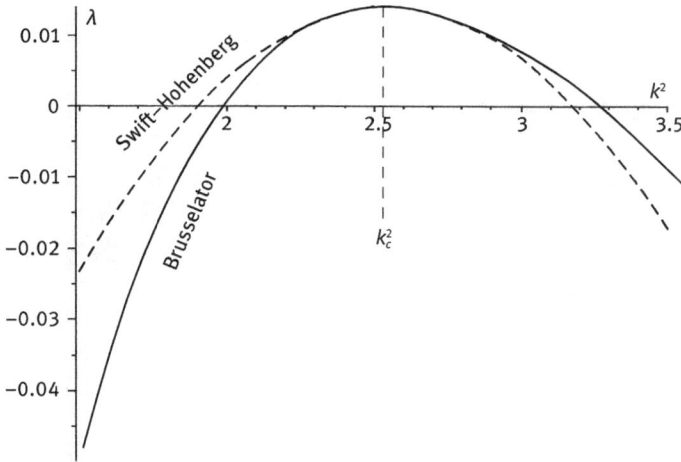

Abb. 7.23: Bei der Swift–Hohenberg-Gleichung entwickelt man den Eigenwert $\lambda(k^2)$ einer Turing-Instabilität, hier beim Brusselator, um den kritischen Punkt und erhält das Polynom (7.94). Parameter: $D_1 = 0,1$, $D_2 = 1$, $A = 0,8$, $B_c = 1,57$, $B = 1,01 B_c$.

Im Ortsraum lässt sich k_c^2 einfach durch $-\Delta$ ersetzen, und man erhält eine lineare Gleichung, deren Lösung das Instabilititätsverhalten (7.94) besitzt:

$$\partial_t \Psi(x, y, t) = a(B - B_c)\Psi(x, y, t) - b(\Delta + k_c^2)^2 \Psi(x, y, t) \,. \tag{7.95}$$

Nach geeigneter Skalierung von Ort und Zeit lautet (7.95)

$$\partial_t \Psi(x, y, t) = \varepsilon \Psi(x, y, t) - (\Delta + 1)^2 \Psi(x, y, t) \tag{7.96}$$

mit dem einzigen (Kontroll-)Parameter $\varepsilon \sim B - B_c$. Um eine nichtlineare Sättigung der linear instabilen Moden zu erreichen, addiert man zu (7.96) die einfachsten Terme, die globale Stabilität gewährleisten:

$$\partial_t \Psi(x, y, t) = \varepsilon \Psi(x, y, t) - (\Delta + 1)^2 \Psi(x, y, t) + A\,\Psi^2(x, y, t) - \Psi^3(x, y, t) \,. \tag{7.97}$$

Damit haben wir die Swift–Hohenberg-Gleichung [8], eine Standardmodellgleichung der Strukturbildung, gefunden, die die raumzeitliche Dynamik in der Nähe des kritischen Punktes einer Turing-Instabilität beschreibt[10]. Dasselbe ließe sich auch im Falle einer Hopf-Instabilität durchführen. Man erhält dann eine komplexe Ginzburg–Landau-Gleichung (Aufgaben).

Die Swift–Hohenberg-Gleichung lässt sich auch als Gradientensystem formulieren:

$$\partial_t \Psi = -\frac{\delta L[\Psi]}{\delta \Psi} \,. \tag{7.98}$$

---

10 In der Originalarbeit war $A = 0$. Die Erweiterung durch einen quadratischen Term wurde zuerst von H. Haken [9] vorgeschlagen und untersucht.

Hier bezeichnet $\delta/\delta\Psi$ die Funktionalableitung und L das Funktional

$$L[\Psi] = -\frac{1}{2} \int dx\, dy \left\{ \varepsilon\Psi^2 - [(\Delta+1)\Psi]^2 + \frac{2A}{3}\Psi^3 - \frac{1}{2}\Psi^4 \right\} , \qquad (7.99)$$

auch *Lyapunov-Funktional* genannt. Wie man leicht zeigt, gilt unter der Dynamik (7.98)

$$d_t L \le 0 , \qquad (7.100)$$

d. h. L nimmt solange ab, bis ein stationärer Zustand (Minimum oder Nebenminimum von L) erreicht wird. Die Eigenschaft (7.100) eignet sich zur Kontrolle sowie als Abbruchbedingung des numerischen Verfahrens.

7.4.2.2 Algorithmus

Für periodische Randbedingungen lässt sich wieder ein semi-implizites Verfahren wie in Abschn. 7.4.1.4 konstruieren. Da es sich jetzt nur noch um eine Gleichung handelt, wird aus der Matrizeninversion eine simple Division im Fourier-Raum. Man erhält

$$\Psi_k(t+\Delta t) = \frac{f_k(\Psi(t))}{1/\Delta t - \varepsilon + (1-k^2)^2} \qquad (7.101)$$

mit f_k als der Fourier-Transformierten von

$$f(\Psi) = \frac{\Psi}{\Delta t} + A\Psi^2 - \Psi^3 .$$

Eine andere Möglichkeit wäre die Diskretisierung im Ortsraum mittels finiter Differenzen. Sei N die Anzahl der Stützstellen in jeder Dimension (quadratische Geometrie). Führt man wieder wie in (7.23) eindimensionale Vektoren Φ_k, $k = 1, \ldots, N^2$ ein die die Stützstellenwerte enthalten, so ergibt sich ein sehr großes ($N^2 \times N^2$) Gleichungssystem

$$\sum_j^{N^2} M_{ij}\Phi_j(t+\Delta t) = \frac{\Phi_i(t)}{\Delta t} + A\Phi_i^2(t) - \Phi_i^3(t) .$$

Allerdings ist die Matrix $\underline{M}$ schwach besetzt (sparse), sie enthält in jeder Zeile außer der Hauptdiagonalen nur 12 weitere, von Null verschiedene, Elemente. Eine Inversion wird durch spezielle Bibliotheksroutinen ermöglicht.

MATLAB verfügt bereits über solche Routinen. Ein einfacher Code könnte so aussehen:

```
clear;
n=200; dx=0.5; dt=3; tend=1000; eps=0.1; a=0.;
lap=-gallery('poisson',n)/dx^2;   % Laplace-Diskretsierung
pot=speye(n^2)+lap;        % Matrix fuer Lyapunov-Potential
m=(1/dt-eps+1)*speye(n^2)+2*lap+lap*lap; % Matrix M
for j=1:n^2; phi(j)=rand-0.5; end;    % Random Anfangswerte
t=0; k=0;
```

```
while t<tend    % Zeitschleife bis tend
  t=t+dt; k=k+1;
  phi=(phi/dt-phi.^3+a*phi.^2)/m;  % Matrixinversion
  fly=eps*phi.^2-.5*phi.^4+2./3.*a*phi.^3-(phi*pot).^2;  % Potential
  fl(k)=-0.5*dx^2*sum(fly); tt(k)=t; % zum plotten merken
end
m=0;      % Auswertung Psi, plotten
for j=1:n
  for k=1:n
    m=m+1;
    psi(j,k)=phi(m);   % Psi zurueckrechnen aus Phi
  end
end
plot(tt,fl); contourf(psi)
```

Die Abb. 7.24, 7.25 zeigen zwei noch nicht vollständig stationäre Lösungen nach $t = 200$, erzeugt mit dem angegebenen MATLAB-Programm. Durch eine lineare Stabilitätsanalyse um eine Streifenlösung berechnet man ein kritisches A

$$A_c = \frac{\sqrt{3}\varepsilon}{2}$$

ab welchem Streifen instabil werden, es entstehen wie beim Brusselator Hexagone. Ist die Symmetrie $\Psi \to -\Psi$ verletzt, also $A \neq 0$, so entstehen an der Schwelle $\varepsilon = 0$ wegen $A_c = 0$ zunächst immer Hexagone, sie sind damit die typische Struktur einer Turing-Instabilität. Als zweite Instabilität können sich dann Streifen oder, für kompliziertere Nichtlinearitäten, auch Quadrate bilden.

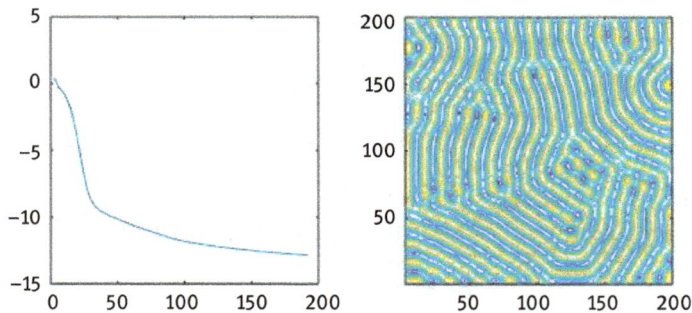

Abb. 7.24: Numerische Lösungen der Swift–Hohenberg-Gleichung nach $t = 200$ für $\varepsilon = 0{,}1, A = 0$ (rechts) und Lyapunov-Funktional (7.99) über t (links), gerechnet auf einem 200×200 Gitter.

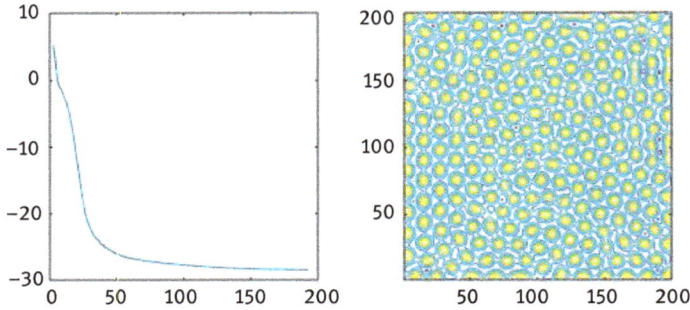

Abb. 7.25: Dasselbe wie in Abb. 7.24, aber für $A = 0,5$.

7.4.3 Aufgaben

Wie in Abschn. 7.4.2.1 lässt sich auch eine Modellgleichung herleiten, die im schwach nichtlinearen Bereich einer Hopf-Instabilität gilt, die komplexe Ginzburg–Landau-Gleichung:

$$\partial_t \Psi(x, t) = \left[\varepsilon + i\omega_0 + (1 + ic_1)\,\partial_{xx}^2\right] \Psi(x, t) - (1 + ic_3)\,|\Psi(x, t)|^2\,\Psi(x, t) \qquad (7.102)$$

wobei $\varepsilon, \omega_0, c_i \in \mathcal{R}$ und $\Psi \in \mathcal{C}$. Nehmen Sie periodische Randbedingungen im Integrationsbereich $0 \leq x \leq L$ an, also

$$\Psi(x = 0, t) = \Psi(x = L, t)\,.$$

1. Die Frequenz ω_0 kann ohne Beschränkung der Allgemeinheit null gesetzt werden (warum?).
   Zeigen Sie, dass für $\varepsilon > 0$ eine exakte Lösung von (7.102) durch

$$\Psi = A \exp{(i\Omega t)} \qquad (7.103)$$

   mit $A, \Omega \in \mathcal{R}$ gegeben ist. Bestimmen Sie A und Ω.
2. Untersuchen Sie die Stabilität der Lösung (7.103). Zeigen Sie, dass die Lösung für

$$c_1 c_3 < -1 \qquad (7.104)$$

   instabil wird.
3. Lösen Sie (7.102) numerisch durch ein FTCS-Verfahren im stabilen Bereich, z. B. mit

$$c_1 = 1/2, \quad c_3 = -1/2\,,$$

   sowie im instabilen Bereich, z. B.

$$c_1 = 1/2, \quad c_3 = -4\,.$$

Wählen Sie $L = 800$, $\varepsilon = 0,1$ und die Schrittweiten $\Delta x = 0,8$ und $\Delta t = 0,05$. Als Anfangsbedingung wählen Sie eine zufällige Gleichverteilung von $\Psi(x, 0)$ im Intervall $0,9A, \ldots, 1,1A$. Stellen Sie die Lösungen in einem Raumzeitdiagramm graphisch dar.

4. Wenn (7.104) erfüllt ist, besitzt (7.102) raumzeitlich chaotische Lösungen. Untersuchen Sie diese, in dem Sie den größten Lyapunov-Exponenten Λ für verschiedene Werte von c_3 bei festem $c_1 = 1/2$ berechnen. Plotten Sie Λ über c_3.

Referenzen

[1] M. Bestehorn, *Hydrodynamik und Strukturbildung*, Springer-Verlag (2006)

[2] C. A. J. Fletcher, *Computational Techniques for Fluid Dynamics 2*, Springer Verlag (2013)

[3] FORTRAN-Programme auf http://www.degruyter.com/view/product/431593

[4] C.-H. Bruneau, *The 2D lid-driven cavity problem revisited*, M. Saad, Computers & Fluids 35, 326 (2006)

[5] E. L. Koschmieder, *Bénard Cells and Taylor Vorticies*, Cambridge University Press (1993)

[6] P. N. Swarztrauber, R. A. Valent, *FFTPACK5 – a FORTRAN library of fast Fourier transforms*, http://www.scd.ucar.edu/css/software/fftpack5

[7] A. M. Turing: *The chemical basis of morphogenesis*, Phil. Trans. R. Soc. London B 237, 37 (1952)

[8] J. Swift, P. C. Hohenberg, *Hydrodynamic fluctuations at the convective instability*, Phys. Rev. A15, 319 (1977)

[9] H. Haken, *Advanced Synergetics*, Springer-Verlag (1993)

8 Monte Carlo-Verfahren (MC)

Unter dem Begriff Monte Carlo-Verfahren oder -Simulationen fasst man eine Vielzahl numerischer Methoden zusammen, die hauptsächlich auf der Verwendung von Zufallszahlen basieren. Dies können einerseits physikalische Problemstellungen sein, bei denen Fluktuationen oder andere zufällige Prozesse eine zentrale Rolle spielen, wie z. B. thermische Bewegungen in der Statistischen Physik, Trajektorien von Teilchen in ungeordneten Medien oder Gleichgewichtsphasenübergänge. Andererseits lässt sich aber auch mathematischen Problemen wie der näherungsweisen Bestimmung hochdimensionaler Integrale oder dem Auffinden der Extrema von Funktionen im hochdimensionalen Funktionenraum oft nur durch MC-Verfahren beikommen.

8.1 Zufallszahlen und Verteilungen

8.1.1 Zufallszahlengenerator

Da Zufallszahlen eine grundlegende Rolle spielen, wollen wir mit ihrer Realisierung auf dem Rechner beginnen (weil Prozesse auf Rechnern normalerweise deterministisch ablaufen, müsste man eigentlich besser von Pseudo-Zufallszahlen sprechen). In Fortran90 ist ein Zufallszahlengenerator implementiert. Nach dem Aufruf

```
CALL RANDOM_NUMBER(x)
```

enthält die REAL-Variable x eine zufällige, im Intervall

$$0 \leq x < 1 \tag{8.1}$$

gleichverteilte Zahl. Wird x vorher als (ein- oder mehrdimensionales) Feld definiert, so werden sämtliche Elemente von x mit verschiedenen, gleichverteilten Zufallszahlen belegt.

Zufallszahlengeneratoren basieren auf Abbildungen der Form

$$x_i = f(x_{i-1}, x_{i-2}, \ldots, x_{i-n}) \,. \tag{8.2}$$

Ein einfaches Beispiel mit $n = 1$ wäre die in Kapitel 1 untersuchte Logistische Abbildung irgendwo im chaotischen Bereich. Fortran90 verwendet allerdings andere Abbildungen mit viel größerem n, die wesentlich bessere (weil weniger korrelierte) Folgen liefern. Der Wert von n hängt dabei vom Compiler, aber auch von Rechner und Betriebssystem ab. Das aktuelle n lässt sich über den Aufruf

```
CALL RANDOM_SEED(size=n)
```

finden, so ist z. B. bei GNU-Fortran unter Linux $n = 12$. Bei jedem erneuten Programmstart werden dieselben Startwerte $(x_1, \ldots, x_n)$ initialisiert und darum dieselbe Zufallsfolge produziert. Dies lässt sich durch Aufruf von

```
CALL RANDOM_SEED(put=ix)
```

ändern, wobei `ix` ein Integerfeld der Länge n ist und die Startwerte der Iteration (8.2) enthält. Will man jedesmal eine andere Folge initialisieren, so kann man die Startwerte an die Systemuhr koppeln. Eine Subroutine zur Initialisierung könnte so aussehen (GNU-Compiler), siehe auch Anhang B:

```
SUBROUTINE RANDOM_INIT
INTEGER, DIMENSION(100) :: ix ! Hilfsfeld f. Startwerte
CALL RANDOM_SEED(size=n)
CALL SYSTEM_CLOCK(ic)
ix=ic
CALL RANDOM_SEED(put=ix(1:n))
END
```

8.1.2 Verteilungsfunktion, Wahrscheinlichkeitsdichte, Erwartungswert

Die *Verteilungsfunktion* $\Phi(x)$ gibt die Wahrscheinlichkeit an, eine Zufallsvariable X kleiner als x zu ziehen. Für die Gleichverteilung (8.1) gilt

$$\Phi_g(x) = \begin{cases} 0, & \text{für } x < 0 \\ x, & \text{für } 0 \leq x < 1 \\ 1, & \text{für } 1 \leq x \end{cases} . \tag{8.3}$$

Beschränkt man sich auf den Definitionsbereich $[0, 1)$, so wird aus (8.3) einfach

$$\Phi_g(x) = x, \quad x \in [0, 1) .$$

Die Verteilungsfunktion wird auch als *kumulative Wahrscheinlichkeit* bezeichnet. Die *Wahrscheinlichkeitsdichte* (PDF, probability density function)

$$\rho(x) = \frac{d\Phi(x)}{dx} \tag{8.4}$$

gibt die Wahrscheinlichkeit an, x in dem infinitesimalen Bereich $x, x + dx$ zu finden, für die Gleichverteilung demnach

$$\rho_g(x) = \begin{cases} 0, & \text{für } x < 0 \\ 1, & \text{für } 0 \leq x < 1 \\ 0, & \text{für } 1 \leq x \end{cases} . \tag{8.5}$$

Kennt man die PDF, so lässt sich der *Erwartungswert* (Mittelwert)

$$\langle x \rangle = \int dx\, x\, \rho(x) \tag{8.6}$$

sowie die *Varianz*

$$\text{Var}(x) = \langle (x - \langle x \rangle)^2 \rangle = \langle x^2 \rangle - \langle x \rangle^2 = \int dx\, x^2\, \rho(x) - \langle x \rangle^2 \tag{8.7}$$

oder auch die *Standardabweichung*

$$\text{Std}(x) = \sqrt{\text{Var}(x)} \tag{8.8}$$

berechnen. Die Integrale laufen jeweils über den Definitionsbereich der Zufallsvariablen. Liegt dagegen eine Folge $x_1, \ldots, x_k$ zufällig verteilter Zahlen vor, so berechnet man

$$\langle x \rangle = \frac{1}{k} \sum_{i=1}^{k} x_i, \quad \text{Var}(x) = \frac{1}{k} \sum_{i=1}^{k} x_i^2 - \langle x \rangle^2 \,.$$

Speziell für die Gleichverteilung in $[0, 1)$ ergibt sich

$$\langle x \rangle = 1/2, \quad \text{Var}(x) = 1/12 \,.$$

8.1.3 Andere Verteilungsfunktionen

Wie lässt sich aus einer vom Rechner erzeugten, gleichverteilten Zufallszahl x eine Zufallszahl y mit gegebener Wahrscheinlichkeitsdichte $\rho(y)$ finden? Wir geben zwei Verfahren an:

8.1.3.1 Verwerfungsmethode
Gesucht sei eine Zufallsvariable im Bereich

$$a \le y < b$$

mit vorgegebener PDF $\rho(y)$. Man zieht zunächst ein gleichverteiltes $x_1 \in [0, 1)$ und streckt dieses auf

$$y = a + (b - a)\, x_1 \,.$$

Dieser Wert soll nun mit der Wahrscheinlichkeit $\rho(y)/\rho_m$ akzeptiert werden, wobei ρ_m das Maximum von ρ bezeichnet. Dazu bestimmt man eine zweite gleichverteilte Zufallszahl x_2 und akzeptiert y, wenn

$$x_2 \le \rho(y)/\rho_m \,. \tag{8.9}$$

Andernfalls wird y verworfen und man wiederholt den Prozess durch Ziehen zweier neuer x_1, x_2 solange, bis (8.9) erfüllt ist. Dieses Verfahren lässt sich leicht auf mehrdimensionale Verteilungen $\rho(x, y, \ldots)$ erweitern. Wünscht man eine Verteilung mit

„langen Schwänzen", so ist dort $\rho(y)/\rho_m \ll 1$ und man benötigt eventuell sehr viele Versuche, um einen akzeptablen Wert für y zu finden. Das Verfahren kann somit schnell ineffizient werden.

8.1.3.2 Transformationsmethode

Hier sucht man direkt nach einer (analytischen) Funktion $y = f(x)$. Da die kumulative Wahrscheinlichkeit für beide Verteilungsfunktionen gleich sein muss,

$$\Phi(y) = \Phi_g(x) \,,$$

lässt sich bei gegebenem Φ und Φ_g nach (8.3) aus

$$\Phi(f(x)) = \Phi_g(x) = x \qquad (8.10)$$

$f(x)$ berechnen.

Beispiel. Gesucht sei f für eine Variable $y \in [0, \pi)$, deren PDF

$$\rho(y) = \frac{1}{2} \sin y$$

lauten soll. Wegen $\Phi = \int_0^y dy' \, \rho(y') = \frac{1}{2}(1 - \cos y)$ erhält man aus (8.10)

$$y = f(x) = \arccos(1 - 2x) \,. \qquad (8.11)$$

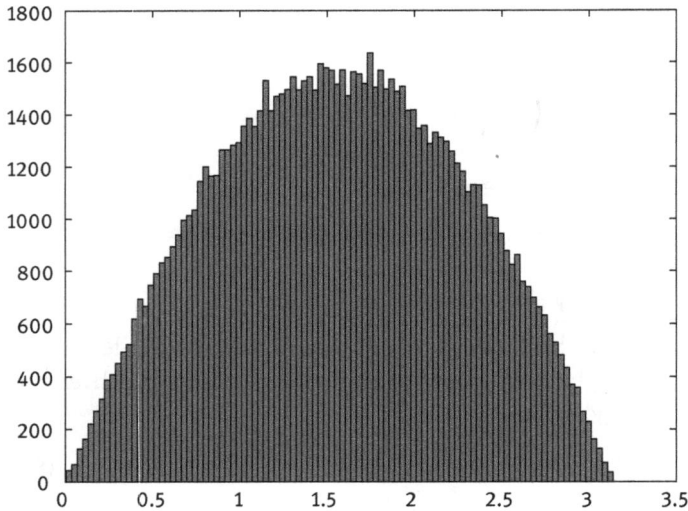

Abb. 8.1: Histogramm von y aus (8.11) für 100 000 gezogene Zufallszahlen.

Das MATLAB-Skript

```
n=100000;
y=acos(1-2*rand(1,n));
hist(y,100)
```

liefert ein Histogramm von y, Abb. 8.1.

8.1.3.3 Spezialfall Normalverteilung

Oft benötigt man Normal- oder gaußverteilte Zufallsvariablen mit

$$\rho(y) = \frac{1}{b\sqrt{\pi}} \exp\left(-(y-y_0)^2/b^2\right), \quad y \in (-\infty, \infty).$$

Hier bezeichnet y_0 den Mittelwert und b die Breite der Gauß-Verteilung. Die Varianz hängt mit der Breite zusammen:

$$\text{Var}(y) = b^2/2.$$

(A) Zentraler Grenzwertsatz. Nach dem zentralen Grenzwertsatz der Statistik erhält man normalverteilte Variablen aus einer Summe (unendlich) vieler gleichverteilter Zufallszahlen. Sei x_i eine gleichverteilte Folge in $[0, 1)$. Dann wird

$$y = y_0 + a \sum_i^N \left(x_i - \frac{1}{2}\right) \tag{8.12}$$

für größere N mehr und mehr zur gaußverteilten Variablen im Bereich

$$y_0 - aN/2 \le y < y_0 + aN/2$$

mit Mittelwert $\langle y \rangle = y_0$ und mit der Varianz

$$\text{Var}(y) = \langle (y-y_0)^2 \rangle = a^2 N \, \text{Var}(x) = a^2 N/12.$$

In der Praxis muss N je nach Anwendung nicht sehr groß sein. Legt man keinen Wert auf sehr kleine oder große y, so ergeben sich für $N \approx 10$ schon passable Verteilungen, Abb. 8.2. Ein Programm, welches eine annähernd gaußverteilte Zufallszahl mit vorgegebenem Mittelwert und vorgegebener Varianz liefert, könnte so aussehen:

```
      REAL FUNCTION gauss(xm,var)
      PARAMETER (n=50) ! Anzahl d. Gleichvert.
c Die Variable gauss enthaelt eine pseudo-gaussverteilte
c Zufallszahl mit Varianz var und Mittelwert xm im Bereich
c xm-sqrt(3*var*n) ... xm+sqrt(3*var*n)
      REAL :: xm,var,xi(n)
      CALL RANDOM_NUMBER(xi) ! n gleichverteilte Zahlen in [0,1)
      gauss=xm+SQRT(12.*var/FLOAT(n))*(SUM(xi)-FLOAT(n)/2.)
      END FUNCTION
```

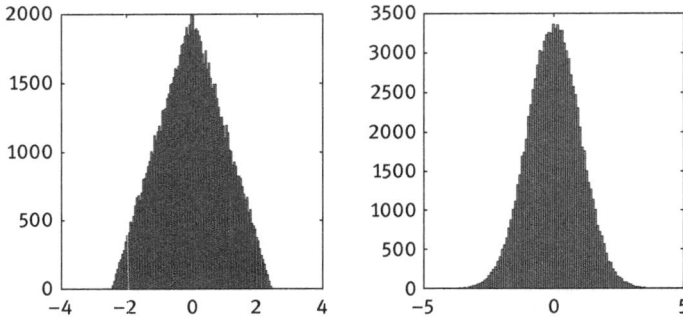

Abb. 8.2: Histogramme von y aus (8.12) für 100 000 gezogene Zufallszahlen, links für $N = 2$, rechts für $N = 50$.

(B) Box–Muller-Verfahren. Teilchengeschwindigkeiten im thermodynamischen Gleichgewicht bei gegebener Temperatur T sind Maxwell–Boltzmann-verteilt. In zwei räumlichen Dimensionen lässt sich die Transformationsmethode einfach anwenden. Die Maxwell–Boltzmann-Wahrscheinlichkeitsdichte für den Betrag $w = \sqrt{v_x^2 + v_y^2}$ der Geschwindigkeit lautet mit der in Abschn. 4.5 verwendeten Skalierung

$$\rho(w) = \frac{w}{T} \exp\left(-w^2/2T\right).$$

Dies lässt sich zur Verteilungsfunktion

$$\Phi(w) = -\exp\left(-w^2/2T\right) + c$$

(c = Integrationskonstante) integrieren. Aus (8.10) ergibt sich dann

$$w(x) = \sqrt{-2T \ln(c - x)}$$

mit gleichverteiltem $x \in [0, 1]$. Die Variable w soll im Intervall $[0, \infty)$ liegen, was durch $c = 1$ erreicht wird. Damit lassen sich die Anfangsgeschwindigkeiten für jedes Teilchen als

$$v_x(0) = w \cos\varphi, \quad v_y(0) = w \sin\varphi$$

schreiben, wobei der Winkel φ im Intervall $[0, 2\pi)$ gleichverteilt sein soll. Somit ergibt sich schließlich für die Teilchenanfangsgeschwindigkeiten im Gleichgewicht

$$v_x(0) = \sqrt{-2T \ln(1 - x_1)} \cos(2\pi x_2), \quad v_y(0) = \sqrt{-2T \ln(1 - x_1)} \sin(2\pi x_2) \quad (8.13)$$

mit den beiden unabhängigen, gleichverteilten Zufallszahlen x_1, x_2 in $[0, 1]$. Die Vorschrift (8.13) wird als Box–Muller-Verfahren bezeichnet.

8.2 Monte Carlo-Integration

8.2.1 Integrale in einer Dimension

Eine naheliegende Vorgehensweise zur numerischen Integration besteht in der Diskretisierung durch N in der Regel äquidistante Stützstellen des Bereichs:

$$J = \int_a^b dx\, f(x) = \Delta x \sum_i^N g_i\, f(x_i) + O(1/N^k)\,, \qquad (8.14)$$

wobei

$$x_i = (i-1)\Delta x + a, \quad \Delta x = (b-a)/(N-1)\,.$$

Die Ordnung k des Fehlers in (8.14) hängt von der Wahl der Gewichte g_i ab. So erhält man für

$$g_N = 0, \quad g_i = 1, \quad i = 1, \ldots, N-1$$

die Rechteckregel mit $k = 1$. Für

$$g_1 = g_N = 1/2, \quad g_i = 1, \quad i = 2, \ldots, N-1$$

ergibt sich die Trapezregel mit $k = 2$ und für

$$g_N = 1/3, \quad g_1 = g_3 = \cdots = g_{N-1} = 4/3, \quad g_2 = g_4 = \cdots = g_{N-2} = 2/3$$

die noch genauere Simpson-Regel mit $k = 4$. Allen Formeln liegt eine systematische Auswertung des Integranden $f(x)$ zu Grunde.

Bei der Monte Carlo-Integration geht man vollkommen anders vor. Anstatt einer regelmäßigen Diskretisierung des Bereichs wählt man zufällig N Punkte $a \leq x_i \leq b$ aus. Da man durch entsprechende Skalierung und Verschiebung von x immer $a = 0$, $b = 1$ erreichen kann, werden wir hier nur diesen Fall betrachten. Das Integral (8.14) berechnet sich dann durch

$$J = \frac{1}{N} \sum_i^N f(x_i) + O(1/N^k) \qquad (8.15)$$

mit $x_i \in [0, 1]$ und einer gewissen, vorgegebenen Wahrscheinlichkeitsdichte $\rho(x)$. Der numerische Aufwand verglichen mit (8.14) scheint zunächst derselbe zu sein. Man hat f an N verschiedenen Stellen auszuwerten. Wie groß ist k im Fehler von (8.15)?

Im Gegensatz zu (8.14) wird der Fehler nicht systematisch sein, sondern von der Zufallsfolge x_i abhängen. Hierzu müssen wir die Standardabweichung von (8.15) bezüglich verschiedener Zufallsfolgen bestimmen. Sei

$$x_i^k, \quad i = 1, \ldots, N, \quad k = 1, \ldots, M$$

die k-te Folge x_i, so erhalten wir für das Integral nach (8.15) einen Mittelwert von

$$\langle J \rangle = \frac{1}{M} \sum_k^M J_k$$

mit

$$J_k = \frac{1}{N} \sum_i^N f(x_i^k) \, .$$

Für die Varianz ergibt sich

$$\mathrm{Var}\,(J) = \frac{1}{M} \sum_k^M (J_k - \langle J \rangle)^2$$

$$= \frac{1}{M} \sum_k^M \left(\frac{1}{N} \sum_i^N f(x_i^k) - \langle J \rangle \right)^2$$

$$= \frac{1}{MN^2} \sum_k^M \sum_{ij}^N (f(x_i^k) - \langle J \rangle)\,(f(x_j^k) - \langle J \rangle) \, .$$

Wenn die einzelnen Werte x_i^k vollständig unkorreliert sind, werden sich die Summanden für $i \neq j$ in der letzten Zeile wegmitteln. Es bleiben nur die Terme für $i = j$ übrig und man erhält

$$\mathrm{Var}\,(J) = \frac{1}{MN^2} \sum_k^M \sum_i^N (f(x_i^k) - \langle J \rangle)^2 \, . \tag{8.16}$$

Andererseits können wir die Varianz von f bilden:

$$\mathrm{Var}\,(f) = \frac{1}{MN} \sum_k^M \sum_i^N (f(x_i^k) - \langle J \rangle)^2 \, . \tag{8.17}$$

Ein Vergleich mit (8.16) liefert

$$\mathrm{Var}\,(J) = \frac{\mathrm{Var}\,(f)}{N} \tag{8.18}$$

oder

$$\mathrm{Std}\,(J) = \frac{\mathrm{Std}\,(f)}{\sqrt{N}} \, . \tag{8.19}$$

Da die Varianz von f nicht von N abhängt, wird der Fehler in (8.15) mit

$$\sim \frac{1}{\sqrt{N}}$$

gehen, also $k = 1/2$. Dies ist schlechter als für das einfachste Verfahren in (8.14), was zunächst nicht für die MC-Integration spricht.

8.2.2 Integrale in mehreren Dimensionen

Was passiert in mehreren Dimensionen? Wir untersuchen das n-dimensionale Integral

$$J_n = \int_0^1 \cdots \int_0^1 dx_1 \, dx_2 \cdots dx_n \, f(x_1, \ldots, x_n) \,. \tag{8.20}$$

Numerische Integration mittels Diskretisierung erfordert in *jeder* Raumdimension N Stützstellen, um auf einen Fehler der Ordnung $1/N^k$ zu kommen, also insgesamt $N_T = N^n$ Funktionsberechnungen von f. Andererseits gelten die Überlegungen, welche auf (8.19) führen unabhängig von der Raumdimension. Der Fehler bei der MC-Integration hängt also immer noch von $1/\sqrt{N_T}$ mit N_T als Anzahl der Funktionsauswertungen ab. Das MC-Verfahren wird dann bei gleicher Anzahl von Auswertungen genauer, wenn

$$\frac{1}{\sqrt{N_T}} \le a \frac{1}{N_T^{k/n}}$$

mit a als einer vom Verfahren abhängenden Konstanten. Für $N_T \gg a$ wird daraus die Abschätzung

$$n \ge 2k \,.$$

Vergleicht man also z. B. mit dem Simpson-Verfahren ($k = 4$), so würde sich die MC-Integration ab einer Raumdimension von $n > 8$ lohnen, bei der einfachen Rechteckregel schon ab $n > 2$.

8.2.2.1 Beispiel
Als Beispiel wollen wir das Integral

$$J_n = \int_0^1 \cdots \int_0^1 dx_1 \, dx_2 \cdots dx_n \, (x_1 + x_2 + \cdots + x_n)^2 \tag{8.21}$$

berechnen. Die exakte Lösung lautet

$$J_n^A = \frac{n}{12} + \frac{n^2}{4} \,. \tag{8.22}$$

Auswertung über die Rechteckregel mit N Stützstellen in jeder Dimension ergibt

$$J_n^R \approx (\Delta x)^n \sum_{i_1=1}^N \cdots \sum_{i_n=1}^N (x_{i_1} + x_{i_2} + \cdots + x_{i_n})^2 \,, \quad x_i = \Delta x \, (i-1) \,.$$

Monte-Carlo-Integration liefert

$$J_n^M \approx \frac{1}{N_T} \sum_{i_1=1}^{N_T} (\xi_1 + \xi_2 + \cdots + \xi_n)^2$$

mit den (gleichverteilten) unkorrelierten Zufallsvariablen

$$0 \leq \xi_i \leq 1 \, .$$

Um die Ergebnisse zu vergleichen, sollen bei beiden Verfahren jeweils gleichviel Summanden berücksichtigt werden, also

$$N = (N_T)^{1/n} \, .$$

Der relative Fehler in Prozent ergibt sich zu

$$\varepsilon\,(\%) = 100 \cdot \frac{|J_n^{R,M} - J_n^A|}{J_n^A} \, ,$$

siehe Abb. 8.3.

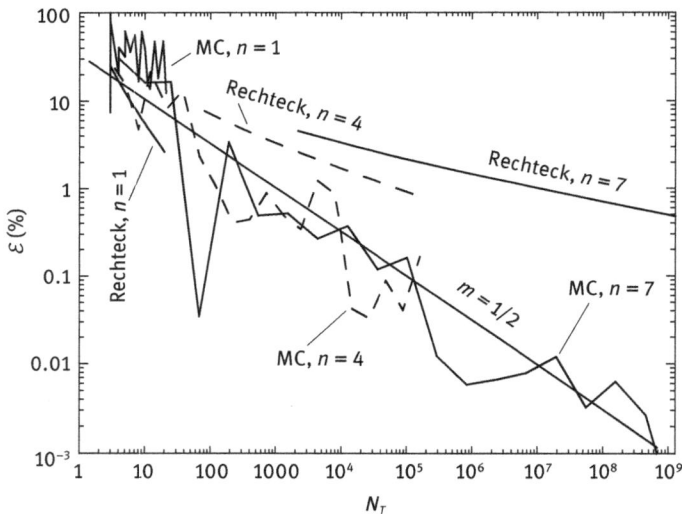

Abb. 8.3: Numerische Berechnung des Integrals (8.21) in den Dimensionen $n = 1, 4, 7$, Monte Carlo-Simulation im Vergleich zur Rechteckregel. Relativer Fehler in Prozent über der Anzahl der Gesamtstützstellen $N_T = N^n$. Für die Rechteckformel werden jeweils $N = 3, \ldots, 20$ Stützstellen je Dimension verwendet. Der MC-Fehler geht mit $N_T^{-1/2}$ (Gerade). Für $n = 1$ ist das Rechteckverfahren besser, für $n = 4$ dagegen bereits MC.

8.2.2.2 Simple Sampling und Importance Sampling

Um Integrale der Form (8.14) mit (8.15) zu berechnen, haben wir die x_i Werte aus einer Gleichverteilung gezogen, was als „Simple Sampling" bezeichnet wird. Variiert $f(x)$ stark, so werden nach (8.19) die Abweichungen vom Mittelwert und damit der Fehler groß sein. Wir können jedoch (8.14) umschreiben:

$$J = \int\limits_a^b dx\, f(x) = \int\limits_a^b dx \left[\frac{f(x)}{\rho(x)} \right] \rho(x)\,. \tag{8.23}$$

Wenn $\rho(x)$ die Wahrscheinlichkeitsdichte von x ist, so kann man (8.23) als Mittelwert $\langle f/\rho \rangle$ mit der Varianz

$$\mathrm{Var}\,(f/\rho) = \int\limits_a^b dx \left[\frac{f(x)}{\rho(x)} \right]^2 \rho(x) - J^2 \tag{8.24}$$

interpretieren. Durch geschickte Wahl von ρ lässt sich (8.24) minimieren. Nullsetzen der Funktionalableitung $\delta/\delta\rho$ von

$$F[\rho] = \mathrm{Var}\,(f/\rho) + \lambda \int\limits_a^b dx\, \rho$$

mit λ als Lagrange-Parameter aus der Nebenbedingung (Normierungsforderung)

$$\int\limits_a^b dx\, \rho(x) = 1 \tag{8.25}$$

ergibt

$$-f^2/\rho^2 + \lambda = 0$$

oder

$$\rho = |f|/\sqrt{\lambda}\,,$$

wobei λ aus (8.25) bestimmt wird. Der Fehler wird also kleiner, je eher der Verlauf von ρ dem von $|f|$ entspricht, was als „Importance Sampling" bezeichnet wird. Dies lässt sich auch auf mehrere Dimensionen verallgemeinern.

8.3 Anwendungen aus der Statistischen Physik

Wir kommen jetzt zum zweiten wichtigen Anwendungsbereich von Monte Carlo-Methoden, nämlich zu Systemen, bei denen der Zufall eine intrinsische Eigenschaft bildet. Dazu betrachten wir noch einmal Vielteilchenprobleme. In Kapitel 4 haben wir solche durch das Lösen der Newton'schen Bewegungsgleichungen unter gegebenen Wechselwirkungspotentialen untersucht. In der Statistischen Physik stellt man sich dagegen sehr viele makroskopisch gleiche Systeme (das Ensemble) vor, die sich mikroskopisch unterscheiden, z. B. durch veschiedene Anfangsbedingunger.

Daraus bestimmt man makroskopische Größen wie Dichte oder Temperatur durch Mittelungen[1].

8.3.1 Zweidimensionales klassisches Gas

8.3.1.1 Das Harte-Kugel-Modell

Beginnen wollen wir mit einem zweidimensionalen Gas aus N harten Kugeln (besser „Scheiben") mit Durchmesser d_0. Die Teilchen sollen zunächst zufällig im gegebenen Volumen V angeordnet werden, wir wählen für die Teilchenpositionen $\vec{r}_i$ eine Gleichverteilung

$$\vec{r}_i = (x_i, y_i), \quad x_i \in [0, \ldots, 1], \ y_i \in [0, \ldots, 1], \ i = 1, \ldots, N.$$

Die Teilchen sollen sich jedoch nicht durchdringen. Man muss also die Positionen so wählen, dass die Nebenbedingungen

$$d_{ij} = \sqrt{(x_i - x_j)^2 + (y_i - y_j)^2} \geq d_0 \tag{8.26}$$

für alle Paare $i \neq j$ erfüllt sind. Der Programmausschnitt zur Initialisierung könnte so aussehen:

```
    PARAMETER (n=1000)          ! Teilchenzahl
    REAL, DIMENSION(2,n) :: x   ! Teilchenpositionen
    REAL, DIMENSION(2)   :: xn  ! neue Teilchenposition
...
    d0 = ...   ! Kugelradius, minimaler Abstand
C n Teilchenpositionen zufaellig setzen
    DO i=1,n
11    CALL RANDOM_NUMBER(xn)   ! zufaellige Position
      DO j=1,i-1
        IF(d(xn,x(1:2,j)).LT.d0) GOTO 11 ! Abstaende ok?
      ENDDO
      x(1:2,i)=xn    ! ja, dann Position akzeptieren
    ENDDO
...
```

Die Funktion d berechnet den euklidischen Abstand nach (8.26). Um eine neue Konfiguration zu erzeugen, wählt man ein zufälliges Teilchen $k = 1, \ldots, N$ aus und weist diesem ebenfalls zufällige neue Koordinaten x_k, y_k zwischen null und eins zu. Werden alle Nebenbedingungen (8.26) erfüllt, dann wird die neue Position akzeptiert. Andernfalls werden die neuen Teilchenkoordinaten verworfen und der Vorgang beginnt

---

[1] Genauso kann man Schnappschüsse desselben Systems zu vielen verschiedenen Zeitpunkten auswerten, Scharmittel = Zeitmittel.

von vorne. Man erzeugt also sukzessive verschiedene Ensemble-Mitglieder, die mit den makroskopischen Bedingungen V = const., N = const. in Einklang stehen. Da es keine Teilchenbewegung gibt, macht auch der Begriff der kinetischen Energie keinen Sinn. Trotzdem lässt sich eine Wechselwirkung zwischen zwei Teilchen berücksichtigen. Durch die Nebenbedingung (8.26) haben wir bereits eine Harte-Kugel-Abstoßung eingebaut. Wie lässt sich eine zusätzliche anziehende Kraft modellieren? Sei z. B. die Wechselwirkung als anziehendes Coulomb-Potential

$$u(\vec{r}_i - \vec{r}_j) = -\frac{\alpha}{d_{ij}}, \quad \alpha > 0$$

gegeben, so lässt sich für jede Konfiguration die Gesamtenergie

$$U(\vec{r}_1, \ldots, \vec{r}_N) = \sum_{i=1}^{N} \sum_{j=i+1}^{N} u(\vec{r}_i - \vec{r}_j) \tag{8.27}$$

berechnen. Man könnte jetzt versuchen, den Zustand mit der niedrigsten Energie zu finden, indem man möglichst viele verschiedene Konfigurationen überprüft. Nehmen wir N = 1000 an, so hätte man auf diese Weise 2000 Variable jeweils im Bereich [0, 1] zu testen. Ein Minimum in einem derart hochdimensionalen Raum zu finden wäre aber ein hoffnungsloses Unterfangen.

8.3.1.2 Metropolis-Algorithmus

Eine elegante Methode zur näherungsweisen Lösung des Problems bietet der Metropolis-Algorithmus[2]. Wir werden speziell die kanonische Gesamtheit betrachten, bei der außer dem Volumen und der Teilchenzahl noch die Temperatur vorgegeben ist. Eine zentrale Rolle spielt die Zustandssumme [2]

$$Z(N, V, T) = \sum_i \exp\left(-E_i/k_B T\right) \tag{8.28}$$

mit der Boltzmann-Konstanten k_B und der Energie E_i des Zustandes i. Die Summe läuft über sämtliche Zustände. Hat man es wie beim Harte-Kugel-Modell mit kontinuierlichen Variablen zu tun, so geht die Summe in ein $2N$-dimensionales Integral über

$$Z(N, V, T) \sim \int d^2\vec{r}_1 \cdots \int d^2\vec{r}_N \exp\left(-U(\vec{r}_1, \ldots, \vec{r}_N)/k_B T\right). \tag{8.29}$$

Kennt man die Zustandssumme, so lässt sich die Wahrscheinlichkeit einen Zustand mit der Energie E_i im kanonischen Ensemble zu finden als

$$\rho_i = \frac{1}{Z} \exp\left(-E_i/k_B T\right) \tag{8.30}$$

---

2 Vorgeschlagen 1953 von Metropolis, Rosenbluth, Rosenbluth, Teller und Teller [1].

angeben. Der Ausdruck (8.30) wird als Boltzmann-Verteilung bezeichnet. Mit (8.30) lassen sich Erwartungswerte gemäß

$$\langle Y \rangle = \sum_i Y_i \rho_i \qquad (8.31)$$

ausrechnen, wobei die Summe wieder über alle Zustände läuft und bei kontinuierlichen Variablen durch die entsprechenden Integrale ersetzt werden muss.

Wie lassen sich die Summen bzw. die hochdimensionalen Integrale zur Berechnung von Z und der Erwartungswerte numerisch auswerten? Es liegt nahe, eine MC-Integration zu versuchen. Da jedoch (8.30) normalerweise sehr schmal um den Erwartungswert

$$\langle E \rangle = \sum_i E_i \rho_i$$

konzentriert ist, wird Simple Sampling nicht zum Erfolg führen. Man wird besser versuchen, nur Zustände mit $E_i \approx \langle E \rangle$ zu ziehen. Dabei variiert man die Zustandsvariablen nicht beliebig, sondern so, dass sich das System in Richtung thermodynamisches Gleichgewicht bewegt. Sei X_i ein Satz von Variablen, der das System im Zustand i beschreibt (z. B. die Lagekoordinaten des Gases aus Abschn. 8.3.1.1). Man sucht jetzt eine Folge

$$X_0 \to X_1 \to \cdots \to X_n$$

von Zuständen, die möglichst schnell ins Gleichgewicht führt. Dabei soll sich jeder Zustand eindeutig aus seinem vorherigen bestimmen lassen, eine solche Folge wird als Markov-Kette bezeichnet. Sei

$$P(X_i \to X_j)$$

die Übergangswahrscheinlichkeit vom Zustand i in den Zustand j. Eine stationäre Verteilung $\rho(X)$ liegt vor, wenn die Bedingung

$$\rho(X_i)P(X_i \to X_j) = \rho(X_j)P(X_j \to X_i)$$

(detaillierte Bilanz) gilt. Für ρ aus (8.30) ergibt sich daraus

$$P(X_i \to X_j) = P(X_j \to X_i)\frac{\rho(X_j)}{\rho(X_i)} = P(X_j \to X_i)\exp\left(-\Delta E_{ji}/k_B T\right) \qquad (8.32)$$

mit $\Delta E_{ji} = E_j - E_i$. Der Übergang $i \to j$ soll immer stattfinden, wenn $E_i > E_j$ gilt (Annäherung ans Gleichgewicht):

$$P(X_i \to X_j) = 1 \quad \text{und} \quad \Delta E_{ji} < 0 \, .$$

Wegen (8.32) ergibt sich für den inversen Übergang $j \to i$

$$P(X_j \to X_i) = \exp\left(-\Delta E_{ij}/k_B T\right) \quad \text{und} \quad \Delta E_{ij} > 0 \, .$$

Importance Sampling durch den Metropolis-Algorithmus besteht nun aus folgenden Schritten:

1. Wähle eine Startkonfiguration X_0. Berechne $E_0(X_0)$. $i = 1$.
2. Ändere eine zufällige Variable auf die neue Konfiguration X_i.
   Berechne $E_i(X_i)$ und $\Delta E_{i,i-1}$
3. Wenn $\Delta E_{i,i-1} \leq 0$, akzeptiere neue Konfiguration X_i. $i = i + 1$. Gehe nach 2.
4. Wenn $\Delta E_{i,i-1} > 0$, ziehe gleichverteilte Zufallszahl $0 \leq r < 1$.
   Wenn $r < \exp(-\Delta E_{i,i-1}/k_B T)$, akzeptiere neue Konfiguration X_i. $i = i + 1$.
   Gehe nach 2.
5. Wenn $r > \exp(-\Delta E_{i,i-1}/k_B T)$, restauriere alte Konfiguration $X_i = X_{i-1}$.
   Gehe nach 2.

Wir erläutern die einzelnen Schritte 1–5 an einem Programm zur MC-Simulation des 2D-Gases mit der Wechselwirkungsenergie (8.27). Für das komplette Programm siehe [3].

1. Schritt. Ausgangspositionen durch Programmausschnitt Seite 254. Berechnung von E_0:

```
E0=0.
DO i=1,n-1
  DO j=i+1,n
    E0=E0-1./d(x(1:2,i),x(1:2,j))
  ENDDO
ENDDO
```

2. Schritt.

```
100 CALL RANDOM_NUMBER(rk)
    k=rk*FLOAT(n)+1   ! Zufaelliges Teilchen k
    Ek=0.
    DO  i=1,n
      IF(i.ne.k) Ek=Ek-1./d(x(1:2,i),x(1:2,k))  ! Anteil von k an E0
    ENDDO
    xn=x(1:2,k)        ! Alte Konfig. merken
    CALL RANDOM_NUMBER(x(1:2,k))  ! Teilchen k zufaellig setzen
    Ekn=0.
    DO i=1,n           ! Konform mit Nebenbedingungen (Harte-Kugel)?
      IF(i.ne.k) THEN
        IF(d(x(1:2,K),x(1:2,i)).LT.dmin) THEN
          x(1:2,K)=xn
          GOTO 100    ! Nein, dann nochmal
        ENDIF
        Ekn=Ekn-1./d(x(1:2,k),x(1:2,i))  ! Anteil von k an E0
      ENDIF
    ENDDO
    dE=Ekn-Ek          ! Delta E
```

3. Schritt.

```
IF(dE.LT.0.) THEN
   E0=E0+dE   ! neues E0
   GOTO 100   ! naechste Konfiguration
ENDIF
```

4. Schritt.

```
CALL RANDOM_NUMBER(r)
IF(r.lt.EXP((-dE/t)) THEN
   E0=E0+dE   ! neues E0
   GOTO 100   ! naechste Konfiguration
ENDIF
```

5. Schritt.

```
x(1:2,k)=xn   ! restauriere alte Konfig, E0 unveraendert
GOTO 100      ! naechster Versuch
```

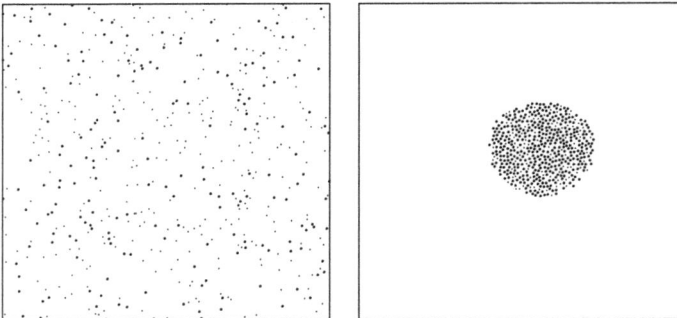

Abb. 8.4: Teilchenpositionen (N = 500) bei T = 2000 (links) und T = 20 (rechts).

Abb. 8.4 zeigt zwei Konfigurationen für verschiedene T. Die Größen sind dabei so skaliert, dass $\alpha = k_B = 1$, $d_0 = 0{,}01$. Offensichtlich minimiert die Kreisscheibe (in 3D die Kugel) die (freie) Energie für niedrige Temperaturen, es entsteht ein Tropfen. Für $T = 2000$ erhält man einen gasförmigen Zustand. Der Übergang wird deutlich, wenn man ein Histogramm der Teilchenabstände als Funktion der Temperatur aufnimmt. Aus dem Histogramm lässt sich dann der mittlere Abstand

$$\langle r \rangle = \frac{\sum_i r_i H(r_i)}{\sum_i H(r_i)}$$

berechnen (Abb. 8.5).

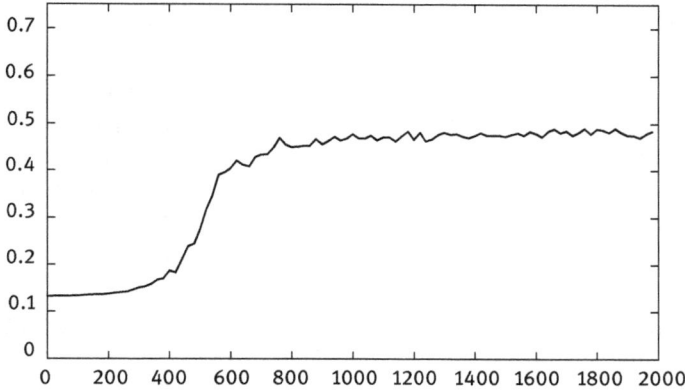

Abb. 8.5: Mittlerer Abstand $\langle r \rangle$ über der Temperatur für $N = 500$ Teilchen, $d_0 = 0{,}01$.

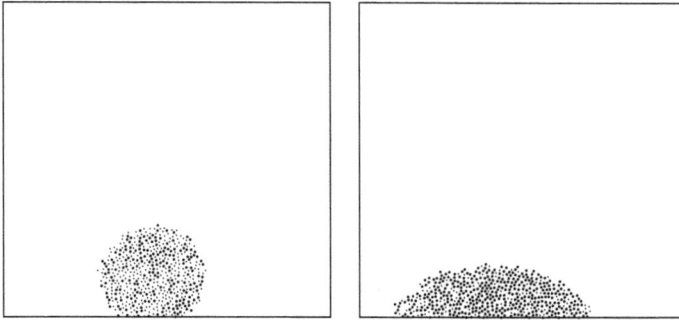

Abb. 8.6: Tropfenbildung im Gravitationsfeld bei $g = 10^3$ (links) sowie $g = 10^4$ (rechts), und jeweils $T = 20$.

Der Einfluss von Gravitation (in negativer y-Richtung) lässt sich durch Addition einer potentiellen Energie

$$U_p = g \sum_i^N y_i \qquad (8.33)$$

zu (8.27) einbauen. Für $g > 0$ „bewegen" sich die Teilchen nach unten. Es entsteht ein Tropfen mit einem bestimmten Kontaktwinkel am unteren Rand. Für großes g wird der Tropfen zusammengedrückt und der Kontaktwinkel wird kleiner (Abb. 8.6).

8.3.2 Das Ising-Modell

Bestimmte Metalle wie Eisen oder Nickel zeigen makroskopische räumliche Bereiche, in denen sich Spins spontan parallel ausrichten und ein permanentes Magnetfeld erzeugen. Diese Eigenschaft wird als Ferromagnetismus bezeichnet. Erhitzt man das Metall über eine kritische Temperatur T_c, die Curie-Temperatur, so verschwinden Polarisierung und Magnetfeld. Offensichtlich liegt im Festkörper ein Phasenübergang vor mit der Temperatur als Kontroll- und der Magnetisierung als Ordnungsparameter.

Ein stark vereinfachtes Modell zur Beschreibung des Ferromagnetismus stammt von Ernst Ising [4]. Man stellt sich N Spins angeordnet auf einem n-dimensionalen Gitter vor, wobei jeder Spin die zwei Einstellmöglichkeiten ± 1 haben soll. Betrachtet man ausschließlich Nächste-Nachbar-Wechselwirkungen, so erhält man für die Energie

$$E(s_1, \ldots, s_N) = -\varepsilon \sum_i^N \sum_{j \in NN(i)}^{\gamma} s_i s_j - H \sum_i^N s_i \,, \tag{8.34}$$

wobei ε die Kopplungsstärke, $NN(i)$ die Indizes der nächsten Nachbarn und H ein externes, homogenes Magnetfeld bezeichnen. Die Anzahl γ der nächsten Nachbarn hängt von der Raumdimension n, aber auch von der Geometrie des periodischen Gitters ab. Es ist

$$\gamma = \begin{cases} 2 & \text{für } n = 1, \text{ Kette} \\ 4 & \text{für } n = 2, \text{ Quadratgitter} \\ 6 & \text{für } n = 2, \text{ hexagonales Gitter} \\ 6 & \text{für } n = 3, \text{ einfaches kubisches Gitter} \\ 8 & \text{für } n = 3, \text{ kubisch raumzentriertes Gitter.} \end{cases}$$

Aus (8.34) berechnet man die Zustandssumme (wir verwenden ab hier die Abkürzung $\beta = 1/k_B T$)

$$Z(H, T) = \sum_{s_1} \sum_{s_2} \cdots \sum_{s_N} \exp\left(-\beta E(s_1, \ldots, s_N)\right) \,, \tag{8.35}$$

wobei jede Summe über die beiden Werte $s_i = -1, 1$ läuft, man hat also insgesamt 2^N Summanden auszuwerten. Aus der Zustandssumme lässt sich die Freie Energie

$$F(H, T) = -k_B T \ln Z(H, T) \tag{8.36}$$

berechnen und daraus weitere wichtige makroskopische Größen, wie die innere Energie

$$U(H, T) = -k_B T^2 \frac{\partial}{\partial T} \left(\frac{F}{k_B T} \right) \,, \tag{8.37}$$

die spezifische Wärme

$$C(H, T) = \frac{\partial U}{\partial T} \tag{8.38}$$

oder die Magnetisierung

$$M(H, T) = \left\langle \sum_i^N s_i \right\rangle = -\frac{\partial}{\partial H} \left(\frac{F}{k_B T} \right) \,. \tag{8.39}$$

8.3.2.1 Mean-Field-Näherung

Eine „Lösung" des Problems bietet die Mean-Field-Näherung. Obwohl sie in ihrer einfachsten Form ungenaue und teilweise sogar falsche Ergebnisse liefert, zeigt sie doch zumindest qualitativ, wie es zu einem Phasenübergang kommen kann und warum die kritische Temperatur von der Kopplungsstärke und der Raumdimension abhängt.

Die Energie eines einzelnen Spins lautet nach (8.34)

$$E_s = -\varepsilon\, s \sum_{j\in NN(s)}^{\gamma} s_j - Hs = -\varepsilon\gamma s\, \bar{s}_{NN} - Hs \,, \tag{8.40}$$

mit

$$\bar{s}_{NN} = \frac{1}{\gamma} \sum_{j\in NN(s)}^{\gamma} s_j$$

als Mittelwert der Nachbarspins. Mit der Zustandssumme (zwei Zustände $s = \pm1$)

$$Z_s = \exp\left(\beta\varepsilon\gamma\bar{s}_{NN} + \beta H\right) + \exp\left(-\beta\varepsilon\gamma\bar{s}_{NN} - \beta H\right) = 2\cosh\left(\beta\varepsilon\gamma\bar{s}_{NN} + \beta H\right)$$

lässt sich der Mittelwert von s

$$\bar{s} = \frac{1}{Z_s} \sum_{s=-1}^{+1} s\exp\left(\beta\varepsilon\gamma s\bar{s}_{NN} + \beta Hs\right) = \tanh\left(\beta\varepsilon\gamma\bar{s}_{NN} + \beta H\right) \tag{8.41}$$

angeben. Man macht nun die (stark vereinfachende) Annahme, dass der Mittelwert der Nachbarn gleich dem Mittelwert (8.41) ist und erhält die transzendente Gleichung

$$\bar{s} = \tanh\left(\beta\varepsilon\gamma\bar{s} + \beta H\right) \,, \tag{8.42}$$

aus der sich $\bar{s}$ und damit die Magnetisierung je Spin bestimmen lässt.

Wir untersuchen zunächst den Fall $H = 0$. Dann exisitiert die triviale Lösung $\bar{s} = 0$. Für

$$\beta\varepsilon\gamma > 1 \tag{8.43}$$

wird diese allerdings instabil und es kommen noch zwei weitere reelle Lösungen $\pm\bar{s}_1$ dazu (es existieren dann drei Schnittpunkte von $\tanh(\beta\varepsilon\gamma\bar{s})$ und $\bar{s}$). Bei diesen handelt es sich um die zwei ferromagnetischen Phasen. Die Curie-Temperatur folgt aus (8.43)

$$k_B T_c = \varepsilon\gamma \,.$$

Sie ist proportional zur Kopplungsstärke ε und hängt von der Anzahl der Nachbarn und damit auch von der Raumdimension ab. Die Magnetisierung visualisiert man am besten, indem man (8.42) nach T auflöst

$$T = \frac{\varepsilon\gamma\bar{s}}{k_B \operatorname{atanh}(\bar{s})}$$

und T über $\bar{s} \in [-1, 1]$ plottet (Abb. 8.7 links). Legt man ein externes Feld an, so entsteht eine Vorzugsrichtung. Einer der beiden nichttrivialen Zustände ist stabiler, der andere kann für bestimmte H metastabil sein, man erhält eine Hystereseschleife.

Aus der Mean-Field-Näherung könnte man vermuten, dass für $H = 0$ magnetische Phasen auch in einer Raumdimension bei endlichem T auftreten werden. Dass dem nicht so ist, zeigt die exakte Rechnung im folgenden Abschnitt.

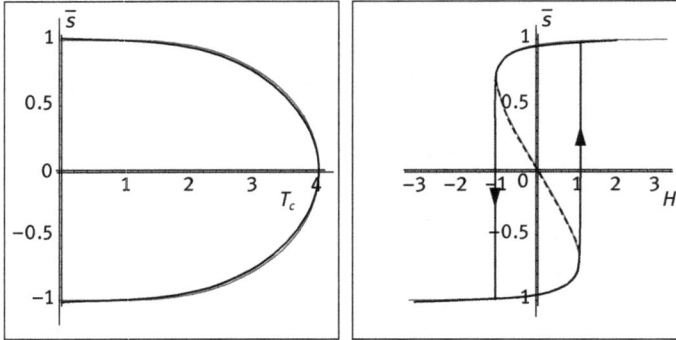

Abb. 8.7: Links: Magnetisierung für $H = 0$ über T. Rechts: Magnetisierung über externem Feld H für $T = 2$. Die gestrichelte Kurve ergibt sich aus (8.42), ist jedoch instabil und der wahre Verlauf erfolgt entlang den Pfeilen. Skalierung: $k_B = \varepsilon = 1$ und $\gamma = 4$, $T_c = 4$.

8.3.2.2 Das eindimensionale Ising-Modell

Man betrachtet N linear angeordnete Spins im gleichen Abstand. Aus (8.34) wird

$$E = -\varepsilon \sum_i^{N-1} s_i s_{i+1} - H \sum_i^{N} s_i. \tag{8.44}$$

Die Zustandssumme lässt sich exakt berechnen. Wir beschränken uns hier auf den Fall $H = 0$. Man erhält mit (8.44) aus (8.35)

$$Z(T) = \sum_{s_1} \sum_{s_2} \cdots \sum_{s_N} \exp\left(\beta \varepsilon s_1 s_2\right) \exp\left(\beta \varepsilon s_2 s_3\right) \cdots \exp\left(\beta \varepsilon s_{N-1} s_N\right). \tag{8.45}$$

Die Summe über s_1 lässt sich ausführen:

$$\sum_{s_1} \exp\left(\beta \varepsilon s_1 s_2\right) = \exp\left(\beta \varepsilon s_2\right) + \exp\left(-\beta \varepsilon s_2\right) = 2\cosh\left(\beta \varepsilon s_2\right) = 2\cosh\left(\beta \varepsilon\right)$$

und ist damit unabhängig von s_2. Dann lässt sich genauso die Summe über s_2 ausführen usw. und man erhält schließlich

$$Z(T) = 2^N (\cosh\left(\beta \varepsilon\right))^{N-1} \approx (2\cosh\left(\beta \varepsilon\right))^N. \tag{8.46}$$

Mit (8.37) lässt sich die innere Energie

$$U(T) = -\varepsilon N \tanh\left(\frac{\varepsilon}{k_B T}\right) \tag{8.47}$$

und mit (8.38) die spezifische Wärme

$$C(T) = \frac{\varepsilon^2 N}{k_B T^2 \cosh\left(\varepsilon / k_B T\right)} \tag{8.48}$$

finden. Der Verlauf $C(T)$ könnte auf einen Phasenübergang bei einem bestimmten $T_c \approx 1$ hinweisen (Abb. 8.8 links). Dies ist jedoch leider nicht der Fall, wenn man die

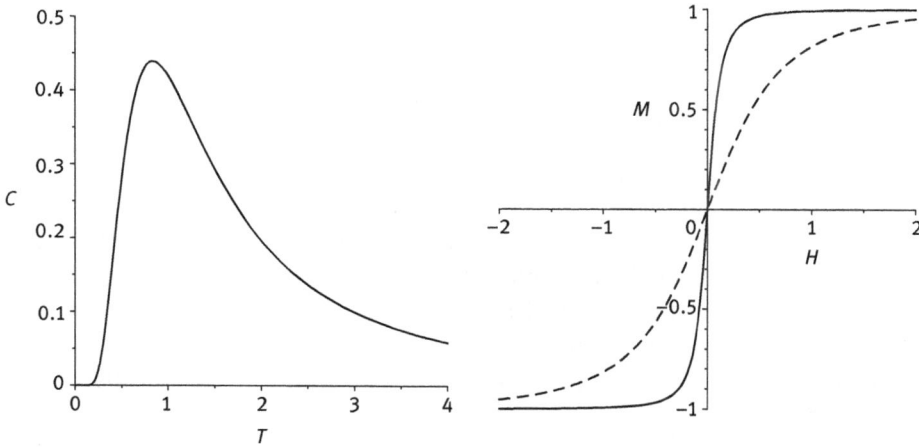

Abb. 8.8: Links: Spezifische Wärme je Spin beim eindimensionalen Ising-Modell ($H = 0$), rechts: Magnetisierung je Spin in Abhängigkeit vom externen Magnetfeld für $T = 1$ (durchgezogen) und $T = 2$ (gestrichelt), $k_B = \varepsilon = 1$.

Magnetisierung (8.39) berechnet. Hierzu benötigt man allerdings die Zustandssumme für $H \neq 0$, für die die Rechnung komplizierter wird. Wir verweisen auf Fachbücher, z. B. [5], und geben nur das Ergebnis an ($N \gg 1$):

$$Z(H, T) = \exp(N\beta\varepsilon)\left[(\cosh(\beta\varepsilon) + \sqrt{\sinh^2(\beta H) + \exp(-4\beta\varepsilon)}\right]^N. \qquad (8.49)$$

Es ergibt sich schließlich

$$M(H, T) = \frac{N\sinh(\beta H)}{\sqrt{\sinh^2(\beta H) + \exp(-4\beta\varepsilon)}}$$

und daraus

$$M(0, T) = 0, \quad \text{für } T > 0.$$

D. h., es tritt für endliche Temperaturen kein Phasenübergang zu spontaner Magnetisierung auf (Abb. 8.8 rechts).

Thermodynamisch lässt sich dies durch eine Abschätzung der Freien Energie

$$F = U - TS$$

erklären. In der homogenen magnetischen Phase sind alle Spins ausgerichtet (Abb. 8.9 (a)), die Entropie beträgt $S = 0$ und die innere Energie $U = -N\varepsilon$. Betrachtet man dagegen irgendwo eine Versetzung wie in Abb. 8.9 (a), so erhöht sich zwar die innere Energie um 2ε, gleichzeitig nimmt aber die Entropie um $k_B \ln N$ zu, weil es N Möglichkeiten gibt, die Versetzung zu platzieren. Die freie Energie ändert sich also um

$$\Delta F = 2\varepsilon - k_B T \ln N,$$

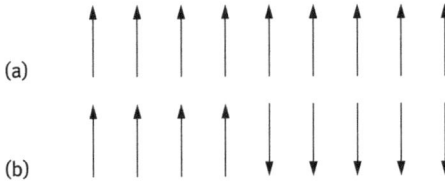

Abb. 8.9: Eindimensionale Spinkette, (a) magnetischer Grundzustand, (b) Versetzung.

was, wenn man N nur groß genug wählt, für $T > 0$ immer negativ ist. Da im Gleichgewicht F ein Minimum annimmt, werden durch Fluktuationen immer weitere Versetzungen erzeugt werden. Im thermodynamischen Limes $N \to \infty$ sind die Fluktuationen also selbst bei infinitesimaler Temperatur groß genug, um aus einer geordneten magnetischen Struktur eine ungeordnete zu machen, und zwar unabhängig von der Kopplungsstärke ε.

Warum liefert die Mean-Field-Näherung in einer Dimension den Wert $T_c = 2\varepsilon/k_B$? Wenn man wie in (8.42) annimmt, dass alle Spins denselben Mittelwert haben, vernachlässigt man den Einfluss von Fluktuationen erheblich. Dies führt generell zu höheren Werten von T_c und im Fall einer Dimension sogar zu einem qualitativ falschen weil endlichen Wert.

8.3.2.3 Das zweidimensionale Ising-Modell

In zwei und drei Raumdimensionen sind die Kopplungen stärker und können auch bei endlichem T für geordnete Zustände sorgen. So würde eine Versetzung in 2D (eine Korngrenze) auf einem $M \times M$ Gitter die innere Energie um $2M\varepsilon$ erhöhen und entsprechend die freie Energie um

$$\Delta F = 2M\varepsilon - k_B T \ln M$$

ändern, ein Ausdruck, der für großes M für endliche Temperaturen immer positiv werden kann.

Onsager [6] konnte eine exakte Lösung des zweidimensionalen Ising-Modells angeben, die auf Transfer-Matrizen basiert. Er fand für T_c die Bedingung

$$T_c = \frac{2\varepsilon}{k_B \operatorname{asinh}(1)} \approx 2,269 \frac{\varepsilon}{k_B} \ .$$

Die Rechnung ist allerdings sehr aufwendig, außerdem ist eine Lösung in drei Dimensionen zumindest bisher noch nicht bekannt.

Der in Abschn. 8.3.1.2 angegebene Metropolis-Algorithmus lässt sich leicht auf das Ising-Modell anwenden. Wir wollen hier ein quadratisches Gitter mit $N = M \times M$ Spins untersuchen. Das Verfahren lässt sich zwanglos auf dreidimensionale Gitter erweitern.

Wir beziehen uns auf die Beschreibung auf Seite 257. Der Anfangszustand (Schritt 1) kann entweder aus gleichverteilten (Warmstart) oder parallel ausgerichteten Spins (Kaltstart) aufgebaut werden. Für die Berechnung von E wird (8.34) mit

$\gamma = 4$ verwendet. Die neue Konfiguration entsteht durch Umklappen eines zufällig gezogenen Spins. Wie lässt sich ΔE berechnen, wenn der Spin s_k nach $-s_k$ umklappt? Sei die Energie vor dem Umklappprozess

$$E(\{s\}) = -\varepsilon\, s_k \sum_{j\in NN(k)}^{\gamma} s_j - H\, s_k + \text{Rest}\,, \tag{8.50}$$

nach dem Umklappen

$$E(\{s'\}) = \varepsilon\, s_k \sum_{j\in NN(k)}^{\gamma} s_j + H\, s_k + \text{Rest}\,, \tag{8.51}$$

wobei „Rest" alle die Terme bezeichnet, die nicht von s_k abhängen. Durch Subtraktion der beiden Gleichungen ergibt sich

$$\Delta E = E(\{s'\}) - E(\{s\}) = 2 s_k h_k \tag{8.52}$$

mit der Abkürzung

$$h_k = \varepsilon \sum_{j\in NN(k)}^{\gamma} s_j + H\,. \tag{8.53}$$

In zwei Dimensionen kann die Summe in (8.53) nur die fünf Werte $-4, -2, 0, 2, 4$ annehmen. Man erhält

$$\Delta E = \pm 2(4\varepsilon + H,\, 2\varepsilon + H,\, H,\, -2\varepsilon + H,\, -4\varepsilon + H)\,.$$

Die Boltzmann-Faktoren benötigt man nur für die Fälle $\Delta E > 0$. Mit der Annahme

$$|H| < 2\varepsilon$$

sowie der Skalierung

$$T = \frac{\varepsilon}{k_B}\,\tilde{T}\,, \quad H = \varepsilon\tilde{H}$$

treten die fünf Boltzmann-Faktoren

$$\exp\left(\pm 2\tilde{H}/\tilde{T}\right)\exp\left(-4\tilde{T}\right),\quad \exp\left(\pm 2\tilde{H}/\tilde{T}\right)\exp\left(-8\tilde{T}\right),\quad \exp\left(-2\tilde{H}/\tilde{T}\right)$$

auf. Es genügt, die vier verschiedenen Exponentialfunktionen einmal am Anfang auszurechnen, was das Programm erheblich schneller macht.

Ein Programmausschnitt, der die Schritte 2–5 der Seite 257 enthält, könnte so aussehen (das ganze Programm in [3]):

```
ex(0)=0.5
ex(1)=EXP(-4./T)      ! die vier Exponentialf.
ex(2)=EXP(-8./T)
exh(1)=EXP(2.*H/T)
exh(2)=EXP(-2.*H/T)
```

```
...
C soll der Spin is(i,j) umgeklappt werden?
   in=-is(i,j)*(is(i,j+1)+is(i,j-1)+is(i+1,j)+is(i-1,j)) ! Summe ueber
                                                          ! 4 Nachbarn
   IF(in.GT.0) THEN       ! Delta E > 0, also umklappen
      is(i,j)=-is(i,j)
   ELSE                   ! Delta E<=0
      CALL RANDOM_NUMBER(r)
      k=-in/2             ! Zeiger auf ex
      k1=(is(i,j)+3)/2    ! Zeiger auf exh
      IF(r.LT.ex(k)*exh(k1)) THEN   ! r < Boltzmann-F., umklappen
         is(i,j)=-is(i,j)
      ENDIF
   ENDIF
```

Da (8.53) für den Fall $H = 0$ ganzzahlig ist, kommt der Fall $\Delta E = 0$ häufig vor. Es ist für den Thermalisierungsprozess von Vorteil, diese Übergänge mit der Wahrscheinlichkeit 1/2 zuzulassen, deshalb wird in der ersten Zeile $ex(0)=0.5$ gesetzt.

Wir beginnen unsere Untersuchung für den Fall ohne externes Feld, $H = 0$. Nach etwa N Schritten werden Folgen in der Nähe des Gleichgewichts erzeugt. Abb. 8.10 zeigt verschiedene Spinkonfigurationen in Abhängigkeit der Temperatur. Die Magnetisierung ergibt sich aus

$$\langle M \rangle = \frac{1}{N} \left\langle \sum_i^N s_i \right\rangle , \tag{8.54}$$

wobei die Klammern rechts eine Mittelung über 1000 verschiedene Konfigurationen bezeichnen, jeweils nach einem Vorlauf von $5N$. Abb. 8.11 links zeigt den typischen Verlauf am Phasenübergang, den wir schon aus der Mean-Field-Näherung kennengelernt haben. Eigentlich müsste man den Mittelwert nach (8.31) mit (8.30) bilden. Da die Zustände aber alle zu einem beinahe gleichen E_i gehören, macht man hier keinen großen Fehler. Die Standardabweichung liegt bis zu zwei Größenordnungen unter dem Mittelwert von E.

Die mittlere Energie lässt sich wie (8.54) finden:

$$\langle E \rangle = \frac{1}{K} \sum_k^K E(\{s^k\}) \tag{8.55}$$

mit $E(\{s^k\})$ als der zu der Spinkonfiguration k gehörenden Energie nach (8.34). Die Mittelung sollte wieder über viele Zustände gehen, nach entsprechendem Vorlauf nach einer Änderung der Temperatur. Kennt man $\langle E \rangle$ zu zwei um $\delta T \ll T$ verschiedene Temperaturen, so lässt sich die spezifische Wärme je Spin mittels

$$\langle C \rangle(T) = \frac{1}{N} \frac{\langle E \rangle(T + \delta T) - \langle E \rangle(T)}{\delta T}$$

berechnen. Ein deutliches Maximum von $\langle C \rangle$ ist am kritischen Punkt zu erkennen, Abb. 8.11 rechts.

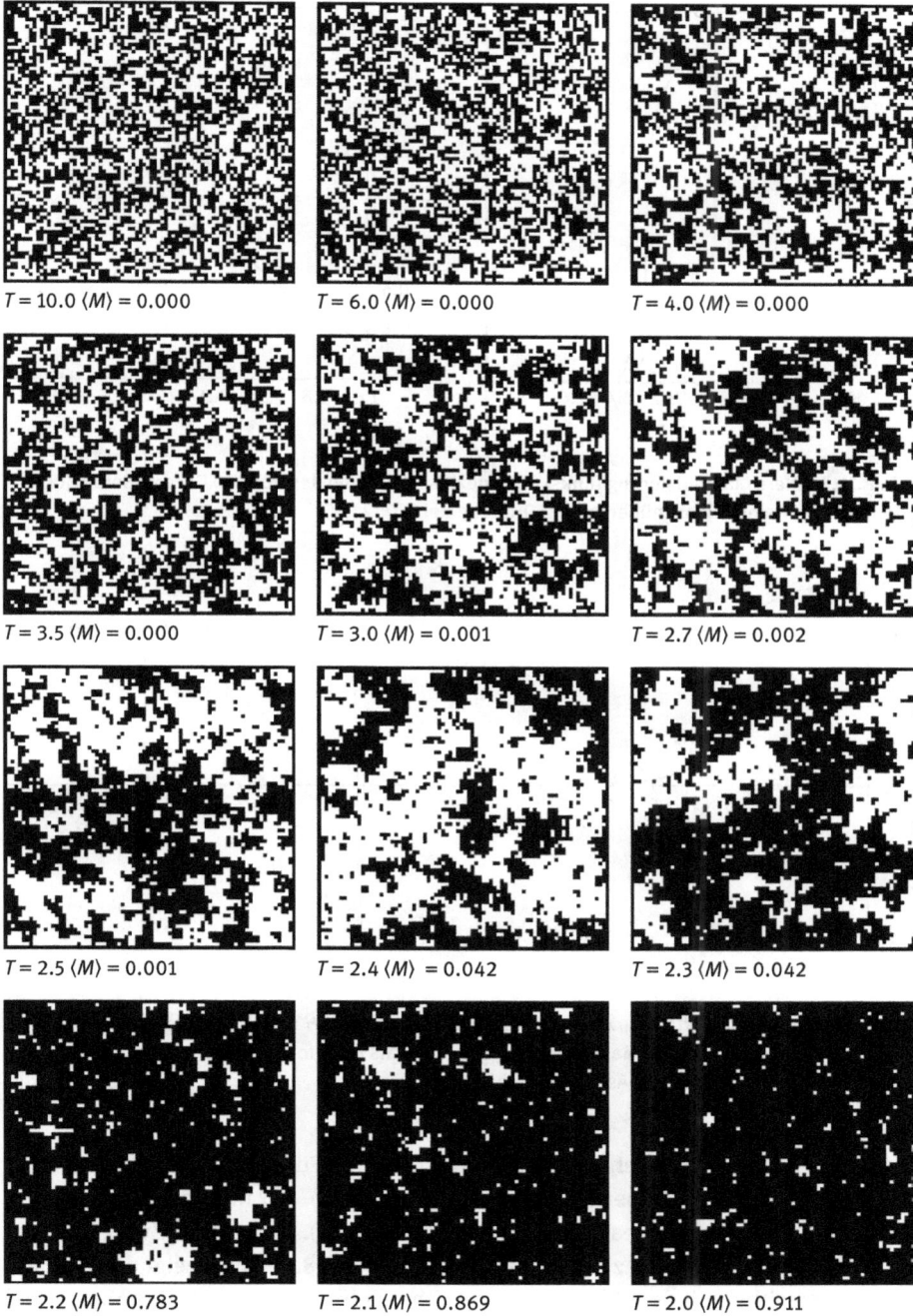

$T = 10.0 \langle M \rangle = 0.000$ $T = 6.0 \langle M \rangle = 0.000$ $T = 4.0 \langle M \rangle = 0.000$

$T = 3.5 \langle M \rangle = 0.000$ $T = 3.0 \langle M \rangle = 0.001$ $T = 2.7 \langle M \rangle = 0.002$

$T = 2.5 \langle M \rangle = 0.001$ $T = 2.4 \langle M \rangle = 0.042$ $T = 2.3 \langle M \rangle = 0.042$

$T = 2.2 \langle M \rangle = 0.783$ $T = 2.1 \langle M \rangle = 0.869$ $T = 2.0 \langle M \rangle = 0.911$

Abb. 8.10: Konfigurationen für verschiedene T auf einem 80×80 Gitter. Der kritische Punkt, bei dem sich die Magnetisierung stark ändert, liegt bei $T_c \approx 2,3$.

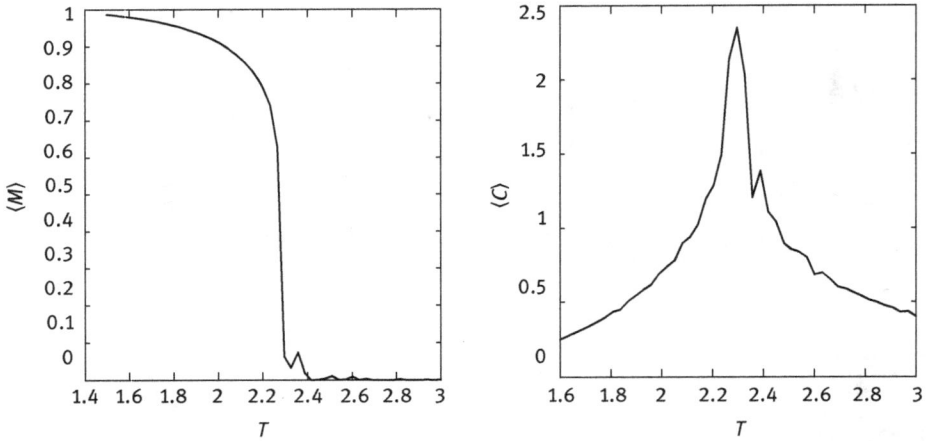

Abb. 8.11: Mittlere Magnetisierung (links) und spezifische Wärme des 80×80 Gitters. Beide Kurven sind typisch für einen Phasenübergang 2. Ordnung bei $T_c \approx 2,3$.

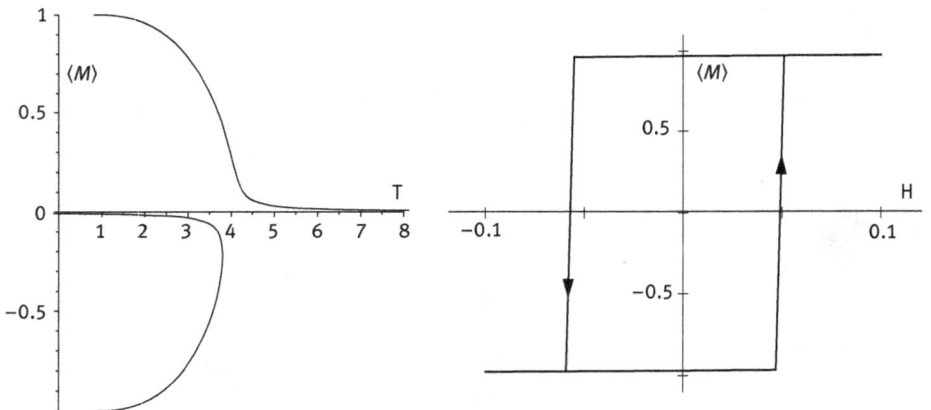

Abb. 8.12: Links: Imperfekte Bifurkation bei externem Magnetfeld $H = 0,03$, berechnet durch die Mean-Field-Näherung. Rechts: Magnetisierung bei $T = 2$ als Funktion des externen Feldes. Linker Ast: H von 0,1 bis −0,1, rechter Ast von −0,1 bis 0,1.

Abschließend wollen wir den Fall $H \neq 0$ betrachten. Die Pitchfork-Bifurkation Abb. 8.7 links geht dann in eine imperfekte Bifurkation über, Abb. 8.12 links zeigt das entsprechende Ergebnis aus der Mean-Field-Näherung, Gl. (8.42). Der mittlere Zweig ist instabil, für kleines T existieren zwei stabile Lösungen. Abb. 8.12 rechts zeigt die Magnetisierung berechnet mit dem Metropolis-Algorithmus für festes $T = 2$. Das Magnetfeld wird dabei einmal von −0,1 bis 0,1 erhöht, dann wieder von 0,1 auf −0,1 reduziert. Es entsteht eine Hysterese-Schleife.

8.4 Differentialgleichungen als Variationsproblem

Viele Differentialgleichungen lassen sich mit Hilfe eines Variationsproblems formulieren, wobei dann eine Lösung der DGL einem Extremum eines bestimmten Funktionals entspricht.

8.4.1 Diffusionsgleichung

Als Beispiel wollen wir mit der Diffusionsgleichung mit äußeren Quellen beginnen:

$$\partial_t \Psi(\vec{r}, t) = \Delta \Psi(\vec{r}, t) + \rho(\vec{r}, t) \,. \tag{8.56}$$

Mit dem Funktional

$$F[\Psi] = \int\limits_V d^3\vec{r} \left[\frac{1}{2} |\nabla \Psi|^2 - \rho \Psi \right] \tag{8.57}$$

lässt sich (8.56) als

$$\partial_t \Psi = -\frac{\delta F}{\delta \Psi} \tag{8.58}$$

schreiben, wobei $\delta \dots / \delta \Psi$ die Funktionalableitung bezeichnet. Das Funktional F wird unter der Dynamik (8.56) minimiert, was man durch

$$d_t F = \frac{\delta F}{\delta \Psi} \partial_t \Psi = -\left(\frac{\delta F}{\delta \Psi} \right)^2 = -(\partial_t \Psi)^2 \leq 0$$

zeigt. Ein Minimum von F entspricht dann einer stationären Lösung von (8.56) (Poisson-Gleichung)

$$\Delta \Psi_0 = -\rho \quad \text{mit} \quad \left. \frac{\delta F}{\delta \Psi} \right|_{\Psi = \Psi_0} = 0 \,. \tag{8.59}$$

8.4.1.1 Metropolis-Algorithmus

Anstatt die DGL (8.56) durch Diskretisierung und Iteration in der Zeit numerisch zu lösen, kann man auch versuchen, ein Minimum von (8.57) z. B. durch den Metropolis-Algorithmus zu finden. Zunächst wird Ψ diskretisiert, z. B. durch ein regelmäßiges $M \times M$-Gitter mit Schrittweite Δx (wir beschränken uns wieder auf zwei räumliche Dimensionen):

$$\Psi(x, y) \rightarrow \Psi_{i,j} \,.$$

Man hat nun ein beinahe analoges Problem zum Ising-Modell, mit dem Unterschied dass jetzt die „Spins" Ψ_{ij} kontinuierliche Werte annehmen können. Der Metropolis-Algorithmus lässt sich leicht anpassen:

1. Wähle Anfangsbedingung, z. B. gleichverteilte Ψ_{ij} oder $\Psi_{ij} = 0$. Berechne F.
2. Ändere ein Ψ_{nm} mit zufällig gezogenen n, m.

3. Berechne das neue F'. Berechne $\Delta F = F' - F$.
4. Wenn $\Delta F < 0$, behalte Änderung bei.
5. Wenn $\Delta F > 0$, ziehe Zufallszahl r aus $[0, 1]$. Wenn $r < \exp(-\Delta F/T)$, behalte Änderung bei.

Welche Rolle kommt hier der „Temperatur" zu? Wie in der Thermodynamik wird die Wahrscheinlichkeit, dass F bei einem Metropolis-Schritt zunimmt, mit größerem T größer. Dadurch kann das System ein Nebenminimum eventuell auch wieder verlassen, um schließlich in ein tieferes Minimum zu gelangen. Zu große Temperaturen führen allerdings zu stark verrauschten Ergebnissen, man muss hier etwas „experimentieren".

8.4.1.2 Umsetzung durch finite Differenzen

Berechnet man die Ableitungen und das Integral in (8.57) mittels finiten Differenzen, so wird aus F eine Funktion von $N = M \times M$ Variablen

$$F(\Psi_{ij}) = \sum_{ij}^{M} \left[\frac{1}{8}(\Psi_{i+1,j} - \Psi_{i-1,j})^2 + \frac{1}{8}(\Psi_{i,j+1} - \Psi_{i,j-1})^2 - \rho_{ij}\,\Psi_{ij}\,\Delta x^2 \right] . \tag{8.60}$$

Ändert man ein bestimmtes Ψ_{mn}, so lässt sich ΔF effektiv wie in (8.50) auswerten, indem man (8.60) in die Terme aufteilt, die Ψ_{mn} enthalten und einen Rest. Nach etwas Rechnung ergibt sich

$$F = \frac{1}{2}\Psi_{mn}^2 - \frac{1}{4}\Psi_{mn}(\Psi_{m+2,n} + \Psi_{m-2,n} + \Psi_{m,n+2} + \Psi_{m,n-2}) - \rho_{mn}\,\Psi_{mn}\,\Delta x^2 + \text{Rest} .$$

Sei $\tilde{\Psi}_{mn}$ der neue (zufällig geänderte) Wert am Knoten m, n. Dann erhält man für die Änderung von F

$$\Delta F = \frac{1}{2}(\tilde{\Psi}_{mn}^2 - \Psi_{mn}^2)$$
$$+ \frac{1}{4}(\tilde{\Psi}_{mn} - \Psi_{mn})(-\rho_{mn}\,\Delta x^2 - \Psi_{m+1,n} - \Psi_{m-1,n} - \Psi_{m,n+1} - \Psi_{m,n-1}) .$$

In der letzten Formel haben wir die Schrittweite halbiert und die Knoten $m, n+2$ durch $m, n+1$ etc. ersetzt.

8.4.1.3 Ergebnis

Abb. 8.13 zeigt eine „Entwicklung" aus der Anfangsbedingung $\Psi_{ij} = 0$ auf einem 100×100 Gitter mit $\Delta x = 1$. Zwei punktförmige Quellen werden als

$$\rho_{20,20} = -1, \quad \rho_{80,80} = 1$$

vorgegeben. Die Berechnung des neuen Knotenwerts ist durch

$$\tilde{\Psi}_{mn} = \Psi_{mn} + \alpha\xi \tag{8.61}$$

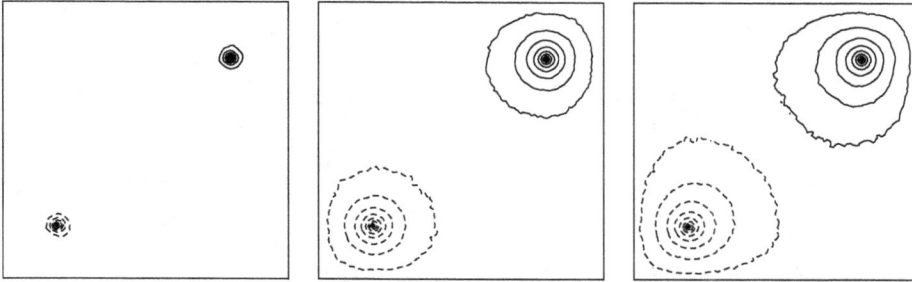

Abb. 8.13: Lösung der Poisson-Gleichung für zwei punktförmige Ladungen mittels des Metropolis-Algorithmus. Die Bilder entstanden von links nach rechts nach 10^6, 10^8, $2 \cdot 10^9$ Variationen der Knotenpunkte bei einer Temperatur von $T = 4 \cdot 10^{-5}$.

mit einer gleichverteilten Zufallsvariablen $\xi \in [-0{,}5\,, 0{,}5]$ und $\alpha = 0{,}1$ festgelegt, die Temperatur wurde als $T = 4 \cdot 10^{-5}$ gewählt. Die Randpunkte $\Psi_{0,j}$, $\Psi_{M+1,j}$ etc. werden nicht variiert sondern bleiben null (Dirichlet-Bedingungen).

8.4.2 Swift–Hohenberg-Gleichung

In Abschn. 7.4.2 haben wir gesehen, dass sich die Swift-Hohenberg-Gleichung ebenfalls aus einem Funktional (7.99) herleiten lässt. Wir können also auch hier den Metropolis-Algorithmus anwenden. Änderung eines Knotenpunktes Ψ_{mn} bewirkt diesmal die Potentialänderung

$$
\frac{\Delta L}{\Delta x^2} = (\tilde{\Psi}_{mn}^2 - \Psi_{mn}^2)\left(-\frac{\varepsilon}{2} + \frac{1}{2} - \frac{4}{\Delta x^2} + \frac{10}{\Delta x^4}\right)
$$
$$
+ (\tilde{\Psi}_{mn} - \Psi_{mn})\left(\left(\frac{2}{\Delta x^2} - \frac{8}{\Delta x^4}\right)(\Psi_{m+1,n} + \Psi_{m-1,n} + \Psi_{m,n+1} + \Psi_{m,n-1})\right.
$$
$$
+ \frac{2}{\Delta x^4}(\Psi_{m+1,n+1} + \Psi_{m-1,n+1} + \Psi_{m+1,n-1} + \Psi_{m-1,n-1})
$$
$$
+ \left.\frac{1}{\Delta x^4}(\Psi_{m,n+2} + \Psi_{m,n-2} + \Psi_{m+2,n} + \Psi_{m-2,n})\right)
$$
$$
- \frac{1}{3}A(\tilde{\Psi}_{mn}^3 - \Psi_{mn}^3) + \frac{1}{4}(\tilde{\Psi}_{mn}^4 - \Psi_{mn}^4)\,.
$$

Der Ausdruck ist komplizierter, weil in (7.99) der Laplace-Operator vorkommt. Abbildung 8.14 zeigt zwei Zustände auf einem 100×100-Gitter für verschiedene Parameter nach jeweils $2 \cdot 10^9$ Variationen. Die Änderungen wurden dabei wie in (8.61), allerdings mit $\alpha = 0{,}01$, ausgeführt, $\Delta x = 1/2$, $T = 2{,}5 \cdot 10^{-4}$. Abb. 8.15, 8.16 zeigen die dazu gehörenden Potentialverläufe. Die Temperatur in Abb. 8.16 ist eindeutig zu hoch eingestellt.

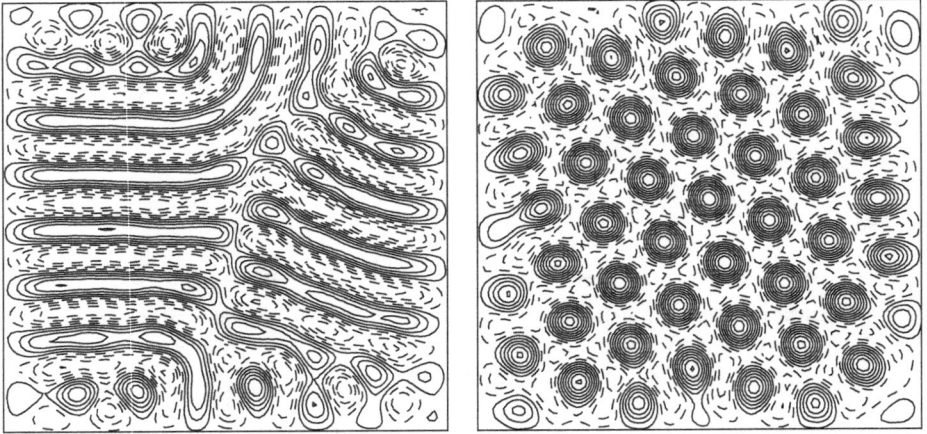

Abb. 8.14: Zwei Lösungen der Swift–Hohenberg-Gleichung durch Variation des Lyapunov-Potentials (7.99) mit Hilfe des Metropolis-Algorithmus. Links: $\varepsilon = 0,1$, $A = 0$, rechts: $\varepsilon = 0,1$, $A = 0,5$. Wie in Abschn. 7.4.2 entstehen für $A = 0$ Streifen, für $A = 0,5$ Hexagone.

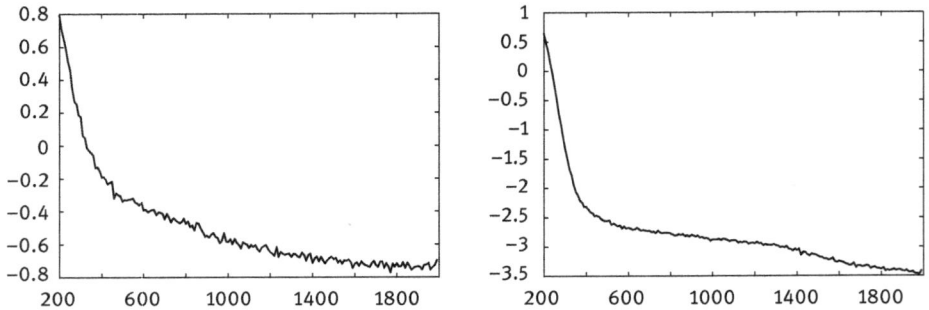

Abb. 8.15: Lyapunov-Funktional über der Anzahl der Variationen (in Millionen) für die beiden Parametersätze aus Abb. 8.14, $T = 2,5 \cdot 10^{-4}$.

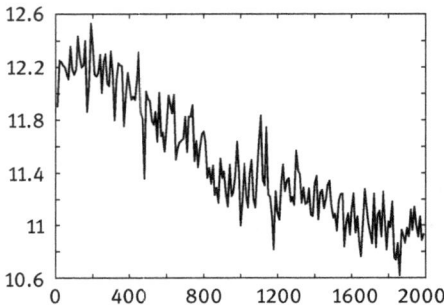

Abb. 8.16: Lyapunov-Funktional für $\epsilon = 0,1$, $A = 0$, jedoch für $T = 2,5 \cdot 10^{-3}$. Bei größerer Temperatur sind die Fluktuationen deutlich größer und es dauert wesentlich länger, bis ein Gleichgewichtszustand erreicht ist.

Referenzen

[1] N. Metropolis, A. Rosenbluth, M. Rosenbluth, A. Teller, E. Teller, *Equation of State Calculations by Fast Computing Machines*, J. Chem. Phys. 21, 1087 (1953)

[2] T. Fließbach, *Statistische Physik*, Spektrum Verlag (2010)

[3] FORTRAN-Programme auf http://www.degruyter.com/view/product/431593

[4] E. Ising, *Beitrag zur Theorie des Ferromagnetismus*, Z. Phys, 31,253 (1925)

[5] K. Huang, *Statistical Mechanics*, Wiley & Sons (1987)

[6] L. Onsager, *Crystal statistics I. A two dimensional model with order-disorder transition*, Phys. Rev. 65, 117 (1944)

A Matrizen und lineare Gleichungssysteme

In diesem Anhang sollen Methoden zur Lösung linearer homogoner

$$\underline{A} \cdot \vec{x} = 0 \qquad\qquad (A.1)$$

und inhomogener

$$\underline{A} \cdot \vec{x} = \vec{b} \qquad\qquad (A.2)$$

Gleichungssysteme angegeben werden, wobei $\vec{x}$, $\vec{b}$ Vektoren im Raum $\mathcal{R}_N$ und $\underline{A}$ eine quadratische $N \times N$ Matrix bezeichnen (wir werden uns hier auf quadratische Matrizen beschränken).

Zunächst folgen einige Definitionen und Eigenschaften quadratischer Matrizen.

A.1 Reelle Matrizen

Sei $\underline{A}$ eine reelle $N \times N$ Matrix, $A_{ij} \in \mathcal{R}$.

A.1.1 Eigenwerte und Eigenvektoren

Jeder Vektor $\vec{v}_i$ aus $\mathcal{R}_N$, für den gilt

$$\underline{A} \cdot \vec{v}_i = \lambda_i \, \vec{v}_i \quad \text{mit } \vec{v}_i, \lambda_i \in \mathcal{C} \qquad\qquad (A.3)$$

heißt *Eigenvektor* von $\underline{A}$ zum *Eigenwert* λ_i. Die Eigenwerte sind entweder reell oder treten in komplex konjugierten Paaren auf, dasselbe gilt für die Eigenvektoren.

A.1.2 Charakteristisches Polynom

Das Polynom N-ten Grades

$$P(\lambda) = \det |\underline{A} - \lambda \, \underline{1}| = (\lambda_1 - \lambda)(\lambda_2 - \lambda) \cdots (\lambda_N - \lambda) \qquad\qquad (A.4)$$

heißt *charakteristisches Polynom* von $\underline{A}$. Seine N Nullstellen λ_i sind die Eigenwerte von $\underline{A}$ und bilden das Spektrum von $\underline{A}$.

Mehrfache Nullstellen: sei λ_i eine k_i-fache Nullstelle von P, also

$$P(\lambda) = (\lambda_1 - \lambda)^{k_1}(\lambda_2 - \lambda)^{k_2} \cdots (\lambda_s - \lambda)^{k_s} \, ,$$

so besitzt der Eigenwert λ_i die *algebraische Vielfachheit* k_i.

A.1.3 Bezeichnungen

Die *transponierte Matrix* $\underline{A}^{\mathrm{T}}$ erhält man durch Vertauschen von Zeilen und Spalten von $\underline{A}$:

$$A_{ij}^{\mathrm{T}} = A_{ji} \ . \tag{A.5}$$

Die *inverse Matrix* $\underline{A}^{-1}$ ist definiert als

$$\underline{A}^{-1} \cdot \underline{A} = \underline{A} \cdot \underline{A}^{-1} = \underline{1} \ . \tag{A.6}$$

Man erhält sie durch Lösen des linearen, inhomogenen Gleichungssystems (A.6):

$$\sum_{j}^{N} A_{ij} A_{jk}^{-1} = \delta_{ik} \ . \tag{A.7}$$

- Für *symmetrische Matrizen* gilt $\underline{A} = \underline{A}^{\mathrm{T}}$.
- Für *orthogonale Matrizen* gilt $\underline{A}^{-1} = \underline{A}^{\mathrm{T}}$. Dann sind wegen (A.7) alle Spalten sowie alle Zeilen jeweils paarweise orthogonal.
- Für *normale Matrizen* gilt $\underline{A} \cdot \underline{A}^{\mathrm{T}} = \underline{A}^{\mathrm{T}} \cdot \underline{A}$. Symmetrische und orthogonale Matrizen sind auch normal.

A.1.4 Normale Matrizen

Sei $\underline{A}$ eine normale Matrix. Dann existiert eine orthogonale Matrix $\underline{T}$ so, dass

$$\underline{T}^{-1} \cdot \underline{A} \cdot \underline{T} = \underline{B} \tag{A.8}$$

wobei $\underline{B}$ Diagonalform besitzt, $B_{ij} = b_i \delta_{ij}$. $\underline{A}$ und $\underline{B}$ heißen *ähnlich* und haben dasselbe charakteristische Polynom und demnach auch dasselbe Spektrum $\lambda_i = b_i$. Die Eigenvektoren von $\underline{A}$ ($\underline{A}^{\mathrm{T}}$) bilden die Spalten (Zeilen) der Transformationsmatrix $\underline{T}$ ($\underline{T}^{-1}$).

A.1.4.1 Symmetrische Matrizen

Für jede symmetrische $N \times N$ Matrix gilt:

1. Alle N Eigenwerte und Eigenvektoren sind reell.
2. Eigenvektoren zu verschiedenen Eigenwerten sind orthogonal.
3. Zum Eigenwert der algebraischen Vielfachheit k (k-fache Entartung) gehören k linear unabhängige Eigenvektoren, die sich durch ein Schmidt'sches Verfahren orthogonalisieren lassen.
4. Aus 2. und 3. folgt: Die N Eigenvektoren bilden ein vollständiges Orthogonalsystem (VONS) in $\mathcal{R}_N$, d. h. sie spannen den gesamten $\mathcal{R}_N$ auf.
5. Die Transformationsmatrix $\underline{T}$ aus (A.8) ist orthogonal.

A.1.4.2 Orthogonale Matrizen

Das Spektrum einer orthogonalen Matrix $\underline{M}$ liegt auf dem Einheitskreis in der komplexen Ebene:

$$|\lambda_j| = 1, \quad \lambda_j \in \mathbb{C}$$

oder

$$\lambda_j = \exp(i\varphi_j), \quad \varphi_j \in \mathcal{R}.$$

Wegen $\det \underline{M} = \prod_i^N \lambda_i$ folgt sofort

$$\det \underline{M} = \pm 1.$$

Beispiel. Die Drehmatrix in 2 Dimensionen

$$\underline{D} = \begin{pmatrix} \cos\theta & -\sin\theta \\ \sin\theta & \cos\theta \end{pmatrix}$$

besitzt das charakteristische Polynom

$$(\cos\theta - \lambda)^2 + \sin^2\theta = 0$$

und die Eigenwerte

$$\lambda_{12} = \exp(\pm i\theta).$$

A.2 Komplexe Matrizen

Sei $\underline{A}$ eine komplexe $N \times N$ Matrix, $A_{ij} \in \mathbb{C}$.

A.2.1 Bezeichnungen

Die *adjungierte Matrix* $\underline{A}^+$ erhält man durch Vertauschen und Komplex-Konjugieren von Spalten und Zeilen

$$A_{ij}^{\mathrm{T}} = A_{ji}^{*}. \tag{A.9}$$

Für die *inverse Matrix* $\underline{A}^{-1}$ gilt (A.6) und (A.7) unverändert.

Spezielle Matrizen:
-   Die *selbstadjungierte Matrix* mit $\underline{A} = \underline{A}^+$. Selbstadjungierte Matrizen werden auch als *hermitesch* bezeichnet.
-   Die *unitäre Matrix* mit $\underline{A}^{-1} = \underline{A}^+$.
-   Die *normale Matrix* mit $\underline{A} \cdot \underline{A}^+ = \underline{A}^+ \cdot \underline{A}$.

Selbstadjungierte und unitäre Matrizen sind auch normal.

A.2.2 Die Jordan'sche Normalform

Satz: Jede beliebige (komplexe oder reelle) $N \times N$ Matrix $\underline{A}$ kann durch eine invertierbare Matrix $\underline{C}$ (lineare Transformation) auf Jordan'sche Normalform gebracht werden:

$$\underline{C}^{-1} \cdot \underline{A} \cdot \underline{C} = \underline{J} = \begin{pmatrix} \underline{J}_1(\lambda_1) & \underline{0} & \underline{0} & \underline{0} & \cdots \\ \underline{0} & \underline{J}_2(\lambda_2) & \underline{0} & \underline{0} & \cdots \\ \underline{0} & \underline{0} & \underline{J}_3(\lambda_3) & \underline{0} & \cdots \\ \vdots & & & & \\ \underline{0} & \cdots & & & \underline{J}_m(\lambda_M) \end{pmatrix} \quad \text{(A.10)}$$

mit den Matrizen (Jordankästchen)

$$\underline{J}_i(\lambda_i) = \lambda_i, \quad \begin{pmatrix} \lambda_i & 1 \\ 0 & \lambda_i \end{pmatrix}, \quad \begin{pmatrix} \lambda_i & 1 & 0 \\ 0 & \lambda_i & 1 \\ 0 & 0 & \lambda_i \end{pmatrix}, \quad \text{etc.} \quad \text{(A.11)}$$

der Länge

$$1 \qquad 2 \qquad\qquad 3 \qquad \text{etc.}$$

$\underline{J}_i(\lambda_i)$ hat den *einzigen* (algebraisch 1, 2, 3, ... -fachen) Eigenwert λ_i.

Die *geometrische Vielfachheit* eines Eigenwertes λ_i ist gleich der Anzahl der linear unabhängigen Eigenvektoren zu λ_i.

Geometrische Vielfachheit = Anzahl der Jordankästchen mit λ_i in $\underline{J}$.

Speziell für normale Matrizen gilt:
- Algebraische Vielfachheit = Geometrische Vielfachheit
- alle Jordankästchen haben die Länge 1
- normale Matrizen sind immer diagonalisierbar

Beispiel. Die Matrix

$$\underline{J} = \begin{pmatrix} \lambda_1 & 1 & 0 & 0 \\ 0 & \lambda_1 & 0 & 0 \\ 0 & 0 & \lambda_1 & 0 \\ 0 & 0 & 0 & \lambda_2 \end{pmatrix}$$

besitzt bereits Jordan'sche Normalform und hat das charakteristische Polynom

$$P(\lambda) = (\lambda_1 - \lambda)^3 (\lambda_2 - \lambda) .$$

Es ergibt sich demnach für die Eigenwerte

	λ_1	λ_2
algebraische Vielfachheit	3	1
geometrische Vielfachheit	2	1

D. h. $\underline{J}$ hat nur drei Eigenvektoren, zwei zu λ_1 und einen zu λ_2. Die Eigenvektoren bilden daher kein VONS.

A.3 Inhomogene lineare Gleichungssysteme

Wir untersuchen N-dimensionale Systeme der Form

$$\underline{A} \cdot \vec{x} = \vec{b} \, . \tag{A.12}$$

A.3.1 Reguläre und singuläre Systemmatrizen

Das System (A.12) besitzt eine eindeutige Lösung, wenn die Systemmatrix $\underline{A}$ invertierbar ist. Sie lautet:

$$\vec{x} = \underline{A}^{-1} \cdot \vec{b} \, . \tag{A.13}$$

Dann ist $\det \underline{A} \neq 0$ und $\underline{A}$ wird als *reguläre Matrix* bezeichnet. Außerdem ist der Rang von $\underline{A}$

$$\text{Rang}\,(\underline{A}) = N \, ,$$

d. h. $\underline{A}$ besitzt N linear unabhängige Zeilen.

Ist dagegen $\det \underline{A} = 0$ und $\text{Rang}\,(\underline{A}) = N - K$, so existieren K linear abhängige Zeilen und $\underline{A}$ ist *singulär*. Als

$$\text{Kern}\,(\underline{A})$$

wird der K dimensionale Unterraum von $\mathcal{R}_N$ bezeichnet, der von den Vektoren

$$\vec{v}_1, \ldots, \vec{v}_K$$

aufgespannt wird, für die

$$\underline{A} \cdot \vec{v}_i = 0, \quad i = 1, \ldots, K$$

gilt. Abhängig von $\vec{b}$ existieren keine oder aber unendlich viele Lösungen von (A.12). Ersteres ist der Fall, wenn $\vec{b}$ teilweise oder ganz im Kern $(\underline{A})$ liegt:

(a) keine Lösung, wenn $\qquad \vec{v}_i^+ \cdot \vec{b} \neq 0 \quad$ für mindestens ein $i \leq K$
(b) unendlich viele Lösungen, wenn $\quad \vec{v}_i^+ \cdot \vec{b} = 0 \quad$ für alle $i \leq K$.

Hierbei bezeichnet $\vec{v}_i^+$ die Eigenvektoren von $\underline{A}^\mathrm{T}$ (bzw. die linksseitigen Eigenvektoren von $\underline{A}$):

$$(\underline{A}^+ - \lambda_i \, \underline{1}) \cdot \vec{v}_i^+ = 0 \, ,$$

außerdem sei $\lambda_1, \ldots, \lambda_K = 0$, $\lambda_{K+1}, \ldots, \lambda_N \neq 0$.

Die Lösungen im Fall (b) erhält man durch Entwickeln von $\vec{x}$ und $\vec{b}$ in der Basis $\vec{v}_i$:

$$\vec{x} = \sum_{i=1}^{N} y_i \, \vec{v}_i, \quad \vec{b} = \sum_{i=1}^{N} \beta_i \, \vec{v}_i = \sum_{i=K+1}^{N} \beta_i \, \vec{v}_i$$

mit $\beta_i = \vec{v}_i^+ \cdot \vec{b}$. Aus (A.12) wird dann:

$$\sum_{i=1}^{N} y_i \underline{A} \, \vec{v}_i = \sum_{i=1}^{N} y_i \lambda_i \, \vec{v}_i = \sum_{i=K+1}^{N} y_i \lambda_i \, \vec{v}_i = \sum_{i=K+1}^{N} \beta_i \, \vec{v}_i \, .$$

Weil die $\vec{v}_i$ linear unabhängig sind, muss

$$y_i = \frac{v_i^+ \cdot \vec{b}}{\lambda_i}, \quad i = K+1, \ldots, N$$

sein. Die übrigen y_i, $i = 1, \ldots, K$ bleiben unbestimmt.

A.3.2 Fredholm'sche Alternative

Die Lösungen von (A.12) lauten also **entweder**

$$\vec{x} = \underline{A}^{-1} \cdot \vec{b}, \qquad\qquad \text{wenn } \text{Rang}\,(\underline{A}) = N$$

oder

$$\vec{x} = \sum_{i=K+1}^{N} \frac{v_i^+ \cdot \vec{b}}{\lambda_i} \, \vec{v}_i + \sum_{i=1}^{K} y_i \vec{v}_i, \quad \text{wenn } \text{Rang}\,(\underline{A}) = N - K \, .$$

Diese beiden Möglichkeiten werden als *Fredholm'sche Alternative* bezeichnet.

A.3.3 Reguläre Matrizen

Um (A.12) numerisch zu lösen, muss eine Matrix invertiert werden, was durch Standard-Routinen (LAPACK) erreicht werden kann. Je nach Form von $\underline{A}$ kommen verschiedene Bibliotheksroutinen in Frage, eine Dokumentation findet man z. B. in[1]

> http://www.netlib.org/lapack/explore-html/files.html

Die verschiedenen Namen der Routinen werden aus ihren jeweiligen Funktionen, Datentypen etc. abgeleitet, siehe hierzu

> http://www.netlib.org/lapack/individualroutines.html

Zur Lösung von (A.12) muss die Matrix $\underline{A}$ nicht vollständig invertiert werden, es genügt, sie auf Dreiecksform zu transformieren (Gauß'sches Eliminationsverfahren, für Details siehe z. B. [1]). Durch geeignetes Vertauschen und Bilden von Linearkombinationen der einzelnen Zeilen erhält man schließlich anstatt (A.12)

$$\underline{A}' \cdot \vec{x} = \vec{b}' \tag{A.14}$$

---

[1] Stand: März 2016.

mit

$$
\underline{A}' =
\begin{pmatrix}
A'_{11} & \cdots & \cdots & \cdots & A'_{1N} \\
 & A'_{22} & \ddots & \ddots & \vdots \\
 & & A'_{33} & \ddots & \vdots \\
 & & & \ddots & \vdots \\
0 & & & & A'_{NN}
\end{pmatrix} .
\tag{A.15}
$$

Jetzt lässt sich (A.14) leicht lösen, man erhält

$$
x_i = \frac{b'_i - \sum_{k=i+1}^{N} A'_{ik} x_k}{A'_{ii}} ,
\tag{A.16}
$$

wobei $i = N, N-1, \ldots, 1$ rückwärts durchlaufen wird. Für die Matrix (A.15) ist det $\underline{A}' = \prod_i^N A'_{ii}$, daher sind alle $A'_{ii} \neq 0$.

A.3.4 LR-Zerlegung

Eine Vorgehensweise zum direkten Lösen eines inhomogenen Systems besteht in der LR-Zerlegung (auch LU-Zerlegung, engl.: LU-decompositon). Dabei wird die Matrix $\underline{A}$ als Produkt zweier Matrizen

$$
\underline{L} \cdot \underline{R} = \underline{A}
\tag{A.17}
$$

geschrieben, wobei es sich bei $\underline{L}$ um eine linke (lower), bei $\underline{R}$ um eine rechte (upper) Dreiecksmatrix handelt. Am Beispiel einer 4×4 Matrix hätten wir also

$$
\begin{pmatrix}
L_{11} & 0 & 0 & 0 \\
L_{21} & L_{22} & 0 & 0 \\
L_{31} & L_{32} & L_{33} & 0 \\
L_{41} & L_{42} & L_{43} & L_{44}
\end{pmatrix}
\cdot
\begin{pmatrix}
R_{11} & R_{12} & R_{13} & R_{14} \\
0 & R_{22} & R_{23} & R_{24} \\
0 & 0 & R_{33} & R_{34} \\
0 & 0 & 0 & R_{44}
\end{pmatrix}
$$

$$
=
\begin{pmatrix}
A_{11} & A_{12} & A_{13} & A_{14} \\
A_{21} & A_{22} & A_{23} & A_{24} \\
A_{31} & A_{32} & A_{33} & A_{34} \\
A_{41} & A_{42} & A_{43} & A_{44}
\end{pmatrix} .
\tag{A.18}
$$

Dann lässt sich (A.12) als

$$
\underline{A} \cdot \vec{x} = (\underline{L} \cdot \underline{R}) \cdot \vec{x} = \underline{L} \cdot (\underline{R} \cdot \vec{x}) = \vec{b}
\tag{A.19}
$$

schreiben. Wir führen den Vektor

$$
\vec{y} = \underline{R} \cdot \vec{x}
\tag{A.20}
$$

ein und lösen zuerst

$$
\underline{L} \cdot \vec{y} = \vec{b} ,
\tag{A.21}
$$

was wegen der unteren Dreiecksform von $\underline{L}$ einfach geht:

$$y_i = \frac{1}{L_{ii}}\left[b_i - \sum_{j=1}^{i-1} L_{ij} y_j\right], \tag{A.22}$$

Hier gilt die Regel, dass die Summe für $i = 1$ null ist und auf der rechten Seite auf die in den vorigen Schritten bereits berechneten y_j rekursiv zugegriffen wird.

Als zweiter Schritt wird

$$\underline{R} \cdot \vec{x} = \vec{y} \tag{A.23}$$

gelöst, was die Form (A.14) besitzt.

Die eigentliche Aufgabe besteht nun darin, die Zerlegung (A.17), also die Matrizen $\underline{L}$ und $\underline{R}$, zu finden. Dies geschieht durch Lösen des inhomogenen Systems

$$\sum_{k=1}^{K} L_{ik} R_{kj} = A_{ij}, \quad i = 1, \ldots, N, \ j = 1, \ldots, N, \tag{A.24}$$

wobei wegen der speziellen Struktur von $\underline{L}$ und $\underline{R}$ die Summe nur bis

$$K = \min(i, j)$$

läuft. Dies sind aber N^2 Gleichungen für $2 \times \frac{N^2+N}{2} = N^2 + N$ Unbekannte. Das System ist unterbestimmt (die LR-Zerlegung ist nicht eindeutig) und wir können z. B. die N Diagonalelemente von $\underline{L}$ gleich eins setzen:

$$L_{ii} = 1, \quad i = 1, \ldots, N. \tag{A.25}$$

Eine direkte Lösung von (A.24) wird durch den Crout-Algorithmus [2] erreicht:
1. Setze $j = 1$.
2. Berechne die j Koeffizienten

$$R_{ij} = A_{ij} - \sum_{k=1}^{i-1} L_{ik} R_{kj}, \quad i = 1, \ldots, j. \tag{A.26}$$

3. Berechne die $N - j$ Koeffizienten

$$L_{ij} = \frac{1}{R_{jj}}\left[A_{ij} - \sum_{k=1}^{j-1} L_{ik} R_{kj}\right], \quad i = j + 1, \ldots, N. \tag{A.27}$$

4. $j := j + 1$. Wenn $j \leq N$, gehe nach 2.

Wie man sich durch Ausprobieren überzeugt, werden bei jedem Schritt rechts nur Größen verwendet, die vorher ausgerechnet wurden.

A.3.4.1 Pivoting

In (A.27) findet eine Division statt. Problematisch wird es, wenn $R_{jj} = 0$. Man kann sogar zeigen, dass der Crout Algorithmus (andere Eliminationsmethoden übrigens ebenfalls) instabil ist, wenn R_{jj} klein im Vergleich zu den anderen Matrixelementen wird. Ein Ausweg bietet das Umordnen des Gleichungssystems (A.12). Man kann hier beliebig Spalten und Zeilen vertauschen (permutieren), muss dann aber die Elemente der Vektoren $\vec{x}$ und $\vec{b}$ ebenfalls permutieren. Das Auffinden einer geeigneten Permutation, welche zu einem großen Divisor (Pivotelement) in (A.27) führt, nennt man „Pivotierung" oder „pivoting". Man unterscheidet zwischen vollständiger und partieller Pivotierung. Im ersten Fall werden Reihen und Zeilen von $\underline{A}$ jeweils paarweise vertauscht, im zweiten nur die Zeilen.

Wie findet man das optimale Pivotelement? Die Wahl des jeweils betragsmäßig größten Elements führt normalerweise zum Erfolg. Um die Elemente verschiedener Reihen zu vergleichen, muss aber die Matrix $\underline{A}$ zuerst skaliert werden. Man kann hierzu das größte Element jeder Zeile auf eins skalieren, d. h. man berechnet für jede Zeile i einen Skalierungsfaktor

$$s_i^{-1} = \max_j |A_{ij}|$$

und skaliert dann

$$A'_{ij} = s_i A_{ij} \,, \quad b'_i = s_i b_i \,.$$

A.3.5 Thomas-Algorithmus

Hat die Matrix $\underline{A}$ eine bestimmte Struktur, so lässt sich das Verfahren teilweise erheblich vereinfachen. Wir zeigen dies am Beispiel einer Tridiagonalmatrix und untersuchen das System

$$\underline{A} \cdot \vec{x} = \vec{y} \,,$$

wobei $\underline{A}$ gegeben sei als

$$\underline{A} = \begin{pmatrix} b_1 & c_1 & & & & 0 \\ a_2 & b_2 & c_2 & & & \\ & \ddots & \ddots & \ddots & & \\ & & a_i & b_i & c_i & \\ & & & \ddots & \ddots & \ddots \\ 0 & & & & a_N & b_N \end{pmatrix} \,. \qquad (A.28)$$

Zuerst wird (A.28) auf Dreiecksform gebracht

$$\underline{A}' = \begin{pmatrix} 1 & c_1' & & & & & 0 \\ & 1 & c_2' & & & & \\ & & \ddots & \ddots & & & \\ & & & 1 & c_i' & & \\ & & & & \ddots & \ddots & \\ 0 & & & & & & 1 \end{pmatrix}, \qquad (A.29)$$

was mit Hilfe der Substitutionen

$$c_1' = \frac{c_1}{b_1}, \quad y_1' = \frac{y_1}{b_1} \qquad (A.30)$$

sowie

$$c_i' = \frac{c_i}{b_i - a_i c_{i-1}'}, \quad y_i' = \frac{y_i - a_i y_{i-1}'}{b_i - a_i c_{i-1}'}, \quad i = 2, \dots, N \qquad (A.31)$$

gelingt. Das Gleichungssystem

$$\underline{A}' \, \vec{x} = \vec{y}'$$

lässt sich jetzt mit (A.16) leicht lösen:

$$x_N = y_N' \quad \text{sowie} \quad x_i = y_i' - x_{i+1} c_i', \quad i = N-1, \dots, 1. \qquad (A.32)$$

Die Vorschrift (A.30)–(A.32) wird als „Thomas-Algorithmus" bezeichnet und lässt sich relativ einfach auf Matrizen mit 5 oder 7 Nebendiagonalen erweitern.

A.4 Homogene lineare Gleichungssysteme

A.4.1 Eigenwertproblem

Wir untersuchen jetzt homogone Gleichungen der Form (A.3)

$$\underline{B} \cdot \vec{x} - \lambda \vec{x} = 0, \qquad (A.33)$$

welche mit $\underline{B} - \lambda \underline{1} = \underline{A}$ die Form (A.1) besitzen. Das System (A.33) hat nur dann eine nichttriviale Lösung, wenn die Determinante

$$\det(\underline{B} - \lambda \underline{1}) = 0$$

verschwindet. Dies führt nach Abschn. A.1.2 auf das charakteristische Polynom $P(\lambda)$, dessen N Nullstellen den (nicht notwendig verschiedenen) Eigenwerten von $\underline{B}$ entsprechen. Zu jedem Eigenwert λ_i gehört ein Eigenvektor $\vec{v}_i$, sodass

$$\underline{B} \cdot \vec{v}_i = \lambda_i \, \vec{v}_i, \quad i = 1, \dots, N, \qquad (A.34)$$

wobei die Eigenvektoren nicht notwendig alle verschieden sein müssen (Abschn. A.2.2).

A.4.2 Problemstellung

Die numerische Aufgabe besteht also darin, die Eigenwerte und Eigenvektoren einer gegebenen Matrix zu finden. Nach Abschn. A.2.2 lässt sich jede Matrix auf Jordan'sche Normalform transformieren:

$$\underline{C}^{-1} \cdot \underline{B} \cdot \underline{C} = \underline{J} \, .$$

Da bei der Transformation das Spektrum nicht verändert wird, sind die Eigenwerte von $\underline{A}$ mit denen von $\underline{J}$ identisch und stehen in deren Diagonalen:

$$\lambda_i = J_{ii} \, .$$

Die Eigenwerte sind also bekannt, wenn man die Transformationsmatrix $\underline{C}$ gefunden hat. Handelt es sich bei $\underline{J}$ um eine Diagonalmatrix

$$J_{ij} = D_{ij} = \lambda_i \, \delta_{ij} \, ,$$

so ist $\underline{B}$ diagonalisierbar und die gesuchten Eigenvektoren von $\underline{B}$ sind mit den Spalten der Matrix $\underline{C}$ identisch (für nicht-diagonalisierbare Matrizen gibt es spezielle Verfahren, auf die wir hier nicht weiter eingehen wollen).

Wie lässt sich die Transformationsmatrix $\underline{C}$ finden? Im Wesentlichen werden zwei unterschiedliche Verfahren angewandt, oft auch in Kombination. Wir wollen beide hier kurz erläutern, für mehr Details siehe z. B. [3].

A.4.2.1 Einzeltransformationen

Die Idee besteht darin, verschiedene invertierbare Transformationsmatrizen $\underline{P}_i$ zu finden, die bestimmte „Aufgaben" erledigen, z. B. Nullsetzen bestimmter Elemente, ganzer Reihen oder Spalten, etc. Man erhält

$$\underline{B}' = \underline{P}_k^{-1} \cdots \underline{P}_2^{-1} \underline{P}_1^{-1} \underline{B} \, \underline{P}_1 \, \underline{P}_2 \cdots \underline{P}_k \, .$$

Die am Schluss resultierende Matrix $\underline{B}'$ ist ähnlich zu $\underline{B}$ und muss nicht unbedingt Diagonalform (bzw. Dreiecksform) aufweisen, sollte aber einfacher handhabbar sein als die Ausgangsmatrix. Diese kann dann durch Faktorisierung weiter diagonalisiert werden.

A.4.2.2 Faktorisierung

Die Matrix $\underline{B}$ soll sich in einen rechten Faktor $\underline{F}_R$ und in einen linken Faktor $\underline{F}_L$ als

$$\underline{B} = \underline{F}_L \cdot \underline{F}_R \tag{A.35}$$

zerlegen lassen. Aus den beiden Faktoren lässt sich durch Vertauschen eine neue Matrix

$$\underline{B}' = \underline{F}_R \cdot \underline{F}_L \tag{A.36}$$

bilden. Andererseits folgt aus (A.35) nach Multiplikation mit $\underline{F}_L^{-1}$ von links

$$\underline{F}_R = \underline{F}_L^{-1} \cdot \underline{B}\,,$$

was, in (A.36) eingesetzt,

$$\underline{B}' = \underline{F}_L^{-1} \cdot \underline{B} \cdot \underline{F}_L \tag{A.37}$$

ergibt. Also sind $\underline{B}$ und $\underline{B}'$ ähnlich und haben dieselben Eigenwerte. Man konstruiert nun die Folge

$$\underline{B}^{(n+1)} = \underline{F}_{nL}^{-1} \cdot \underline{B}^{(n)} \cdot \underline{F}_{nL} = \underline{F}_{nR} \cdot \underline{F}_{nL} \tag{A.38}$$

mit $\underline{B}^{(0)} = \underline{B}$ und $\underline{F}_{nl}$, $\underline{F}_{nR}$ als Faktoren von $\underline{B}^{(n)}$. Man kann zeigen, dass $\underline{B}^{(n)}$ für $n \to \infty$ gegen eine Dreiecksmatrix konvergiert, wenn die Faktorisierung (A.35) bestimmte Eigenschaften erfüllt [3]. Dies wird im nächsten Abschnitt vertieft.

A.4.2.3 LR-Faktorisierung
Wir verwenden für (A.35) die bereits in Abschn. A.3.4 ausführlich vorgestellte LR-Zerlegung,

$$\underline{B} = \underline{L} \cdot \underline{R}$$

nach (A.18). Die Iterationsvorschrift (A.38) lautet demnach

$$\underline{B}^{(n+1)} = \underline{L}_n^{-1} \cdot \underline{B}^{(n)} \cdot \underline{L}_n = \underline{R}_n \cdot \underline{L}_n\,. \tag{A.39}$$

Ein Iterationsschritt sieht wie folgt aus:
1. Zerlege $\underline{B}$ in $\underline{L}$ und $\underline{R}$.
2. Bilde $\underline{B}' = \underline{R} \cdot \underline{L}$.
3. Setze $\underline{B} := \underline{B}'$.
4. Wenn $\underline{B}$ noch nicht in Dreiecksform, gehe nach 1.

Bei jedem Schritt nähert sich B einer oberen Dreiecksmatrix. Hat $\underline{B}$ diese Form erreicht, so ändert sich nichts mehr, d. h. jede obere Dreiecksmatrix ist Fixpunkt der Abbildung (A.38). Dies wird klar, wenn man sich überlegt, dass eine obere Dreiecksmatrix $\underline{B}$ in trivialer Weise in eine obere Dreieckmatrix $\underline{R} = \underline{B}$ und die Eins-Matrix als „untere Dreiecksmatrix" $\underline{L}$ faktorisiert. Dann ist aber $\underline{L}\,\underline{R} = \underline{R}\,\underline{L}$ und $\underline{B} = \underline{B}'$.

A.4.2.4 QR-Faktorisierung
Nicht jede Matrix lässt sich LR-zerlegen. Dagegen gilt für beliebige Matrizen die QR-Zerlegung

$$\underline{B} = \underline{Q} \cdot \underline{R}$$

mit $\underline{R}$ als oberer Dreiecksmatrix und einer orthogonalen Matrix $\underline{Q}$. Anstatt (A.39) ergibt sich jetzt

$$\underline{B}^{(n+1)} = \underline{Q}_n^{-1} \cdot \underline{B}^{(n)} \cdot \underline{Q}_n = \underline{R}_n \cdot \underline{Q}_n\,. \tag{A.40}$$

Es gelten die folgenden Aussagen (ohne Beweis, Details in [3]):

– Wenn alle Eigenwerte von $\underline{B}$ verschiedene Beträge haben, konvergiert $\underline{B}^{(n)}$ für $n \to \infty$ gegen eine (obere) Dreiecksmatrix. Die Eigenwerte stehen dann mit aufsteigendem Betrag in der Diagonalen.

– Haben k Eigenwerte denselben Betrag $|\lambda_i|$, $i = 1, \ldots, k$, so konvergiert $\underline{B}^{(n)}$ gegen eine (obere) Dreiecksmatrix mit Ausnahme einer diagonalen Blockmatrix der Ordnung k, deren Eigenwerte die λ_i sind.

A.4.3 Anwendung: Nullstellen eines Polynoms

Gegeben sei ein Polynom N-ten Grades in der Form

$$P(x) = \sum_{k=0}^{N} a_k x^k \,, \tag{A.41}$$

dessen N komplexe Nullstellen

$$P(x_i) = 0, \qquad x_i \in \mathbb{C}, \quad i = 1, \ldots, N$$

bestimmt werden sollen. Hierzu gibt es verschiedene Verfahren. Wir wollen hier eine Methode angeben, die auf ein lineares Eigenwertproblem führt. Zunächst normiert man (A.41)

$$b_k = a_k/a_N, \quad k = 0, \ldots, N-1$$

und erhält das Polynom

$$\tilde{P}(x) = x^N + \sum_{k=0}^{N-1} b_k x^k \,,$$

welches dieselben Nullstellen wie P besitzt. Man definiert die $N \times N$-Frobenius-Matrix

$$\underline{F} = \begin{pmatrix} 0 & & & & -b_0 \\ 1 & 0 & & & -b_1 \\ & 1 & 0 & & -b_2 \\ \vdots & & & & \vdots \\ & & & 1 & -b_{N-1} \end{pmatrix} \tag{A.42}$$

und kann zeigen, dass

$$\det(\underline{F} - x\,\underline{1}) = (-1)^N \, \tilde{P}(x)$$

gilt. D. h., die N Eigenwerte von $\underline{F}$ entsprechen den Nullstellen von P. Bei (A.42) handelt es sich um eine Hessenberg-Matrix, das ist eine Matrix in Dreiecksform mit einer zusätzlichen Nebendiagonalen. Diese Matrizen lassen sich effektiv diagonalisieren, z. B. durch die LAPACK-Routine `DHSEQR`:

```
      SUBROUTINE zeros(a,n,z)
C berechnet die Nullstellen des reellen Polynoms n-ten Grades
C   p = a(n)*x^n + a(n-1)*x^(n-1) ... a(0) = 0
C   a(0:n) [in]: die Koefizienten (wird nicht veraendert) real*8
C   z(n)   [out]: die komplexen Nullstellen , complex*16
C Doppeltgenaue Version
      IMPLICIT REAL*8 (a-h,o-z)
      COMPLEX*16 z(n)
      DIMENSION a(0:n),zr(n),zi(n),frob(n,n),work(1000)
      an=a(n); a=a/an     ! Normierung d. Polynoms
C Frobenius-Matrix belegen (Hessenberg)
      frob=0.
      frob(1:n,n)=-a(0:n-1)
      DO i=1,n-1
         frob(i+1,i)=1.
      ENDDO
C Lapack-Aufruf, berechnet die Eigenwerte von frob
      CALL DHSEQR('E','N',n,1,n,frob,n,zr,zi,dumy,1,work,1000,info)
      z=CMPLX(zr,zi)
      a=a*an     ! Normierung rueckgaengig machen
      END
```

Referenzen

[1] J. Stoer, R. Bulirsch *Numerische Mathematik 1*, Springer-Verlag (2007)
[2] W. H. Press, B. P. Flannery, S. A. Teukolsky, W. T. Vetterling, *Numerical Recipies*, Cambridge Univ. Press (2007)
[3] J. Stoer, R. Bulirsch *Numerische Mathematik 2*, Springer-Verlag (2007)

B Programm-Library

B.1 Routinen

In diesem Anhang sollen nützliche Routinen beschrieben werden, die man immer wieder braucht. Sie können einzeln kompiliert werden und durch Angabe der Object-Datei nach Kompilieren des Hauptprogramms mit diesem verbunden werden. Stehen die Routinen z. B. in `fortlib.f`, so kompiliert man einmal mit

```
f95 -c fortlib.f
```

Die Option `-c` teilt dem Compiler mit, kein ausführbares Programm zu erstellen sondern einen object-file, in diesem Fall `fortlib.o` genannt. Will man eine Library-Routine aus fortlib verwenden, so muss im entsprechenden make-file (also z. B. make_for, siehe Abschn. 1.2.4) der *fortlib* object-file dazugelinkt werden. Der make-file sollte dann so aussehen:

```
f95 -O1 $1.f -o $1 fortlib.o -L/usr/lib/ -lpgplot -llapack
```

Die Library enthält die folgenden Routinen:

Name	Zweck	s. Seite
Grafik		
init	Grafik-Initialisierung	7
contur	Contourlinien	55
contur1	Contourlinien	
ccontu	Contourlinien (farbig)	203
image	Bitmap (farbig)	18
ccircl	Farbkreis initialisieren	18
Runge–Kutta		
rkg	Runge–Kutta	68
drkg	Runge–Kutta (Double Precision)	
drkadt	Runge–Kutta, adapt. Zeitsch. (Double Prec.)	72
Sonstiges		
tridag	Thomas-Algorithmus f. tridiagonal-Matrix	283
ctrida	Thomas-Algorithmus f. komplexe tridiag.-Matrix	
dlyap_exp	Bestimmung aller Lyapunov-Exponenten	106
schmid	Schmidt-Orthogonalisierung	
volum	Von Vektoren aufgesp. Volumen (Function)	
deter	Determinante einer Matrix (Function)	
random_init	initialisiert den Zufallszahlengenerator	244

Im Folgenden geben wir nur die Köpfe der einzelnen Routinen an. Die kompletten Programme findet man auf http://www.degruyter.com/view/product/431593.

B.2 Grafik

Sämtliche Routinen dieses Abschnitts greifen auf Routinen aus pgplot zurück.

B.2.1 init

```
      SUBROUTINE  init(x0,x1,y0,y1,gr,ar,iachs)
C initialisiert ein Grafikfenster
C   x0,x1 [In]     Bereich x-Achse
C   y0,y1 [In]     Bereich y-Achse
C   gr,ar [In]     Fenstergroesse und aspect-ratio  (y/x)
C   iachs [In]     1=Rahmen
```

B.2.2 contur

```
      SUBROUTINE contur(a,idim,jdim,n)
C Plottet n Hoehenlinien des Feldes a.
C Die Hoehen liegen dabei aequidistant zwischen Min(a) und Max(a)
C Ausnahme: n=0: es wird nur die Nullkline (a=0) gezeichnet
C   a(idim,jdim) [In] 2D-Feld dessen Hoehen geplottet werden
C   idim, jdim   [In] Dimensionierung von a
C   n            [In] Anzahl der Hoehenlinien
```

B.2.3 contur1

```
      SUBROUTINE contur1(a,idim,jdim,n)
C plottet Hoehenlinien wie contur
C   n=0 [In] die Nullkline
C   n>0      n Linien zwischen 0 und Max(a) (aequidistant)
C   n<0      -n Linien zwischen Min(a) und 0 (aequidistant)
C   Rest siehe contur
```

B.2.4 ccontu

```
      SUBROUTINE ccontu(a,idim,jdim,n)
C plottet Hoehenlinien wie contur
C Die Hoehen werden mit aufsteigenden Farben mit Farbindizes
C von 2 bis 2+N-1 gezeichnet. Rest siehe contur
```

B.2.5 image

```
      SUBROUTINE image(a,idim,jdim,ic0,ic1,a0,a1)
C zeichnet eine farbige Bitmap von a
C    a(idim,jdim) [In] Feld, dessen Werte gepixelt werden
C    idim, jdim   [In] Dimensionierung von a
C    ic0, ic1     [In] von hier bis da laufen die Farbindizes
C                      (ic0=Min(a), ic1=Max(a))
C    a0,a1        [In] Min und Max fuer Farbwerte, wenn beide =0
C                      wird Min(a) und Max(a) berechnet
```

B.2.6 ccircl

```
      SUBROUTINE ccircl(i0,i1)
C setzt die Farbregister i0 bis i1 auf einen periodischen Farbkreis
```

B.3 Runge–Kutta

Alle vier Routinen basieren auf Runge–Kutta 4. Ordnung zur Lösung gewöhnlicher DGLs.

B.3.1 rkg

```
      SUBROUTINE rkg(y,t,n,dt,eq)
C integriert das DGL-System definiert in eq (external) ueber
C einen Schritt [t,t+dt] mittels 4. Ordnung Runge-Kutta
C    y [In/Out] abh. Variablen  y(n)
C    t [In]     unabh. Variable
C    n [In]     Anzahl Gleichungen
C    dt [In]    Zeitschritt
C    eq [In]    User-suppl. subroutine, definiert das DGL-System
```

B.3.2 drkg

```
      SUBROUTINE drkg(y,t,n,dt,eq)
C wie rkg, jedoch DOUBLE PRECISION (y,t,dt)
```

B.3.3 drkadt

```
      SUBROUTINE drkadt(y,t,n,dt,eps,eqs)
C integriert das DGL-System definiert in eqs (external) ueber
C einen Schritt [t,t+dt] mittels 4. Ordnung Runge-Kutta,
C variabler Zeitschritt. DOPPELTGENAU!!
```

```
C   REAL*8 y   [In/Out] Abhaengige Variablen, Dimension y(n)
C   REAL*8 t   [In]     Unabh. Variable
C   n          [In]     Anzahl der Gleichungen und der Variablen
C   REAL*8 dt  [In/Out] Zeitschritt, wird berechnet
C   REAL*8 eps [In]     gewuenschte Genauigkeit. dt wird angepasst,
C                       sodass Fehler (5. Ordn.) < eps
C   eqs        [In]     User-suppl. subroutine, definiert das DGL-System
C benoetigt wird die Routine drkg
```

B.4 Sonstiges

B.4.1 tridag – Thomas-Algorithmus

```
    SUBROUTINE tridag(a,b,c,d,n)
C Loest ein tridiagonales inhomogenes System
C a(i)*x(i-1) + b(i)*x(i) + c(i)*x(i+1) = d(i), i=1..n
C mittels des Thomas-Algorithmus
C   a(n) [In]     untere Nebendiag.
C   b(n) [In]     Hauptdiag., ACHTUNG: b wird veraendert!
C   c(n) [In]     obere Nebendiag.
C   d(n) [In/Out] r.h.s (in), x(n) (out)
```

B.4.2 ctrida

```
    SUBROUTINE ctrida(a,b,c,d,n)
C wie tridag, aber fuer komplexes System (a,b,c,d)
```

B.4.3 dlyap_exp – Lyapunov-Exponenten

```
    SUBROUTINE dlyap_exp(eqs,eql,dt,tvor,tend,ntau,n,nfmax,fly)
C bestimmt die groessten nfmax Lyapunov-Exponenten des Systems eqs
C alles in DOUBLE PRECISION!
C   eqs [In] User-suppl. subroutine, def. das volle DGL-System
C   eql [In] User-suppl. subroutine, def. das linearisierte DGL-System
C   REAL*8 dt   [In] Zeitschritt fuer RK4
C   REAL*8 tvor [In] Vorlauf, danach wird fly berechnet
C   REAL*8 tend [In] maximales t, soweit rechnen
C   ntau [In] nach tau=ntau*dt Lyap.-Exp. update
C   n    [In] Anzahl der Gleichungen
C   nfmax [In] die ersten nfmax Lyap-Exp. werden berechnet
C   REAL*8 fly [In/Out] In:  Startwerte fuer Hauptrajektorie
C                       Out: fly(i) enthaelt den i-ten Lyap.-Exp.
C benoetigte Routinen: drkg, schmid, volum
```

B.4.4 schmid – Orthogonalisierung

```
      SUBROUTINE schmid(x,n,m)
C orthonormiert die m Vektoren x(i,j)
C mittels Schmidt-Verfahren
C    REAL*8 x(i,j) [In/Out], i=1..n (Komponenten des Vektors j), j=1..m
C benoetigte Routine: norm


      SUBROUTINE norm(x,n)
C Normiert den Vektor REAL*8 x(n), L2-Norm
```

B.4.5 FUNCTION volum – Volumen in *n* Dimensionen

```
      REAL*8 FUNCTION volum(x,n,m)
C Berechnet das Volumen des durch die m Vektoren x(i,j) aufgespannten
C m-dimensionalen Parallelepipeds im n-dimensionalen Vektorraum
C    REAL*8 x(i,j) [In], i=1..n (Komponenten des Vektors j), j=1..m
C    REAL*8 volum   [Out] Volumen
C benoetigte Routine: deter
```

B.4.6 FUNCTION deter – Determinante

```
      REAL*8 FUNCTION deter(a,n)
C Berechnet die Determinante einer n x n Matrix
C    REAL*8 deter   [Out] Determinante
C    REAL*8 a(n,n) [In]  Matrix
C    n             [In]  Dimension von a
```

B.4.7 random_init – Zufallszahlen

```
      SUBROUTINE random_init
C initialisiert den F90 Zufallszahlengenerator RANDOM_NUMBER
C ueber die Systemuhr. Keine Parameter
```

C Lösungen der Aufgaben

Hier werden vorwiegend die „mit Bleistift und Papier"-Aufgaben besprochen.

C.1 Kapitel 1

Aufgaben 1.3.3

1. Wir lösen $x = f^{(2)}(x) = f(f(x))$ mit $f(x) = ax(1-x)$, also

$$x = af(x)(1 - f(x))$$
$$= a^2 x(1-x)(1 - ax(1-x)) = a^2 x(1 - (1+a)x + 2ax^2 - ax^3). \qquad \text{(C.1)}$$

Zwei Lösungen sind schon bekannt, nämlich die aus $x = f(x)$:

$$x = 0, \quad x = 1 - 1/a.$$

Diese lassen sich aus (C.1) mittels Polynomdivision herausteilen, man erhält ein Restpolynom 2. Ordnung

$$ax^2 - (1+a)x + 1 + 1/a = 0 \qquad \text{(C.2)}$$

dessen Wurzeln dem gesuchten Zweierzyklus

$$x_{p_1,p_2} = \frac{1+a}{2a} \pm \frac{1}{2a}\sqrt{a^2 - 2a - 3} \qquad \text{(C.3)}$$

entsprechen. Reelle Lösungen existieren nur, wenn

$$a^2 - 2a - 3 \geq 0$$

gilt, was

$$a \geq 3$$

entspricht.

2. Wir untersuchen die Stabilität von (C.3) für den Bereich $a > 3$. Eine lineare Stabilitätsanalyse ergibt für die Abweichungen die Vorschrift

$$\epsilon_{n+1} = A\,\epsilon_n$$

mit dem Verstärkungsfaktor

$$A = \frac{d}{dx}f^{(2)}(x)\bigg|_{x_{p_1,p_2}}.$$

Wir bilden die Ableitung der zweifach Iterierten (C.1) und erhalten

$$A = -4a^3 x^3 + 6a^3 x^2 - 2(1+a)a^2 x + a^2.$$

Unter Verwendung von (C.2) erhält man nach ein wenig Rechnen

$$A = -a^2 + 2a + 4 \,.$$

Die periodische Lösung (C.3) wird instabil, wenn

$$|A| > 1 \,.$$

Dies ist der Fall, wenn entweder $a < 3$, was aber laut Existenzbedingung von (C.3) ausgeschlossen ist, oder wenn

$$a > 1 + \sqrt{6} \,.$$

C.2 Kapitel 2

Aufgaben 2.1.4

1. Für $K = 0$:

$$y_{n+1} = y_n, \quad x_{n+1} = x_n + y_n$$

Waagrechte Punktereihen, die dicht sind wenn y_n irrational, sonst Punkte mit Lücken.

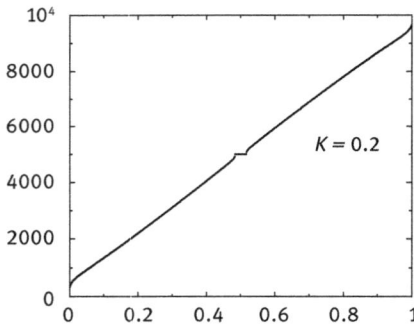

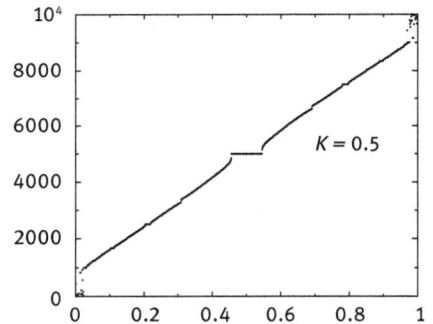

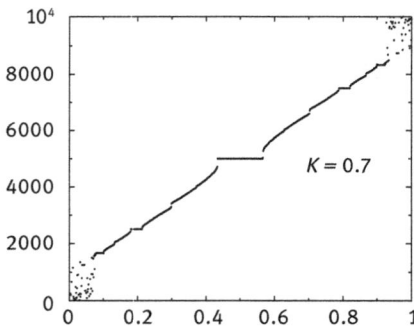

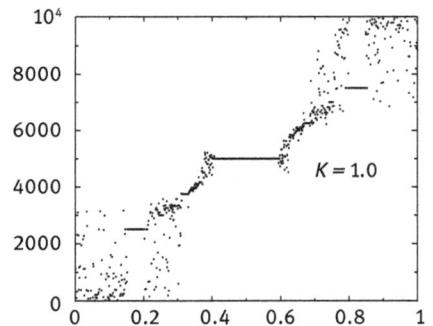

Abb. C.1: Kettenlänge als Funktion von y_0 für verschiedene K nach 10 000 Iterationen.

2. Die Kettenlänge nach N Iterationen ergibt sich als

$$\ell = x_N - x_0 \, ,$$

Für $K = 0$ ist dies einfach

$$\ell = N \, y_0 \, ,$$

d. h. eine lineare Funktion vom Anfangswert y_0. Für kleine Werte von K weicht die Kettenlänge für bestimmte rationale $y_0 = 1/M$, M ganzzahlig, von der Geraden ab und rastet in Form von Treppenstufen ein. Dieser Effekt nimmt für größeres K zu, allerdings kommen dann chaotische Bereiche hinzu (Abb. C.1).

C.3 Kapitel 3

Aufgaben 3.1.2

Wir untersuchen die Abbildung $x_{n+1} = f(x_n)$ mit

$$f(x) = a \, \Delta t \, x \left(1 - \frac{1}{a} + \frac{1}{a \, \Delta t} - x \right)$$

und

$$\frac{df}{dx} = a \, \Delta t \left(1 - \frac{1}{a} + \frac{1}{a \, \Delta t} - 2x \right) .$$

Speziell soll die Stabilität des Fixpunktes

$$x_s = 1 - 1/a$$

berechnet werden. Man erhält für den Verstärkungsfaktor

$$A = \left. \frac{df}{dx} \right|_{x_s} = 1 + (1 - a) \, \Delta t \, .$$

Damit $x_s > 0$, muss $a > 1$ sein, also gilt $A \leq 1$. Die numerische Stabilitätsgrenze lautet demnach $A = -1$ oder

$$\Delta t = \frac{2}{a - 1} \, .$$

C.4 Kapitel 4

Aufgabe 4.3.2

Beim Crank–Nicolson-Schema lässt sich mit

$$\bar{y}(x_0 + \Delta x) = y(x_0) + \underbrace{y' \Delta x + \frac{1}{2} y'' \Delta x^2 + O(\Delta x^3)}_{\equiv g}$$

der Ausdruck $f(\bar{y}(x_0 + \Delta x))$ auf der linken Seite von (4.21) schreiben als (Taylor-Entwicklung nach g):

$$f(\bar{y}(x_0 + \Delta x)) = f(y(x_0) + g)$$

$$= f(y(x_0)) + \frac{df}{dy}g + \frac{1}{2}\frac{d^2f}{dy^2}g^2 + O(\Delta x^3)$$

$$= f(y(x_0)) + \frac{df}{dy}(y'\Delta x + \frac{1}{2}y''\Delta x^2) + \frac{1}{2}\frac{d^2f}{dy^2}y'^2\Delta x^2 + O(\Delta x^3) \,.$$

Insgesamt ergibt sich also bei Crank–Nicolson

$$\bar{y}(x_0 + \Delta x) = y(x_0) + \Delta x \underbrace{f(y(x_0))}_{y'} + \frac{\Delta x^2}{2}\underbrace{\frac{df}{dy}y'}_{y''} + \frac{\Delta x^3}{2}\underbrace{\left[\frac{1}{2}\frac{df}{dy}y'' + \frac{1}{2}\frac{d^2f}{dy^2}y'^2\right]}_{\frac{1}{2}y'''} + O(\Delta x^4) \,.$$

Entwicklung der exakten Lösung liefert andererseits

$$y(x_0 + \Delta x) = y(x_0) + y'\Delta x + \frac{1}{2}y''\Delta x^2 + \frac{1}{6}y'''\Delta x^3 + O(\Delta x^4) \,.$$

Subtraktion der beiden letzten Gleichungen ergibt den Fehler

$$|\bar{y}(x_0 + \Delta x) - y(x_0 + \Delta x)| = \frac{1}{12}|y'''|\Delta x^3$$

von der Ordnung Δx^3.

Aufgabe 4.3.3.3

1. Die Terme:
- α_1: Vermehrung der Beute durch Fortpflanzung, exponentielles Anwachsen
- α_2: Begrenzung der Beute durch Räuber, „gefressen werden"
- β_1: Sterben der Räuber ohne Nahrung, exponentielle Abnahme
- β_2: Vermehrung der Räuber durch Nahrung, „fressen"

Skalierungen:
$$t = \tau\tilde{t}, \quad n_i = \gamma_i\bar{n}_i$$

Mit
$$\tau = 1/\beta_1, \quad \gamma_1 = \beta_1/\beta_2, \quad \gamma_2 = \beta_1/\alpha_2$$

erhält man die Form (4.26) mit dem Kontrollparameter

$$a = \alpha_1/\beta_1 \,.$$

2. Fixpunkte aus
$$0 = a\bar{n}_1 - \bar{n}_1\bar{n}_2$$
$$0 = -\bar{n}_2 + \bar{n}_1\bar{n}_2$$

ergibt

(i) $\tilde{n}_1 = \tilde{n}_2 = 0$: Stabil für $a < 0$, Knoten, instabil für $a > 0$, Sattelpunkt

(ii) $\tilde{n}_1 = 1$, $\tilde{n}_2 = a$: Dieser Fixpunkt existiert nur für $a > 0$, da es sich bei $\tilde{n}_i$ um positiv definierte Größen (Konzentrationen) handelt.

Linearisierung:

$$\begin{pmatrix} \tilde{n}_1 \\ \tilde{n}_2 \end{pmatrix} = \begin{pmatrix} 1 \\ a \end{pmatrix} + \begin{pmatrix} u_1 \\ u_2 \end{pmatrix} e^{\lambda t}$$

ergibt eingesetzt in (4.26) die Lösbarkeitsbedingung

$$\det \begin{vmatrix} \lambda & 1 \\ -a & \lambda \end{vmatrix} = \lambda^2 + a = 0$$

und daraus

$$\lambda_{12} = \pm i \sqrt{a} .$$

Der zweite Fixpunkt ist damit immer marginal stabil (Re $\lambda = 0$), allerdings besitzt er einen nicht verschwindenden Imaginärteil. Es handelt sich um ein Zentrum.

3. Zeitableitung von W ergibt

$$dW/dt = d\tilde{n}_1/dt + d\tilde{n}_2/dt - \frac{d\tilde{n}_1/dt}{\tilde{n}_1} - a\frac{d\tilde{n}_2/dt}{\tilde{n}_2}$$

Setzt man (4.26) ein, so verschwindet die rechte Seite, W ist eine Erhaltungsgröße.

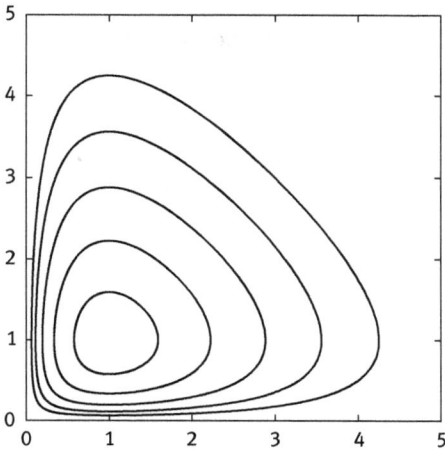

Abb. C.2: Numerische Lösung für $a = 1$, n_2 über n_1.

Aufgaben 4.4.4.5

2.   Die Lagrange-Punkte L_1 bis L_3 liegen auf der x-Achse. D. h., es genügt, das Jacobi-Potential (4.45) für $y = 0$ zu betrachten:

$$V(x, 0) = -\frac{1 - \mu}{|x + \mu|} - \frac{\mu}{|x + \mu - 1|} - \frac{x^2}{2} = 0 \, .$$

Nullsetzen der Ableitung nach x ergibt die Bedingung für die Fixpunkte:

$$\partial_x V(x, 0) = \frac{1 - \mu}{|x + \mu|^3}(x + \mu) + \frac{\mu}{|x + \mu - 1|^3}(x + \mu - 1) - x = 0 \, .$$

Ausmultiplizieren führt auf das Polynom 5. Grades:

$$
\begin{aligned}
P_\mu(x) = \ & -x^5 + x^4(2 - 4\mu) + x^3(6\mu - 6\mu^2 - 1) \\
& + x^2(6\mu^2 - 4\mu^3 - 2\mu) + x(2\mu^3 - \mu^4 - \mu^2) \\
& + \operatorname{sign}(x + \mu)\left[x^2(1 - \mu) + x(4\mu - 2\mu^2 - 2) + (1 - \mu)^3\right] \\
& + \mu \operatorname{sign}(x + \mu - 1)(x + \mu)^2 \, .
\end{aligned}
\tag{C.4}
$$

Wegen der Betragszeichen muss man die drei Fälle

(i) $x < -\mu$, links von m_2, $\operatorname{sign}(x + \mu) = -1$, $\operatorname{sign}(x + \mu - 1) = -1$
(ii) $-\mu < x < 1 - \mu$, zw. m_2 und m_3, $\operatorname{sign}(x + \mu) = 1$, $\operatorname{sign}(x + \mu - 1) = -1$
(iii) $1 - \mu < x$, rechts von m_3, $\operatorname{sign}(x + \mu) = 1$, $\operatorname{sign}(x + \mu - 1) = 1$

unterscheiden. Die Nullstellen von (C.4) lassen sich z. B. mit dem Programm *zeros* aus Abschn. A.4.3 finden. Abb. C.3 zeigt die Lagrange-Punkte über dem Massenparameter μ.

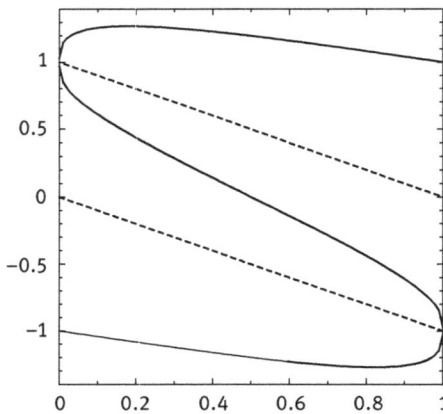

Abb. C.3: Durchgezogen: x-Koordinaten der drei Lagrange-Punkte L_1 bis L_3 über dem Massenparameter μ, gestrichelt: Lage der beiden Hauptkörper.

Aufgaben 4.5.6

1. Thermalisierung: Multiplikation von (4.72) mit $\vec{v}_i$ und Summation über alle Teilchen führt mit $\vec{F}_i = 0$ auf

$$\frac{1}{2}\frac{d}{dt}\sum_i v_i^2 = -\gamma \sum_i v_i^2 \,. \tag{C.5}$$

Aus dem Gleichverteilungssatz in 2D folgt

$$\frac{1}{2}\sum_i v_i^2 = NT$$

und damit aus (C.5)

$$d_t T = -2\gamma T = -2\gamma_0(T - T_s)$$

oder

$$T - T_s \sim \exp\left(-2\gamma_0 t\right) \,.$$

2. 2D-Gleichgewichtskonfigurationen:
(i) Berücksichtigt man nur die 4 nächsten Nachbarn (blau), so ergibt sich die gesammte potentielle Energie zu

$$U_G^Q = 4U(r)\frac{N}{2}$$

für ein quadratisches, bzw.

$$U_G^H = 6U(r)\frac{N}{2}$$

für ein hexagonales Gitter mit U nach (4.57). Die Gleichgewichtsabstände ergeben sich aus

$$\frac{dU_G^{Q,H}}{dr} = 0 \tag{C.6}$$

zu $r_Q = r_H = 2^{1/6} \approx 1{,}12246$.
(ii) Mitnahme der roten Teilchen ergibt

$$U_G^Q = (4U(r) + 4U(\sqrt{2}r))\frac{N}{2}$$

und

$$U_G^H = (6U(r) + 6U(\sqrt{3}r))\frac{N}{2}$$

und aus der Gleichgewichtsbedingung (C.6)

$$r_Q = (65/36)^{1/6} \approx 1{,}10349, \quad r_H = ((27 + 1/27)/14)^{1/6} \approx 1{,}11593 \,.$$

(iii) Mitnahme aller gezeichneten Teilchen ergibt schließlich

$$U_G^Q = (4U(r) + 4U(\sqrt{2}r) + 4U(2r))\frac{N}{2}$$

und

$$U_G^H = (6U(r) + 6U(\sqrt{3}r)) + 6U(2r))\frac{N}{2} ,$$

$$r_Q = \left(2\frac{1 + 2^{-6} + 2^{-12}}{1 + 2^{-3} + 2^{-6}}\right)^{1/6} \approx 1{,}10100, \quad r_H = \left(2\frac{1 + 3^{-6} + 2^{-12}}{1 + 3^{-3} + 2^{-6}}\right)^{1/6} \approx 1{,}1132 .$$

Die stabilere Konfiguration ist diejenige mit der niedrigeren Energie. Rechnet man für alle Gleichgewichtsabstände U_G aus, so ergibt sich jedesmal

$$U_G^H < U_G^Q ,$$

egal wieviel Nachbarn berücksichtigt werden. Also sollte das Gitter bei niedrigen Temperaturen hexagonal sein, in Übereinstimmung mit Abb. 4.14 links.

Aufgaben 4.7.5

Linearisierung von (4.99) um die obere Ruhelage ergibt

$$\dot{u}_1 = u_2$$
$$\dot{u}_2 = -\Omega_0^2(1 + a\sin\omega t)\underbrace{\sin(\pi + u_1)}_{=-u_1}$$

oder

$$\ddot{u} - \Omega_0^2(1 + a\sin\omega t)\,u = 0 \tag{C.7}$$

mit $u = u_1$. Selbe Skalierung wie in Abschn. 4.7.4 führt auf

$$\ddot{u} - (p + 2b\sin 2t)\,u = 0 . \tag{C.8}$$

Einsetzen des Ansatzes

$$u(t) = u_0\cos(t + \alpha)\,e^{\lambda t}$$

ergibt unter Vernachlässigung des $\sin(3t + \alpha)$-Terms

$$(\lambda^2 - 1 - p)(\cos t\cos\alpha - \sin t\sin\alpha)$$
$$- 2\lambda(\sin t\cos\alpha + \cos t\sin\alpha) - b(\sin t\cos\alpha - \cos t\sin\alpha) = 0$$

oder

$$\sin t\,[-(\lambda^2 - 1 - p)\sin\alpha - (2\lambda + b)\cos\alpha]$$
$$+ \cos t\,[(\lambda^2 - 1 - p)\cos\alpha - (2\lambda - b)\sin\alpha] = 0 .$$

Die beiden eckigen Klammern müssen für sich verschwinden, was auf das Gleichungssystem

$$\begin{pmatrix} -\lambda^2 + 1 + p & -2\lambda - b \\ -2\lambda + b & \lambda^2 - 1 - p \end{pmatrix}\begin{pmatrix} \sin\alpha \\ \cos\alpha \end{pmatrix} = 0$$

führt. Dessen Lösbarkeitsbedingung liefert ein Polynom 2. Grades in λ^2 mit den Wurzeln

$$\lambda^2 = p - 1 \pm \sqrt{b^2 - 4p} \ .$$

Für einen nicht positiven $\operatorname{Re}(\lambda)$ muss λ reell und $\lambda^2 \le 0$ sein. Ersteres führt auf

$$b \ge 2\sqrt{p} \ ,$$

letzteres auf

$$b \le 1 + p.$$

Außerdem muss $0 \le p \le 1$ gelten. Dies ergibt ein Stabilitätsdiagramm wie in Abb. C.4 skizziert.

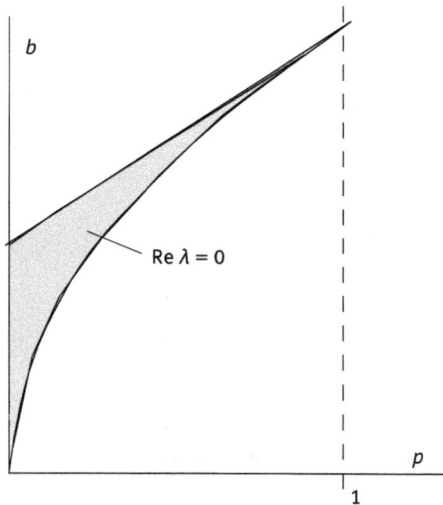

Abb. C.4: Im schraffierten Bereich ist die obere Ruhelage stabil.

C.5 Kapitel 5

Aufgaben 5.5.4

1.   Exakte Lösung von (5.4).

Sei $\alpha > 0$. Dann kann man (5.4) durch:

$$t = \tilde{t}/\alpha, \quad (x, y) = (\tilde{x}, \tilde{y}) \cdot g/\alpha^2$$

in dimensionslose Form bringen:

$$\ddot{\tilde{x}} = -\dot{\tilde{x}} + \tilde{\beta}\,\tilde{y} \tag{C.9}$$

$$\ddot{\tilde{y}} = -\dot{\tilde{y}} - 1 \ . \tag{C.10}$$

Es bleibt noch ein Parameter $\tilde{\beta} = \beta/\alpha^2$. Wir lassen alle Schlangen wieder weg. Es gibt verschiedene Möglichkeiten zur Lösung des DGL-Systems. So kann man y aus (C.10) alleine ausrechnen und erhält

$$y(t) = \frac{T}{f(T)} f(t) - t \tag{C.11}$$

mit

$$f(t) = 1 - e^{-t} \,.$$

Die Randbedingungen $y(0) = y(T) = 0$ sind in (C.11) bereits eingearbeitet. Aus (C.9) und (C.10) lässt sich y eliminieren:

$$d_t^4 x + 2d_t^3 x + d_t^2 x = -\beta \,.$$

Zweimal Integrieren ergibt

$$\ddot{x} + 2\dot{x} + x = -\frac{\beta}{2} t^2 + At + B \,.$$

Der Ansatz

$$x(t) = X(t) + a + bt - \frac{\beta}{2}t^2$$

führt mit $A = b - 2\beta$, $B = a + 2b - \beta$ auf die homogene Gleichung

$$\ddot{X} + 2\dot{X} + X = 0 \,,$$

die die Lösung

$$X(t) = (ct - a)\, e^{-t}$$

besitzt. Hier haben wir bereits $x(0) = 0$ verwendet. Für x ergibt sich also

$$x(t) = (ct - a)\, e^{-t} + a + bt - \frac{\beta}{2}t^2 \,. \tag{C.12}$$

Die Koeffizienten b, c bestimmt man durch Einsetzen von (C.12) und (C.11) in (C.9) durch Koeffizientenvergleich:

$$c = \frac{\beta T}{f(T)}, \quad b = c + \beta \,.$$

Der noch verbleibende Koeffizient a folgt aus der Randbedingung $x(T) = L$:

$$a = -\frac{T^2 \beta (1 + 3e^{-t})}{2f^2(T)} + \frac{L - \beta T}{f(T)} \,.$$

2. Lösungen der nichtlinearen Schrödinger-Gleichung.

Man verifiziert die Lösungen durch Einsetzen.

Diskussion für beliebiges C: Das Integral, dass durch Separation der Variablen aus (5.45) entsteht, lässt sich nicht mehr geschlossen lösen. Wir diskutieren eine „grafische Lösung", die aus der Analogie zur eindimensionalen Newton'schen Bewegung eines Massepunktes im Potential kommt.

Schreibt man (5.42) in der Form

$$\Phi'' = -E\Phi + \gamma\Phi^3 = -\frac{dV(\Phi)}{d\Phi} \tag{C.13}$$

mit

$$V(\Phi) = \frac{E}{2}\Phi^2 - \frac{\gamma}{4}\Phi^4 , \tag{C.14}$$

so kann man (C.13) als Bewegungsgleichung eines Teilchens der Masse eins im Potential (C.14) interpretieren (x spielt die Rolle der Zeit, Φ die der Ortskoordinate). Gleichung (5.45) entspricht dann dem Energiesatz und $C/2$ der Gesamtenergie

$$\frac{C}{2} = \frac{1}{2}(\Phi')^2 + V(\Phi) .$$

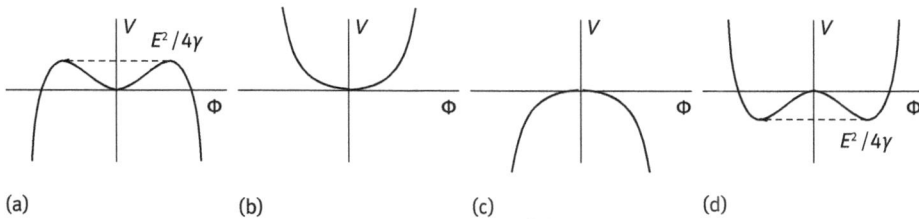

Abb. C.5: Die vier verschiedenen Potentiale. Nichtlineare Wellen sind in (a), (b) und (d) möglich.

Wir untersuchen die vier Fälle

(a) $E > 0, \gamma > 0$, Abb. C.5 (a). Für $C < E^2/2\gamma$ existieren nichtlineare Schwingungen um $\Phi = 0$ mit Amplitudenquadrat

$$\Phi_m^2 = \left(E - \sqrt{E^2 - 2\gamma C}\right)/\gamma ,$$

entsprechend ebenen nichtlinearen Wellen im Ortsraum. Für $C > E^2/2\gamma$ oder $C < 0$ divergiert Φ für $x \to \pm\infty$.

(b) $E > 0, \gamma < 0$, Abb. C.5 (b). Nichtlineare Wellen für $C > 0$, keine nichttrivialen Lösungen für $C < 0$.

(c) $E < 0, \gamma > 0$, Abb. C.5 (c). Divergierende Lösungen für alle C.

(d) $E < 0, \gamma < 0$, Abb. C.5 (d). Für $E^2/2\gamma < C < 0$ nichtlineare Wellen um $\Phi = \pm\sqrt{E/\gamma}$. Für $C > 0$ nichtlineare Wellen um $\Psi = 0$ mit Amplitudenquadrat

$$\Phi_m^2 = \left(E - \sqrt{E^2 - 2\gamma C}\right)/\gamma .$$

Für $C < E^2/2\gamma$ existieren keine nichttrivialen Lösungen.

C.6 Kapitel 6

Aufgaben 6.4.4

1. Die Form (6.130) ergibt sich aus den Skalierungen

$$t = \tilde{t}/\alpha, \quad x = \tilde{x}\sqrt{D/\alpha}, \quad u = \tilde{u} \cdot (\alpha/\beta) .$$

2.

(i) Linearisierung um $u^0 = 0$, $u = u^0 + w$:

$$\partial_t w = \partial_{xx}^2 w + w$$

ergibt mit $w \sim \mathrm{e}^{\lambda t}\mathrm{e}^{ikx}$

$$\lambda(k) = 1 - k^2 .$$

Der Fixpunkt ist instabil für ebene Wellen mit $|k| < 1$.

(ii) Linearisierung um $u^0 = 1$:

$$\partial_t w = \partial_{xx}^2 w - w$$

ergibt

$$\lambda(k) = -1 - k^2 .$$

Der Fixpunkt ist stabil für alle k.

3. Einsetzen von $u = u(\xi)$ in (6.130) ergibt

$$-v\partial_\xi u = \partial_{\xi\xi}^2 u + u - u^2 .$$

Wegen $u \to 0$ für $\xi \to \infty$ lässt sich für großes ξ linearisieren:

$$-v\partial_\xi u = \partial_{\xi\xi}^2 u + u .$$

Der Ansatz $u \sim \mathrm{e}^{-\sigma\xi}$, $\sigma > 0$ ergibt

$$v = \sigma + \frac{1}{\sigma}$$

und daraus eine untere Schranke von

$$v_{\min} = 2 \quad \text{für } \sigma = 1 .$$

4. Einsetzen von (6.132) in (6.130) ergibt

$$2C\mathrm{e}^{-\kappa\xi}(\kappa^2 - 1 - \kappa v) - C^2\mathrm{e}^{-2\kappa\xi}(2\kappa v + 4\kappa^2 + 1) = 0 .$$

Da dies für alle ξ gelten soll, müssen die Ausdrücke in den Klammern jeweils verschwinden, woraus man

$$v = -5/\sqrt{6} \approx -2{,}04, \quad \kappa = 1/\sqrt{6}$$

berechnet.

Durch die Substitution

$$C = e^{\kappa x_0}$$

erkennt man, dass C die Front um x_0 nach rechts schiebt.

5. Die stationäre Form von (6.130) lässt sich als

$$u'' = u^2 - u = -\frac{dV(u)}{du}$$

mit

$$V(u) = \frac{u^2}{2} - \frac{u^3}{3}$$

schreiben und wie in Aufgabe 5.5.4 (2) als eindimensionale Bewegung im Potential V interpretieren. Der „Energie-Satz" lautet dann

$$\frac{1}{2}(u')^2 + V(u) = E \,. \tag{C.15}$$

Für den speziellen Wert $E = 1/6$ besteht die „Bewegung" aus einem homoklinen Orbit des Fixpunkts $u = 1$. u läuft dabei von $u = 1$ über $u = -1/2$ zurück nach $u = 1$ (Abb. C.6). Für $E = 1/6$ lässt sich (C.15) durch Trennung der Variablen integrieren:

$$x - x_0 = \sqrt{3} \int \frac{du}{\sqrt{1 - 3u^2 + 2u^3}} = 2 \operatorname{atanh}\left(\sqrt{\frac{2u + 1}{3}} \right).$$

Nach kurzer Rechnung erhält man

$$u(x) = 1 - \frac{3}{2\cosh^2((x - x_0)/2)} \,,$$

eine lokalisierte Lösung um $x = x_0$ mit $u(x \to \pm\infty) = 1$ und $u(x_0) = -1/2$.

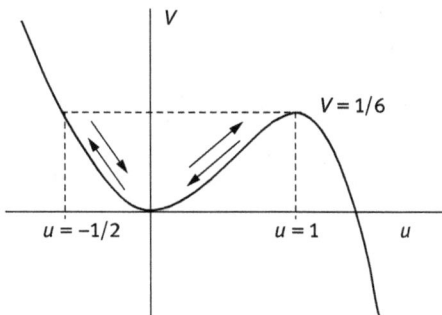

Abb. C.6: Potential und homokliner Orbit bei $E = 1/6$.

C.7 Kapitel 7

Aufgaben 7.4.3

1. Durch die Transformation

$$\Psi = \tilde{\Psi} \exp(i\omega_0)$$

verschwindet ω_0 in (7.102).

Einsetzen von (7.103) in (7.102) ergibt (ab hier $\omega_0 = 0$):

$$i\Omega = \varepsilon - (1 + ic_3)A^2$$

oder nach Trennung von Real- und Imaginärteil

$$\varepsilon - A^2 = 0, \quad \Omega + c_3 A^2 = 0$$

und daraus

$$A = \sqrt{\varepsilon}, \quad \Omega = -c_3\varepsilon .$$

2. Lineare Stabilitätsanalyse um (7.103). Einsetzen von

$$\Psi = (A + w(x, t)) \exp(i\Omega t)$$

in (7.102) ergibt nach Linearisierung bezüglich w

$$\dot{w} = (1 + ic_1)\partial_{xx}^2 w - (1 + ic_3)\varepsilon(w + w^*)$$
$$\dot{w}^* = (1 - ic_1)\partial_{xx}^2 w^* - (1 - ic_3)\varepsilon(w + w^*) .$$

Mit $w \sim \exp(\lambda t) \exp(ikx)$ erhält man das lineare Gleichungssystem

$$(\lambda + (1 + ic_1)k^2 + (1 + ic_3)\varepsilon)w + (1 + ic_3)\varepsilon w^* = 0$$
$$(1 - ic_3)\varepsilon w + (\lambda + (1 - ic_1)k^2 + (1 - ic_3)\varepsilon)w^* = 0 .$$

Dessen Lösbarkeitsbedingung liefert ein Polynom zweiter Ordnung für λ mit der Lösung

$$\lambda_{1,2} = -k^2 - \varepsilon \pm \sqrt{\varepsilon^2 - c_1^2 k^4 - 2c_1 c_3 \varepsilon k^2} . \tag{C.16}$$

Entwicklung nach k^2 ergibt

$$\lambda = -(1 + c_1 c_3) k^2 + O(k^4)$$

für kleines k. D. h. $\lambda > 0$ für infinitesimales k sobald

$$1 + c_1 c_3 < 0 .$$

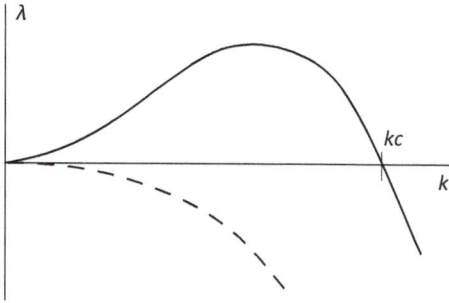

Abb. C.7: Größtes λ nach (C.16) für $1 + c_1 c_3 < 0$ (durchgezogen) und $1 + c_1 c_3 > 0$ (strichliert).

Dies ist die Benjamin–Feir-Instabilität. Alle Störungen mit

$$0 \leq k^2 \leq k_c^2$$

mit

$$k_c^2 = -2\varepsilon \frac{1 + c_1 c_3}{1 + c_1^2}$$

wachsen expoentiell an (Abb. C.7).

3.   Abb. C.8 zeigt ein xt-Diagramm des Realteils von Ψ für $C_1 = 1/2$, $c_3 = -3$. Deutlich ist zu sehen, wie die Anfangsbedingung (7.103) nach $t \approx 250$ instabil wird und einer chaotischen Entwicklung Raum gibt.

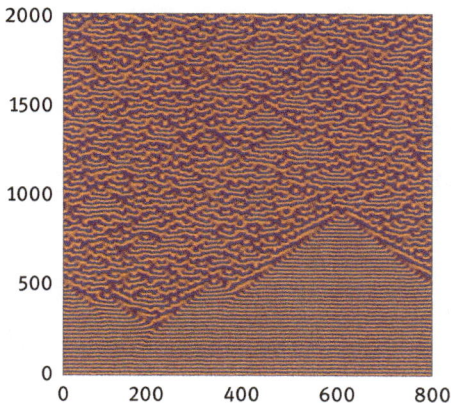

Abb. C.8: xt-Diagramm von Re (Ψ) von $t = 0$ bis $t = 2000$.

4.   Den größten Lyapunov-Exponenten Λ erhält man, indem man zunächst eine numerische Lösung $\Psi_N(x, t)$ wie in 3. bestimmt (Referenztrajektorie), vergl. Abschn. 4.6.3.1. Parallel dazu integriert man die linearisierte DGL für die komplexen

310 — C Lösungen der Aufgaben

Abweichungen $u(x, t)$:

$$\partial_t u(x, t) = [\varepsilon + (1 + \mathrm{i}c_1)\partial_{xx}^2]u(x, t)$$
$$- (1 + \mathrm{i}c_3)[2|\Psi_N(x, t)|^2 u(x, t) + \Psi_N(x, t)^2 u^*(x, t)]$$

die sich durch Einsetzen von

$$\Psi(x, t) = \Psi_N(x, t) + u(x, t)$$

in (7.102) und Linearisieren um Ψ_N ergibt. Man wählt für $u(x, 0)$ eine zufällige, gleichverteilte und normierte Anfangsbedingung

$$\sum_j |u(x_j, 0)|^2 = 1, \quad \text{mit } x_j = j\Delta x.$$

Nach einer bestimmten Zeit δt (z. B. $\delta t = 200\,\Delta t$) ermittelt man die Wachstumsrate von $|u|$ im Intervall δt:

$$s(\delta t) = \left[\sum_j |u(x_j, \delta t)|^2\right]^{1/2}.$$

Danach wird $u(x, \delta t)$ wieder normiert. Weitere numerische Integration liefert dann $s(2\delta t)$ usw. Der größte Lyapunov-Exponent ergibt sich als Mittelwert über die einzelnen Exponenten

$$\Lambda = \lim_{K \to \infty} \frac{1}{K} \sum_{k=1}^{K} \frac{1}{\delta t} \ln s(k\delta t).$$

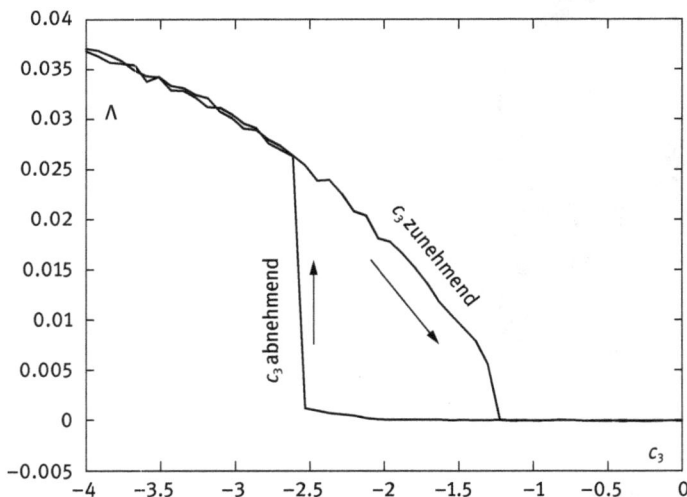

Abb. C.9: Größter Lyapunov-Exponent der komplexen Ginzburg-Landau-Gleichung über c_3, $c_1 = 1/2$. Man findet einen Übergang ins Chaos mit Hysterese.

Abb. C.9 zeigt den größten Lyapunov-Exponenten über c_3 für $c_1 = 1/2$. Man erwartet aus (7.104) mögliche chaotische Dynamik ab $c_3 \leq -2$. Offensichtlich hängt der Verlauf von Λ von der Vorgeschichte ab und es exisiert ein großer Hysteresebereich, in welchem sowohl chaotische als auch reguläre Dynamik bei gleichem c_3 existieren. Die Rechnungen wurden für jeden Wert von c_3 bis $t = 34000$ ausgeführt. Nach jeder Änderung von c_3 wurde ein Vorlauf bis $t = 15000$ gerechnet.

D README und Kurzanleitung FE-Programme

D.1 README

Datei zur Beschreibung der Programme auf

http://www.degruyter.com/view/product/431593

```
Die Programme sind nach Kapiteln sortiert. In jedem Ordner befindet
sich ein script-file

make_f95

zusaetzlich wird benoetigt:

pgplot,  installiert in /usr/lib/
lapack,  installiert in /usr/lib/lapack/
fftpack, installiert in /usr/lib/   (nur fuer kap7)


In diesem Ordner:

README       dieser file (siehe auch Anhang D.1)
fortlib.f    die Library wie beschrieben in Anhang B
fortlib.o    Objects, werden von make_f95 verbunden


------------
kap2/

lyap_2d.f
    Berechnet den groessten Lyapunov-Exponenten der Standardabbildung,
    Abschn. 2.2.3.
    Eingabe: K (Kontrollparameter)

dbw_slp.f
    Dezimal-Binaer-Wandler nach Abschn. 2.5.1.4
    Eingabe: nach Lernphase Dezimalzahl zum Konvertieren

kohonen_colormap.f
    Kohonen-Farbkarte wie in Abb. 2.16.
    Eingabe: keine

tsp.f
    Traveling Salesman Problem, Abschn. 2.5.2.3
    Eingabe: R (Radius des Anfangskreises)
    benoetigt wird der file

staedte.dat
```

```
------------
kap3/
```

hamilton_heiles.f
    Zeichnet Poincare-Schnitt und Trajektorien aus dem Hamilton-
    Heiles-Modell nach Abschn. 3.3.3.1, wie Abb. 3.5.
    Der Energiewert e kann im Programm geaendert werden.
    Eingabe: Startwerte mit der Maus setzen

```
------------
kap4/
```

reduz_3_k_p.f
    Plottet und berechnet Trajektorien des reduzierten
    Drei-Koerper-Problems nach Abschn. 4.4.4.4.
    mu=1/4, kann im Programm geaendert werden.
    Eingabe: Energiewert. Dann Startwert mit der Maus
    im erlaubten Bereich (rot) setzen.

molekular_dynamik.f
    Molekulare Dynamik nach Abschn. 4.5.4.
    Links werden Teilchen im Ortsraum dargestellt,
    rechts die Paarverteilungsfunktion.
    Simulation auch im konstanten Schwerfeld moeglich.
    Eingabe: Temperatur (0.1 - 2.0), Gravitation (ca 1), tend (z.B. 200)

pendel_lyapunov_exp.f
    Bifurkationsdiagramm (unten) und zwei Lyapunov-Exp.
    des angetriebenen Pendels, Abschn. 4.6.3.5.
    Eingabe: Bereich von a, Aufloesung

```
------------
kap6/
```

shallow_water.f
    Loesung der Flachwassergleichungen aus Abschn. 6.2.4.2 mit FTCS.
    Hier zwei Anregungszentren.
    Eingabe: keine

gitter_contur.f
gitter_generator.f
laplace_solver.f
    Programme fuer FE, siehe Anleitung in fe_anleitung.pdf

haus.grd, haus.knd, haus.ppm
niere.grd, niere.knd, niere.ppm
    Beispiel-files fuer FE

fe_anleitung.pdf
    Anleitung zu FE-Programmen (siehe auch Anhang D.2)

----
kap7/

driven_cavity.f
    Loesung der hydrodynamischen Gleichungen aus Abschn. 7.3.2.3.
    Plotten der Stromlinien wie in Abb. 7.9.
    Eingabe: Reynolds-Zahl

benard_konvektion.f
    Loesung der hydrodynamischen Gleichungen aus Abschn. 7.3.4.2
    in 3D nach 7.3.4.3.
    Plotten des Temperaturfelds. Rayleigh-Zahl, Biot-Zahl, tend
    koennen im Programm geaendert werden.
    Achtung: es wird die Library fftpack benoetigt (siehe make_95)!
    Eingabe: keine

----
kap8/

mc_gas.f
    Berechnet das Gleichgewicht eines Vielteilchensystems
    durch Metropolis-A. nach Abschn. 8.3.1.2.
    Zusaetzlich: konstantes Schwerefeld.
    Eingabe: Temperatur, Gravitation. Achtung:
    Einheiten wie in Abb. 8.4 - 8.6

ising.f
    Loesung des Ising-Modells durch Metropolis-A.
    nach Abschn. 8.3.2.3.
    Temperatur wird durchgefahren, mittlere Magnetisierung
    wird berechnet.
    Eingabe: externes Magnetfeld

D.2 Kurzanleitung für Finite-Elemente-Programme (Kap. 6)

Die drei Programme zur Gittergenerierung, Laplace-Lösung und Auswertung:

Programm	Zweck	[I]nput/[O]utput	
gitter_generator	erzeugt ein 2D-Dreiecksgitter	[I]	ppm-file Randkurve
		[O]	Grid-file
laplace_solver	Laplace-Gl.	[I]	Grid-file
	mit Dirichlet-Randbed.	[O]	Knoten-file
gitter_contur	zeichnet Contourlinien	[I]	Knoten-file

Beispieldateien:

Name	Zweck	erstellt durch
niere.ppm, haus.ppm	Randkurven	x-fig (o. ä.), s. Abb.
haus.grd, niere.grd	Grid-files	gitter_generator
haus.knd, niere.knd	Knoten-files	laplace_solver

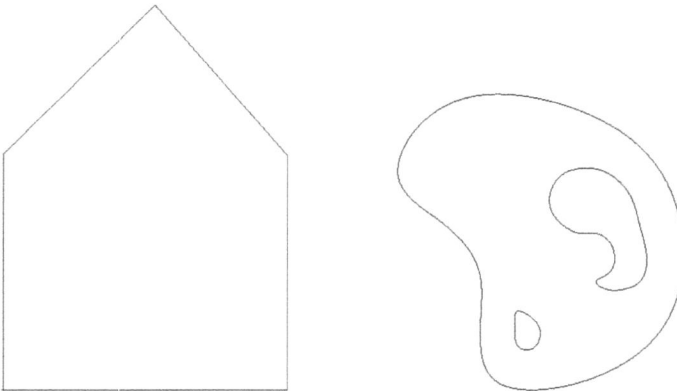

Abb. D.1: Die beiden Randkurven „haus.ppm" und „niere.ppm". Letztere enthält auch innere Ränder (mehrfach zusammenhängend).

D.2.1 gitter_generator

Eingabe: ppm-file (P6-Format, binär, ein byte/Pixel), enthält die durch ein Grafik-Programm (z. B. x-fig) erzeugte Randkurve. Die Dimension der Bitmap kann max. 5000×5000 betragen.

Eingabe: Punkte in x-Richtung, legt die Auflösung des Dreiecksgitters fest. Gute Werte für die Beispielfiles sind 30–60.

Das Dreiecksgitter wird geplottet (rot). Die äußeren Randpunkte werden automatisch blau markiert. Sollten welche fehlen, so müssen diese manuell mit der Maus nachgesetzt werden.

Danach Taste „s" drücken. Alle Gitterpunkte links und rechts vom äußeren Rand werden dann automatisch gelöscht. Randpunkte sind jetzt durch Kreise markiert.

Maus-Modi

Es gibt drei Modi zwischen denen man durch die Tasten „d, r, z" hin und her schalten kann.

– Taste „d" – Löschmodus: Angeklickte Punkte in der Nähe des Mauspfeils werden gelöscht.
– Taste „r" – Randmodus: Angeklickte Punkte in der Nähe des Mauspfeils werden als Randpunkte markiert. Innere Ränder (Beispiel „Niere") müssen von Hand markiert (und danach gezogen) werden. Hier können auch einzelne Punkte (als Punktladungen) gesetzt werden.
– Taste „z" – Ziehmodus: Angeklickte Punkte in der Nähe des Mauspfeils können z. B. auf den Rand gezogen werden. Die neue Position ergibt sich durch Setzen des Mauspfeils und nochmaliges Klicken. Vorsicht: Überkreuzungen sind zu vermeiden!

Taste „s" beendet das Programm. Davor Abfrage nach Grid-file-Name (Output, .grd).

D.2.2 laplace_solver

Eingabe: Grid-file (Input).

Im Programm sind die Randwerte (noch) von Hand einzugeben. Die Nummern der Gitterpunkte erhält man aus dem Programm gitter_generator.

Eingabe: Knoten-file (Output, .knd). Hier werden die einzelnen Knotenwerte abgespeichert.

D.2.3 gitter_contur

Eingabe: Knoten-file (Input). Danach Abfrage der zu zeichnenden Contourlinien. Beenden durch Ctrl-d.

D.2.4 Was könnte besser werden?

Das Paket lässt sich in verschiedener Weise erweitern und verbessern. Wir nennen einige Stichworte:
- Handling der Randbedingungen. Anstatt die Randbedingungen im Programm laplace_solver zu setzen, vielleicht besser durch file einlesen. Oder mittels Maus und Abfrage.
- Andere Randbedingungen (Neumann, gemischte).
- Automatisches Erkennen auch der inneren Ränder.
- Erweiterung auf Poisson-Gleichung.
- Erweiterung auf zeitabh. Probleme (Diffusionsgleichung, Schrödinger-Gl.).
- Erweiterung auf 3D.

Über Anregungen, Programme etc. freue ich mich sehr!

Stichwortverzeichnis

Dieses Buch ist aus einem Skript zu Vorlesungen über *Computational Physics* an der BTU Cottbus-Senftenberg entstanden. Bei der Einarbeitung in die Thematik half mir sehr das schöne „Einsteiger"-Buch von Wolfgang Kinzel und Georg Reents, *Physik per Computer* von 1996, in dem allerdings vorwiegend Mathematica- und C-Programme beschrieben werden und welches hauptsächlich im ersten Teil der Vorlesungen Verwendung fand. Seine Spuren lassen sich deutlich in Kapitel 2 erkennen. Die Behandlung des reduzierten Drei-Körper-Problems in Kapitel 4 folgt mit kleinen Änderungen der Dissertationsschrift von Jan Nagler an der Universität Bremen, 2002, die man in www.nld.ds.mpg.de/~jan/phdthesis_jannagler.pdf finden kann (leider ist mir keine andere zitierbare Quelle bekannt).

Zuguterletzt gilt mein besonderer Dank Anne Zittlau, und nicht nur für unermüdliches Korrekturlesen und diverse sprachliche Verbesserungen, sowie Marlies Bestehorn für das Anfertigen der Abb. 7.18.

www.ingramcontent.com/pod-product-compliance
Lightning Source LLC
Chambersburg PA
CBHW082107220326
41598CB00066BA/5646